# 物理てならひ帖

大坂 寿之・土田 怜・濱地 賢太郎・俵口 忠功・前 直弘 共著

学術図書出版社

# 目次

## 解答にあたっての諸注意

◇ 特に断り書きがなければ SI 単位系で答えること．

◇ 問題文の数値が整数値または有理数値として与えられている場合には，これを「厳密値」として扱うこと．

一方，問題文の数値が有効桁数が明確な小数値として（例えば $1.1 \times 10^1$ のように）与えられている場合には，これを「測定値」とし，問題文に測定値が 1 つでも含まれている場合には，その有効数字を考慮して問題に答えること．

◇ 問題文中に「重力加速度は $g$ とする」といった記載が無くても，重力加速度の値を答えに用いる問題がしばしばある．問題文の値が文字あるいは厳密値として与えられている場合には，重力加速度として文字 $g$ を使用し，問題文の値が数値として与えられている場合には，$9.80619920\ \mathrm{m/s^2}$ を問題の有効数字に合わせて用いて計算すること．

◇ 円周率や平方根，三角比やネイピア数 $(e)$ などの無理数の取り扱いは，①問題文の値が文字あるいは厳密値として与えられている場合には，$\pi, \sqrt{2}, \sin 13°, e^2$ などをそのまま用い，②問題文の値が測定値として与えられている場合には，問題の有効数字に合わせて数値化して計算する．

◇ 物理学では，問題文中の何気ない形容詞が，数量を限定している場合がある．

- 「滑らかな面上で」は，摩擦は無視できることを意味する．
- 「軽い」「小さな」「細い」は，それぞれ質量，大きさ，太さが無視できることを意味する．
- 「静かに手を放すと」は，初期速度はゼロであることを意味する．

◇ 特に指示の無い場合，すべての問題でバネとひもの質量は無視する．一方，滑車の質量については，問題によって取り扱いが異なるので注意すること．

## この本における（理工系で比較的一般的な）記法について

⋆ 平面や空間のベクトルを表す際は，太文字書体 $\boldsymbol{A}$ を用い，スカラー（いわゆる通常の実数）を表すときは，通常の書体 $A$ を用いる．

⋆ 質点の位置を表す際は，その位置ベクトルを $\boldsymbol{r}$ として表すことが多い．$\boldsymbol{r}$ は動径ベクトルとも呼ばれる[a]．質点の位置は時刻 $t$ とともに変化するので，それを強調したいときは $\boldsymbol{r}(t)$ のように表すこともあるが，（$\boldsymbol{r}$ に限らず）$t$ に依存した量でも，しばしば引数を表す $(t)$ を省略して表記される．

⋆ 時刻 $t$ に関する微分係数を，関数の直上に $\cdot$（「ドット」と発音）をつけて表す：$\dot{f}(t) = \dfrac{\mathrm{d}f}{\mathrm{d}t}$．一方，微分の記号としての $'$（「ダッシュ」または「プライム」と発音）は，$t$ 以外の変数による微分係数（通常は $x$ での微分）$f'(x) = \dfrac{df}{dx}$ を意味するので，区別して用いること．

⋆ 縦棒の記号「$(x \text{ の式})\big|_{x=a}$」は，$x$ の式で $x = a$ を代入する操作を表す．例えば

$$\frac{k}{2}x^2 + Ax + 4\Big|_{x=3} = \frac{9k}{2} + 3A + 4.$$

⋆ 「$A \equiv B$」は $A$ を $B$ によって**定義する**という意味で用いる．

[a] radius vector（動径ベクトル）の頭文字を取っている．

## ギリシャ文字（小文字）の書き方

記号としてよく用いられるギリシャ文字と偏微分記号 $\partial$ の書き方[a]と，読み方[b]を紹介しています．

- $\gamma$（ガンマ）は書き始めの左側部分を長めにし，下部で輪を描くように書けば，$r$（アール）と区別しやすくなります．
- $\nu$（ニュー）は，書き始めの左半分を外側に反らすように曲線を描けば，$v$（ヴィ）と区別がつきやすくなります．
- $\rho$（ロー）は，$p$（ピー）とよく似ていますが，書き始めの位置を上図のようにすればうまく書けます．
- $\sigma$（シグマ）は，書き終わりが水平になるように注意します．斜め上方向で終わると，数字の 6 のようになってしまい，よくありません．
- $\chi$（カイ）は交差するように，$x$（エクス）は左半分＋右半分のようにかき分ければ，これらの区別がつきやすくなります．
- $\omega$（オメガ） はマルを二つ描くつもりで書きます．$w$（ダブリュー）とよく似ていますが，もともと $\omega$ は長母音の「o」という意味で，o を二つ並べた「oo」が由来です．ちなみに $w$ は $uu$ (double-$u$) です．
- $\partial$ はギリシャ文字ではなく，$d$ を丸く書いたもので，「ラウンドディー」と呼ぶこともあります．
- $\epsilon, \theta, \phi$ には一筆で書く $\varepsilon, \vartheta, \varphi$ も手書きではよく使われます．
- ギリシャ文字には，概ね対応するローマ文字（アルファベット）がありますが，分かりにくいものもあります：

| ギリシャ文字 | $\gamma$ | $\zeta$ | $\lambda$ | $\mu$ | $\nu$ | $\xi$ | $\pi$ | $\rho$ | $\sigma$ |
|---|---|---|---|---|---|---|---|---|---|
| ローマ文字 | $g$ | $z$ | $l$ | $m$ | $n$ | $x$ | $p$ | $r$ | $s$ |

[a] 書き方に決まりはないのですが，概ねこのように書かれることが多いようです．
[b] 日本語での発音です．英語や現代ギリシャ語では発音が異なります．

# 第Ⅰ部

# 力学

# 第1章

# 基本事項・運動の記述

## 1.1　基本事項

### 1.1.1　物理量の単位と次元

**単位と次元**

**■単位**　物理学は物理量を定量的に測定し、それに基づいて自然法則を推論していく科学である。物理量を測定するには、量の単位が必要である。力学では3つの**基本物理量**，長さ・質量・時間の単位を定めれば、その掛算、割算などによって他の物理量の単位を表すことができる．国際単位系（SI 単位系）では，長さの単位を**メートル** (m)，質量の単位を**キログラム** (kg)，時間の単位を**秒** (s) を用い，**基本単位**という．他の物理量の単位は，定義や物理法則から基本単位から組み立てることができ，**組立単位**という．

**■次元**　物理量が基本量をどのように組み合わせているか表現しているものを次元（次元式）という．3つの基本量，長さ・質量・時間の次元はそれぞれ，L, M, T で表し，その他の物理量の次元は，これらの組み立てで表される．例えば速さは（距離）÷（時間）であるので，速さの次元は $\mathrm{LT^{-1}}$ のように表される．次元が1の量を，**無次元量**という．同じ次元を持つ量同士の比，ひずみや，弧度法による角は，無次元量の代表例である．

また，量 $x$ の次元は $[x]$ のように，角括弧を用いて表す：[速さ]$=\mathrm{LT^{-1}}$ 等.

**★ 特殊関数の次元** 特殊関数 $y=e^x$, $y=\sin x$, $y=\cos x$ の引数 $x$ は共に無次元量，$y=\log x$ の関数値 $y$ は無次元量でないといけない．【問 5】を参照せよ．一方，$y=e^x$, $y=\sin x$, $y=\cos x$ の関数値 $y$ や，$y=\log x$ の引数 $x$ については，確定的なことは言えず，表現する物理量にあわせて任意の次元を与えることも可能であるが，$y=e^x$, $y=\sin x$, $y=\cos x$ の関数値の次元は1にしておくのが便利である.

【問 1】 質量 $m$，速さ $v$ で運動する物体に対し，$K=\dfrac{1}{2}mv^2$ をこの物体の運動エネルギーという．これらの次元と，SI 単位系におけるこれらの単位を，SI 基本単位を用いてそれぞれ書け.
〔**答**：単位：kg, m/s, $\mathrm{kg\cdot m^2/s^2}$, 次元：M, $\mathrm{LT^{-1}}$, $\mathrm{ML^2T^{-2}}$〕

【問 2】 加速度 $a$ の SI 単位は $\mathrm{m/s^2}$ である．質量 $m$ [kg] の物体に，力 $F$ [N] が作用するときに成り立つ，運動方程式 $ma=F$ から，力 $F$ の単位 N を，基本単位の組立で表せ．〔**答**：$\mathrm{N=kg\cdot m/s^2}$〕

【問 3】 「直線上を速度 $v$ で運動していた物体に，加速度を $a$ 与えた後の速度 $v'$ は $v+a$ で与えられる.」という論述が誤りであることを，物理量の次元という観点で説明せよ.

【問 4】 物体の質量と，重さとは異なる概念である．この違いを，前問の観点（次元・単位の違い）および，測定の方法から議論せよ．また，重力を用いずに質量を測定するには，どのようにすればよいかを考えよ.

【問 5】 量 $y$ と $x$ の間に関数関係 $y=f(x)$ があるとき，次元の関係式

$$\left[\frac{\mathrm{d}f}{\mathrm{d}x}\right]=[y][x]^{-1}$$

が成り立つことを示せ．またこれを用いて，以下の各問に答えよ．

(1) $\dfrac{\mathrm{d}f}{\mathrm{d}x}$ の単位は，($y$ の単位/$x$ の単位) であることを示せ．

(2) 時刻 $t$ [s] における位置が $x(t)$ [m] である物体の速度は，$v(t)=\dfrac{\mathrm{d}x}{\mathrm{d}t}$ で与えられるという．$v$ の単位を答えよ．

(3) $y=e^x$, $y=\sin x$, $y=\cos x$ において，$x$ は無次元量になることを示せ．

(4) $y=\log x$ において，$y$ は無次元量になることを示せ．

〔答：(2)[m/s]〕

### 1.1.2　有効数字

**有効数字**

測定値を表す数値は，測定の確かさ・不確かさの情報を含めて表される．例えば，2.19 という値は，2.1 までは正確な値で，次の桁の 9 は測定値ではあるが，若干の誤差を含んでいることも同時に表す．この数値の場合，有効桁数は 3 桁であるといい，有効桁数が大きいほど精度の高い測定値であることを意味する．

**■和・差**　そのまま計算した後，末尾の位が最も高いものにそろえる．有効桁数が増減することがある：

$$12-3.4=8.6=9 \quad \text{(12 の末尾の位にそろえる．有効桁数 } 2\to 1\text{)}$$
$$5.6+7.8=13.4 \quad \text{(末尾の位は小数点第一位．有効桁数 } 2\to 3\text{)}$$

**■積・商**　そのまま計算した後，有効桁数の小さな方にそろえるため，その次の桁を四捨五入する：

$$1.23\times 4.5=5.535=5.5 \quad \text{(4.5 の有効桁数 2 にそろえるため，3 桁めを四捨五入.)}$$

なお，途中計算は有効桁数より 1 桁多くとって計算する[a]．$\pi$, $\sqrt{2}$ などの無理数も，この桁数までの近似値を用いる．計算過程によっては，有効桁の末尾の値が少し変わり得るが，もともとこの桁の値は誤差を含んでいるので，気にしなくてもよい．

[a] 計算途中の中間値を有効桁にして計算を続けると，丸め誤差が大きく生じる．

【問 6】 以下の数字の有効桁数を答えよ．

(1) 1.5　(2) $1.53\times 10^4$　(3) $1.530\times 10^4$

(4) 15300.　(5) 0.0015　(6) $1.50\times 10^{-3}$

〔答：(1)2, (2)3, (3)4, (4)5(この表記は曖昧で推奨されない), (5)2($1.5\times 10^{-3}$ と表記すべき), (6)3〕

【問 7】 有効数字を考慮して，以下の計算を行え．

(1) $8.236+4.3$　(2) $567.4-565.4$　(3) $0.017\times 2.678$　(4) $7864\div 3.20$

〔答：(1)$1.25\times 10^1$, (2)2.0, (3)$4.6\times 10^{-2}$, (4)$2.46\times 10^3$〕

【問 8】 以下の文章中の□に入る数値を答えよ．

「ある紙に描かれた長方形の 2 辺 $a$, $b$ を測定した結果が，$a=48.0$mm，$b=82.2$mm であった．これらは共に有効数字 [ア] 桁で表示されているが，これは，『$47.95\leq a<$ [イ]，$82.15\leq b<$ [ウ] の範囲にそれぞれの値が存在する』ことを意味している．ゆえに，この面積 $S$ は $(47.95\times 82.15)\leq S<$([イ]×[ウ]) の範囲に存在することになるので，測定値で計算した面積 $48.0\times 82.2=3945.6$ のうち，[エ] 桁目までは信頼で

きるが，その次の桁はいくらかの誤差を含み，さらにその下の桁は意味が無いことがわかる．よって有効数字を考慮した面積の値は **オ** とすれば十分である.」
〔**答：**ア…3，イ…48.05，ウ…82.25，エ…上から2，オ…$3.95 \times 10^3$〕

【問 9】 質量が $3.5 \times 10^2$ g, 半径が 5.50 cm と測定されたの球の体積 $V$ および密度 $\rho$ を，SI 単位系で求めよ．〔**答：**$V = 6.97 \times 10^{-4}\ \mathrm{m}^3$, $\rho = 5.0 \times 10^2\ \mathrm{kg/m}^3$〕

### 1.1.3　数学的準備

【問 10】 次の関数を $t$ で微分せよ.

(1) $x = 2t^{-2} - 3t^4$　(2) $y = t^2 \cos t$　(3) $x = 5\sin(3t)$
(4) $y = e^{t^2-3t}$　(5) $z = \log(t^2+1)$

〔**答：**(1)$-4t^{-3} - 12t^3$, (2)$2t\cos t - t^2 \sin t$, (3)$15\cos(3t)$, (4)$(2t-3)e^{t^2-3t}$, (5)$\dfrac{2t}{t^2+1}$〕

【問 11】 次の関数の $t$ に関する 1 階導関数，2 階導関数を求めよ.

(1) $x = e^{-2t}$　(2) $y = \cos(2t)$
(3) $x = \cos(\theta)$ ただし，$\theta$ は $t$ の関数.

〔**答：**(1)$-2e^{-2t}$, $4e^{-2t}$, (2)$-2\sin(2t)$, $-4\cos(2t)$, (3)$-\dot{\theta}\sin\theta$, $-\ddot{\theta}\sin\theta - \dot{\theta}^2\cos\theta$〕

【問 12】 以下の関数 $f$ に対して，$\dfrac{\partial f}{\partial x}$, $\dfrac{\partial f}{\partial y}$ , $\mathrm{d}f$ をそれぞれ求めよ.

(1) $f(x,y) = x^3 + 4xy^2 + xy + x + 10$　(2) $f(x,y) = \dfrac{1}{\sqrt{x^2+y^2}}$

〔**答：**(1)$\dfrac{\partial f}{\partial x} = 3x^2 + 4y^2 + y + 1$, $\dfrac{\partial f}{\partial y} = 8xy + x$, $\mathrm{d}f = (3x^2+4y^2+y+1)\mathrm{d}x + (8xy+x)\mathrm{d}y$,
(2) $\dfrac{\partial f}{\partial x} = -\dfrac{x}{(\sqrt{x^2+y^2})^3}$, $\dfrac{\partial f}{\partial y} = -\dfrac{y}{(\sqrt{x^2+y^2})^3}$, $\mathrm{d}f = -\dfrac{1}{(\sqrt{x^2+y^2})^3}(x\mathrm{d}x + y\mathrm{d}y)$〕

【問 13】 次の不定積分を計算せよ（置換積分の問題）

(1) $\displaystyle\int x(x^2+1)^{10}\mathrm{d}x$　(2) $\displaystyle\int e^{3x}\mathrm{d}x$　(3) $\displaystyle\int \frac{\mathrm{d}x}{x+2}$

〔**答：**（積分定数は省略）(1)$\dfrac{(x^2+1)^{11}}{22}$, (2)$\dfrac{e^{3x}}{3}$, (3)$\log|x+2|$〕

【問 14】 次の不定積分を計算せよ（部分分数分解）

(1) $\displaystyle\int \frac{\mathrm{d}x}{x-1}$　(2) $\displaystyle\int \frac{\mathrm{d}x}{x^2-1}$　(3) $\displaystyle\int \frac{\mathrm{d}x}{(x-1)(x-2)(x+3)}$

〔**答：**（積分定数は省略）(1)$\log|x-1|$, (2)$\dfrac{1}{2}\log\left|\dfrac{x-1}{x+1}\right|$, (3)$\dfrac{1}{20}\log\left|\dfrac{(x-2)^4(x+3)}{(x-1)^5}\right|$〕

【問 15】 次の不定積分を計算せよ（部分積分）

(1) $\displaystyle\int x^3 \log x\,\mathrm{d}x$　(2) $\displaystyle\int x\sin x\,\mathrm{d}x$　(3) $\displaystyle\int e^{2x}\cos x\,\mathrm{d}x$

〔**答：**（積分定数は省略）(1)$\dfrac{x^4}{16}(4\log x - 1)$, (2)$-x\cos + \sin x$, (3)$\dfrac{e^{2x}}{5}(\sin x + 2\cos x)$〕

【問 16】 （オイラーの公式）$i$ を虚数単位とする．$f(x) = e^{-ix}(\cos x + i\sin x)$ とおけば，$f(x) = 1$ （恒等的に 1 に等しい）ことを，$f'(x) = 0$ と $f(0) = 1$ を示すことによって証明せよ．また，こうして得られた関係 $f(x) = 1$ の両辺に $e^{ix}$ を乗ずることで，オイラーの公式

$$e^{ix} = \cos x + i\sin x$$

が成立することを確かめよ.

【問 17】 (1) (イ) において，点 P から点 Q へ向かうベクトルを $\mathbb{A}$，$\mathbb{B}$ を用いて表わせ．

(2) (ロ) において，点 P から点 Q へ向かうベクトルを $\mathbb{A}$，$\mathbb{B}$，$\mathbb{C}$，$\mathbb{D}$ を用いて表わせ．

(3) (ハ) において，原点 O から，辺 $\mathrm{P_1P_2}$ を $m:n$ に内分する点 P へのベクトル $\mathbb{r}$ を $\mathbb{r}_1$，$\mathbb{r}_2$ を用いて表わせ．

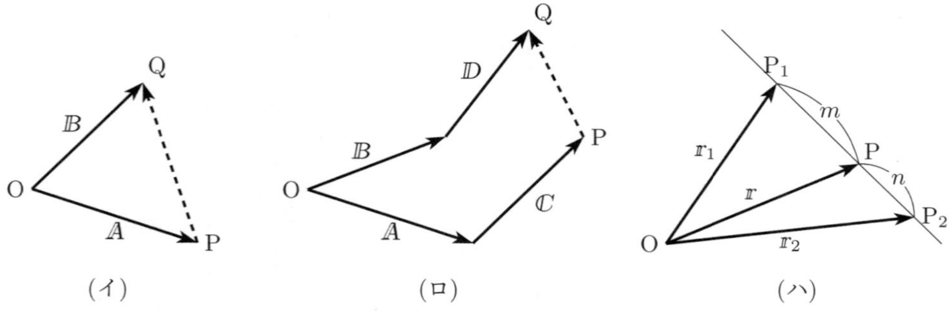


〔答：(1)$\overrightarrow{\mathrm{PQ}} = \mathbb{B} - \mathbb{A}$, (2)$\overrightarrow{\mathrm{PQ}} = \mathbb{B} + \mathbb{D} - \mathbb{A} - \mathbb{C}$, (3)$\mathbb{r} = \dfrac{1}{m+n}(n\mathbb{r}_1 + m\mathbb{r}_2)$〕

**デカルト座標における位置の表し方（位置ベクトル）**

直交する3つの座標軸（$x, y, z$ 軸）を定めた後，空間内での質点の位置は，その座標 $(x, y, z)$ によって表すことができる．このような座標を**デカルト座標**と呼ぶ．しかし，座標では演算ができず不便なので，点の位置は，原点を始点とする**位置ベクトル**によって表す．

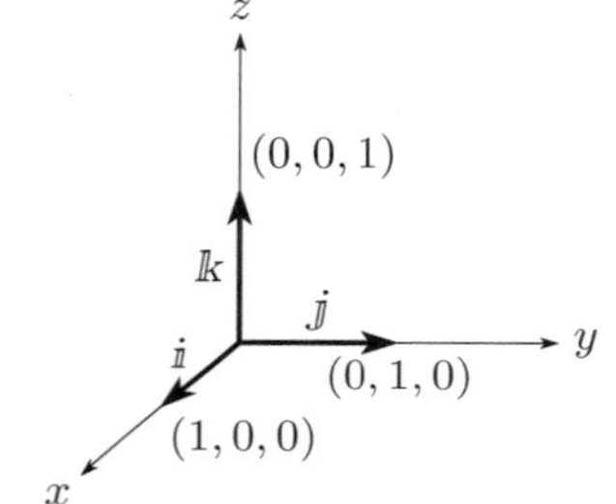


$x, y, z$ 軸方向の単位ベクトルをそれぞれ $\mathbb{i}, \mathbb{j}, \mathbb{k}$ [a]と記す．特に，断り書きが無ければ $\mathbb{i}, \mathbb{j}, \mathbb{k}$ の向きの関係は右手系（右図）とする．時刻 $t$ における質点の位置ベクトル $\mathbb{r}(t)$ は，座標を表す関数 $x(t), y(t), z(t)$ を用いて次のように表される：

$$\mathbb{r}(t) = x(t)\mathbb{i} + y(t)\mathbb{j} + z(t)\mathbb{k} \tag{1.1}$$

時刻の変化 $t \to t + \Delta t$ に伴った，質点の位置変化 $\Delta\mathbb{r}$ を**変位**

$$\Delta\mathbb{r} = \mathbb{r}(t + \Delta t) - \mathbb{r}(t).$$

といい，この間における単位時間あたりの変位を，**平均速度**

$$\bar{\mathbb{v}} = \frac{\Delta\mathbb{r}}{\Delta t}$$

という．

[a] これらの単位ベクトルを，$\mathbb{e}_x, \mathbb{e}_y, \mathbb{e}_z$ や $\hat{i}, \hat{j}, \hat{k}$ で表しているテキストもある．

【問 18】 (1) $\mathbb{a} = 3\mathbb{i} + 2\mathbb{j} + \mathbb{k}$，$\mathbb{b} = -2\mathbb{i} + 5\mathbb{j} + \mathbb{k}$ とする．$\mathbb{a} + \mathbb{b}$，$2\mathbb{a} - \mathbb{b}$，$|\mathbb{a}|$ を求めよ．

(2) $\mathbb{c} = \mathbb{i} + \mathbb{j} + \mathbb{k}$ とする．ベクトル $\mathbb{c}$ の方向の単位ベクトル $\hat{\mathbb{c}}$ を求めよ．

〔答：(1) $\mathbb{a} + \mathbb{b} = \mathbb{i} + 7\mathbb{j} + 2\mathbb{k}$, $2\mathbb{a} - \mathbb{b} = 8\mathbb{i} - \mathbb{j} + \mathbb{k}$, $|\mathbb{a}| = \sqrt{14}$. (2)$\hat{\mathbb{c}} = \dfrac{1}{\sqrt{3}}(\mathbb{i} + \mathbb{j} + \mathbb{k})$〕

【問 19】　点 A, B, C の座標をそれぞれ $(1,2,0)$, $(-2,0,3)$, $(0,1,1)$ とする．

(1) A を表す位置ベクトル $\mathbb{r}_\mathrm{A}$ を求めよ．

(2) A を基準（原点）にしたときの B, C の座標を求めよ．

(3) 点 A, B 間の距離を求めよ．

(4) 線分 AB 上の任意の点 P を表す位置ベクトル $\mathbb{r}(t)$ を，$t=0$ のとき A, $t=1$ のとき B が対応する様に表せ．

(5) 線分 AB 上の任意の点 P を表す位置ベクトル $\mathbb{r}(s)$ を，$s=0$ のとき A で，$s$ が線分 AP の長さに等しくなる様に表せ．

〔答：(1) $\mathbb{r}_\mathrm{A}=\mathbb{i}+2\mathbb{j}$, (2)B$(-3,-2,3)$, C$(-1,-1,1)$, (3)$\mathrm{AB}=\sqrt{22}$,
(4) $\mathbb{r}(t)=(-3\mathbb{i}-2\mathbb{j}+3\mathbb{k})t+(\mathbb{i}+2\mathbb{j})$, (5) $\mathbb{r}(s)=\dfrac{1}{\sqrt{22}}(-3\mathbb{i}-2\mathbb{j}+3\mathbb{k})s+(\mathbb{i}+2\mathbb{j})$ 〕

【問 20】　ある移動する物体は $t=0$ のとき 点 A(0,1,0), $t=2$ のとき点 B(1,0,1), $t=3$ のとき点 C(2,-2,0) にあった．

(1) A, B, C における位置ベクトル $\mathbb{r}_\mathrm{A}$, $\mathbb{r}_\mathrm{B}$, $\mathbb{r}_\mathrm{C}$ を求めよ

(2) A から B への変位 $\mathbb{r}_\mathrm{AB}$，B から C への変位 $\mathbb{r}_\mathrm{BC}$ を求めよ．

(3) A と B の間の平均速度を求めよ

〔答： (1)$\mathbb{r}_\mathrm{A}=\mathbb{j}$, $\mathbb{r}_\mathrm{B}=\mathbb{i}+\mathbb{k}$, $\mathbb{r}_\mathrm{C}=2\mathbb{i}-2\mathbb{j}$, (2)$\mathbb{r}_\mathrm{AB}=\mathbb{r}_\mathrm{B}-\mathbb{r}_\mathrm{A}=\mathbb{i}-\mathbb{j}+\mathbb{k}$, $\mathbb{r}_\mathrm{BC}=\mathbb{r}_\mathrm{C}-\mathbb{r}_\mathrm{B}=\mathbb{i}-2\mathbb{j}-\mathbb{k}$
(3)$\bar{\mathbb{v}}_\mathrm{AB}=\dfrac{\mathbb{r}_\mathrm{B}-\mathbb{r}_\mathrm{A}}{2-0}=\dfrac{1}{2}(\mathbb{i}-\mathbb{j}+\mathbb{k})$ 〕

【問 21】　P(2,3,1), Q(1,5,2), R(1,2,1) とする．

(1) P, Q, R が同一直線上にないことを示せ．

(2) 線分 PR の直線 PQ への正射影の長さを求めよ．

(3) 点 R の直線 PQ におろした垂線の長さを求めよ．

〔答：(2)$\dfrac{1}{\sqrt{6}}$, (3)$\sqrt{\dfrac{11}{6}}$〕

【問 22】　$\mathbb{a}_0$, $\mathbb{v}_0$ を定数ベクトルとし，任意の実数 $t$ に対し，$\mathbb{v}=\mathbb{a}_0t+\mathbb{v}_0$, $\mathbb{r}=\dfrac{\mathbb{a}_0}{2}t^2+\mathbb{v}_0t$ とおくとき，$2\mathbb{a}_0\cdot\mathbb{r}=|\mathbb{v}|^2-|\mathbb{v}_0|^2$ が成り立つことを示せ．

【問 23】　平面内に座標軸を描き，$x$ 軸方向，$y$ 軸方向の単位ベクトルをそれぞれ $\mathbb{i}$, $\mathbb{j}$ で表す．さらにこの座標軸を原点を中心に反時計周りに $\dfrac{\pi}{3}$ だけ回転させた座標軸を考え，$x'$ 軸 $y'$ 軸と呼ぶことにする．また，$x'$ 軸方向，$y'$ 軸方向の単位ベクトルをそれぞれ $\mathbb{i}'$, $\mathbb{j}'$ で表す．

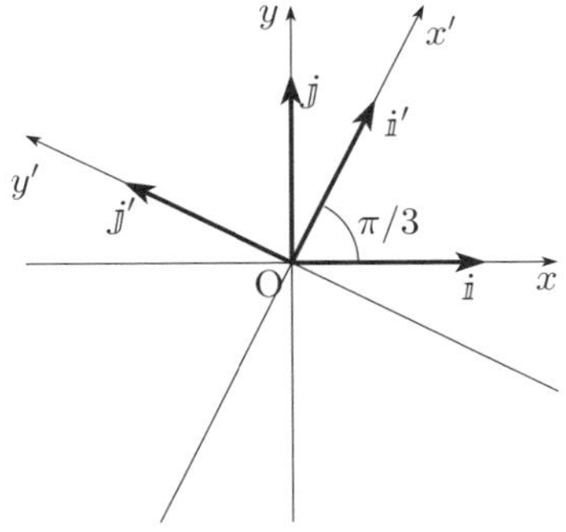


(1) 力 $\mathbb{F}_1$ は，大きさが 3 で $x$ 軸方向を向いている．$\mathbb{F}_1$ を $\mathbb{i}$, $\mathbb{j}$ を用いて表せ．

(2) 力 $\mathbb{F}_2$ は，大きさが 4 で $x$ 軸方向から測って，反時計回りに $\dfrac{\pi}{3}$ だけ周った向きである．$\mathbb{F}_2$ を $\mathbb{i}$, $\mathbb{j}$ を用いて表せ．また，$\mathbb{F}_2$ の $x$ 成分，$y$ 成分を答えよ．

(3) $\mathbb{F}_1$ と $\mathbb{F}_2$ の合力 $\mathbb{F}_3$ およびその大きさ $F_3$ を求めよ．

(4) ベクトル $\mathbb{i}'$, $\mathbb{j}'$ の各々を，$\mathbb{i}$, $\mathbb{j}$ を用いて表せ．

(5) $\mathbb{F}_3$ の $x'$ 成分，$y'$ 成分を答えよ．

〔答：(1)$\mathbb{F}_1=3\mathbb{i}$, (2)$\mathbb{F}_2=2\mathbb{i}+2\sqrt{3}\mathbb{j}$,$x$ 成分=2, $y$ 成分=$2\sqrt{3}$, (3)$\mathbb{F}_3=5\mathbb{i}+2\sqrt{3}\mathbb{j}$. $F_3=\sqrt{37}$,
(4)$\mathbb{i}'=\dfrac{1}{2}\mathbb{i}+\dfrac{\sqrt{3}}{2}\mathbb{j}$, $\mathbb{j}'=-\dfrac{\sqrt{3}}{2}\mathbb{i}+\dfrac{1}{2}\mathbb{j}$, (5)$x'=\dfrac{11}{2}$, $y'=-\dfrac{3\sqrt{3}}{2}$ 〕

## 1.2　運動学

**速度と加速度**

位置ベクトル $\mathbb{r}$ の時刻 $t$ による微分を**速度**と呼ぶ：

$$\mathbb{v}(t) = \frac{\mathrm{d}\mathbb{r}}{\mathrm{d}t}. \tag{1.2}$$

速度はベクトル量であることに注意．**速さ**は速度の大きさ $v(t) \equiv |\mathbb{v}(t)|$ を意味する．

また，速度 $\mathbb{v}$ の $t$ による微分を**加速度**と呼ぶ：

$$\mathbb{a}(t) = \frac{\mathrm{d}\mathbb{v}}{\mathrm{d}t} = \frac{\mathrm{d}^2\mathbb{r}}{\mathrm{d}t^2}. \tag{1.3}$$

力学では，時刻 $t$ での微分をドット (上付きの点) で表すのが慣例なので，(1.2), (1.3)をそれぞれ $\mathbb{v}(t) = \dot{\mathbb{r}}(t)$, $\mathbb{a}(t) = \dot{\mathbb{v}}(t) = \ddot{\mathbb{r}}(t)$ とも表記する．

**■加速度から速度，速度から位置を求めること**　逆に $\mathbb{a}$ を不定積分すれば，

$$\mathbb{v}(t) = \int \mathbb{a}\,\mathrm{d}t + \mathbb{C}$$

のように，$\mathbb{v}$ が積分定数 $\mathbb{C}$ を含んだ形で得られる．$t=0$ における速度 (初速度)$\mathbb{v}_0$ が与えられていれば，$\mathbb{v}(0) = \mathbb{v}_0$ を満たすように $\mathbb{C}$ が定められ，$\mathbb{v}$ が求められる．同様に初期位置 $\mathbb{r}_0$ が与えられれば，$\mathbb{v}$ から位置 $\mathbb{r}$ が求められる．

**★ 直線上の運動** 直線を $x$ 軸で表せば，位置ベクトルは $\mathbb{r} = x(t)\mathbb{i}$ と表すことができるので，（$\mathbb{i}$ を省略する形で）ベクトルの代わりに，成分 $x(t)$ のみで運動を表すことができる．またこの場合，速度，加速度は $v = \dfrac{\mathrm{d}x}{\mathrm{d}t}$, $a = \dfrac{\mathrm{d}v}{\mathrm{d}t} = \dfrac{\mathrm{d}^2x}{\mathrm{d}t^2}$ で与えられる．

### 1.2.1　直線上の運動

【問 24】　グラフは，$x$ 軸上を運動する物体の時刻 $t$ における速度 $v$ のグラフである．$t=0$ において物体は原点に位置していたとして，以下の問いに答えよ．

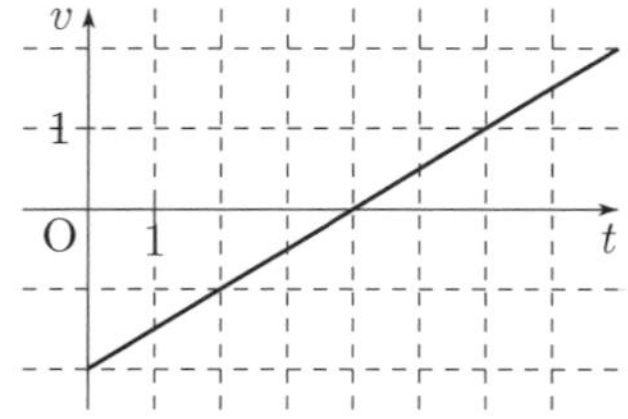


(1) 加速度 $a$ を求めよ．
(2) 時刻 $t$ における位置 $x$ を求めよ．
(3) $0 \le t \le 6$ における，物体の位置 $x$ の範囲を求めよ．

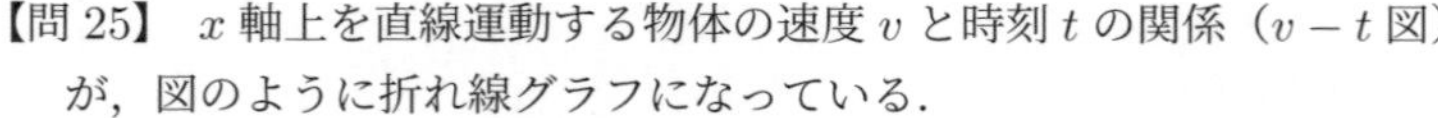
〔**答**：(1)$a = \dfrac{1}{2}$, (2)$x = \dfrac{1}{4}t^2 - 2t$, (3)$-4 \le x \le 0$〕

【問 25】　$x$ 軸上を直線運動する物体の速度 $v$ と時刻 $t$ の関係（$v-t$ 図）が，図のように折れ線グラフになっている．

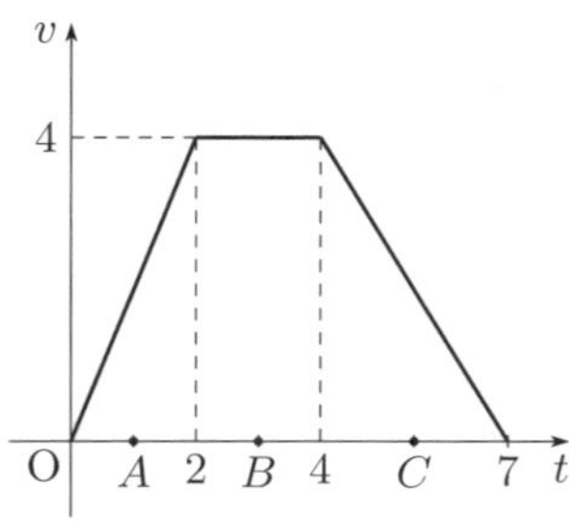


(1) 図の時刻 A,B,C における加速度 $a(\mathrm{A})$，$a(\mathrm{B})$，$a(\mathrm{C})$ の値を求めよ．
(2) $0 \le t \le 7$ における，この物体の速度 $v$ を $t$ の式として表せ．
(3) $0 \le t \le 7$ における，この物体の位置 $x$ を $t$ の式として表し，そのグラフ（$x-t$ 図）を書け．ただし，$t=0$ で $x=1$ とする．

〔**答**：(1)$a(\mathrm{A}) = 2, a(\mathrm{B}) = 0, A(\mathrm{C}) = -\dfrac{4}{3}$,

(2)$v(t) = 2t\ (t<2), 4\ (2 \le t < 4), -\dfrac{4}{3}(t-4) + 4\ (4 \le t < 7)$,

(3)$x(t) = t^2 + 1\ (t<2), 4(t-2) + 5\ (2 \le t < 4), -\dfrac{2}{3}(t-4)^2 + 4(t-4) + 13\ (4 \le t < 7)$ 〕

【問 26】 $x$ 軸上を運動する物体の時刻 $t$ における $x$ 座標が，以下の式で表される物体の速度，加速度，初期位置，初速度をそれぞれ求めよ．

(1) $x(t) = 5t^2 - 3t + 4$　(2) $x(t) = -4t + 3$　(3) $x(t) = 3\sin(2t)$
(4) $x(t) = 4t - 1 + e^{-2t}$　(5) $x(t) = \cos(t^2 - 3t)$

〔答：

| no. | $v$ | $a$ | $x_0$ | $v_0$ |
|---|---|---|---|---|
| (1) | $10t - 3$ | $10$ | 4 | -3 |
| (2) | -4 | 0 | 3 | -4 |
| (3) | $6\cos(2t)$ | $-12\sin(2t)$ | 0 | 6 |
| (4) | $4 - 2e^{-2t}$ | $4e^{-2t}$ | 0 | 2 |
| (5) | $-(2t-3)\sin(t^2-3t)$ | $-2\sin(t^2-3t) - (2t-3)^2\cos(t^2-3t)$ | 1 | 0 |

〕

【問 27】 $x$ 軸上を運動する物体の時刻 $t$ における加速度 $a$ が，以下の式で与えられる物体の速度および位置をそれぞれ求めよ．ただし初速度を $v_0$, 初期位置を $x_0$ とする．

(1) $a(t) = 0$　(2) $a(t) = -10$　(3) $a(t) = 2t$　(4) $a(t) = -\sin(2t)$

〔答：

| no. | $v$ | $x$ |
|---|---|---|
| (1) | $v_0$ | $v_0 t + x_0$ |
| (2) | $-10t + v_0$ | $-5t^2 + v_0 t + x_0$ |
| (3) | $v = t^2 + v_0$ | $\frac{1}{3}t^3 + v_0 t + x_0$ |
| (4) | $\frac{1}{2}\cos(2t) + v_0 - \frac{1}{2}$ | $\frac{1}{4}\sin(2t) + (v_0 - \frac{1}{2})t + x_0$ |

〕

【問 28】 野球のボールを鉛直上方 ($y$ 軸とする) に投げ上げた．ボールを投げ上げた位置を原点 ($y = 0$) として，ボールの位置を測定したところ，投げ上げてから $t$ [s] 後のボールの位置 $y$ [m] は，概ね $y = -5t^2 + 12t$ で表せることが分かった．この式が厳密に成立していると仮定して，以下の問いに答えよ．

(1) 時刻 $t$ [s] における速度 $v$ [m/s]，加速度 $a$ [m/s$^2$] を求めよ．
(2) 初期速度，初期加速度を求めよ．
(3) ボールが最高点に達したときの時刻，速度，加速度を求めよ．
(4) ボールの高さが 4 m になるときの，時刻，速度，加速度を求めよ．
(5) ボールが投げ上げられてから，着地するまでの速度，加速度のグラフを描け．ただし時間軸を横軸にとること．

〔答：(1)$v = -10t + 12$, $a = -10$, (2)$v(0) = 12$, $a(0) = -10$, (3)$t = \frac{6}{5}$, $v = 0$, $a = -10$, (4)$(t = \frac{2}{5}, v = 8, a = -10)$, $(t = 2, v = -8, a = -10)$.〕

【問 29】 以下の文章は、運動学的に正しくない．それを反例を挙げて指摘せよ．

**「速さが増加しているので，この物体の加速度は正である.」**

【問 30】 $v_0$ を正の定数とする．壁にあたって跳ね返されるボールの時刻 $t$ における $x$ 座標が，$x = |v_0 t|$ で与えられるとする（$t = 0$ で壁にあたって跳ね返される）．$t \neq 0$ における，速度，加速度を求めよ．また $t = 0$ における速度，加速度はどのように考えればよいだろうか？

〔答：$v = -v_0$ $(t < 0)$, $v_0$ $(0 < t)$, $a = 0$ $(t \neq 0)$〕

**注意：直線運動における記号 $v$, $a$ について**

空間や平面内での運動では，$v$, $a$ はベクトル量の速度 $\boldsymbol{v}$, 加速度 $\boldsymbol{a}$ の**大きさ**を表す正の実数である．しかし直線運動（一次元運動）の場合，$v$, $a$ は向きを持った速度，加速度そのものを表しているので，（向きを表す）正・負の値を取りうる．考えている状況によって，$v$, $a$ の表す内容が異なっているので，記号を用いるときは意味にも注意すること．

**単振動（調和振動）**

物体が1点を中心として，その付近で運動を繰り返すことを**振動**という．一定の時間 $T$ [s] が経つごとに同じ運動を繰り返す，つまり任意の時刻 $t$ における物体の位置が

$$x(t+T) = x(t)$$

を満たすとき，**周期** $T$ を持つ振動であるという．単位時間あたりに繰り返される振動の回数 $f$ [Hz] を**振動数**という．$T$ と $f$ は互いに逆数である．

もっとも基本的で重要な振動として，物体の変位が

$$x = A\sin(\omega t + \theta_0) \quad A,\ \omega,\ \phi \text{ は定数} \tag{1.4}$$

となるようなものを，**単振動**あるいは**調和振動**という．$A$ を振幅，$\omega$ を角振動数，$\theta_0$ を初期位相[a] という．

単振動は周期的であり，$\sin t$ の周期が $2\pi$ であることから，$T = \dfrac{2\pi}{\omega}$ が成り立つ．

[a] cos で単振動を表すこともあるが，$\cos(x) = \sin(x + \pi/2)$，つまり初期位相が $\pi/2$ ずれるだけなので，本質的な差はない．

【問 31】 位置座標が以下の式で表されるような質点のうち，単振動であるものを選び，振幅 $A$ と角振動数 $\omega$ を求めよ．

① $x = 2\sin(3t)$　② $x = -3\cos(\pi t + \frac{\pi}{4})$　③ $x = \cos(t)\sin(2t)$

④ $x = \cos(2t) + \sin(2t)$　⑤ $x = \sin(t^2 + 2t)$　⑥ $x = \sin(\sin t)$

〔答：①$A = 2, \omega = 3$, ②$A = 3, \omega = \pi$, ④$A = \sqrt{2}, \omega = 2$〕

【問 32】 振幅 $A$，角振動数 $\omega$，初期位相 $\phi$ の振動は，変位 $x(t) = A\sin(\omega t + \phi)$ と表現される．以下の振幅 $A$，角振動数 $f$（あるいは周期 $T$，振動数 $f$），初期位相 $\phi$ の振動を表す関数を SI 単位系で表示し，横軸 $t$，縦軸 $x$ とするグラフを描け．また，各々の変位に対して，速度 $v(t) = \dfrac{\mathrm{d}x}{\mathrm{d}t}$ を求めよ．

(1) $A = 1$ cm, $f = 3$ kHz, $\phi = 0$　(2) $A = 1$ mm, $T = 2$ μs, $\phi = \frac{\pi}{4}$

(3) $A = 0.1$ mm, $f = 1$ MHz, $\phi = -\frac{\pi}{4}$　(4) $A = 1$ mm, $T = 50$ ns, $\phi = \frac{\pi}{2}$

【問 33】 次のグラフは単振動するおもりの変位 $x(t)$ を表す．（横軸は [s], 縦軸は [cm]）

(1) 振幅 $A$ と周期 $T$ をグラフから読み取れ．
(2) 振動数 $f$ と角振動数 $\omega$ を求めよ．
(3) 変位 $x(t)$ を $t$ の関数として表せ．
(4) 速度 $v(t)$ を $t$ の関数として表し，その概形を描け．
(5) 加速度 $a(t)$ を $t$ の関数として表せ．

〔答：(1)$A = 2$ cm, $T = 6$ s, (2)$f = \frac{1}{6}$ Hz,

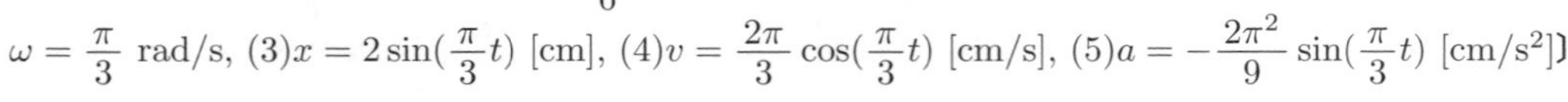

$\omega = \frac{\pi}{3}$ rad/s, (3)$x = 2\sin(\frac{\pi}{3}t)$ [cm], (4)$v = \frac{2\pi}{3}\cos(\frac{\pi}{3}t)$ [cm/s], (5)$a = -\frac{2\pi^2}{9}\sin(\frac{\pi}{3}t)$ [cm/s$^2$]〕

【問 34】 次のグラフは単振動するおもりの速度 $v(t)$ を表す．（横軸

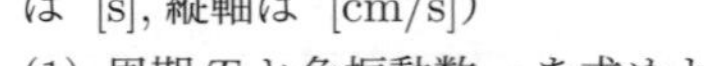

は [s], 縦軸は [cm/s]）

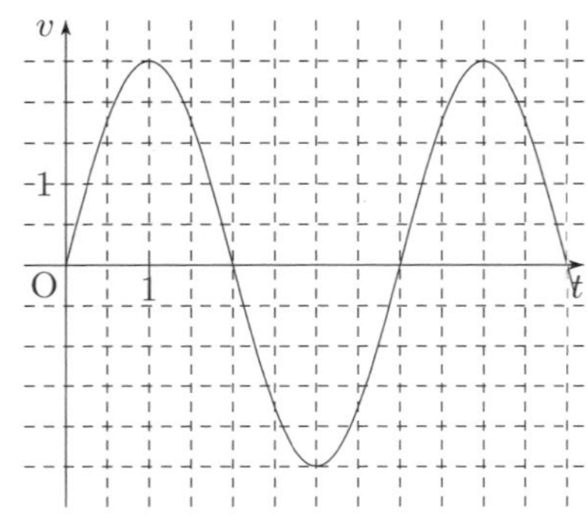


(1) 周期 $T$ と角振動数 $\omega$ を求めよ．
(2) 速度 $v(t)$ を $t$ の関数として表せ．
(3) 加速度 $a(t)$ を $t$ の関数として表し，その概形を描け．
(4) 変位 $x(t)$ の振幅 $A$ を求めよ．

〔答：(1)$T = 4$ s, $\omega = \frac{\pi}{2}$ rad/s, (2)$v = \frac{5}{2}\sin(\frac{\pi}{2}t)$ [cm/s], (3)$a = \frac{5\pi}{4}\cos(\frac{\pi}{2}t)$ [cm/s$^2$], (4)$A = \frac{5}{\pi}$ cm〕

【問 35】 単振動 $x = A\sin(\omega t + \theta_0)$ の，初期変位, 初速度が $x_0$，$v_0$ であるとき，$A$, $\theta_0$ を求めよ．
〔答：$A = \sqrt{x_0^2 + \dfrac{v_0^2}{\omega^2}}$, $\theta_0 = \tan^{-1}\dfrac{\omega x_0}{v_0}$〕

【問 36】 単振動する質点の加速度は，常に変位の方向と逆の向きに比例することを示せ．

### 1.2.2 平面・空間内の運動

【問 37】 位置ベクトル $\mathbb{r}(t)$ が時間 $t$ の関数として以下の (1)〜(3) のように与えられる質点の，速度 $\mathbb{v}$，加速度 $\mathbb{a}$，初期位置 $\mathbb{r}_0$，初期速度 $\mathbb{v}_0$，速さ $v$，加速度の大きさ $a$ を求めよ．

(1) $\mathbb{r}(t) = t\mathbb{i} + 2t\mathbb{j}$　　(2) $\mathbb{r}(t) = t\mathbb{i} - \dfrac{1}{2}t^2\mathbb{j}$

(3) $\mathbb{r}(t) = 3\cos\left(\dfrac{\pi}{2}t\right)\mathbb{i} + 3\sin\left(\dfrac{\pi}{2}t\right)\mathbb{j}$

〔答：

| no. | $\mathbb{v}(t)$ | $\mathbb{a}(t)$ | $\mathbb{r}_0$ | $\mathbb{v}_0$ | $v(t)$ | $a(t)$ |
|---|---|---|---|---|---|---|
| (1) | $\mathbb{i} + 2\mathbb{j}$ | $\mathbb{0}$ | $\mathbb{0}$ | $\mathbb{i} + 2\mathbb{j}$ | $\sqrt{5}$ | 0 |
| (2) | $\mathbb{i} - t\mathbb{j}$ | $-\mathbb{j}$ | $\mathbb{0}$ | $\mathbb{i}$ | $\sqrt{1+t^2}$ | 1 |
| (3) | $\dfrac{3\pi}{2}(-\sin(\frac{\pi}{2}t)\mathbb{i} + \cos(\frac{\pi}{2}t)\mathbb{j})$ | $-\dfrac{3\pi^2}{4}(\cos(\frac{\pi}{2}t)\mathbb{i} + \sin(\frac{\pi}{2}t)\mathbb{j})$ | $3\mathbb{i}$ | $\dfrac{3\pi}{2}\mathbb{j}$ | $\dfrac{3\pi}{2}$ | $\dfrac{3\pi^2}{4}$ |

【問 38】 前問の (1)〜(4) で与えられる質点の軌跡の概形を $t \geq 0$ の範囲で描き，$t = 0, 1, 2$ の各点における速度と加速度の向きをその軌跡の図に書き込め．

【問 39】 ある質点の速度 $\mathbb{v}(t)$ が，時間 $t$ の関数として次のように与えられているとき，質点の加速度 $\mathbb{a}(t)$ はいくらか．また，質点がはじめ原点にあったとして，$t$ 秒後の位置 $\mathbb{r}(t)$ を求めよ．

(1) $\mathbb{v}(t) = v_x\mathbb{i} + v_y\mathbb{j}$ ($v_x, v_y$:定数)　　(2) $\mathbb{v}(t) = (at+b)\mathbb{i} + (\alpha t + \beta)\mathbb{j}$　($a, b, \alpha, \beta$:定数)

(3) $\mathbb{v}(t) = 3\bigl(\cos(2t)\mathbb{i} + \sin(2t)\mathbb{j}\bigr) + 4\mathbb{k}$

〔答：(1)$\mathbb{a} = \mathbb{0}$, $\mathbb{r} = (v_x t)\mathbb{i} + (v_y t)\mathbb{j}$, (2)$\mathbb{a} = a\mathbb{i} + \alpha\mathbb{j}$, $\mathbb{r} = (\dfrac{a}{2}t^2 + bt)\mathbb{i} + (\dfrac{\alpha}{2}t^2 + \beta t)\mathbb{j}$,
(3)$\mathbb{a} = -6\sin(2t)\mathbb{i} + 6\cos(2t)\mathbb{j}$, $\mathbb{r} = \dfrac{3}{2}\sin(2t)\mathbb{i} + \dfrac{3}{2}(1 - \cos(2t))\mathbb{j} + 4t\mathbb{k}$〕

【問 40】 加速度が一定値 $\mathbb{a}_0$ であるような運動について，以下の問いに答えよ

(1) 速度 $\mathbb{v}$, 位置 $\mathbb{r}$ を求めよ．ただし $t = 0$ での位置，速度を $\mathbb{r}_0$, $\mathbb{v}_0$ とする．

(2) 任意の 2 点における位置，速度を $\mathbb{v}_1$, $\mathbb{r}_1$，$\mathbb{v}_2$, $\mathbb{r}_2$ で表すとき，

$$2\mathbb{a}_0 \cdot (\mathbb{r}_2 - \mathbb{r}_1) = |\mathbb{v}_2|^2 - |\mathbb{v}_1|^2$$

が成り立つことを示せ (“·” は，スカラー積（内積）を表す)．

〔答：(1)$\mathbb{v} = \mathbb{a}_0 t + \mathbb{v}_0$, $\mathbb{r} = \dfrac{\mathbb{a}_0}{2}t^2 + \mathbb{v}_0 t + \mathbb{r}_0$〕

【問 41】 棒の一端を平面上に固定し，もう一端におもりをつけて平面上で，半径 $R$ の円周上を反時計まわりに**一定の速さ** $v$ で運動させる．

円の中心点を原点にとって，平面上で 2 つの直交する二軸を $x, y$ 軸とし，各々の単位ベクトルを $\mathbb{i}, \mathbb{j}$ とする．また，時刻 $t$ での，$x$ 軸正方向から反時計回りに測ったおもりの回転角を $\theta(t)$ とする．

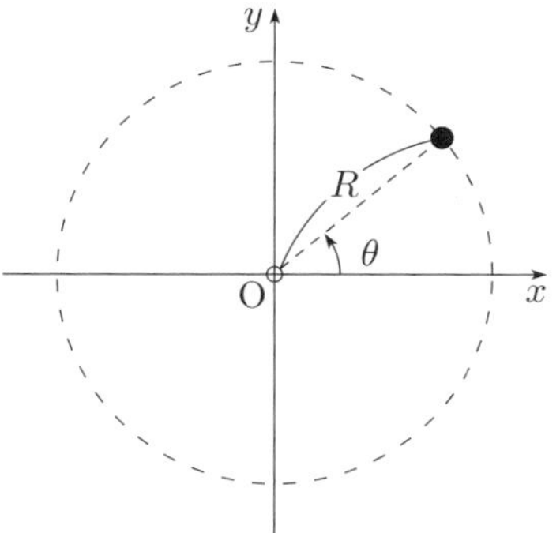


(1) おもりの角速度を $\omega$ とするとき，$v$ と $\omega$ の関係を表せ．

(2) このおもりの周期 $T$，および単位時間あたりの回転数 $n$ を $\omega$ を用いて表せ．

(3) 時刻 $t = 0$ のときに，ちょうど $\theta(0) = \delta$ であったとすると，おもりの回転角 $\theta$ はどのように表せるか？

(4) 時刻 $t$ でのおもりの位置ベクトル $\mathbb{r}(t)$ を $R$, $\omega$, $\delta$, $t$ を用いて表せ．

(5) このおもりの速度 $\mathbb{v}$ を求めよ．

(6) このおもりの加速度 $\mathbb{a}$ および加速度の大きさ $a$ を求めよ．

(7) $\mathbb{v}$ および $\mathbb{a}$ はどのような向きになっているか．(4), (5), (6) の結果を用いて述べよ．

〔答：(1)$v=R\omega$, (2)$T=\dfrac{2\pi}{\omega}$,$n=\dfrac{\omega}{2\pi}$, (3)$\theta=\omega t+\delta$, (4)$\mathbb{r}=R(\cos(\omega t+\delta)\mathbb{i}+\sin(\omega t+\delta)\mathbb{j})$,
(5)$\mathbb{v}=R\omega(-\sin(\omega t+\delta)\mathbb{i}+\cos(\omega t+\delta)\mathbb{j})$, (6)$\mathbb{a}=-R\omega^2(\cos(\omega t+\delta)\mathbb{i}+\sin(\omega t+\delta)\mathbb{j})$,$a=R\omega^2$
(7)$\mathbb{v}$…接線方向，$\mathbb{a}$…円の中心方向〕

【問 42】　【問 41】と同様の設定で円運動を考えるが，**等速とは限らない**場合を考える．

(1) $x$ 軸から反時計回りにはかった中心角を $\theta(t)$ で表すとき，円の中心を原点とするおもりの位置ベクトル $\mathbb{r}(t)$ を表す式を書け．（単位ベクトル $\mathbb{i},\mathbb{j}$ を用いて書くこと．）

(2) おもりの速度 $\mathbb{v}(t)$ を求めよ．また 角速度を $\omega=\dot{\theta}(t)$ と定めれば，速度の接線成分 $v$ が $R\omega$ に等しいことを確かめよ．

(3) おもりの加速度 $\mathbb{a}(t)$ を求めよ．

(4) $\mathbb{a}$ の接線成分 $a_t$ ，法線成分（外向きを正）$a_n$ をそれぞれ求めよ．また，非等速の場合には $a_t\neq 0$ になること，つまり $\mathbb{a}$ は中心を向かないことを確かめよ．

〔答：(1) $\mathbb{r}=R(\cos(\theta)\mathbb{i}+\sin(\theta)\mathbb{j})$, (2) $\mathbb{v}=R\dot{\theta}(-\sin(\theta)\mathbb{i}+\cos(\theta)\mathbb{j})$,
(3) $\mathbb{a}=R\ddot{\theta}(-\sin(\theta)\mathbb{i}+\cos(\theta)\mathbb{j})-R\dot{\theta}^2(\cos(\theta)\mathbb{i}+\sin(\theta)\mathbb{j})$ (4) $a_t=R\ddot{\theta}=\dot{v}$, $a_n=-R\dot{\theta}^2=-\dfrac{v^2}{R}$〕

【問 43】　図のように車が，直線路 AB から半径 $R$ の円弧 BC(1/4 円) を通過して，再び直線路 CD を走行する（図は車道を上から見た様子である）．

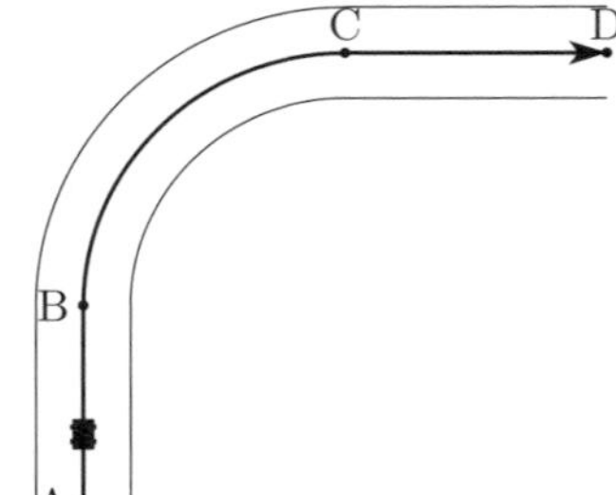


車道に起伏はなく，鉛直方向の加速度はないものとしてよい．

(a) 一定の速さ $v$ で走行しているとき：

(1) 円弧 BC での角速度 $\omega$ を求めよ．

(2) 区間 AB, BC, CD における加速度の大きさと向きを求めよ．

(b) 円弧 BC において，B における速さが $v_0$ で，一定の割合 $a_0$ で速さが変化するとき：

(1) 時刻 $t$ における，円弧 BC での角速度 $\omega$ を求めよ．ただし B における時刻を 0 とする．

(2) C における速さ $v_1$ を求めよ．

(3) 時刻 $t$ における加速度の大きさ $a$ を求めよ．ただし B における時刻を 0 とする．

〔答：(a1)$\omega=\dfrac{v}{R}$, (a2)$a=0,\dfrac{v^2}{R}$ 円の中心方向, 0,
(b1)$\omega=\dfrac{a_0t+v_0}{R}$, (b2)$v_1=\sqrt{\pi a_0R+v_0^2}$, (b3)$a=\dfrac{\sqrt{(a_0t+v_0)^4+(a_0R)^2}}{R}$〕

【問 44】　半径 $a$ の円柱が滑らずに転がっているとき，円柱の中心の速さ $v$ と，円柱の回転角速度 $\omega$ の間に $v=a\omega$ の関係が成り立つことを示せ．《ヒント：滑らずに転がるときは，接地点における円柱と床の相対速度がゼロになることを用いよ》

【問 45】　水平な道を進む自動車のタイヤの運動を考える．タイヤの半径は $3.00\times10^{-1}$ m とし，時刻 $t=0$ におけるタイヤの回転数は $3.00\times10^{2}$ rpm [*1]で，滑らずに転がりながら一定の割合で減速し $T=1.00\times10^{1}$ 秒後に静止した．自動車の進む方向に $x$ 軸を取り、時刻 $t$ におけるタイヤの回転軸（=タイヤの中心）の位置を $x(t)$，自動車の速度を $v(t)$ とおく．以下の問いに答えよ．

(1) 角速度 $\omega(t)$ [rad/s] を求めよ．($\omega$ は定数にならないことに注意せよ)

(2) 自動車の速度 $v(t)$ と $\omega(t)$ の関係を書き，$v(t)$ を求めよ．

(3) $t=0$ から静止するまでの距離 $L$ と，タイヤの総回転数 $N$ を求めよ．

〔答：(1)$\omega=-3.14t+3.14\times10^{1}$, (2)$v=R\omega=-9.42\times10^{-1}t+9.42$ m/s, (3)$L=4.71\times10^{1}$ m, $N=2.50\times10^{1}$〕

[*1] 1 分間あたりの回転数, rotations per minute

【問 46】 図のように，半径 $R$ の円環面上を，半径 $a$ の円柱が滑らずに転がるとき，円柱の中心の角速度 $\Omega$ と，円柱の自転の角速度 $\omega$ の間に成り立つ関係式を導け．

〔答：$(R-a)\Omega = a\omega$〕

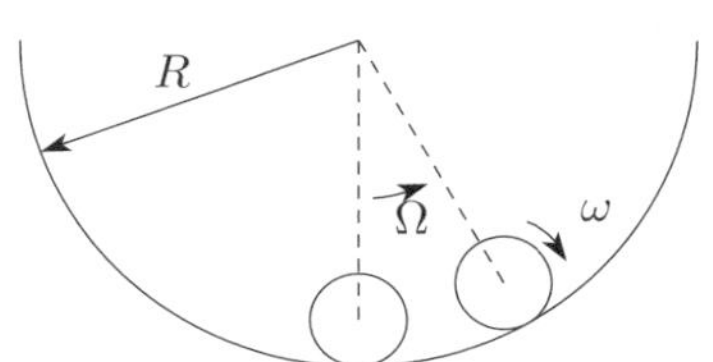


【問 47】 図は，糸に結びつけられたおもりの振り子運動の様子を表し，点 A, C はおもりの最高点，B は最低点を表す．図のように $x, y$ 軸，おもりの振れ角 $\theta$ を取るとき，以下の問いに答えよ．

(1) 時刻 $t$ におけるおもりの位置ベクトルを，$\theta$ を用いて表せ．

(2) 加速度 $\mathbb{a}$ を求めよ．

(3) 加速度の，速度方向成分 $a_t$ と法線方向成分（外向きを正）$a_n$ を求めよ．

(4) 時刻 $t$ における振れ角が $\theta = \theta_0 \sin(\omega_0 t)$ であるとき，$a_t$, $a_n$ を求めよ．

〔答：(1) $\mathbb{r} = L(\cos(\theta)\mathbb{i} + \sin(\theta)\mathbb{j})$, (2) $\mathbb{a} = L\ddot{\theta}(-\sin(\theta)\mathbb{i} + \cos(\theta)\mathbb{j}) - L\dot{\theta}^2(\cos(\theta)\mathbb{i} + \sin(\theta)\mathbb{j})$

(3) $a_t = L\ddot{\theta}$, $a_n = -L\dot{\theta}^2$. (4) $a_t = -L\theta_0\omega_0^2\sin(\omega_0 t)$, $a_n = -L\theta_0^2\omega_0^2\cos^2(\omega_0 t)$〕

【問 48】 $xy$ 平面内の位置 $\mathbb{r} = x\mathbb{i} + y\mathbb{j}$ を，$\mathbb{r} = \rho(\cos\phi\ \mathbb{i} + \sin\phi\ \mathbb{j})$ のように原点からの距離 $\rho$ と $x$ 軸からの角 $\phi$ を用いて表すことを，極座標表示という．以下の問いに答えよ．

(1) $\mathbb{e}_\rho = \cos\phi\ \mathbb{i} + \sin\theta\ \mathbb{j}$, $\mathbb{e}_\phi = -\sin\phi\ \mathbb{i} + \cos\phi\ \mathbb{j}$ とおいて，それぞれ $\rho$, $\phi$ 方向ベクトルと呼ぶ．$\mathbb{e}_\rho$ が，$\rho$ 方向（$=\phi$ が一定の曲線の接線方向），$\mathbb{e}_\phi$ が，$\phi$ 方向 ($=\rho$ が一定の曲線の接線方向) に一致することを示せ．

(2) $\mathbb{r} = \rho\mathbb{e}_\rho$ と表せることを用いて，速度 $\mathbb{v}$, 加速度 $\mathbb{a}$ を $\mathbb{e}_\rho$, $\mathbb{e}_\phi$ で表せ．

(3) $\mathbb{v}$ の $\rho$, $\phi$ 方向成分をそれぞれ求めよ．

(4) $\mathbb{a}$ の $\rho$, $\phi$ 方向成分をそれぞれ求めよ．

〔答：(2)$\mathbb{v} = \dot{\rho}\mathbb{e}_\rho + \rho\dot{\phi}\mathbb{e}_\phi$, $\mathbb{a} = (\ddot{\rho} - \rho\dot{\phi}^2)\mathbb{e}_\rho + (2\dot{\rho}\dot{\phi} + \rho\ddot{\phi})\mathbb{e}_\phi$ (3)$v_\rho = \dot{\rho}$, $v_\phi = \rho\dot{\phi}$,

(4)$a_\rho = \ddot{\rho} - \rho\dot{\phi}^2$, $a_\phi = 2\dot{\rho}\dot{\phi} + \rho\ddot{\phi}$〕

【問 49】 運動の軌跡が一致しているが，速度，加速度は一致しないような 2 つの運動の例をあげよ．

【問 50】 以下の文章は，運動学的に誤り、あるいは曖昧な箇所を含んでいる．その場所を指摘し、その理由を書け．

(1) 一定の速さで運動しているので，加速度はゼロである．

(2) 正の加速度を加えたので，速さが増した．

(3) 速度が上向きなので，上向きに加速していることが分かる．

(4) 物体が円運動しているので，加速度は円の中心方向である．

# 第2章

# 運動の法則，運動方程式の立式と解法

## 2.1　運動の法則

**ニュートンの運動の法則**

- **第 1 法則　（慣性の法則）** 質点[a] に働く力がつりあっているならば，質点は等速直線運動する．
- **第 2 法則　（運動の法則）** 質点に働く力がつりあっていない場合，合力 $\mathbb{F}$ に比例して加速度 $\mathbb{a}$ が生じる．この法則を数学的に表した式を**運動方程式**と呼ぶ：

$$m\mathbb{a} = \mathbb{F}. \tag{2.1}$$

比例係数 $m$ は，質点の**質量**を表す．

- **第 3 法則　（作用・反作用の法則）** 2 つの質点 A,B があるときに，A が B から受ける力 $\mathbb{F}_{\mathrm{A}\leftarrow\mathrm{B}}$ と，B が A から受ける力 $\mathbb{F}_{\mathrm{B}\leftarrow\mathrm{A}}$ は，向きが逆向きで，大きさは同じ[b]．つまり

$$\mathbb{F}_{\mathrm{A}\leftarrow\mathrm{B}} + \mathbb{F}_{\mathrm{B}\leftarrow\mathrm{A}} = \mathbb{0}.$$

**■微分方程式としての運動方程式**　加速度・速度・位置の関係式

$$\mathbb{a} = \frac{\mathrm{d}\mathbb{v}}{\mathrm{d}t} = \frac{\mathrm{d}^2\mathbb{r}}{\mathrm{d}t^2} \tag{1.3}$$

を使って運動方程式 $m\mathbb{a} = \mathbb{F}$ を書き換えると

$$m\frac{\mathrm{d}\mathbb{v}}{\mathrm{d}t} = \mathbb{F} \qquad \text{または} \qquad m\frac{\mathrm{d}^2\mathbb{r}}{\mathrm{d}t^2} = \mathbb{F} \tag{2.2}$$

となる．運動方程式は，$\mathbb{r}$ の微分を含む方程式なので，数学的には**微分方程式**と呼ばれるものの一種である．質点に作用する力 $\mathbb{F}$ が与えられたとき，時刻 $t$ における質点の位置 $\mathbb{r}$ は，運動方程式の解として得られることになる．

[a] 『大きさは無いが質量はあるという理想的な物体』のことである．形や大きさのある物体を，質点とみなすということは，すべての質量が一点に集中し，その物体に作用するすべての力が，その一点に作用し，結果ひとつの合力となって作用するということである．また，物体の回転や変形などについては考慮しない．

[b] A, B は異なる質点なので，$\mathbb{F}_{\mathrm{A}\leftarrow\mathrm{B}} + \mathbb{F}_{\mathrm{B}\leftarrow\mathrm{A}}$，は合力を意味しないことに注意せよ．

※断りのない場合，本章における物体は質点として扱うこと．

【問 1】　運動方程式 $F = ma$ から，力の単位を SI 基本単位の組立として表せ．〔**答：**$\mathrm{kg\cdot m/s^2}$〕

【問 2】　$x$ 軸上を運動する質量 2.5 kg の質点の，時刻 $t$ [s] における位置が $x = \dfrac{9}{2}t^2 - 4t$ [m] であるとき，作用する力を求めよ．〔**答：**$2.3 \times 10^1$ N〕

【問 3】 時刻 $t$ [s] における座標が $(x, y, z) = (2t, -\frac{1}{2}t^2 + t, 0)$ [m] であるような，質量 2.0 kg の物体がある．

(1) $0 \leq t \leq 2$ の範囲で，物体の軌跡を描け．ただし $xy$ 平面上でよい．

(2) 軌跡の方程式（$x$ と $y$ の関係式）を求めよ．

(3) $t = 0$, 1.0, 2.0 における，物体の速度と加速度の向きを (1) に書き込め．

(4) 時刻 $t$ において，物体に作用する力の向きと大きさ $F$ を求めよ．

〔**答**：(2)$y = -\frac{1}{8}x^2 + \frac{x}{2}$, (4)$y$ 軸負方向, $F = 2.0$ N〕

【問 4】 エレベーターの床面上に，質量 $m$ の荷物が載せられている．床面から荷物に作用する垂直抗力の大きさを $N$ として，以下の状況における $N$ をそれぞれ求めよ．

(1) エレベーターが静止しているとき．

(2) エレベーターが一定の速さ $v$ で上昇しているとき．

(3) エレベーターが一定の速さ $v$ で下降しているとき．

(4) エレベーターが一定の加速後 $a$ で上昇しているとき．

(5) エレベーターが一定の加速度 $a$ で下降しているとき．

〔**答**：(1)(2)(3)$N = mg$, (4)$N = mg + ma$, (5)$N = mg - ma$〕

【問 5】 粗い水平面に質量 3.0 kg の物体が置いてある．

(1) 水平方向に，12 N の力を物体に作用させたが動かなかった．物体に作用する静止摩擦力 $f$ はいくらか．

(2) 作用させる力を徐々に大きくしていくと，25 N で物体は動いた．静止摩擦係数 $\mu$ を求めよ．

(3) 水平から斜め 45° 上方に力を作用させるとき，静止した物体を動かすのに必要な力の大きさ $F$ を求めよ．

〔**答**：(1)$f = 1.2 \times 10^1$ N, (2)$\mu = 8.5 \times 10^{-1}$, (3)$1.9 \times 10^1$ N〕

【問 6】 質量 $M$ のトラックの荷台面上に，質量 $m$ の荷物が載せられていて，斜度 $\theta$ の坂道を走っている．荷物とトラックに働く力としては，重力，垂直抗力，摩擦力で，さらにトラックはタイヤの回転によって，斜面にそって上向きに働く駆動力が生じているとする．トラックの荷台から荷物に作用する垂直抗力の大きさを $N$，静止摩擦係数を $\mu$，として以下の問いに答えよ．

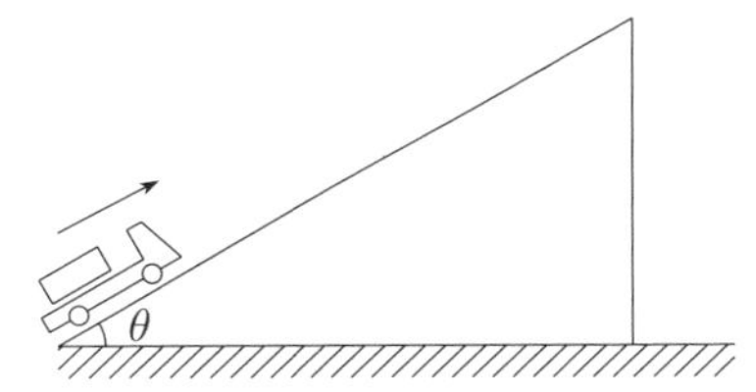


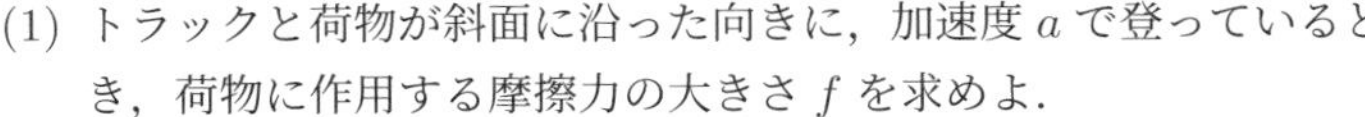
(1) トラックと荷物が斜面に沿った向きに，加速度 $a$ で登っているとき，荷物に作用する摩擦力の大きさ $f$ を求めよ．

(2) トラックから荷物が滑り落ちないための，加速度 $a$ の大きさの上限を求めよ．

(3) 荷物が滑り落ちないための，トラックの駆動力の大きさ $F$ の上限を求めよ．

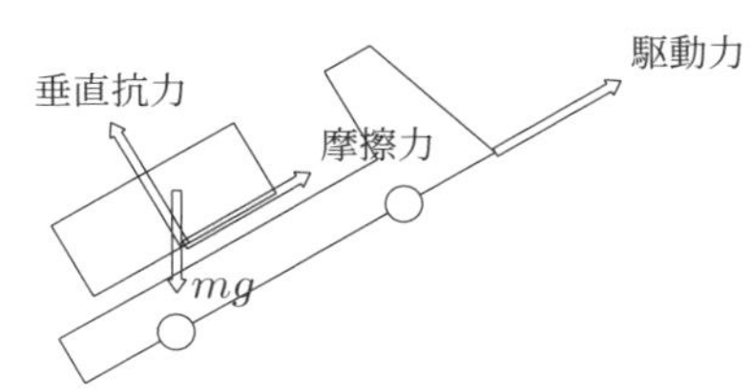


〔**答**：(1)$f = m(a + g\sin\theta)$, (2)$a \leq g(\mu\cos\theta - \sin\theta)$, (3)$F \leq (m + M)g\mu\cos\theta$〕

【問 7】 図のように，はかりの上に斜度 $\theta = 30°$ の斜面を持つ，質量 $M = 2000$ g のブロックを置き，その斜面上に質量 $m = 100$ g の木片を置く．はじめ，木片を斜面に固定してはかりで重量を読むと $M + m = 2100$ g 重の重量であった．つぎに，木片を斜面上で滑らしながらはかりを読むと，指し示す重量は木片を固定したときの重量よりも小さくなっていた．

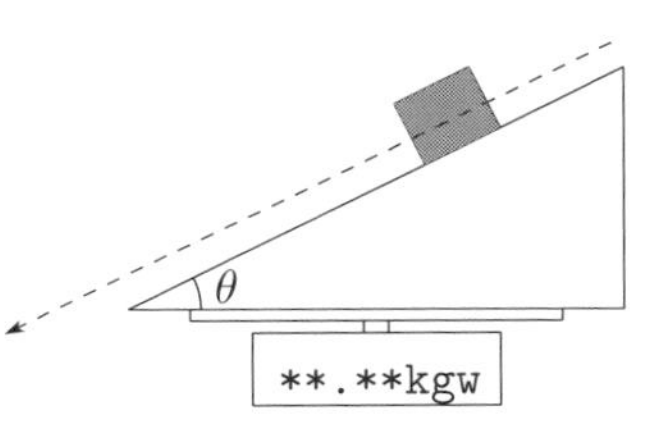


この理由を，運動の法則（運動方程式）を用いて説明し，重量の減少量を求めよ．ただし，滑らす際には，斜面と木片の間には動摩擦係数 $\mu' = 0.150$ であるような，摩擦力が存在すると仮定する．〔**答**：18.5 g 減少〕

【問8】 図のような振り子を点Aから静かに放すと，点B,Cを順次通過した．A,B,Cの各点で物体に働いている合力の向きを図に書き込み，それらの理由を述べよ．

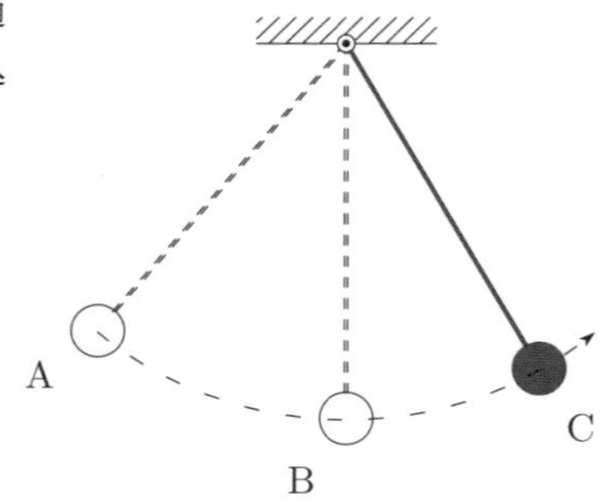


## 2.2　運動方程式の立式

【問9】 地表面付近で，質量 $m$ のボールが重力 $mg$ をうけて，鉛直下向きに自由落下（=初速度0で落とす）している．鉛直方向下向きを正として，ボールの運動方程式を加速度 $a$ を用いて表せ．ただし，空気抵抗は無いものとする．〔答：$ma = mg$〕

【問10】 【問9】と同様の設定であるが，はじめ鉛直上向きにボールを投げ上げ，再び落下してくるような運動に関して，運動方程式を速度 $v$ を用いて表せ．〔答：$m\dot{v} = mg$〕

【問11】 【問9】でさらに，速度に比例する空気抵抗 $bv$ を受けることを考慮して，ボールの運動方程式を速度 $v$ を用いて表せ．〔答：$m\dot{v} = mg - bv$〕

【問12】 滑らかな水平面上で，ばね定数 $k$ のばねの一端を固定し，もう一端に質量 $m$ のおもりをつけて，水平方向に振動できるように工夫する．ばねの自然長の位置を原点に取り，ばねの伸びる向きを $x$ 軸正方向として，ばねの変位とおもりの座標を一致させておく．おもりを $\ell$ だけ引っ張って，静かに手を放すと，おもりは振動を始めた．おもりの運動方程式をおもりの位置 $x$ を用いて表せ．〔答：$m\ddot{x} = -kx$〕

【問13】 【問9】と同様の設定であるが，初速度 $\boldsymbol{v}_0 = v_{0x}\boldsymbol{i} + v_{0y}\boldsymbol{j}$ を与えて，斜方投射する．ボールの運動方程式を速度 $\boldsymbol{v} = v_x\boldsymbol{i} + v_y\boldsymbol{j}$ を用いて表せ．ただし，$\boldsymbol{i}$ を水平方向，$\boldsymbol{j}$ を鉛直上向きの単位ベクトルとする．〔答：$m\dot{v}_x = 0,\ m\dot{v}_y = -mg$ または $m\dot{\boldsymbol{v}} = -mg\boldsymbol{j}$〕

【問14】 【問13】で，さらに速度 $\boldsymbol{v}$ に比例する空気抵抗 $b\boldsymbol{v}$ を受けることを考慮したとき，ボールの運動方程式を位置 $\boldsymbol{r} = x\boldsymbol{i} + y\boldsymbol{j}$ を用いて表せ．〔答：$m\ddot{\boldsymbol{r}} = -mg\boldsymbol{j} - b\dot{\boldsymbol{r}}$ または $m\ddot{x} = -b\dot{x},\ m\ddot{y} = -mg - b\dot{y}$〕

【問15】 質量 $m$ の木片を平らな床に置いて，水平方向に大きさ $f$ の力で引っ張った．床と木片の間の動摩擦係数を $\mu'$ とするときに，木片の運動方程式を木片の速度 $v$ を用いて表せ．
〔答：$m\dot{v} = f - \mu' mg$〕

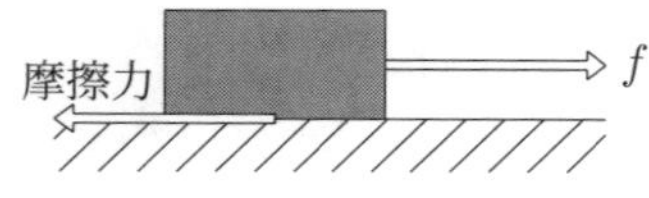


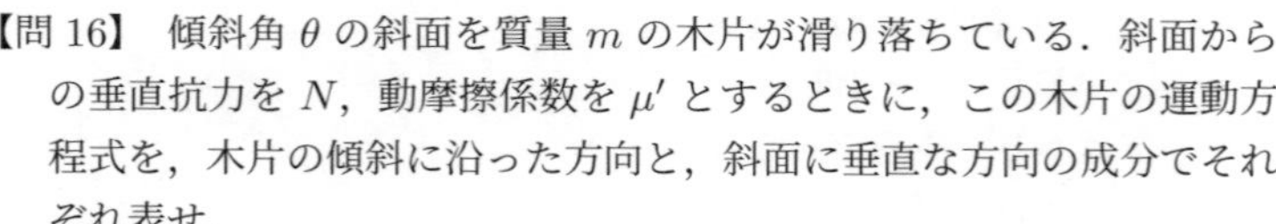

【問16】 傾斜角 $\theta$ の斜面を質量 $m$ の木片が滑り落ちている．斜面からの垂直抗力を $N$，動摩擦係数を $\mu'$ とするときに，この木片の運動方程式を，木片の傾斜に沿った方向と，斜面に垂直な方向の成分でそれぞれ表せ．
〔答：斜面沿：$m\dot{v} = mg\sin\theta - \mu' N$，垂直：$0 = mg\cos\theta - N$〕

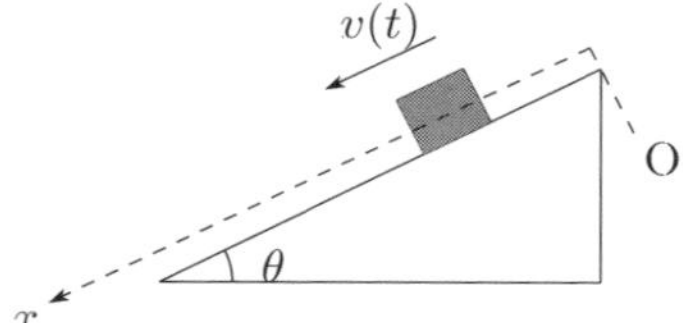

【問 17】 重さの無視できるばね定数 $k$ のばねを鉛直に垂らして片端を支持し，もう片端に質量 $m$ のおもりをばねの先に吊るすと，ばねは自然長から $\ell$ だけ伸びて釣り合った．この状態からおもりを引っ張って手を放すとおもりは振動を始めた．ある時刻 $t$ の自然長からの変位を $y$ とするときに，このおもりの運動方程式を $y$ を用いて表せ．

また，釣り合いの位置からの変位を $x$ とするときに，おもりの運動方程式を $x$ で表せ．

〔**答**：(1) 鉛直下向きを正にとる $m\ddot{y} = -ky + mg$, (2)$m\ddot{x} = -kx$〕

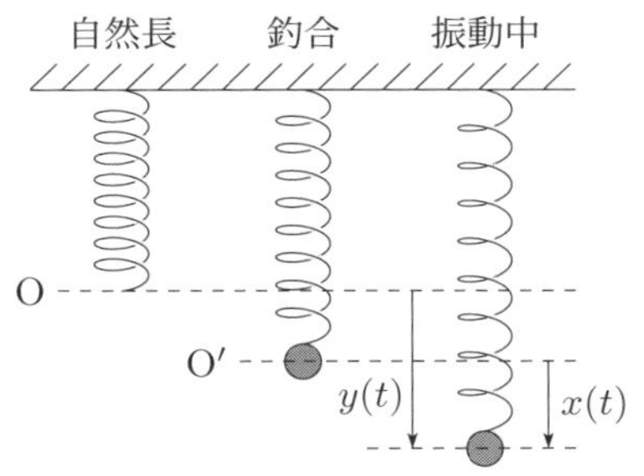


【問 18】 体積 $V$，密度 $\rho$ のおもりが，密度 $\rho_0$ ($\rho > \rho_0$) の液体中を落下する速度 $v$ について考える．おもりには，重力，浮力，および速さに比例する抵抗力 $bv$ ($b$ は定数) が作用すると仮定する．おもりの運動方程式を $v(t)$ を用いて表せ．

〔**答**：鉛直下向きを正とする．$\rho V\dot{v} = (\rho - \rho_0)Vg - bv$〕

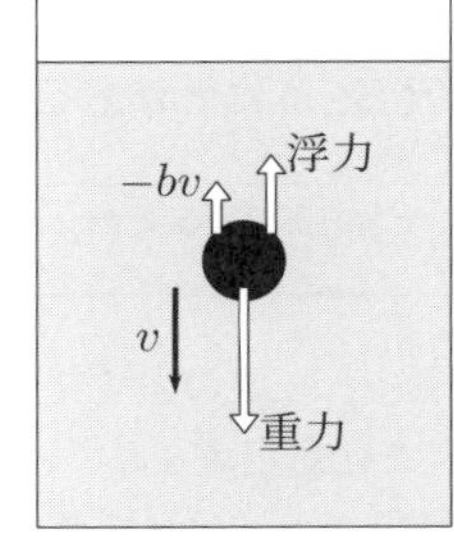


【問 19】 万有引力の法則によれば，原点に質量 $M$ の恒星があるときに，位置ベクトル $\mathbb{r}$ にある質量 $m$ の惑星には

$$\mathbb{F} = -GMm\frac{\mathbb{r}}{|\mathbb{r}|^3}$$

の力が働く．($G$ は万有引力定数．) 恒星の位置は動かないとするとき，惑星の運動方程式を，この惑星の位置ベクトル $\mathbb{r}$ を用いて表せ． 〔**答**：$m\ddot{\mathbb{r}} = -GMm\dfrac{\mathbb{r}}{|\mathbb{r}|^3}$〕

【問 20】 電磁気学におけるクーロンの法則によれば，点 $\mathbb{r}_0$ に $q_0$ の電荷があるとき，点 $\mathbb{r}$ においた $q$ の電荷には

$$\mathbb{F} = \frac{qq_0}{4\pi\varepsilon_0}\frac{\mathbb{r} - \mathbb{r}_0}{|\mathbb{r} - \mathbb{r}_0|^3}$$

の力が働く．($\varepsilon_0$ は真空の誘電率．) 前者の $q_0$ の電荷の位置を $\mathbb{r}_0$ に固定したとき，後者の電荷の運動方程式を，この電荷の時刻 $t$ における位置ベクトル $\mathbb{r}$ を用いて表せ．ただし，この電荷の質量を $m$ とする．

〔**答**：$m\ddot{\mathbb{r}} = \dfrac{qq_0}{4\pi\varepsilon_0}\dfrac{\mathbb{r} - \mathbb{r}_0}{|\mathbb{r} - \mathbb{r}_0|^3}$〕

【問 21】 磁束密度 $\mathbb{B}$ の中を，速度 $\mathbb{v}$ で移動する質量 $m$ 電荷が $q$ の荷電粒子は，ローレンツ力 $\mathbb{F} = q\mathbb{v} \times \mathbb{B}$ を受ける ("×" はベクトル積)．この粒子の運動方程式を，粒子の速度ベクトル $\mathbb{v} = v_x\mathbb{i} + v_y\mathbb{j} + v_z\mathbb{k}$ を用いて表せ．また $\mathbb{B} = B\mathbb{k}$ であるとき，運動方程式を成分で書き下せ．

〔**答**：$m\dot{\mathbb{v}} = q\mathbb{v} \times \mathbb{B}$, $m\dot{v}_x = qv_yB$, $m\dot{v}_y = -qv_xB$, $m\dot{v}_z = 0$.〕

## 2.3 運動方程式の解法（入門）

**運動方程式の解とその意味**

現実に起きる物体の運動は，ある時刻における位置・速度（=**初期条件**）と，作用する力 $\mathbb{F}$ に従って決定される．これは数学的に，任意の時刻 $t$ における位置 $\mathbb{r}(t)$ は，運動方程式と初期条件を満たす解であると言い換えられる．

与えられた運動方程式を満たし，任意定数[a]を含む解を**一般解**，さらに初期条件も満たす解を**初期値問題の解**と呼ぶ．

微分方程式の解を求めることは，一般的には非常に難しいが，いくつかの場合については，解法が存在している．この節では力 $F$ が定数，粘性抵抗力，バネの復元力の場合について考える．より一般的な問題については，9章で考える．

[a] $v$ は一つの任意定数，$x$ は2つの任意定数を含む．これらは初速度，初期位置に対応する．

【問 22】 $x$ 軸上，一定の力 $F$ を受ける質量 $m$ の質点は，運動方程式 $m\ddot{x}=F$ を満たす．

(1) $A, B$ を任意定数として，$x=\dfrac{F}{2m}t^2+At+B$ は，運動方程式の一般解になっていることを，方程式に代入することによって確かめよ．

(2) $t=t_0$ における位置と速度が，$x_0, v_0$ であるとき，運動方程式の初期値問題の解を求めよ．

〔答：(2)$x=\dfrac{F}{2m}(t-t_0)^2+v_0(t-t_0)+x_0$〕

【問 23】 【問 11】で，$m=1$ とした運動方程式 $\dot{v}=g-bv$ について答えよ．

(1) 以下①〜⑥の関数のうちから，解となりうるものをすべて選べ．

(2) 以下①〜⑥の関数のうちから，初期条件 $v(0)=0$ を満たす解を選べ．

① $v=gt$　② $v=\dfrac{g}{b}(1-e^{-bt})$　③ $v=\dfrac{gt}{1+bt}$

④ $v=e^{-bt}+\dfrac{g}{b}$　⑤ $v=\dfrac{g}{b}$　⑥ $v=\dfrac{gt}{1-bt}$

〔答：(1)②,④,⑤, (2)②〕

【問 24】 【問 11】の運動方程式 $m\dot{v}=mg-bv$ の一般解が，$A$ を任意定数として，$v=Ae^{-\frac{b}{m}t}+\dfrac{mg}{b}$ で与えられることを，方程式に代入して確かめよ．

【問 25】 【問 12】で，$m=1, k=4$ とした運動方程式 $\ddot{x}=-4x$ について答えよ．

(1) 以下①〜⑥の関数のうちから，解となりうるものをすべて選べ．

(2) 以下①〜⑥の関数のうちから，初期条件 $x(0)=1, v(0)=1$ を満たす解を選べ．

① $x=3\sin(2t+\dfrac{\pi}{6})$　② $x=-2t^2$　③ $x=3\sin(4t)$

④ $x=\cos(2t)$　⑤ $x=\cos(2t)+\dfrac{1}{2}\sin(2t)$　⑥ $x=2e^{-2t}$

〔答：(1)①,④,⑤, (2)⑤〕

【問 26】 【問 12】の運動方程式 $m\ddot{x}=-kx$ の一般解が，$A, B$ を任意定数として，

$x=A\cos\left(\sqrt{\dfrac{k}{m}}t\right)+B\sin\left(\sqrt{\dfrac{k}{m}}t\right)$ で与えられることを，方程式に代入して確かめよ．

【問 27】 【問 21】の運動方程式，$m\dot{v}_x=qBv_y$, $m\dot{v}_y=-qBv_x$ の一般解が，$A, \delta$ を任意定数として，$v_x=A\sin(\dfrac{qB}{m}t+\delta)$, $v_y=A\cos(\dfrac{qB}{m}t+\delta)$ で与えられることを，これらを方程式に代入することで確かめよ．

### 2.3.1　一定の力が作用する運動

**一定の力による運動 ⇒ 等加速度運動**

常に一定の大きさの力 $\mathbb{F} = F_x\mathbb{i} + F_y\mathbb{j} + F_z\mathbb{k}$ のみが作用する場合，質点の運動方程式の両辺を質量 $m$ で約せば，加速度が一定 $\mathbb{a} = \dfrac{\mathbb{F}}{m}$ の運動であることが分かる．これを時刻 $t$ で積分し，初期条件を満たすように積分定数を決定することで，質点の $t$ における位置 $\mathbb{r}$ を求めることができる:

$$\mathbb{v}(t) = \frac{\mathbb{F}}{m}t + \mathbb{v}_0,$$
$$\mathbb{r}(t) = \frac{\mathbb{F}}{2m}t^2 + \mathbb{v}_0 t + \mathbb{r}_0.$$

ここで，$\mathbb{r}_0$, $\mathbb{v}_0$ は $t = 0$ における位置と速度である．

とくに，質点の運動の向きと，作用する力の向きが同じである場合，その向きを $x$ 軸とおけば，その成分で運動を考えることができ，加速度は一定 $a = \dfrac{F}{m}$ の運動で，以下のようになる：

$$v(t) = \frac{F}{m}t + v_0,$$
$$x(t) = \frac{F}{2m}t^2 + v_0 t + x_0.$$

【問 28】 地面から質量 $m$ のボールを，上向きに初速 $v_0$ で投げた後の運動を考える．ボールに作用する力は，鉛直下向きの重力 $mg$ のみとして，以下の問いに答えよ．

(1) 地表面からの鉛直上向きの位置を $y$ とするときに，鉛直方向の運動方程式を立てよ．

(2) 運動方程式を解いて，時刻 $t$ における位置 $y$ を求めよ．ただしボールを投げた瞬間を時刻 $t = 0$ とする．

(3) ボールが再び地面に落ちてくる時刻を求めよ．

〔**答**：(1)$m\ddot{y} = -mg$, (2)$y = -\dfrac{g}{2}t^2 + v_0 t$, (3)$t = \dfrac{2v_0}{g}$〕

【問 29】 質量 $m$ の木片を傾き $\theta$ $(0 < \theta < \pi/2)$ の斜面上に静かに置くと滑り落ち始めた．木片と斜面の間の動摩擦係数は $\mu'$ であるとする．最初に物体を置いた位置を原点として，木片の運動方程式を立てよ．また，それを解いて時刻 $t$ のときの木片の速度 $v$ および移動距離 $x$ を求めよ．

〔**答**：$m\ddot{x} = mg(\sin\theta - \mu'\cos\theta)$, $v = g(\sin\theta - \mu'\cos\theta)t$, $x = \dfrac{g(\sin\theta - \mu'\cos\theta)}{2}t^2$〕

【問 30】 水平面から角度 $\theta$ $(0 < \theta < \pi/2)$ の斜面上で，運動する質量 $m$ の消しゴムを考える．消しゴムと斜面の間の静止摩擦係数を $\mu$，動摩擦係数を $\mu'$ とする．斜面上の点 A から斜面に沿って傾斜の上向きに，初速 $v_0$ で消しゴムを弾き出す．

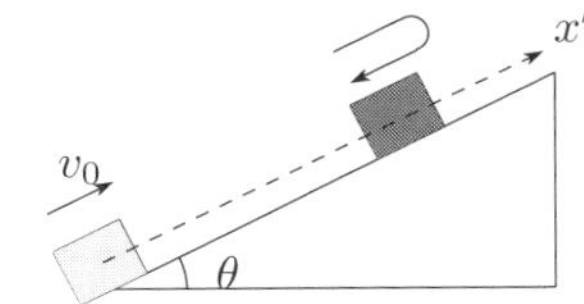


(1) 消しゴムを弾いてから物体が静止するまでの時間 $T_1$ と移動距離 $L$ を求めよ．

(2) 消しゴムが静止した後，斜面に沿って戻ってくるための $\theta$ に対する条件式を求めよ．

(3) 消しゴムが戻ってくる場合を考える．消しゴムが，静止した地点から弾き出した地点に戻ってくるまでの時間 $T_2$ を求めよ．

〔**答**：(1)$T_1 = \dfrac{v_0}{g(\sin\theta + \mu'\cos\theta)}$, $L = \dfrac{v_0^2}{2g(\sin\theta + \mu'\cos\theta)}$, (2)$\tan\theta > \mu$, (3)$T_2 = \dfrac{v_0}{g\sqrt{\sin^2\theta - \mu'^2\cos^2\theta}}$〕

【問 31】 一定の電圧 $V$ の電極間に質量 $m$，電荷 $q$（$q>0$）の粒子が置かれると，この粒子は加速される．このとき，電荷 $q$ の粒子の受ける電気力は $F=q\dfrac{V}{d}$ で与えられ一定である．（$d$ は電圧のかけられている電極間の距離である．）また，粒子には鉛直下向きに重力 $mg$ も作用している．図のように，$x, y$ 軸として運動方程式を示し，$t$ 秒後の速度 $\boldsymbol{v}$ を求めよ．ただし，$t=0$ で粒子は静止していたとする．
〔答：$m\ddot{x}=\dfrac{qV}{d}$, $m\ddot{y}=-mg$, $\boldsymbol{v}=(\dfrac{qV}{md}\boldsymbol{i}-g\boldsymbol{j})t$〕

**放物運動**

空気抵抗などの影響を受けず，重力のみが作用するとみなせる質点の運動方程式は，$m\ddot{\boldsymbol{r}}(t)=-mg\boldsymbol{j}$（$\boldsymbol{j}$ は鉛直上向きの単位ベクトル）と書ける．これを成分ごとに書き表すと，

$$m\ddot{x}=0, \quad m\ddot{y}=-mg \tag{2.3}$$

となるので，水平方向成分 $x$ は等速度運動，鉛直方向成分 $y$ は等加速度運動である．これらを積分して，

$$\dot{x}(t)=v_{x0}, \quad \dot{y}(t)=v_{y0}-gt,$$
$$x(t)=x_0+v_{x0}t, \quad y(t)=y_0+v_{y0}t-\frac{1}{2}gt^2$$

となる．ここに $\boldsymbol{v}_0=v_{x0}\boldsymbol{i}+v_{y0}\boldsymbol{j}$ は初期速度，$\boldsymbol{r}_0=x_0\boldsymbol{i}+y_0\boldsymbol{j}$ は初期位置を表す．

【問 32】 質量 $m$ のボールを地上の1点 (原点とする) から仰角 $\theta$ ($0^\circ<\theta<90^\circ$) の方向に初速 $v_0$ で投げるとき，このボールがどのような運動をするかを考える．

運動方程式を立てるためには，まず座標軸を指定しなければならないが，座標軸は運動方程式を解きやすくなるように決めると良い．この問題では，重力の働く向きとそれに直交する向きを考えることにし，鉛直上方を $y$ 軸の正の向き，水平面の中でボールの進む方向を $x$ 軸の正の向きに取る．投げ上げた地点を原点とし，その時刻を $t=0$ とする．

(1) ボールに関する運動方程式を立てて，それを $x$，$y$ 成分に分解せよ．
(2) 運動方程式を積分して，時刻 $t$ における速度の $x$，$y$ 成分を求めよ．
(3) 速度の式を積分して，時刻 $t$ における位置の $x$，$y$ 座標を求めよ．
(4) (3) の結果から時刻 $t$ を消去して，$x$ と $y$ の関係式を求め，軌跡が放物線となることを確認せよ．
(5) ボールの落下点までの距離 $L$ を求めよ．
(6) 同じ初速 $v_0$ でボールを投げるとすると，落下点までの距離が最大になる投げ上げの角度 $\theta_{\max}$ を求めよ．

〔答：(1)$m\ddot{x}=0$,$m\ddot{y}=-mg$, (2)$v_x=v_0\cos\theta$,$v_y=-gt+v_0\sin\theta$,
(3)$x=(v_0\cos\theta)t$,$y=-\dfrac{g}{2}t^2+(v_0\sin\theta)t$, (4)$y=-\dfrac{g}{2v_0^2\cos^2\theta}x^2+(\tan\theta)x$, (5)$L=\dfrac{v_0^2\sin 2\theta}{g}$,
(6)$\theta_{\max}=\dfrac{\pi}{4}$〕

【問 33】 水平な地面から質量 $m$ のボールを，水平方向から角度 $\theta$ の斜め上向きに初速 $v_0$ で投げた後の運動を考える．物体が到達する最高点を点 A，物体が地面に落下する地点を点 B とする．

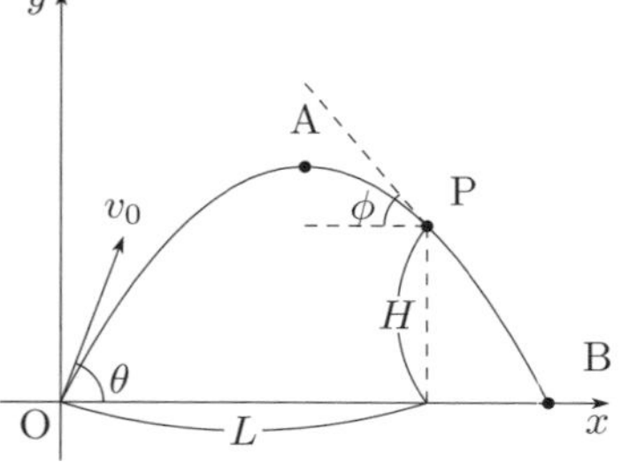


(1) 物体が点 A を通過するまでの時間を求めよ．
(2) 原点 O と点 B の間の距離を求めよ．
(3) 図の様に，物体が $(x, y)=(L, H)$ の点 P を水平方向からある角度 $\phi$（$0^\circ<\phi<90^\circ$）で通過するように，$v_0$ と $\theta$ を $L$, $H$, $g$, $\phi$ を用いて表せ．また，点 P を通過する時刻 $T$ を求めよ．

〔答：(1)$\dfrac{v_0\sin\theta}{g}$, (2)$\dfrac{v_0^2\sin 2\theta}{g}$, (3)$T=\sqrt{\dfrac{2(H+L\tan\phi)}{g}}$,$v_0=\sqrt{gL\dfrac{1+(2H/L+\tan\phi)^2}{2(H/L+\tan\phi)}}$,
$\theta$ は $\tan\theta=2H/L+\tan\phi$ を満たす角〕

【問 34】 図のように，水平な地面から角度 $\phi$（$0°<\phi<90°$）の斜面上の点 O から，斜面方向に対して角度 $\theta$（$0°<\theta<90°-\phi$）速さ $v_0$ で，質量 $m$ のボールを投げ上げる．物体が斜面に落下する地点を点 A とする．

(1) 物体が点 A に落ちるまでの時間 $T$ を求めよ．

(2) 点 O と点 A の間の距離 $L$ を求めよ．

(3) $\theta$ を変化させたときに，$L$ が最大となる $\theta$ を求めよ．

〔答：(1)$T=\dfrac{2v_0\sin\theta}{g\cos\phi}$, (2)$L=\dfrac{v_0^2(\sin(\phi+2\theta)-\sin\phi)}{g\cos^2\theta}$,
(3)$\theta=\dfrac{\pi}{4}-\dfrac{\phi}{2}$〕

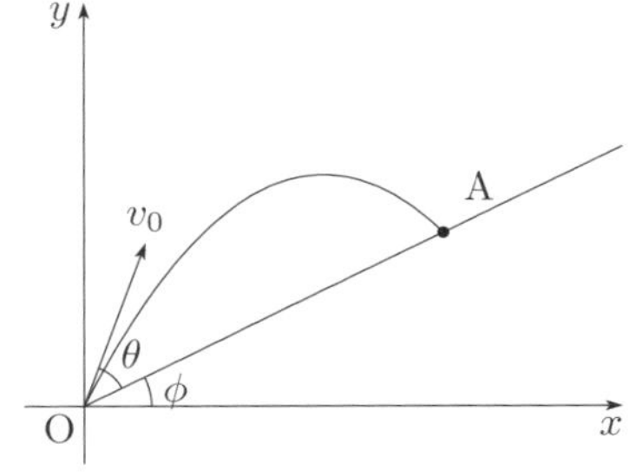


## 2.3.2　抵抗力を受ける運動

**粘性抵抗をうける運動**

液体や気体の中では，物体の運動を妨げる向きに作用する抵抗力が存在する．直線運動で，速度 $v$ に比例するような抵抗力を**粘性抵抗**という．例として，一定の力 $f_0$ と粘性抵抗力 $-bv$ が作用する物体の従う運動方程式は，

$$m\frac{\mathrm{d}v}{\mathrm{d}t}=f_0-bv$$

となり，この一般解は

$$v=Ae^{-\frac{b}{m}t}+\frac{f_0}{b}\quad A\text{ は任意定数} \tag{2.4}$$

で与えられる（解き方は 9 章参照）この解で，$t\to\infty$ とすれば $v\to\dfrac{f_0}{b}=v_{\mathrm{t}}$ と一定値になる．$v_{\mathrm{t}}$ は，粘性抵抗力と $f_0$ がつり合いに達する速度で，**終端速度**と呼ばれる．

**【例題】** 風の無い空気中を，速度 $v$ に比例する抵抗力 $bv$ $(b>0)$ を受けながら自由落下する質量 $m$ の雨滴の運動を考える．鉛直下向きを $x$ 軸正方向として，以下の問いに答えよ．

(1) $v$ に関する運動方程式を立て，その一般解を求めよ．

(2) この微分方程式を解いて，時刻 $t$ における速度 $v$ を求めよ．

(3) 十分に時間が経つと，落下速度 $v$ はどんな値に近づくか答えよ．

---

**《解答例》**

(1) 速度が $v$ の雨滴に作用する力は，重力 $mg$ と，空気抵抗力 $-bv$ の合力なので，運動方程式は

$$m\frac{\mathrm{d}v}{\mathrm{d}t}=mg-bv.$$

(2) 一般解は (2.4)より，任意定数を $A$ として

$$v=Ae^{-\frac{b}{m}t}+\frac{mg}{b}.$$

自由落下なので，$t=0$ のとき $v=0$ となるように $A$ を定めると，$A=-\dfrac{mg}{b}$ となるから，

$$v=\frac{mg}{b}(-e^{-\frac{b}{m}t}+1)$$

(3) $t\to\infty$ で $e^{-\frac{b}{m}t}\to 0$ なので，終端速度は $v\to\dfrac{mg}{b}$ となる.

■

【問 35】 $v=Ae^{-\frac{b}{m}t}+\dfrac{f_0}{b}$ が，任意の $A$ について，運動方程式 $m\dfrac{\mathrm{d}v}{\mathrm{d}t}=f_0-bv$ の解になっていることを，方程式に代入することで確かめよ.

【問 36】 例題で得られた $v$ から，時刻 $t$ における雨滴の落下距離 $x$ を求めよ.
〔答：$x=\dfrac{mg}{b}\left(\dfrac{m}{b}e^{-\frac{b}{m}t}+t-\dfrac{m}{b}\right)$〕

【問 37】 【問 18】のおもりについて，以下の問いに答えよ.

(1) おもりの終端速度を求めよ.

(2) 運動方程式を $v$ について解け．ただし，初速を $v(0)=0$ とする.

〔答：(1)$v_\infty=\dfrac{(\rho-\rho_0)Vg}{b}$, $v=v_\infty\left(1-e^{-\frac{b}{\rho V}t}\right)$〕

【問 38】 同じ形状で，粘性抵抗の係数 $b$ が等しいような物体であれば，終端速度は質量 $m$ に比例する『重いほうが落下速度が大きい』ことを示せ.

【問 39】 気体中を運動する物体に働く抵抗力は，速度が十分に大きい場合には速度の 2 乗に比例するようになる（慣性抵抗という）．高さ $h$ の地点から初速度 0 で落下する質量 $m$ の球体に常に $f=cv^2$ の抵抗力が働くとして，球体の速度 $v(t)$ についての運動方程式を立てて，終端速度 $v_\infty$ を求めよ.
〔答：$m\dot{v}=mg-cv^2$, $v_\infty=\sqrt{mg/c}$〕

## 2.4 運動方程式を用いた運動の分析

### 2.4.1 等速円運動

**等速円運動の力学**

質点が，半径 $R$ の円周上を一定の角速度 $w$ で運動しているとき，速さ $v=R\omega$，加速度は円の中心方向で，大きさが $a=R\omega^2=\dfrac{v^2}{R}$ である（1 章【問 41】）.

質量を $m$ とすれば，運動方程式から，大きさが $F=ma=mR\omega^2=m\dfrac{v^2}{R}$ で円の中心方向の力が作用していることが分かる．円運動している質点に作用するこの力を**向心力**[a]とよぶ.

[a] 「向心力」という名の具体的な力があるわけでなく，$mR\omega^2$ も「向心力」ではない.「向心力の大きさは $mR\omega^2$ に等しい」という言い方は正しい.

【問 40】 平坦な道路を質量 $m$ の車が，カーブを等速で通り抜ける．タイヤと道路との間の静止摩擦係数を $\mu$ として以下の問いに答えよ.

(1) カーブの半径が $R$ のとき，通り抜けることのできる速度の上限 $v_{\max}$ を求めよ.

(2) 通り抜ける速度が 10 %増すと，カーブの半径は何%増しにする必要があるか答えよ.

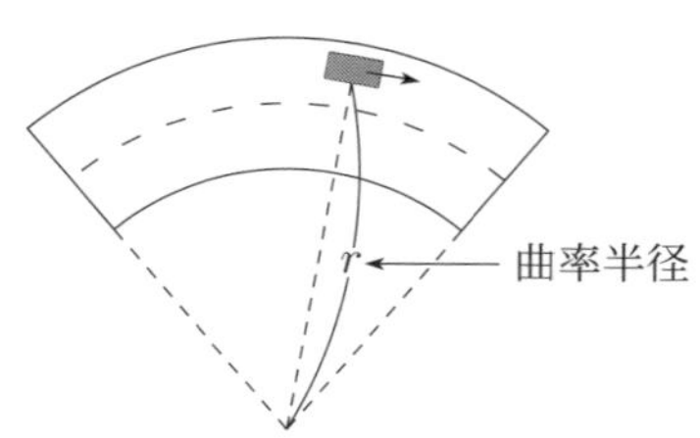

〔答：(1)$v_{\max}=\sqrt{\mu gR}$, (2)21%〕

【問 41】 水平面内で，長さ $5.0 \times 10^{-1}$ m の糸の端につけられた質量 $5.0 \times 10^{-1}$ kg のおもりを，糸の他端を持って円運動させる．糸を引っ張る力は最大で $1.0 \times 10^{2}$ N まで出せるとして，おもりを 1 秒あたり最大何回転させることができるか？〔**答**：3.2 Hz〕

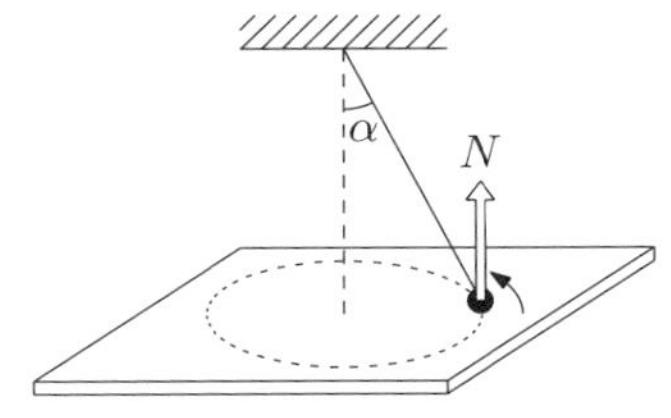


【問 42】 質量 $m$ のおもりが，長さ $l$ の糸につながれ，半頂角 $\alpha$ で円錐振り子運動をしている．

(1) 角速度 $\omega$ を求めよ．

(2) 図のように質点を下方から滑らかな水平な机で支えたら，角速度が $\omega'$ となった．おもりが机からから受ける垂直抗力 $N$ を求めよ．

〔**答**：(1)$\omega = \sqrt{\dfrac{g}{l\cos\alpha}}$, (2)$N = mg - ml\omega'^2\cos\alpha$〕

【問 43】 図のように，半径 $r$ の滑らかな材質でできた円環に指輪をはめ込んだ物が，原点を通る鉛直線を軸として毎秒 $n$ 回転している．指輪が，円環上を動かずに静止できるための角度 $\theta$ はいくらであるか？

〔**答**：$\cos\theta = \dfrac{g}{r(2\pi n)^2}$ を満たす $\theta$〕

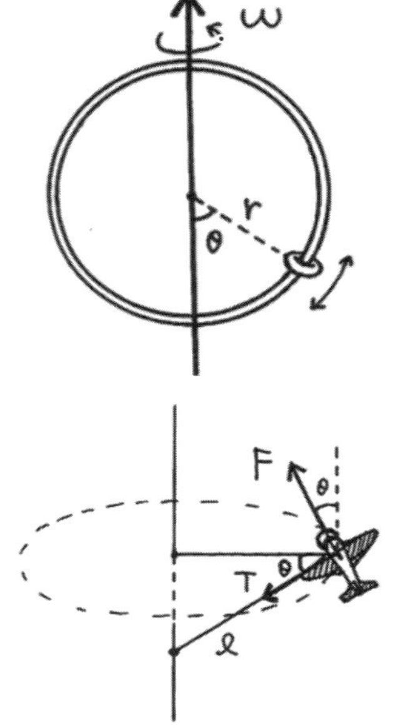


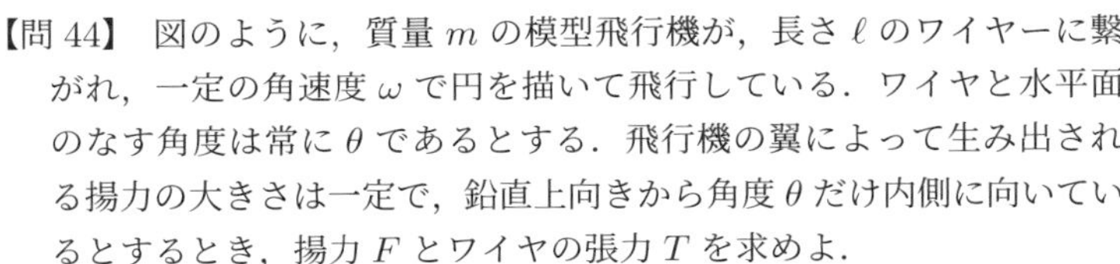

【問 44】 図のように，質量 $m$ の模型飛行機が，長さ $\ell$ のワイヤーに繋がれ，一定の角速度 $\omega$ で円を描いて飛行している．ワイヤと水平面のなす角度は常に $\theta$ であるとする．飛行機の翼によって生み出される揚力の大きさは一定で，鉛直上向きから角度 $\theta$ だけ内側に向いているとするとき，揚力 $F$ とワイヤの張力 $T$ を求めよ．

〔**答**：$F = m\cos\theta(\ell\omega^2\sin\theta + g)$, $T = m(\ell\omega^2\cos^2\theta - g\sin\theta)$〕

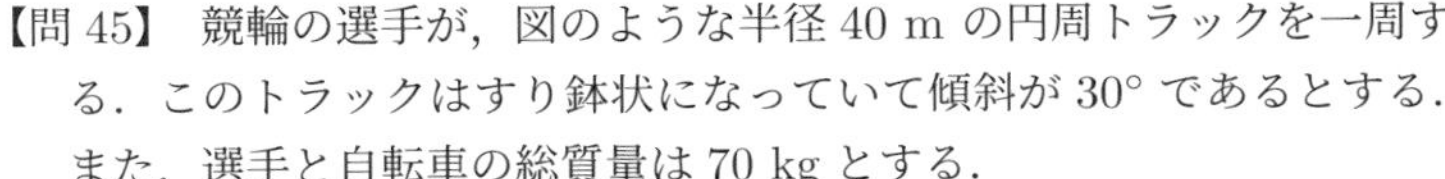

【問 45】 競輪の選手が，図のような半径 40 m の円周トラックを一周する．このトラックはすり鉢状になっていて傾斜が 30° であるとする．また，選手と自転車の総質量は 70 kg とする．

(1) 選手が，傾斜に沿った摩擦に頼らずに周回できるための速さ $v$ を求めよ．

(2) 傾斜に沿った摩擦の静止摩擦係数が $\mu = 1.0 \times 10^{-1}$ であるときに，周回できる最大の速さ $v_{\max}$ を求めよ．

〔**答**：(1)$v = 1.5 \times 10^1$ m/s, (2)$v_{\max} = 1.6 \times 10^1$ m/s〕

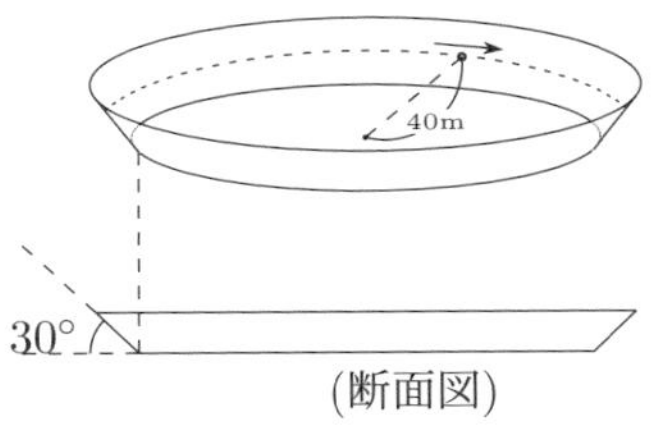

(断面図)

【問 46】 **「ひもの一端におもりを結びつけ，もう一方の端を中心とした等速円運動を行う．おもりの質量を $m$，ひもの長さを $r$，角速度を $\omega$ としたとき，ひもの張力 $T$ を求めよ」**という問題に、ある学生が**「遠心力 $mr\omega^2$ とひもの張力がつりあうから、$T = mr\omega^2$」**と答えた．しかし、慣性の法則によれば、力がつり合っている，つまり $T = mr\omega^2$ ならば物体は等速直線運動してしまう．この一見矛盾した内容（=等速円運動は等速直線運動である）を，正しい言い方で説明せよ．

【問 47】 円筒形の容器に水を入れ，水と容器を一体として円筒の中心軸のまわりに一定の角速度 $\omega$ で回転させた．容器の中心点を原点とし，鉛直上方を $y$ 軸の正方向，水平面のある方向を $x$ 軸正方向とする．

(1) 中心軸から $x$ だけ離れた点での水面の勾配 $\dfrac{\mathrm{d}y}{\mathrm{d}x}$ を求めよ．

(2) 上の答えを $x$ で積分することで，水面の形を求めよ．

〔**答**：(1) $\dfrac{\mathrm{d}y}{\mathrm{d}x} = \dfrac{x\omega^2}{g}$, (2) $y = \dfrac{\omega^2}{2g}x^2 + C$〕

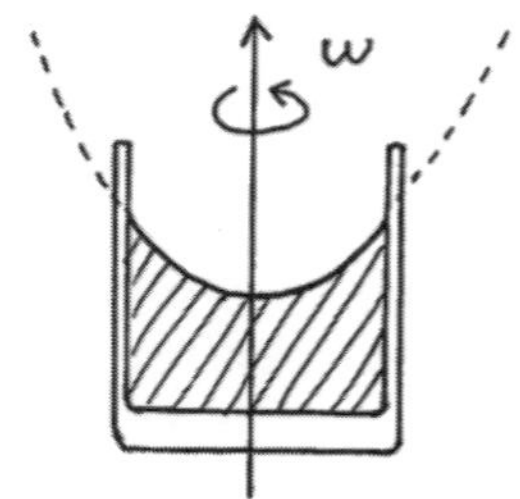


**注：地球に関する定数について**

以降の5つの問題では，万有引力定数 $G = 6.67 \times 10^{-11}\ \mathrm{m^3/(kg \cdot s^2)}$，地球の質量 $M = 5.97 \times 10^{24}\ \mathrm{kg}$，地球の半径 $R = 6.37 \times 10^6\ \mathrm{m}$ を用いよ．また，上記の3つに加えて， 地球の自転角速度 $\omega = 7.29 \times 10^{-5}\ \mathrm{rad/s}$ を用いることがある．（ちなみに，この値は一日一周から想定される値 $\omega = 2\pi/(24 \cdot 60 \cdot 60) = 7.27 \times 10^{-5}\ \mathrm{rad/s}$ より少しだけ大きい．）

【問 48】 地球表面の重力加速度の値は，おおむね $g = 9.81\ \mathrm{m/s^2}$ であるが，この値は地球の万有引力の式から導かれる $g = \dfrac{GM}{R^2}$ によってうまく説明できることを確かめよ．また，地表から高度 400 km の位置で周回している国際宇宙ステーションのある位置での重力加速度 $g'$ を数値的に求め，それが 0 とは程遠いことを確かめよ．また一方で実際の宇宙ステーション内は確かに無重力であるのだが，その理由を考えよ．

〔**答**：$g' = 8.69\ \mathrm{m/s^2}$〕

【問 49】 地表から 20000 km の高度を GPS（全地球測位システム）衛星が回っている．GPS 衛星の周期を数値的に求めよ．〔**答**：$4.26 \times 10^4\ \mathrm{s}$〕

【問 50】 地球の自転と同じ周期で赤道上を回る人工衛星は，地上から見ると静止して見える．これを静止衛星というが，この速さ $v$ と地上からの高さ $h$ を数値的に求めよ．〔**答**：$h = 3.58 \times 10^7\ \mathrm{m}$, $v = 3.07 \times 10^3\ \mathrm{m/s}$〕

【問 51】 日本の気象衛星「ひまわり」は東経 140°，**赤道上空**にある静止衛星である．なぜ，日本の直上である北緯 30° 付近上空で静止させないのか，その理由を述べよ．

【問 52】 地球は自転しているために，地球表面上の位置によって重力の値は異なる値をもつ．地上に固定した観測者が測定する物体に働く重力は，地球と物体の間に働く万有引力と，地球の自転による遠心力の合力となる．地心緯度 $\theta$ の位置での重力加速度 $g'$ を $g \equiv \dfrac{GM}{R^2}$, $R$, $\omega$, $\theta$ を用いて表せ．また，$\dfrac{R\omega^2}{g}$ がすごく小さな値であることを用いて，緯度 $\theta$ の位置での重力加速度を $\dfrac{R\omega^2}{g}$ の一次までのテーラー展開で近似せよ．さらにこの近似式を用いて，北緯 45° における重力加速度の値を数値的に求めよ．

〔**答**：$g' = \sqrt{g^2 + R^2\omega^4\cos^2\theta - 2gR\omega^2\cos^2\theta} \fallingdotseq g - R\omega^2\cos^2\theta$, $9.78\ \mathrm{m/s^2}$〕

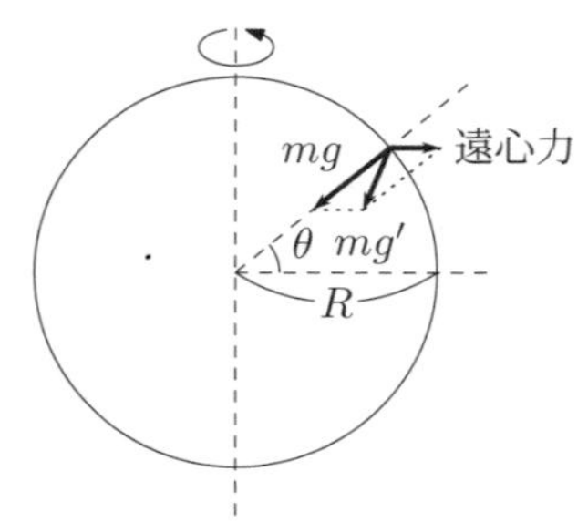

### 2.4.2　非等速円運動

**円運動の運動方程式**

半径 $R$ の円上を円運動する質点の加速度の接線成分と法線成分は，1 章【問 42】より，$a_t = R\ddot{\theta} = \dot{v}$, $a_n = -R\dot{\theta}^2 = -\dfrac{v^2}{R}$ となるので，運動方程式は

$$m\frac{\mathrm{d}v}{\mathrm{d}t} = F_t, \qquad m\frac{v^2}{R} = F_n \tag{2.5}$$

となる．ここで，$F_t$ は作用する力の円の接線方向の成分，$F_n$ は円の法線方向内向きの成分を表す[a]．角速度 $\omega = \dot{\theta}$ を用いれば，(2.5)は次のように表現される：

$$mR\frac{\mathrm{d}\omega}{\mathrm{d}t} = F_t, \qquad mR\omega^2 = F_n. \tag{2.6}$$

[a] (2.5) より，円の接線方向の合力 $F_t$ がゼロの場合，円運動の速さ $v(t)$ は一定，つまり，等速円運動となる．

【問 53】 1 章【問 42】で考えた，非等速も含めた一般の円運動をする物体について考える．つまり，時刻 $t$ における中心角を $\theta(t)$ とするとき，半径 $R$ の円周上で運動する質量 $m$ のおもりの位置ベクトルは

$$\mathbb{r}(t) = R\bigl(\cos\theta(t)\,\mathbb{i} + \sin\theta(t)\,\mathbb{j}\bigr)$$

のように表すことができるが，$\theta$ は $t$ の一次式とは限らないものとする．以下の問いに答えよ．(1 章【問 42】の結果を用いてよい)

(1) このボールに作用する力を運動方程式から求め，そのの接線成分 $F_t$ と法線成分 $F_n$ をそれぞれ求めよ．

(2) 等速円運動の場合，作用する力は中心力で，大きさは $mR\omega^2$ に等しいことを示せ．

(3) (1) の結果を参考にして，以下の 2 つのケースの問いに答えよ．

① 円運動するおもりに働く力が中心力のみである場合， 運動は等速円運動になることを証明せよ．

② 回転角が $\theta(t) = \dfrac{1}{2}\alpha t^2$ ($\alpha$ は定数) である場合に，おもりに働く力の，接線成分と法線成分をそれぞれ求めよ．

〔答：(1)$F_t = mR\ddot{\theta}$,$F_n = -mR\dot{\theta}^2$, (2)$\theta = \omega t + \theta_0$ より，$F_t = 0$, $F_n = -mR\omega^2$,
(3)②$F_t = mR\alpha$,$F_n = -mR\alpha^2 t^2$〕

【問 54】 図のように，長さ $L$ のひもの一端を固定し，もう一端に質量 $m$ のおもりをつなぐ．そして，最下点で静止しているおもりに水平方向に初速 $v_0$ を与えて円運動を行わせる．回転中心を原点とし，鉛直下向きを $x$ 軸，水平右向きを $y$ 軸にとることにする．また，回転角 $\theta$ は，$x$ 軸から反時計回りを正の方向として測ることにする．

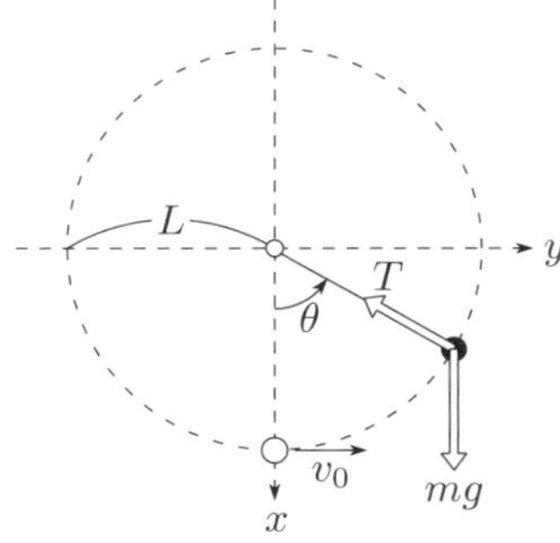


(1) 時刻 $t$ におけるおもりの回転角が $\theta$ であったとして，このおもりの運動方程式を，円の接線方向と法線方向に分けて書き下せ．

(2) 接線方向の運動方程式の両辺に $\dot{\theta}$ をかけてから，$t$ についての積分を実行することで， $\dot{\theta}$ と $\theta$ の関係式を求めよ．(積分定数が，初期条件から決定されることに注意せよ)

(3) おもりが $\theta$ の位置にあるとき，ひもの張力 $T$ を $\theta$ を用いて表せ．(前問の関係式を用いて $\dot{\theta}$ は使わないようにせよ．)

(4) 最上点でひもがたるまないように円運動をさせるための， $v_0$ の下限を求めよ．

〔答：(1)$mL\ddot{\theta} = -mg\sin\theta$,$-mL\dot{\theta}^2 = -T + mg\cos\theta$, (2)$\dfrac{1}{2}mL\dot{\theta}^2 - mg\cos\theta = \dfrac{1}{2}\dfrac{m}{L}v_0^2 - mg$,
(3)$T = m\dfrac{v_0^2}{L} + mg(-2 + 3\cos\theta)$, (4)$v_0 \geq \sqrt{5gL}$〕

【問 55】 半径 $r$ の球殻内の内面を滑る質量 $m$ の小球がある．この小球が球面の真上にきたとき，質点が表面から離れずに回転を続けるためには，そこでの小球の速さ $v$ はいくら以上でなければならないか？
〔答：$v \geq \sqrt{gr}$〕

【問 56】 半径 $5.0 \times 10^{-1}$ m の円に沿って，水の入ったバケツを回す．水がこぼれないように 1 回転させるには，頂上でのバケツの速さはいくら以上でなければならないか？〔答：2.2 m/s〕

【問 57】 頂上での曲率半径が $r$ であるような丘をトロッコが通過する．トロッコの車輪には脱輪防止の器具がつけられており，進行方向以外には動かないようになっているとする．丘の頂上で，トロッコの乗客が座席から浮き上がらないためには，トロッコの速さ $v$ はいくら以下でなければならないか？〔答：$v \leq \sqrt{gr}$〕

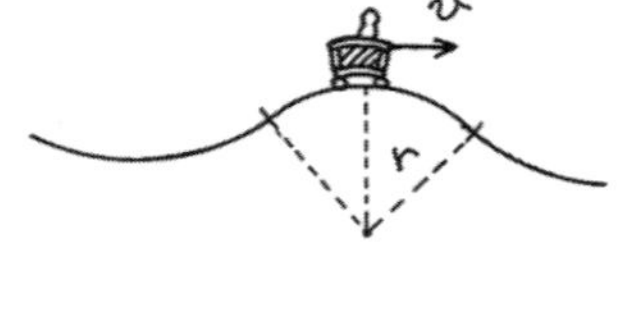


【問 58】 長さ $l$ の糸の一端に質量 $m$ のおもりをつるし，他端を天井に固定する．図のように反時計回りに $\alpha$ だけ，おもりを傾けて手を静かに放すとおもりは振り子運動を始めた．ひもの張力を $S$ で表すとして，以下の問いに答えよ．

(1) 時刻 $t$ でのおもりの回転角が $\theta$ で表されるとして，このときのおもりの速さ $v$ を求めよ．

(2) おもりの運動方程式を，円の接線方向，法線方向でそれぞれで立てよ．

(3) 回転角 $\theta(t)$ が常に小さいと近似して，接線方向の運動方程式を解いて $\theta$ を求め，この振り子の周期 $T$ を求めよ．

〔答：(1)$v = l\dot{\theta}$, (2) 接線方向：$ml\ddot{\theta} = -mg\sin\theta$, 法線方向：$ml\dot{\theta}^2 = S - mg\cos\theta$,
(3)$\theta = \alpha\cos(\sqrt{\frac{g}{l}}t)$, $T = 2\pi\sqrt{\frac{l}{g}}$〕

【問 59】 図のように，重量計の上に斜度 $\theta$ の傾斜を持つ，すり鉢状の質量 $M$ [kg] の台を置く．その斜面上に質量 $m$ [kg] の小球を置いたときに重量計の示す値について考える。(重量計の値は，台が重量計に作用する力の大きさが表示されることに注意せよ)
重量計の上面と台の間の摩擦力は大きく，小球の状態に関わらず，台は重量計からずれないものとする．また重量計は常に固定されて動かない．

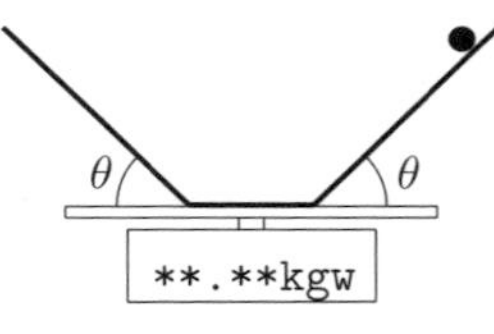


以下の問に答えよ．なおいずれも，小球は加速度を持って運動しているので，**力のつり合いのみを利用して問題を解くことはできない**ことに留意すること．

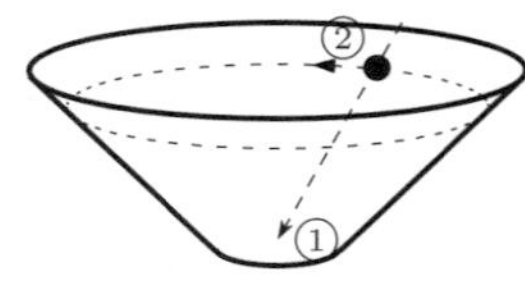


(1) 小球と台の面上の摩擦が無視できるほど滑らかである場合，小球を台の斜面の傾斜にそって（図の①の向き）滑らしながら重量計を読むと，指し示す重量は $(M+m)g$ よりも小さくなっていた．この理由を，運動の法則を用いて説明し，滑らしながらはかった重量を求めよ．

(2) (2) 同様，小球と台の面上の摩擦が無視できるほど滑らかである場合，小球に斜面と直交する向き（図の②の向き）の初速 $v_0$ を与えたら，小球は台の面に沿って水平に，半径 $R$ の等速円運動をし続けた．このとき重量計が示す値を読んだときに，小球を固定していたときの値 $(m+M)g$ から，どれだけ増減するか求め，さらに小球に与えた $v_0$ 求めよ．

〔答：(1)$Mg + mg\cos^2\theta$ [N], (2) 増減なし, $v_0 = \sqrt{gR\tan\theta}$〕

### 2.4.3 単振動

**単振動する物体に作用する力**

直線上（$x$ 軸とする）で，ばね定数を $k$ とするフックの法則に従うような力 $F=-kx$ が作用する質点の運動方程式 $ma=F$ は

$$m\ddot{x}=-kx \tag{2.7}$$

で与えられる．

一方，質量 $m$ の質点が単振動 (1.4)

$$x=A\sin(\omega t+\theta_0)$$

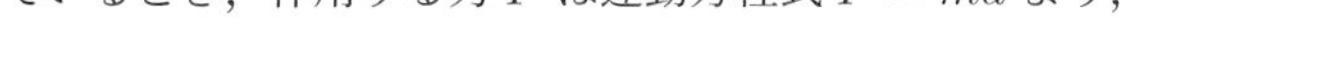

しているとき，作用する力 $F$ は運動方程式 $F=ma$ より，

$$F=-mA\omega^2\sin(\omega t+\theta_0)=-m\omega^2 x$$

となるので，方程式 (2.7)の解が，ちょうど $k=m\omega^2$ を満たす角振動数 $\omega$ の単振動になることが分かる．

振幅 $A$ と初期位相 $\theta_0$ は，運動方程式の解としては任意定数であり，初期条件 $x(0)=x_0$, $v(0)=v_0$ が与えられることによって，決定される．

一方 $\omega$ は系の初期条件には依存せず，質量 $m$ と作用するばねの $k$ で決定する．$\omega$ は「質点・ばね」の特徴を表す量と考えられるので，**系の固有角振動数**とよばれる．

【問 60】 $L$ を正の定数とする．微分方程式

$$\ddot{x}=-Lx$$

の解を求めたい．$x=0$ は明らかに解のひとつであるが，以下では $x\neq 0$ のものを考える．

(1) $A>0,\ \omega>0,\ 0\leq\delta<\pi$ を未知の定数として，$x(t)=A\sin(\omega t+\delta)$ がこの方程式の解であるための，$A,\ \omega,\ \delta$ を求めよ．(注：決定できない定数もある)

(2) $x(0)=2,\ \dot{x}(0)=0$ を満たすような解を求めよ．

〔**答：**(1)$\omega=\sqrt{L}$, $A$ と $\delta$ は決定しない．(2)$x=2\sin(\sqrt{L}t+\frac{\pi}{2})$〕

【問 61】 ばね定数 4 N/m のばねに質量 2 kg の質点を繋ぎ，水平な床においた．質点にはばねから受ける力のみが加えられると仮定し，ばねの自然な長さにおける質点の位置を原点，ばねの伸びる方向を $x$ 軸正向きとする．

(1) 時刻 $t$ での質点の変位を $x(t)$ として，この質点の運動方程式を書け．

(2) この質点の変位 $x(t)$ を表すものとして可能なものを，以下の選択肢から全て選べ．

① $x(t)=5\sin(\sqrt{2}t+\frac{\pi}{2})$　② $x(t)=3\sin(2t+\frac{\pi}{4})$

③ $x(t)=\cos(\sqrt{2}t)$　④ $x(t)=\cos(\frac{\sqrt{2}}{\pi}t+\pi)$

⑤ $x(t)=\frac{1}{6}t^3$　⑥ $x(t)=\cos(\sqrt{2}t)+2\sin(\sqrt{2}t)$

(3) この質点は初期条件の如何に関わらず，周期的な運動をすることを示せ．またこの周期 $T$ を求めよ．

(4) この質点を原点から 2 cm だけばねを伸ばした位置まで動かしそっと離した．この質点の時刻 $t$ における変位 $x(t)$ を求めよ．

(5) はじめに質点を原点に静止させておき，これに $x$ 軸正の方向に初速度 4 cm/s を与えた．この質点の時刻 $t$ における変位 $x(t)$ を求めよ．

〔**答：**(1)$2\ddot{x}=-4x$, (2)①, ③, ⑥, (3)$T=\sqrt{2}\pi$ [s], (4)$x=2\cos(\sqrt{2}t)$ [cm], (5)$x=2\sqrt{2}\sin(\sqrt{2}t)$ [cm]〕

【問 62】 500 g のガラスコップが，摩擦の無い水平面を速さ 30 cm/s で滑っている．このグラスが，一端を壁につながれて水平に置かれた軽いばね（ばね定数 40 N/m）に衝突して，ばねはある長さ伸縮して，グラスは反対向きに跳ね返された．グラスとばねが接触している時間を求めよ．（ばねの質量は無視できることに注意せよ．）〔**答**：$\dfrac{\pi}{4\sqrt{5}}$ [s]〕

【問 63】 無重力状態の宇宙ステーション内では，普通の体重計で質量が測れないが，ばねの振動を利用して質量を測ることができる．

(1) まず，宇宙ステーションの壁にばね A の一端をつなぐ．他端にはかりをつないでばね A を 10 cm 伸ばして静止させたとき，はかりの値は 20 N であった．この宇宙ステーションの壁につないだばねのばね定数の値はいくらか？

(2) この宇宙ステーションの壁につないだばねの他端に，今度は質量を測りたい物体をつないで単振動させた．この単振動の周期は 3 秒 であった．この物体の質量を求めよ．

〔**答**：(1)200 N/m, (2)$\dfrac{450}{\pi^2}$ kg〕

【問 64】 一端を天井に固定されて鉛直方向に伸び縮みするばね（ばね定数 $k$）の他端に質量 $m$ のおもりを吊るした．おもりがつり合った状態から，鉛直下方におもりを $\ell$ だけ引っ張って静かに放した後のおもりの運動を考える．

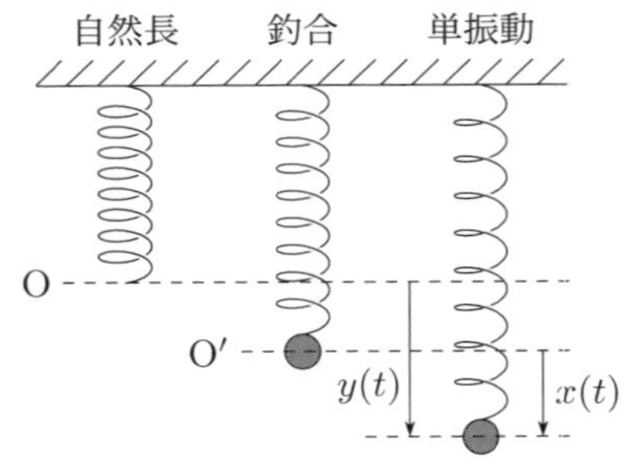


(1) ばねの自然長を原点とする座標系 $y$，およびおもりの釣り合いの位置を原点とする座標系 $x$ でおもりの変位を表すとき，運動方程式を $x$ および $y$ を用いて立てよ．

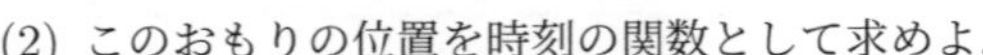

(2) このおもりの位置を時刻の関数として求めよ．

(3) このおもりの速度を時刻の関数として求めよ．

(4) このおもりがする単振動の周期を求めよ．

〔**答**：(1)$m\ddot{y} = -ky + mg$, $m\ddot{x} = -kx$, (2)$x = \ell \cos\left(\sqrt{\dfrac{k}{m}}t\right)$, (3) $v = -\ell\sqrt{\dfrac{k}{m}} \sin\left(\sqrt{\dfrac{k}{m}}t\right)$, (4)$2\pi\sqrt{\dfrac{m}{k}}$〕

【問 65】 ばねのついたおもちゃを手に乗せて鉛直方向に振動させる．（手は固定しておく．）ばね定数を $k$，おもちゃの質量を $m$ とする．

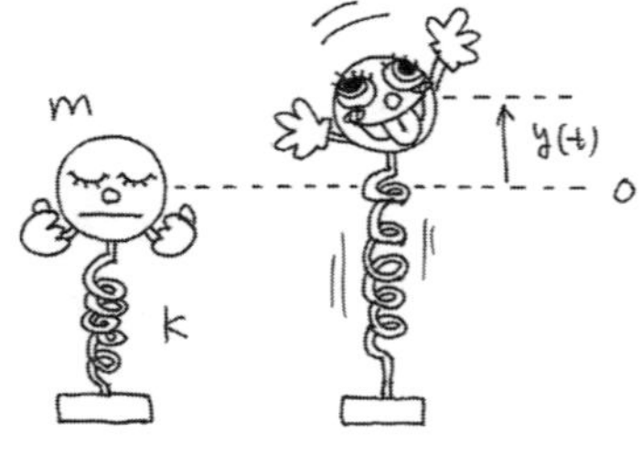


(1) 時刻 $t$ での平衡位置からのおもちゃの変位を $y(t)$ とするときに，このおもちゃに働く力 $F$ を求めよ．

(2) おもちゃの運動方程式を $y$ を用いて表せ．

(3) 一般解を求めよ．

〔**答**：(1)$F = -ky$, (2)$m\ddot{y} = -ky$, (3)$y = A\sin\left(\sqrt{\dfrac{k}{m}}t + \delta\right)$〕

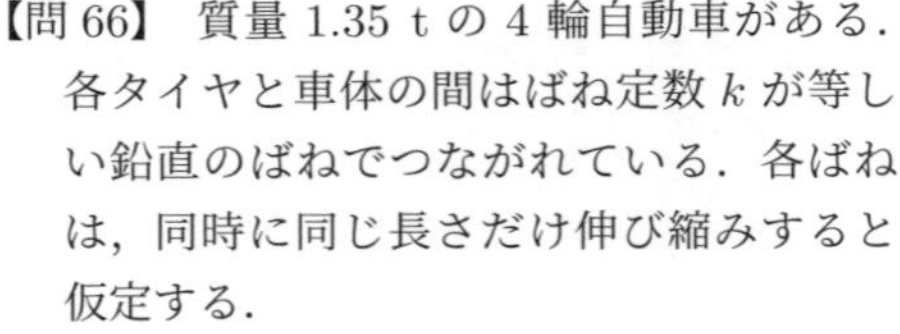

【問 66】 質量 1.35 t の 4 輪自動車がある．各タイヤと車体の間はばね定数 $k$ が等しい鉛直のばねでつながれている．各ばねは，同時に同じ長さだけ伸び縮みすると仮定する．

(1) この自動車に何も乗っていないとき，自動車を鉛直方向に振動させると，振動数が 2.00 Hz であった．$k$ を求めよ．

(2) この自動車に質量 60 kg の人が 4 人乗って， 自動車を鉛直方向に振動させたときの振動数を求めよ．

(3) この自動車に質量 60 kg の人が 4 人乗って，自動車を鉛直方向に振動させたときの振動数が 1.00 Hz になるようにするには，全てのばねをばね定数 $k$ がどんな値のものに取り替えれば良いか？

〔**答**：(1)$5.33 \times 10^4$ N/m, (2)1.84 Hz, (3)$1.57 \times 10^4$ N/m〕

【問 67】 おもりにばね A を繋いで鉛直に吊るして鉛直方向に振動させると，周期 1 秒の振動をした．同じおもりに別のばね B を繋いで同様に振動させたところ周期が 2 秒になった．ばね B のばね定数は，ばね A のばね定数の何倍であるか？〔**答：**1/4 倍〕

【問 68】 図のように，摩擦のない水平面に置かれた質量 $m$ の球の両側にばねの一端をつなぎ，他の端を点 A および点 B に固定した上で，球を振動させる．物体の左側のばね定数が $k_1$，右側のばね定数が $k_2$ であるとする．

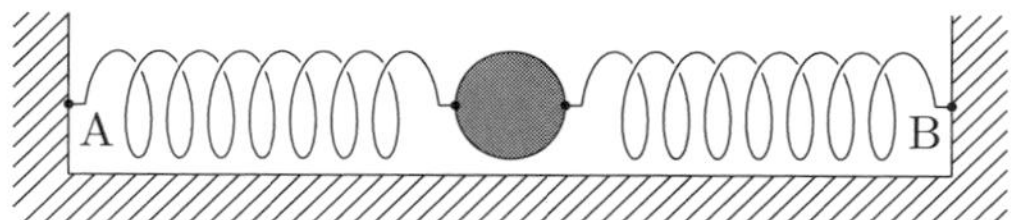


(1) 釣り合いの状態では，両方のばねは伸びていると仮定すると，各々のばねの伸び $l_1, l_2$ の比率はいくらか？

(2) ある時刻 $t$ に，釣り合いの状態から図の右向きに $x(t)$ だけ球が変位していたとするときに，この球に働く力を $x(t)$ を用いて表せ．

(3) 球の運動方程式を立てて，その一般解を求めよ．

(4) 球の角振動数を求めよ．

〔**答：**(1)$l_1 : l_2 = k_2 : k_1$, (2)$-(k_1 + k_2)x(t)$,
(3)$m\ddot{x} = -(k_1 + k_2)x$, $x(t) = A\sin(\sqrt{\dfrac{k_1 + k_2}{m}}t + \theta_0)$,(4)$\sqrt{\dfrac{k_1 + k_2}{m}}$〕

【問 69】 密度 $\rho$ の水に断面積 $S$ の円柱状の浮きを水面に垂直に浮かべる．浮きの下部には質量 $m$ のおもりがついており，浮き自身の質量とおもりの体積は無視できるとする．平衡位置でのおもりの位置を原点とし，鉛直下方を $y$ 軸の正方向にとる．

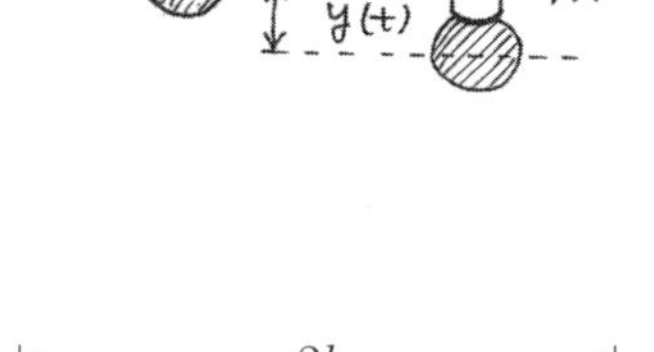


(1) 平衡位置における，おもりの水面下の位置を求めよ．

(2) ある瞬間 $t$ に，おもりが $y(t)$ だけ，平衡位置から変位していたとするとき，おもりに働く力を求めよ．

(3) おもりの運動方程式を $y(t)$ を用いて表せ．

(4) 浮きの固有振動数を求めよ．

〔**答：**(1)$\dfrac{m}{\rho S}$, (2)$-\rho Sgy(t)$, (3)$m\ddot{y} = -\rho Sgy$, (4)$\dfrac{1}{2\pi}\sqrt{\dfrac{\rho Sg}{m}}$〕

【問 70】 長さ $2l$ の軽いひもの中点に質量 $m$ の指輪を固定し，さらにひもの両端を平面上に固定する．ひもに垂直な方向へ指輪をわずかに変位させて手を放すと，平衡位置のまわりで振動をはじめた．ひもの張力 $f$ はひもの伸びに関係なく常に一定と仮定して，以下の問いに答えよ．

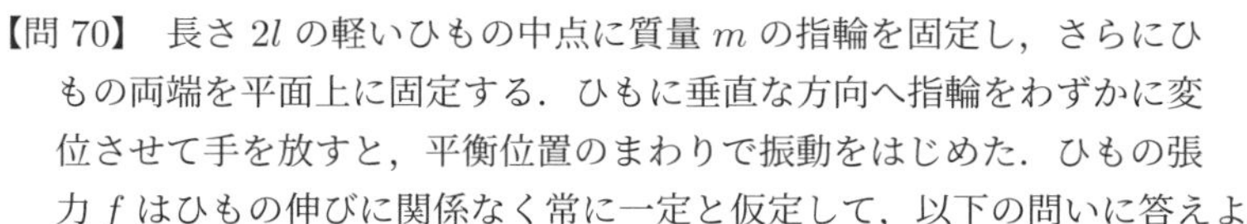


(1) 時刻 $t$ に，指輪が $x(t)$ だけ，平衡位置から変位しているとき，指輪に働く力を求めよ．

(2) 指輪の運動方程式を $x(t)$ を用いて表せ．

(3) 振動の振幅が $l$ に比べて非常に小さいならば，指輪の固有周期はいくらか？

〔**答：**(1)$-\dfrac{2fx}{\sqrt{l^2 + x^2}}$, (2)$m\ddot{x} = -\dfrac{2fx}{\sqrt{l^2 + x^2}}$, (3)$2\pi\sqrt{\dfrac{lm}{2f}}$〕

【問 71】 地球上のある場所で，長さ 1.00 m のひもにおもりを付けて微小振動させた．100 回振動する時間を測ると 200 秒であった．この場所での重力加速度の大きさを求めよ．〔**答：**9.87 m/s$^2$〕

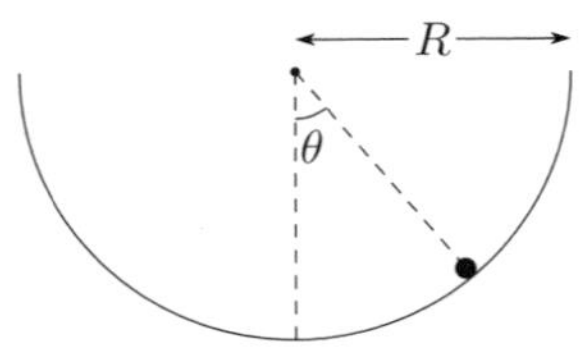


【問 72】 図のように，半径 $R$ の球面上を，ビー玉が面に沿って円直面内で微小振動している．ビー玉と球面の間の摩擦は無いとする．

(1) ある時刻 $t$ でのビー玉の回転角が $\theta$ で表されるとして，このビー玉に関する運動方程式の接線方向成分を書き下せ..

(2) 回転角 $\theta$ が常に小さいと近似して，このビー玉の周期 $T$ を求めよ．

〔答：(1)$mR\ddot{\theta} = -mg\sin\theta$, (2)$T = 2\pi\sqrt{\dfrac{R}{g}}$〕

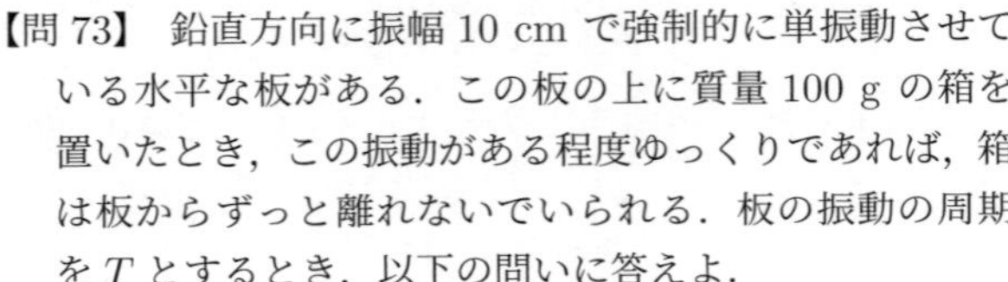


【問 73】 鉛直方向に振幅 10 cm で強制的に単振動させている水平な板がある．この板の上に質量 100 g の箱を置いたとき，この振動がある程度ゆっくりであれば，箱は板からずっと離れないでいられる．板の振動の周期を $T$ とするとき，以下の問いに答えよ．

(1) 周期 $T$ [s] で，単振動する板の高さ $y(t)$ [m] を数式を用いて記述せよ．ただし $y(0) = 0$ とする．

(2) 箱が板から離れないとき，箱に対する運動方程式を立てよ．ただし箱に作用する垂直抗力の大きさを $N$ [N] とする．

(3) 物体がずっと板から離れないような周期 $T$ [s] の下限を求めよ．

〔答：(1)$y = 0.1\sin(\dfrac{2\pi}{T}t)$, (2)$0.1\ddot{y} = -0.1g + N$, (3)$\dfrac{2\pi}{\sqrt{10g}}$〕

### 2.4.4 運動量と力積

**運動量と力積**

■**運動量**　運動量とは，運動する物体の勢いを表すベクトル量であり，質量 $m$ の質点が，速度 $\mathbb{v}$ で運動しているとき，この質点のもつ**運動量** $\mathbb{p}$ は

$$\mathbb{p} \equiv m\mathbb{v} \tag{2.8}$$

と定義される．$\mathbb{p}$ を用いると運動方程式は

$$\frac{\mathrm{d}\mathbb{p}}{\mathrm{d}t} = \mathbb{F} \tag{2.9}$$

と書き表される．この式 (2.9)を**運動量に関する運動方程式**と呼ぶ．

■**運動量の変化と力積**　(2.9)の両辺を，時刻 $t$ に関して $t_1$ から $t_2$ まで積分すると，

$$\Delta\mathbb{p} \equiv \mathbb{p}_2 - \mathbb{p}_1 = \int_{t_1}^{t_2} \mathbb{F}\mathrm{d}t = \bar{\mathbb{F}}\Delta t \tag{2.10}$$

となる．最後の等式で $\Delta t = t_2 - t_1$, $\bar{\mathbb{F}} \equiv \dfrac{1}{\Delta t}\displaystyle\int_{t_1}^{t_2} \mathbb{F}\mathrm{d}t$（平均の力）とおいた．(2.10)の右辺を，**力積**という．

【問 74】 高さ 60 m のビルの屋上から 120 g の携帯電話を落としてしまった．空気抵抗は無視できるとして，地面に衝突したときに地面にかかる平均の力の大きさを求めよ．ただし，衝突から静止するまでの時間は $1.0 \times 10^{-2}$ s とし，衝突後の跳ね返りは無いとする．〔答：$4.1 \times 10^2$ N〕

【問 75】 質量 60 kg の人が乗車している，質量 1.2 t の自動車が，速さ 30 km/h で壁に衝突し，大破して速さ 12 km/h で逆向きに跳ね返された．

(1) 人および自動車が得た力積を求めよ．

(2) 自動車が衝突に要した時間が $1.0 \times 10^{-3}$ 秒間と仮定して，衝突の際に車に作用した平均の力を求めよ．

(3) 衝突の際，エアバッグが開いた結果，人が衝突に要した時間は少し長くなって 0.2 秒間となった．衝突の際に人に作用した平均の力を求めよ．

〔**答：**(1)$7.0 \times 10^2$ N · s, $1.4 \times 10^4$ N · s, (2)$1.4 \times 10^7$ N, (3)$3.5 \times 10^3$ N〕

【問 76】 図のように，水平に時速 160 km/h で飛んできた質量 150 g のボールを，水平面から 45° 斜め上方にバットで打ち返した．打ち返したボールは放物線を描いてバックスリーンに入りホームランになった．水平方向への飛距離は 120 m で．空気抵抗やボールの大きさは無視できるとして，以下の問に答えよ．

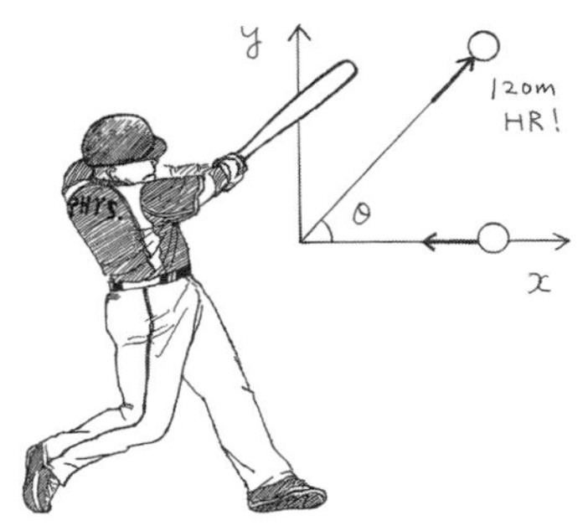


(1) ボールが打ち返された直後のボールの速さを求めよ．

(2) バットがボールに与えた力積の大きさ，方向を求めよ．

(3) バットとボールの衝突時間を $1.0 \times 10^{-3}$ 秒として，バットからボールへ与えた平均の力の大きさを求めよ．

〔**答：**(1)$3.4 \times 10^1$ m/s, (2)$1.1 \times 10^1$ N · s, 仰角 19°, (3)$1.1 \times 10^4$ N〕

【問 77】 質量 $m$ の小球を，的に向かって繰り返し当てることを考える．的は静止しており，小球は的に対し垂直に衝突すると仮定する．小球の速度を $v$，時間 $\Delta t$ の間に的に当たる小球の個数を $n$，小球が的に当たる際の跳ね返り係数を $e$ とするとき，的が受ける平均的な力 $F_{\mathrm{avg}}$ を求めよ．〔**答：**$F_{\mathrm{avg}} = \dfrac{nm(1+e)v}{\Delta t}$〕

【問 78】 床の上に静止した質量 $M$ の物体があり，これに放水したときに物体が得る加速度 $a$ を求めよ．ただし，水の流速は $v$，密度は $\rho$，単位時間当たりの放水量（体積）は $Q$ とし，的に当たった水は跳ね返ることなく，そのまま下に落ちてしまうと仮定する．〔**答：**$a = \dfrac{\rho Q v}{M}$〕

# 第3章

# 仕事とエネルギー

## 3.1 仕事

**一定の力がする仕事**

物体に一定の力 $F$ を加え，その力の向きに距離 $s$ だけ直線的に移動させたとき，**力は物体に $Fs$ の仕事 $W$ をした**という．つまり，

$$W = Fs$$

である[a].

しかし，物体に加わる力と物体の移動する向きは異なっていることが多く，その場合には力を $\mathbb{F}$，変位（移動距離）を $\mathbb{s}$ というようにベクトルで表記し，$\mathbb{F}$ と $\mathbb{s}$ のなす角を $\theta$ と書くと，上記の仕事 $W$ は

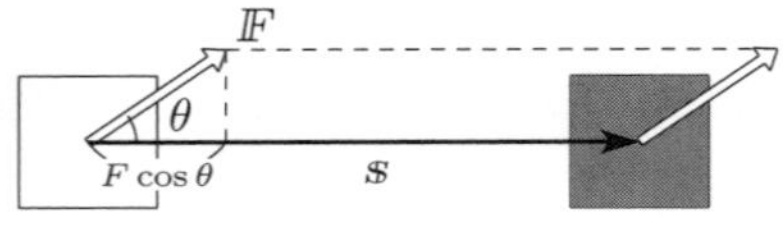


$$W = Fs\cos\theta = \mathbb{F}\cdot\mathbb{s} \tag{3.1}$$

となる．この表記[b]からわかるように，仕事 $W$ はスカラー量である．また，仕事の単位は [J](ジュール) を用い，その組立単位は $[\mathrm{J}] = [\mathrm{N}\cdot\mathrm{m}] = [\mathrm{kg}\cdot\mathrm{m}^2/\mathrm{s}^2]$ で与えられる．

[a] つまり，壁のような非常に重いものを押し続けて，いかに肉体的・精神的疲労を伴ったとしても，その壁が移動しなければ物理学においては仕事をしていないということになる．

[b] 力の向きと変位が「逆向き」($\frac{\pi}{2} < \theta \leq \pi$) のときは，仕事は負の値になる．

**【例題】** 粗い床面に置かれた質量 $m$ の物体を，図のように一定の力 $F$ を作用させて $s$ だけ引きずった．動摩擦係数が $\mu'$ であるとして，$F$，垂直抗力，動摩擦力のした仕事をそれぞれ求めよ．

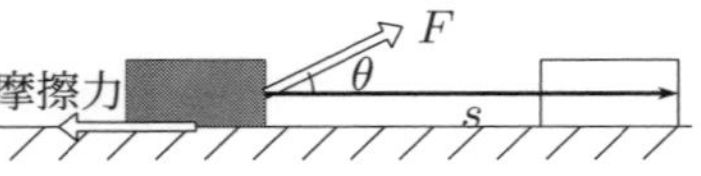


**《解答例》**

- $F$ の物体の変位方向成分は，$F\cos\theta$ なので，$F$ のした仕事$=Fs\cos\theta$.
- 水平方向のみに移動するので，垂直抗力 $\mathbb{N}$ の大きさは $N = mg - F\sin\theta$ で，鉛直上向きである．$\mathbb{N}$ は物体の変位方向と垂直なので，その成分はゼロ．よって垂直抗力のした仕事=0.
- 動摩擦力の大きさは，$\mu' N = \mu'(mg - F\sin\theta)$ で，物体の変位方向と逆向きに作用するから，その変位方向成分は $-\mu'(mg - F\sin\theta)$．よって摩擦力のした仕事$=-\mu'(mg - F\sin\theta)s$.

■

【問 1】 以下の各場合において，重力が物体にする仕事を求めよ．

(1) 高さ 0 の点から，質量 $m$ の物体を高さ $h$ の点まで持ち上げる．

(2) 高さ 0 の点から，質量 $m$ の物体を高さ $4h$ の点まで持ち上げた後，高さ $h$ の点まで下ろす．

〔**答：**(1),(2) とも $-mgh$〕

【問 2】 水平な粗い床の上で質量 $m$ の椅子を移動させる．床と椅子の間の動摩擦係数を $\mu'$ として，以下の各場合において，摩擦力のする仕事を求めよ．

(1) 椅子を右向きに $l$ だけ移動させる．

(2) 椅子を右向きに $4l$ だけ移動させた後，左向きに $3l$ だけ移動させる．

〔**答：**(1)$-\mu' mgl$, (2)$-7\mu' mgl$〕

【問 3】 粗い水平面上に，質量 $m$ の物体を置き，水平方向に大きさ $F$ の力を作用させて，この力の方向に $s$ だけ変位させた．以下の力がした仕事を求めよ．

(1) $F$　(2) 重力　(3) 垂直抗力　(4) 動摩擦力

〔**答：**(1)$Fs$, (2)0, (3)0, (4)$-\mu' mgs$〕

【問 4】 質量 1.0 kg の荷物をワイヤーで吊り下げて，鉛直上向きに張力 15 N を加えて 5.0 m 上昇させた．荷物に作用する力は張力と重力のみとして，以下の問いに答えよ

(1) 張力のした仕事 $W_1$ と，重力のした仕事 $W_2$ それぞれ求めよ．

(2) 荷物に作用する合力のした仕事 $W$ を求めよ．

〔**答：**(1)$W_1 = 7.5 \times 10^1$ J,$W_2 = -4.9 \times 10^1$ J, (2)$W = 2.6 \times 10^1$ J〕

【問 5】 図のような坂道で，質量 $m$ の荷物を滑らせる．荷物に作用する力は重力，垂直抗力，摩擦力として，以下の問いに答えよ．ただし，動摩擦係数を $\mu'$ で表すとする．

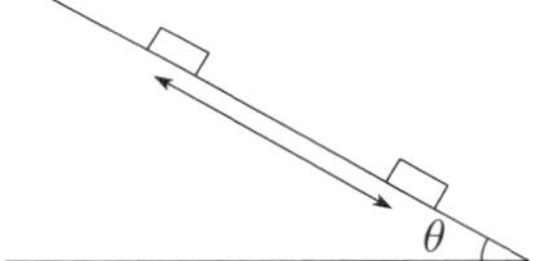


(1) 斜面の上からそっと手をはなして，斜面にそって距離 $l$ だけ滑り落とした．荷物に与えた仕事の総和を求めよ．

(2) 斜面の下方で十分大きな初速を与えて，斜面にそって距離 $l$ だけ滑り登らせた．荷物に与えた仕事の総和を求めよ（初速を与えるために用いた力の仕事は考えなくてよい）．

〔**答：**(1)$mgl(\sin\theta - \mu' \cos\theta)$, (2)$-mgl(\sin\theta + \mu' \cos\theta)$〕

【問 6】 一定の力 $\mathbb{F} = F_x\mathbb{i} + F_y\mathbb{j}$ が作用している質点が，以下の P を始点，Q を終点とする直線上を変位するとき，$\mathbb{F}$ のする仕事をそれぞれ求めよ．

(1) $\mathrm{P} = (0,0,0)$ , $\mathrm{Q} = (\mathrm{s},0,0)$　(2) $\mathrm{P} = (0,\mathrm{s},0)$ , $\mathrm{Q} = (0,0,0)$

(3) $\mathrm{P} = (0,0,0)$ , $\mathrm{Q} = (0,0,\mathrm{s})$　(4) $\mathrm{P} = (0,0,0)$ , $\mathrm{Q} = (\mathrm{s},2\mathrm{s},0)$

〔**答：**(1)$F_xs$, (2)$-F_ys$, (3)0, (4)$F_xs + 2F_ys$〕

**一定でない力がする仕事（変位が直線の場合）**

$\mathbb{F}$ は一定でない場合でも，微小な変位の間は一定の力が作用すると考えられる．よって，質点が直線 $x$ 軸上を $x$ から $x + \mathrm{d}x$ へ変位する間は，$F(x)$ で，$\mathbb{F}(x,y,z)$ の $x$ 軸方向成分を表すと，(3.1)より微小な仕事は $F(x)\mathrm{d}x$ となり，これを質点の全変位の始点と終点，$x_1$, $x_2$ の間で積算すれば，全仕事 $W$ が得られる：

$$W = \int_{x_1}^{x_2} F(x)\mathrm{d}x. \tag{3.2}$$

**【例題】** ばね定数 $k = 1.0 \times 10^2$ N/m のばねを平衡点（自然長）から 5.0 cm だけ伸ばす．このとき，ばねの力がした仕事を求めよ．

---

**《解答例》**

弾性力 $F = -kx$ は，ばねの伸び $x$ とともに変化するので，微小な伸び $\mathrm{d}x$ に対しての微小仕事 $-kx\,\mathrm{d}x$ を考え，それを $x_1 = 0.0$ m から $x_2 = 5.0 \times 10^{-2}$ m まで積分することで，求めるべき全仕事 $W$ が得られる（式 (3.2)を参照）．以下では，仕事の単位を J（ジュール）にするために，長さの単位を m（メートル）にそろえて計算する．

$$\begin{aligned} W &= \int_{x_1}^{x_2} -kx\,\mathrm{d}x = \left[ -\frac{k}{2}x^2 \right]_{x_1}^{x_2} \\ &= -1.25 \times 10^{-1}\ \mathrm{J} = -1.3 \times 10^{-1}\ \mathrm{J} \end{aligned}$$

■

**【問7】** $k$ を定数とする．$x$ 軸上の各点で $\mathbb{F} = -\dfrac{k}{x^2}\mathbb{i}$ の力が作用している質点が，$x_1$ から $x_2$ まで変位したときの $\mathbb{F}$ のした仕事を求めよ．〔**答：** $\dfrac{k}{x_2} - \dfrac{k}{x_1}$〕

**【問8】** $k, h$ を定数とする．$y$ 軸上の各点で $\mathbb{F} = -ky\mathbb{i} + hy\mathbb{j}$ の力が作用している質点が，$y_1$ から $y_2$ まで変位したときの $\mathbb{F}$ のした仕事を求めよ．〔**答：** $\dfrac{h}{2}(y_2^2 - y_1^2)$〕

**仕事の一般式**

力が一定でなく，かつ変位が直線的でない場合を含む，一般的な仕事の表式は以下のようになる：いま，位置 $(x, y, z)$ にある質点に力 $\mathbb{F} = F_x(x,y,z)\mathbb{i} + F_y(x,y,z)\mathbb{j} + F_z(x,y,z)\mathbb{k}$ が作用しているとする．この作用の間に，質点が微小な変位 $\mathrm{d}\mathbb{r} = \mathrm{d}x\mathbb{i} + \mathrm{d}y\mathbb{j} + \mathrm{d}z\mathbb{k}$ をしたとすると，力 $\mathbb{F}$ がした微小仕事は (3.1) より，

$$\mathbb{F} \cdot \mathrm{d}\mathbb{r} = F_x(x,y,z)\mathrm{d}x + F_y(x,y,z)\mathrm{d}y + F_z(x,y,z)\mathrm{d}z.$$

よって，質点をある経路 $C$ に沿って動かした場合の力 $\mathbb{F}$ のする全仕事 $W$ は，この微小仕事を経路にそって累積して（積分して）

$$W = \int_C \mathbb{F} \cdot \mathrm{d}\mathbb{r} = \int_C F_x(x,y,z)\mathrm{d}x + F_y(x,y,z)\mathrm{d}y + F_z(x,y,z)\mathrm{d}z \tag{3.3}$$

で得られる．このとき，経路 $C$ が $x$，$y$，$z$ のいずれかの軸に沿っていれば，仕事 $W$ の式は，(3.2)と同じ形になるが，一般に経路 $C$ は曲線などの，複雑なケースが多い．そのような場合には，媒介変数を用いて仕事の表式を以下のように書き直す：媒介変数として $t$ を導入し，力 $\mathbb{F}$ と微小変位 $\mathrm{d}\mathbb{r}$ を書き表すと

$$\begin{aligned} \mathbb{F} &= F_x\left(x(t), y(t), z(t)\right)\mathbb{i} + F_y\left(x(t), y(t), z(t)\right)\mathbb{j} + F_z\left(x(t), y(t), z(t)\right)\mathbb{k} \\ &= F_x(t)\mathbb{i} + F_y(t)\mathbb{j} + F_z(t)\mathbb{k} \\ d\mathbb{r} &= \left( \frac{\mathrm{d}x(t)}{\mathrm{d}t}\mathbb{i} + \frac{\mathrm{d}y(t)}{\mathrm{d}t}\mathbb{j} + \frac{\mathrm{d}z(t)}{\mathrm{d}t}\mathbb{k} \right)\mathrm{d}t \end{aligned}$$

のように $t$ だけの式となる．この力によって質点が動かされるとき，その経路 $C$ が $\mathbb{r} = \mathbb{r}(t)$ に沿って，始点 $\mathbb{r}_1 = \mathbb{r}(t_1)$ から終点 $\mathbb{r}_2 = \mathbb{r}(t_2)$ で与えられるとすると，力が質点にする仕事 $W$ は

$$W = \int_{t_1}^{t_2} \left( F_x(t)\frac{\mathrm{d}x(t)}{\mathrm{d}t} + F_y(t)\frac{\mathrm{d}y(t)}{\mathrm{d}t} + F_z(t)\frac{\mathrm{d}z(t)}{\mathrm{d}t} \right)\mathrm{d}t \tag{3.4}$$

と書き直され，この表式を用いれば一般的な状況下での仕事を計算することができる．

**【例題】** 力 $\mathbb{F}$ が次のように与えられているとき，右図に示された 3 つの経路での仕事を計算せよ．

$$\mathbb{F}(x,y) = x^2\mathbb{i} + 2xy\mathbb{j}$$

(1) A → B → C の経路．
(2) A → C の経路．（直線 AC に沿う経路．）
(3) A → C の経路．（弧 AC に沿う経路．）

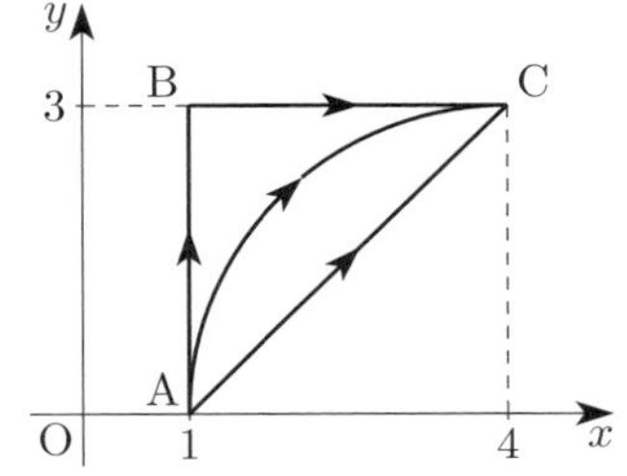


**《解答例》**

(1) A → B の経路は $y$ 軸に沿っているので $\mathrm{d}x = 0$，B → C の経路は $x$ 軸に沿っているので $\mathrm{d}y = 0$．経路の分割にあわせて，積分も区間に分けて

$$\begin{aligned} W_1 &= \int_0^3 \left(x^2\mathbb{i} + 2xy\mathbb{j}\right)\Big|_{x=1} \cdot \mathbb{j}\mathrm{d}y + \int_1^4 \left(x^2\mathbb{i} + 2xy\mathbb{j}\right)\Big|_{y=3} \cdot \mathbb{i}\mathrm{d}x \\ &= \int_0^3 2y\mathrm{d}y + \int_1^4 x^2\mathrm{d}x = 30. \end{aligned}$$

(2) 直線 $y = x - 1$ に沿う経路なので，媒介変数として $t$ を用い $x = t$ とおくと $y = t - 1$ であるから $\mathrm{d}x = \mathrm{d}y = \mathrm{d}t$ となり，$t$ の積分範囲は $t : 1 \to 4$ となる．また，力 $\mathbb{F}$ は

$$\mathbb{F} = t^2\mathbb{i} + 2t(t-1)\mathbb{j}$$

となる．したがって，求めるべき仕事は

$$\begin{aligned} W_2 &= \int_1^4 \left(t^2\mathbb{i} + 2t(t-1)\mathbb{j}\right) \cdot (\mathbb{i} + \mathbb{j})\mathrm{d}t \\ &= \int_1^4 \left(t^2 + 2t(t-1)\right)\mathrm{d}t \\ &= \int_1^4 \left(3t^2 - 2t\right)\mathrm{d}t = \left[t^3 - t^2\right]_1^4 = 48. \end{aligned}$$

(3) 曲線 $(x-4)^2 + y^2 = 9$ (ただし，$x \geq 0$，$y \geq 0$) に沿う経路なので，媒介変数として $\theta$ を用いて $x = 3\cos\theta + 4$ とおくと $y = 3\sin\theta$ であるから $\mathrm{d}x = -3\sin\theta\mathrm{d}\theta$，$\mathrm{d}y = 3\cos\theta\mathrm{d}\theta$ となり，$\theta$ の積分範囲は $\theta : \pi \to \frac{1}{2}\pi$ となる．また，力 $\mathbb{F}$ は

$$\mathbb{F} = (3\cos\theta + 4)^2\mathbb{i} + 6(3\cos\theta + 4)\sin\theta\mathbb{j}$$

となる．したがって，求めるべき仕事は

$$\begin{aligned} W_3 &= \int_\pi^{\frac{1}{2}\pi} \left((3\cos\theta + 4)^2\mathbb{i} + 6(3\cos\theta + 4)\sin\theta\mathbb{j}\right) \cdot (-3\sin\theta\mathbb{i} + 3\cos\theta\mathbb{j})\mathrm{d}\theta \\ &= \int_\pi^{\frac{1}{2}\pi} \left(-3(3\cos\theta + 4)^2\mathrm{sin}\theta + 18(3\cos\theta + 4)\sin\theta\cos\theta\right)\mathrm{d}\theta \\ &= \int_\pi^{\frac{1}{2}\pi} \left(27\mathrm{cos}^2\theta\sin\theta - 48\mathrm{sin}\theta\right)\mathrm{d}\theta = 39. \end{aligned}$$

■

【問 9】 質点が力 $\mathbb{F}$ を受けながら，原点 O から点 P まで移動した．(a)，(b)，(c) の各経路に沿って質点を移動させたときに，以下の (1)〜(6) の力 $\mathbb{F}$ のした仕事をそれぞれ求めよ．

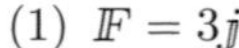

(1) $\mathbb{F} = 3\mathbb{j}$　　(2) $\mathbb{F} = -4x\mathbb{i}$
(3) $\mathbb{F} = x\mathbb{i} + \mathbb{j}$　　(4) $\mathbb{F} = x\mathbb{j}$
(5) $\mathbb{F} = -y\mathbb{i} + x\mathbb{j}$　　(6) $\mathbb{F} = 2xy\mathbb{i} + x^2\mathbb{j}$

(a) 原点から $x$ 軸 $(y = 0)$ に沿って点 Q に移動した後，直線 QP$(x = 1)$ に沿って点 P まで移動する経路．
(b) 直線 OP$(y = x)$ に沿って点 P まで移動する経路．
(c) 弧 OP に沿って点 P まで移動する経路．

〔答：(1)$W_{\rm a,b,c} = 3$, (2)$W_{\rm a,b,c} = -2$, (3)$W_{\rm a,b,c} = \dfrac{3}{2}$, (4)$W_{\rm a} = 1, W_{\rm b} = \dfrac{1}{2}, W_{\rm c} = 1 - \dfrac{\pi}{4}$, (5)$W_{\rm a} = 1, W_{\rm b} = 0, W_{\rm c} = 1 - \dfrac{\pi}{2}$, (6)$W_{\rm a,b,c} = 1$〕

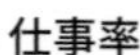

**仕事率**

単位時間あたりにする仕事を**仕事率**という：時間 $\Delta t$ で，力 $\mathbb{F}$ がする仕事が $W$ であれば

$$\bar{P} \equiv \frac{W}{\Delta t}$$

を (平均の) 仕事率（パワー）という．単位は [W(ワット)] = [J/s] で表される．

また，速度が $\mathbb{v}$ の物体に $\mathbb{F}$ が与える（瞬間の）仕事率 $P$ は，変位 $\Delta\mathbb{r}$ における仕事が $W = \mathbb{F}\cdot\Delta\mathbb{r}$ なので，

$$P = \lim_{\Delta t \to 0} \frac{\mathbb{F}\cdot\Delta\mathbb{r}}{\Delta t} = \mathbb{F}\cdot\mathbb{v} \tag{3.5}$$

となる．

【例題】 1.00 W の出力を持つ模型用モーターに糸巻きをつけて，質量 $m = 100$ g のおもりを持ち上げさせて，しばらく経つと上昇速度が一定になった．この速度 $v$ を求めよ．

《解答例》

速度が一定になっているので，重力と張力がつりあっている．よって，（モーターによる仕事率）＝（張力による仕事率）＝（重力による仕事率）だから，

$$1.0 = (mg)v$$

これより $v = 1.02$ m/s.

■

【問 10】 地上にあった質量 $2.0 \times 10^2$ kg の荷物を，クレーンを用いて 5.0 m 高い位置に持ち上げて静止させた．かかった時間を 10 s とすると，この間でのクレーンのした平均の仕事率を求めよ．〔答：$9.8 \times 10^2$ W〕

【問 11】 馬力は国によって定義が異なり，日本では仏馬力の『75kg の物体を 1 秒間に 1m 持ち上げる場合の仕事率』を採用しており，その単位を [ps] で表す．この 1 ps は何 W か？〔答：$7.35 \times 10^2$ W〕

【問 12】 ロープに吊るした質量 60 kg の人を 1.0 ps のモーターで鉛直上方に引き上げるとき，人が引き上げられる速さの上限を求めよ．〔答：1.3 m/s〕

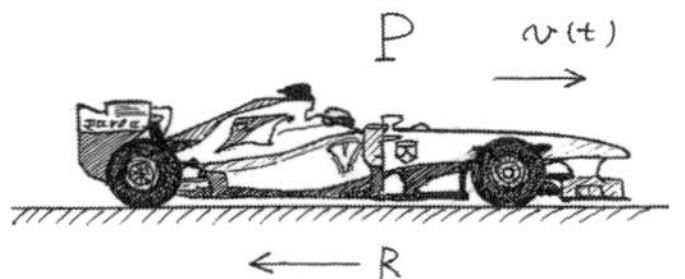


【問 13】 質量 $M$ の自動車を，水平で直線的なコースを静止状態から発車させる．自動車は一定のパワー (=仕事率)$P$ の出力を持ち，車が受ける全抵抗力は一定値 $R$ であるとする．車の運動方程式をその速度 $v$ を用いて表し，車の最大速度 $v_{\max}$ を求めよ．
〔答：$M\dot{v} = \dfrac{P}{v} - R,\ v_{\max} = \dfrac{P}{R}$〕

【問 14】 動摩擦係数が $\mu'$ の水平面で，質量 $m$ のそりを水平面から角度 $\theta$ の方向に力を加え，水平方向に一定の速さ $v$ で移動するように引くとき，そりを引く力のなす仕事率はいくらか？〔答：$\dfrac{\mu' mgv}{1+\mu'\tan\theta}$〕

## 3.2　保存力とポテンシャル

**保存力とポテンシャル**

**■保存力**　位置 $\mathbb{r}$ に依存して定まるような力 $\mathbb{F}(\mathbb{r})$[a] による仕事が，その経路に依存せず，経路の始点と終点のみで定まるとき，この力 $\mathbb{F}$ を**保存力**とよぶ．

**■ポテンシャル**　力 $\mathbb{F}$ が保存力のときには，(3.4)式で与えられる仕事が経路に依存しないので，あらかじめ定めておいた始点 $\mathbb{r}_0$ から，任意の終点 $\mathbb{r}$ への任意の経路の仕事 $W$ が，点 $\mathbb{r}$ の関数 $U(\mathbb{r})$ が存在して，

$$U(\mathbb{r}) = -W = -\int_{\mathbb{r}_0}^{\mathbb{r}} \mathbb{F}\cdot \mathrm{d}\mathbb{r} \tag{3.6}$$

のように表せる[b]．このような関数 $U$ を $\mathbb{r}_0$ を基準点[c] $(U(\mathbb{r}_0)=0)$ とした，**保存力 $\mathbb{F}$ のポテンシャル**という．

[a] 垂直抗力や摩擦，空気抵抗のように，位置でなく，運動の向きや速度に依存する力は保存力になり得ない．
[b] つまり，保存力による仕事は，ポテンシャル $U$ の減少量として表される．
[c] $\mathbb{r}_0$ として，取り扱いが簡単になるように，原点 $\mathbb{0}$ を用いることが多いが，問題にあわせて，より適当なものにすることもある．基準点の違うポテンシャルの差は定数のみで，本質的には基準点の選び方によらない．

**【例題】** 以下の $\mathbb{F}$ は保存力である．$\mathbb{F}$ に対するポテンシャル $U$ を求めよ．ただし，基準点は $\mathbb{r}_0 = \mathbb{0}$ とせよ．
(1) $\mathbb{F} = a\mathbb{i} + b\mathbb{j} + c\mathbb{k}$　（ただし，$a, b, c$ は定数）　(2) $\mathbb{F} = -kx\mathbb{i} + g\mathbb{j}$　（ただし，$k, g$ は定数）

---

**《解答例》**

式 (3.6), (3.4)を用いて，保存力 $\mathbb{F}$ に対するポテンシャル $U$ を求める．保存力の仕事は，経路を何に選んでも良いので，例えば $\mathbb{0}$ を始点，$\mathbb{r}$ を終点とする直線 $C$ を経路として仕事を計算すればよい．$\mathbb{r} = x\mathbb{i} + y\mathbb{j} + z\mathbb{k}$ とすると，経路上の点は $\mathbb{r}' = \mathbb{r}t,\ (0 \le t \le 1)$ で表され，$\mathrm{d}\mathbb{r}' = \mathbb{r}\mathrm{d}t$ である．

(1)

$$U(\mathbb{r}) = -\int_{\mathbb{0}}^{\mathbb{r}} \mathbb{F}\cdot\mathrm{d}\mathbb{r}' = -\int_0^1 (ax+by+cz)\mathrm{d}t = -(ax+by+cz).$$

(2)

$$U(\mathbb{r}) = -\int_{\mathbb{0}}^{\mathbb{r}} (-kx'\mathbb{i} + g\mathbb{j})\cdot\mathrm{d}\mathbb{r}' = -\int_0^1 (-kx^2t + gy)\mathrm{d}t = \frac{1}{2}kx^2 - gy.$$

■

【問 15】 動摩擦力や，速度に比例する粘性抵抗力が保存力でないことを，例をあげて示せ．

**保存力とポテンシャルの関係**

式 (3.6)は微分の形で

$$\mathbb{F} = -\mathrm{grad}\, U$$

と書くことができる．ここで「$\mathrm{grad}\, U$」とは，「スカラー関数 $U$ の勾配 (gradient)」と呼ばれるベクトル微分演算で，偏微分を用いて

$$\mathbb{F} = -\left(\frac{\partial U}{\partial x}\mathbb{i} + \frac{\partial U}{\partial y}\mathbb{j} + \frac{\partial U}{\partial z}\mathbb{k}\right) \tag{3.7}$$

と記述される（付録 B 参照）．つまり「保存力 $\mathbb{F}$ はポテンシャル $U$ の勾配の逆符号で与えられる」ということになる．ただし，式 (3.7)を満たす $U$ には，定数分の不定性があり，基準点の取り方によるポテンシャルの差に対応する．

なお，力を $\mathbb{F} = F_x\mathbb{i} + F_y\mathbb{j} + F_z\mathbb{k}$ のように，書き表したとき，力 $\mathbb{F}$ とポテンシャル $U$ の関係を成分ごとに書き下すと

$$F_x = -\frac{\partial U}{\partial x}, \quad F_y = -\frac{\partial U}{\partial y}, \quad F_z = -\frac{\partial U}{\partial z} \tag{3.8}$$

となる．

**【例題】** 以下の各問に答えよ．

(1) ばね定数が $k$ であるばねの一端を固定し，もう一端に質量 $m$ のおもりをつけて，滑らかで水平な床の上に置く．ばねの自然長からの変位を $x$ とすると，ばねは力 $\mathbb{F} = -kx\mathbb{i}$ を受けるが，これは保存力であり，そのポテンシャルは $U = \frac{1}{2}kx^2$ と書けることを証明せよ．

(2) 重力場 $g$ の中で自由落下する質量 $m$ のボールは，力 $\mathbb{F} = -mg\mathbb{k}$ を受けて運動するが，これは保存力であり，そのポテンシャルは $U = mgz$ と書けることを証明せよ．

(3) $U_1(x, y) = \frac{1}{2}x^2$ をポテンシャルとする力 $\mathbb{F}_1$ と $U_2(x, y) = y$ をポテンシャルとする力 $\mathbb{F}_2$ の合力が，点 $(-1, 2)$ から点 $(2, 4)$ までを結ぶ直線に沿ってする仕事を求めよ．

---

**《解答例》**

(1) ポテンシャルと保存力の関係式 (3.7)が成り立つことを確かめれば良く，

$$-\left(\frac{\partial}{\partial x}\left(\frac{1}{2}kx^2\right)\mathbb{i} + \frac{\partial}{\partial y}\left(\frac{1}{2}kx^2\right)\mathbb{j} + \frac{\partial}{\partial z}\left(\frac{1}{2}kx^2\right)\mathbb{k}\right) = -kx\mathbb{i} + 0\mathbb{j} + 0\mathbb{k}$$

となる．これは問題の $\mathbb{F}$ と等しいから，題意は示された．

(2) 上問と同様に考えると，

$$-\frac{\partial}{\partial z}(mgz)\,\mathbb{k} = -mg\mathbb{k} = \mathbb{F}$$

が得られるため，題意は示された．

(3) 一般に合力 $\mathbb{F} = \mathbb{F}_1 + \mathbb{F}_2$ のポテンシャルは $U = U_1 + U_2$ である．ポテンシャルがある場合の仕事は，始点と終点におけるポテンシャルの値の差であるから，仕事 $W$ は

$$W = U(-1, 2) - U(2, 4) = \left(\frac{1}{2} \times (-1)^2 + 2\right) - \left(\frac{1}{2} \times 2^2 + 4\right) = -\frac{7}{2}$$

で与えられる．なお，この力にはポテンシャルがある，つまり保存力であるため，仕事の値は経路によらず (直線で結ばれていなくても) 定まることに注意せよ．

■

【問 16】 $\mathbb{F} = xy\mathbb{i} + \dfrac{x^2}{2}\mathbb{j}$ は，そのポテンシャルが $U = -\dfrac{1}{2}x^2y$ であるような保存力であることを示せ．

【問 17】 $k$ を定数とする．点 $\mathbb{r} = x\mathbb{i} + y\mathbb{j} + z\mathbb{k}$ における力が $\mathbb{F} = -k\dfrac{\mathbb{r}}{r^3}$ であるような力は，そのポテンシャルが $U = \dfrac{k}{r}$ であるような保存力であることを示せ．ただし $r = |\mathbb{r}| = \sqrt{x^2+y^2+z^2}$ である．

【問 18】 $U(x,y) = \dfrac{x^2+y^2}{2}$ をポテンシャルとするような力 $\mathbb{F}$ を求めよ．また，点 $(0,0)$ から点 $(2,4)$ まで曲線 $y = x^2$ に沿った経路でこの力 $\mathbb{F}$ のする仕事 $W$ を求めよ．〔答：$\mathbb{F} = -x\mathbb{i} - y\mathbb{j}$, $W = -10$〕

**保存力とポテンシャルの条件**

$\mathbb{F}$ がポテンシャルを持つための必要十分条件は

$$\mathrm{rot}\,\mathbb{F} = \mathbb{0}$$

であることが知られている（付録 B 参照）．この条件を成分ごとに書き下すと，保存力 $\mathbb{F}$ に対しては以下の関係式が成立することになる：

$$\frac{\partial F_x}{\partial y} = \frac{\partial F_y}{\partial x}, \quad \frac{\partial F_y}{\partial z} = \frac{\partial F_z}{\partial y}, \quad \frac{\partial F_z}{\partial x} = \frac{\partial F_x}{\partial z}. \tag{3.9}$$

なお,「rot $\mathbb{F}$」とは,「ベクトル関数 $\mathbb{F}$ の回転 (rotation)」と呼ばれるベクトル微分演算で偏微分を用いて

$$\mathrm{rot}\,\mathbb{F} = \left(\frac{\partial F_z}{\partial y} - \frac{\partial F_y}{\partial z}\right)\mathbb{i} + \left(\frac{\partial F_x}{\partial z} - \frac{\partial F_z}{\partial x}\right)\mathbb{j} + \left(\frac{\partial F_y}{\partial x} - \frac{\partial F_x}{\partial y}\right)\mathbb{k} \tag{3.10}$$

と記述される．

**【例題】** 以下で与えられる力 $\mathbb{F}$ は保存力か否か答えよ．

(1) $\mathbb{F}_1(x,y,z) = -k(x\mathbb{i} + y\mathbb{j} + z\mathbb{k})$　　(2) $\mathbb{F}_2(x,y,z) = 3xy\mathbb{i} + 4yz^2\mathbb{j} + 2z\mathbb{k}$

---

**《解答例》**

(3.9)が成立すれば保存力，成立しなければ非保存力であることを用いる．

(1) $\dfrac{\partial F_x}{\partial y} = \dfrac{\partial F_y}{\partial x} = 0$, $\dfrac{\partial F_y}{\partial z} = \dfrac{\partial F_z}{\partial y} = 0$, および $\dfrac{\partial F_z}{\partial x} = \dfrac{\partial F_x}{\partial z} = 0$ であるから $\mathrm{rot}\,\mathbb{F} = 0$ が成立する．したがって，力 $\mathbb{F}_1$ は保存力である．

(2) $\dfrac{\partial F_x}{\partial y} = 3x$, $\dfrac{\partial F_y}{\partial x} = 0$, $\dfrac{\partial F_y}{\partial z} = 8yz$, $\dfrac{\partial F_z}{\partial y} = 0$, $\dfrac{\partial F_z}{\partial x} = 0$, $\dfrac{\partial F_x}{\partial z} = 0$ であるから $\mathrm{rot}\,\mathbb{F} = 0$ が成立しない．したがって，力 $\mathbb{F}_2$ は保存力でない．

■

【問 19】 【問 9】の力 (1)〜(6) の中で，保存力であるものを選べ．また，保存力に対して，そのポテンシャルを求めよ．ただしポテンシャルの基準点は原点とすること．
〔答：(1)$U = -3y$, (2)$U = 2x^2$, (3)$U = -\dfrac{x^2}{2} - y$, (6)$U = -x^2y$〕

【問 20】 $U$ が $\mathbb{F}$ のポテンシャルである，つまり $\mathbb{F} = -\mathrm{grad}\,U$ が成り立つとき，$\mathrm{rot}\,\mathbb{F} = \mathbb{0}$ が成り立つことを示せ[*1]．

---

[*1] この逆を示すためには，ベクトル解析におけるストークスの定理（付録 B 参照）が必要である．

## 3.3 仕事とエネルギー

**エネルギー**

**エネルギー**とは「物体に仕事をする能力」のことであり，単位は仕事と同じ [J]（ジュール）である．エネルギーにはいくつかの種類があるが，力学においては，**運動エネルギー**，**ポテンシャルエネルギー**，およびそれらの和の **力学的エネルギー**と呼ばれるエネルギーに焦点を当てる．

**■運動エネルギー：** 運動する物体がもつエネルギーで，質量 $m$ の物体が，速度 $\mathbb{v}$ で運動しているとき，この物体の運動エネルギー $K$ は

$$K = \frac{1}{2}mv^2 = \frac{1}{2}m\,|\mathbb{v}|^2 \tag{3.11}$$

で定義される（$v$ は $\mathbb{v}$ の大きさ）．

**■ポテンシャルエネルギー：** 保存力 $\mathbb{F}$ の作用を受ける物体が，基準点 $\mathbb{r}_0$ から離れた位置 $\mathbb{r}$ でもつエネルギーで．$\mathbb{F}$ のポテンシャル (3.6)：

$$U(\mathbb{r}) = -\int_{\mathbb{r}_0}^{\mathbb{r}} \mathbb{F}\cdot \mathrm{d}\mathbb{r} \tag{3.12}$$

で定義される．保存力ごとに対応するポテンシャルエネルギーがあり，代表的なものとしては，以下の 3 つが挙げられる：

★ 重力によるポテンシャルエネルギー（位置エネルギー）
★ ばねの復元力によるポテンシャルエネルギー（弾性エネルギー）
★ 万有引力によるポテンシャルエネルギー

**【例題】** 以下のそれぞれの場合における，質量 $m = 2.0$ kg の物体がもつ運動エネルギーを求めよ．

(1) 速さ $v = 4.0$ m/s (2) 速度 $\mathbb{v} = 3.0\mathbb{i}$ m/s
(3) 速度 $\mathbb{v} = -2.0\mathbb{j}$ m/s (4) 速度 $\mathbb{v} = 3.0\mathbb{i} + 2.0\mathbb{j}$ m/s

---

**《解答例》**

運動エネルギー $K$ は，式 (3.11)より $K = \frac{1}{2}mv^2 = \frac{1}{2}m|\mathbb{v}|^2$ で与えられることを用いる：

(1) $K = \frac{1}{2} \times 2.0 \times 4.0^2 = 1.6 \times 10^1$ J (2) $K = \frac{1}{2} \times 2.0 \times |3.0\mathbb{i}|^2 = 9.0$ J

(3) $K = \frac{1}{2} \times 2.0 \times |-2.0\mathbb{j}|^2 = 4.0$ J (4) $K = \frac{1}{2} \times 2.0 \times |3.0\mathbb{i} + 2.0\mathbb{j}|^2 = 1.3 \times 10^1$ J

※ 注意：(4) において，速度 $\mathbb{v}$ の大きさを $3.0 + 2.0 = 5.0$ としないようにすること． ■

【問 21】 質量 $m$ の物体が，$\mathbb{v}_1 = 2v_x\mathbb{i}$ m/s から $\mathbb{v}_2 = -v_y\mathbb{j}$ m/s へと速度が変化したとき，運動エネルギーの変化量はいくらか．〔**答：** $\frac{m}{2}(v_y^2 - 4v_x^2)$〕

【問 22】 速度が変化しても，運動エネルギーが変化しないような運動の例を一つあげよ．

【問 23】 力 $\mathbb{F}$ を受けて運動する質量 $m$ の質点の運動エネルギー $K$ に対して，$K$ の変化率は $\mathbb{F}$ のする仕事率に等しい，つまり $\frac{\mathrm{d}K}{\mathrm{d}t} = \mathbb{F}\cdot\mathbb{v}$ が成り立つことを示せ．

**【例題】** 長さ $l$ の糸の一端に質量 $m$ の質点を結びつけ，他端を天井に固定する．いま，右図のように，質点が角度 $\theta$ の位置まで持ち上げられているとする．このとき，以下の各設定において質点がもつ重力によるポテンシャルエネルギーを求めよ．

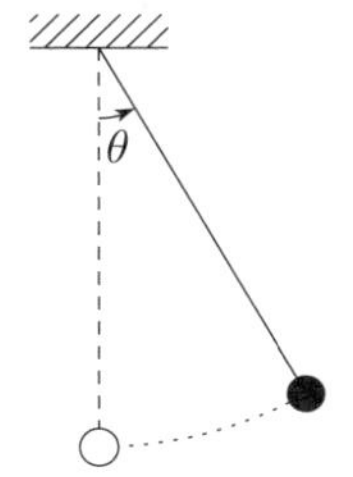


(1) 最下点（$\theta = 0$ の位置）を基準点としたとき
(2) 角度 $\theta$ の位置を基準点としたとき

---

**《解答例》**
質量 $m$ の質点が，（基準点を $h_0$ として）高さ $h$ の位置にあるとき，重力によるポテンシャルエネルギーは

$$U(h) = \int_{h_0}^{h} mg\mathrm{d}z = mg(h - h_0)$$

であるので，各設定において「基準点からの高さ $(h - h_0)$」を求めれば良い．

(1) 角度 $\theta$ だけ持ち上げられているとき，質点は基準点（最下点）よりも

$$l - l\cos\theta = l(1 - \cos\theta)$$

だけ高い位置にあるのでポテンシャルエネルギーは

$$U = mgl(1 - \cos\theta).$$

(2) 質点が存在する位置を基準点としているので，基準点からの高さはゼロ．したがって，ポテンシャルエネルギーもゼロである．

■

【問 24】 質量 $m$ の物体に作用する万有引力 $\mathbb{F} = -GmM\frac{\mathbb{r}}{r^3}$ によるポテンシャルエネルギー $U$ を求めよ．ただし，無限遠点を基準点とする．〔**答：**$U = -\dfrac{GmM}{r}$〕

**コラム：ポテンシャルとポテンシャルエネルギー**

保存力 $\mathbb{F}$ に対して (3.6)を満たす $U$ は **$\mathbb{F}$ のポテンシャル**と呼ぶが，全く同じ式である (3.12)を，**物体のポテンシャルエネルギー**とも呼んでいた．これらの呼び方の違いは，それぞれが表す概念の違い，「$-$(保存力 $\mathbb{F}$ のする仕事)」vs「物体が持つエネルギー」に起因する．特に後者は，「保存力による仕事」を「物体が空間から得られるエネルギー」のように捉えたものである．

各点において定まる力 $\mathbb{F}(\mathbb{r})$ のようなものは，数学的にはベクトルに値をもつ空間上で定義された関数で，**ベクトル場**と呼ばれる．一般に，ベクトル場 $\mathbb{A}$ に対し，

$$\mathrm{grad}\, U = -\mathbb{A}$$

を満たす $U(\mathbb{r})$ を**ベクトル場 $\mathbb{A}$ のポテンシャル**と呼んでいる．

例えば，電磁気学における静電場 $\mathbb{E}$ に対するポテンシャル $V$ は，**静電ポテンシャル**または**電位**と呼ばれるものである．一方電荷 $q$ を持つ物体に作用する静電気力に関するポテンシャルエネルギーは $qV$ で与えられ，この場合 $\mathbb{E}$ のポテンシャルと，電荷の持つポテンシャルエネルギーは差が生じている．

### 3.3.1　仕事と運動エネルギーの収支

**仕事-運動エネルギー定理**

質量 $m$ の物体に合力 $\mathbb{F}$ が作用しているとき，運動方程式 $m\dfrac{\mathrm{d}\mathbb{v}}{\mathrm{d}t}=\mathbb{F}$ が成立している．この両辺に質点の速度 $\mathbb{v}$ を内積すると $m\dfrac{\mathrm{d}\mathbb{v}}{\mathrm{d}t}\cdot\mathbb{v}=\mathbb{F}\cdot\mathbb{v}$ となるが，この左辺は

$$m\frac{\mathrm{d}\mathbb{v}}{\mathrm{d}t}\cdot\mathbb{v}=m\frac{\mathrm{d}v}{\mathrm{d}t}v=m\left(\frac{1}{2}\frac{\mathrm{d}}{\mathrm{d}t}v^2\right)=\frac{\mathrm{d}}{\mathrm{d}t}\left(\frac{1}{2}mv^2\right)$$

となるので，運動エネルギー $K=\dfrac{1}{2}mv^2$ と仕事率 $P=\mathbb{F}\cdot\mathbb{v}$ の関係

$$\frac{\mathrm{d}K}{\mathrm{d}t}=P$$

が得られる，この両辺を時刻 $t_1$ から $t_2$ まで積分すると，左辺は $K(t_2)-K(t_1)$ となり，右辺は (3.4) より，$\displaystyle\int_{t_1}^{t_2}\mathbb{F}\cdot\frac{\mathrm{d}\mathbb{r}}{\mathrm{d}t}\mathrm{d}t=\int_{\mathcal{C}}\mathbb{F}\cdot\mathrm{d}\mathbb{r}=W$ すなわち，運動経路 $\mathcal{C}$ に沿って $\mathbb{F}$ のした仕事 $W$ になる．各々の時刻での速さを $v_1$，$v_2$ とすれば，

$$\Delta K\equiv\frac{1}{2}mv_2^2-\frac{1}{2}mv_1^2=W \tag{3.13}$$

を得る．つまり『運動エネルギーの変化量は，その間に質点になされた仕事に等しい』と言えて，この関係を**仕事-運動エネルギー定理**（または**仕事と運動エネルギーの関係**）と呼ぶ．

**【例題】** 水平な床に静止していた質量 $m=5.0$ kg の荷物を，一定の力 $T=1.0\times10^2$ N で水平に距離 $L=5.0$ m だけ引く．床と荷物の間の動摩擦係数を $\mu'=3.0\times10^{-1}$ とするとき，以下の諸量を求めよ．

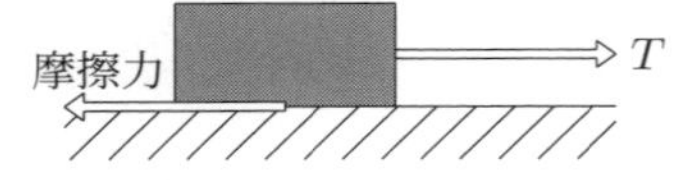


(1) 力 $T$ がする仕事　　(2) 摩擦力のする仕事

(3) 物体の運動エネルギーの変化　　(4) 5.0 m 引いた直後の速度

---

**《解答例》**

(1) 力 $T$ のする仕事を $W_T$ とすると

$$W_T=(1.0\times10^2\ \mathrm{N})\times(5.0\ \mathrm{m})=5.0\times10^2\ \mathrm{J}.$$

(2) 摩擦力の向きと運動の向きが逆であることに注意して，摩擦力 $F$ のする仕事を $W_F$ とすると

$$W_F=-0.3\times(5.0\ \mathrm{kg})\times\left(9.8\ \mathrm{m/s^2}\right)\times(5.0\ \mathrm{m})=-73.5\ \mathrm{J}=-7.4\times10^1\ \mathrm{J}.$$

(3) (3) 仕事-エネルギー定理より「運動エネルギーの変化 $\Delta K$」＝「物体になされたすべての仕事の量」

$$\begin{aligned}\Delta K&=W_T+W_F\\&=5.0\times10^2+(-7.35\times10^1)=4.27\times10^2=4.3\times10^2\ \mathrm{J}.\end{aligned}$$

(4) 求めるべき速度を $v$ とすれば，はじめ物体は静止していたので，運動エネルギーの変化量は

$$\Delta K=\frac{1}{2}mv^2=\frac{5.0\ \mathrm{kg}}{2}v^2=4.27\times10^2\ \mathrm{J}$$

という関係を満たす．したがって，$v=1.3\times10^1$ m/s.

■

【問 25】 $v^2 = \mathbb{v}\cdot\mathbb{v}$ から，$v\dfrac{\mathrm{d}v}{\mathrm{d}t} = \mathbb{v}\cdot\dfrac{\mathrm{d}\mathbb{v}}{\mathrm{d}t}$ を示せ．

【問 26】 静止した質量 $m$ のボールを，初速度 $\mathbb{v}_0 = v_x\mathbb{i} + v_y\mathbb{j}$ で投げるために必要な仕事を求めよ．
〔答：$\dfrac{1}{2}m(v_x^2 + v_y^2)$〕

【問 27】 時速 20 km で走っている，乗り手と合わせた質量 60 kg の自転車を停止させるために，ブレーキの摩擦力がする仕事はいくらか．有効数字 2 桁で答えよ．〔答：$-9.3\times 10^2$ J〕

【問 28】 質量 $m$ の弾丸を速さ $v_0$ で固定した厚さ $d$ の鉛板に直角に当てると深さ $a$ まで入り込んだ．鉛板を貫通させるために必要な弾丸の速度を求めよ．ただし弾丸は鉛板中では一定の抵抗力を受けるものとする．
〔答：$v_0\sqrt{\dfrac{d}{a}}$〕

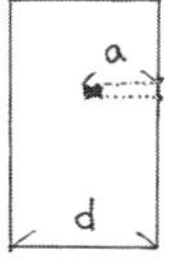


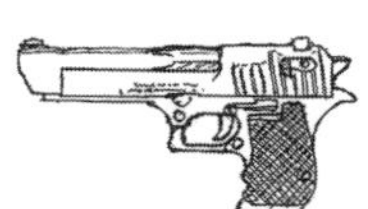

【問 29】 エネルギー効率 15%（エネルギーの 15% が運動エネルギーに変換される）で質量 $9.0\times 10^2$ kg の軽自動車が，静止状態から時速 60 km まで加速するには少なくとも何 L のガソリンが必要か．ただし 1.0 L のガソリンを燃やすと $3.5\times 10^7$ J のエネルギーが生じるとする．〔答：$2.4\times 10^{-2}$ L〕

【問 30】 クレーンを用いて，1.0 t の荷物を，20 秒かけて，25 m 持ち上げた．持ち上げ始めと終わりで，荷物は静止していたとして，クレーンがした平均仕事率を求めよ．〔答：$1.2\times 10^4$ W〕

### 3.3.2　非保存力の仕事と力学的エネルギーの収支

**非保存力仕事-力学的エネルギー定理（拡張された仕事-運動エネルギー定理）**

質点に作用する力を，保存力と非保存力とに分けて，時刻 $t_1$ から $t_2$ の間に，保存力のする仕事を $W_{\text{保存}}$，非保存力のする仕事を $W_{\text{非保存}}$ で表すと，仕事-エネルギー定理 (3.13)は

$$\frac{1}{2}mv_2^2 - \frac{1}{2}mv_1^2 = W_{\text{保存}} + W_{\text{非保存}}$$

となる．ここで保存力のする仕事は，式 (3.6)より $\mathbb{F}$ のポテンシャル $U$ によって

$$U(\mathbb{r}_2) - U(\mathbb{r}_1) = -W_{\text{保存}}$$

となるから，これらを左辺の運動エネルギーの項に移項して整理すると，

$$\Big[\frac{1}{2}mv_2^2 + U(\mathbb{r}_2)\Big] - \Big[\frac{1}{2}mv_1^2 + U(\mathbb{r}_1)\Big] = W_{\text{非保存}} \tag{3.14}$$

と書ける．そうすると，速度ベクトル $\mathbb{v}$ から定まる運動エネルギー $K = \dfrac{1}{2}mv^2$ に，位置ベクトル $\mathbb{r}$ から定まるポテンシャル $U(\mathbb{r})$ が物体のエネルギーとして付け加えた**力学的エネルギー**を

$$E(\mathbb{r},\mathbb{v}) \equiv K(\mathbb{v}) + U(\mathbb{r})$$

のように定義すると，(3.14)から仕事-運動エネルギー定理は次のように書き換えられる：

$$E(\mathbb{r}_2,\mathbb{v}_2) - E(\mathbb{r}_1,\mathbb{v}_1) = W_{\text{非保存}} \tag{3.15}$$

つまり，「質点の力学的エネルギーの変化量は， 質点にかかる非保存力のする仕事に等しい」ことがわかる．これを**非保存力仕事-力学的エネルギー定理**と呼ぶ．

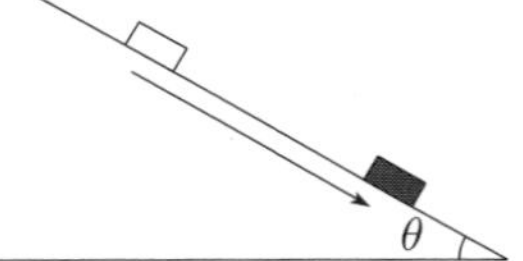


【例題】 右図のように，質量 $m$ の物体が傾斜角 $\theta$ の「粗い」斜面に沿って距離 $l$ だけ滑り落ちた．動摩擦係数を $\mu'$ として，以下の問に答えよ．

(1) 重力，垂直抗力，摩擦力が物体にした仕事をそれぞれ求めよ．
(2) 運動エネルギーの変化を求めよ．
(3) 力学的エネルギーの変化を求めよ．
(4) 滑り落ちる直前の速度が $v_0$ であるとき，物体が距離 $l$ だけ滑り落ちたあとの速度 $v_1$ を求めよ．

---

《解答例》

(1) 重力のした仕事を $W_G$，垂直抗力のした仕事を $W_N$，摩擦力のした仕事を $W_F$ とすると

$$W_G = mgl\sin\theta, \qquad W_N = 0, \qquad W_F = -\mu' mgl\cos\theta.$$

(2) 仕事の総量と運動エネルギーの変化量は等しい (仕事-エネルギー定理) から，運動エネルギーの変化量は

$$\Delta K = mgl\sin\theta - \mu' mgl\cos\theta.$$

(3) 非保存力の総量と力学的エネルギーの変化量は等しい（拡張された仕事-エネルギー定理）から，力学的エネルギーの変化量は

$$\Delta E = -\mu' mgl\cos\theta.$$

(4) 前問 (2)（または (3)）の結果より，

$$\Delta K = \frac{1}{2}mv_1^2 - \frac{1}{2}mv_0^2 = mgl\,(\sin\theta - \mu'\cos\theta)$$

である．これを $v_1$ について解くと

$$v_1 = \sqrt{v_0^2 + 2gl\,(\sin\theta - \mu'\cos\theta)}.$$

■

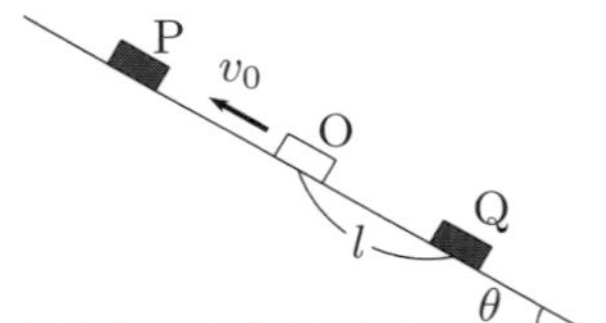


【問 31】 右図のように，質量 $m$ の物体が斜面と平行な方向に，初速 $v_0$ をもって点 O から出発し，傾斜角 $\theta$ の「なめらかな」斜面にそって点 P まで登った．その後，点 P から点 O まで同じ距離だけ滑り落ち，そのまま傾斜角 $\theta$ の「粗い」斜面にそって点 O から点 Q まで距離 $l$ だけ滑り落ちた．動摩擦係数を $\mu'$ とし，空気抵抗などは無視できるものとする．このとき，以下の (1)〜(6) を求めよ．

(1) 物体が点 O から点 P へ到達するまでにかかった時間．
(2) 物体が点 O から点 P へ到達するまでに登った距離．
(3) 物体が点 O に戻ってきたときの速さ．
(4) 物体が点 O から点 Q へ到達するまでに，重力，摩擦力，垂直抗力のそれぞれがボールにした仕事 $W_G$, $W_F$, $W_N$.
(5) 物体が点 O から点 Q へ到達するまでの運動エネルギーの変化.
(6) 物体が点 Q に到達したときの速さ.

〔答：(1)$\dfrac{v_0}{g\sin\theta}$, (2)$\dfrac{v_0^2}{2g\sin\theta}$, (3)$v_0$, (4) $W_G = mgl\sin\theta$, $W_F = -\mu' mgl\cos\theta$, $W_N = 0$, (5)$mgl(\sin\theta - \mu'\cos\theta)$, (6) $\sqrt{2gl(\sin\theta - \mu'\cos\theta) + v_0^2}$〕

【問 32】　【問 31】の設定において，OP 間も「粗い斜面」と仮定して同様の運動をさせたとき，点 Q に到達したときの速さを求めよ．〔答：$\sqrt{2gl(\sin\theta-\mu'\cos\theta)+\dfrac{\tan\theta-\mu'}{\tan\theta+\mu'}v_0^2}$〕

【問 33】　長さ $l$ のひもに，質量 $m$ のおもりを結んで作った振り子を，鉛直方向から角 $\theta$ でそっとおもりを離して一周期で戻ってきたときの角度が，$\theta'<\theta$ となっていた．抵抗力のした仕事を求めよ．
〔答：$mgl(\cos\theta-\cos\theta')$〕

【問 34】　傾斜角 $\theta$ の坂道に沿って，静止していた質量 $m$ の台車に力を加えて，坂道上を距離 $\ell$ だけ進めた後，再び静止させた．台車と坂道の間の動摩擦係数を $\mu'$ とする．

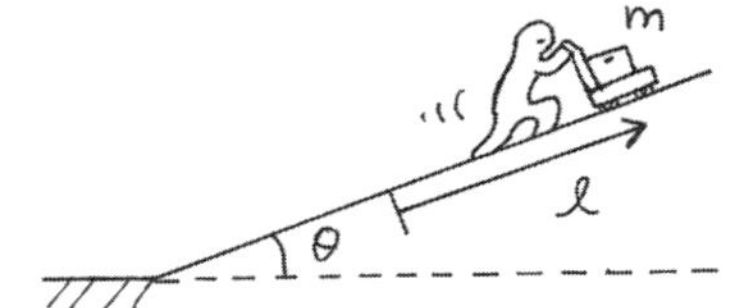


(1) 重力および摩擦力のする仕事を求めよ．

(2) 台車の運動エネルギーの変化量はいくらであるか？
(3) 加えた力による仕事を求めよ．
〔答：(1)$-mg\ell\sin\theta$, $-\mu' mg\ell\cos\theta$, (2)0, (3)$mg\ell(\sin\theta+\mu'\cos\theta)$〕

【問 35】　ばね定数 $k$ のばねの一端を天井に固定し，他端に質量 $m$ のおもりを吊して，ばねが自然長になる位置でおもりを下から手で支えた．
(1) 手を「ゆっくりと」下げていくとき，ばねの伸びの最大値 $x_0$ を求めよ．
(2) 手をいきなり離すとき，ばねの伸びの最大値 $x_1$ を求めよ．
(3) 手をいきなり離すとき，ばねの伸びが $x_0$ の時の運動エネルギーを求めよ．
(4) $x_0$ と $x_1$ の違いは何故生じるのか？ おもりが手から受ける垂直抗力に注意して答えよ．
〔答：(1)$x_0=\dfrac{mg}{k}$, (2)$x_1=\dfrac{2mg}{k}$, (3)$\dfrac{(mg)^2}{2k}$〕

【問 36】　図のように，粗い水平面上で，ばね定数 $k$ のばねを長さ $d$ だけ圧縮し，その先端に質量 $m$ のグラスを置いて手で押さえておく．グラスから手を放すと，グラスはばねに押され，ばねから離れて滑っていく．動摩擦係数を $\mu'$ として，グラスを放した位置からグラスが距離 $x$ だけ滑ったときの速さ $v$ を求めよ．
〔答：$\sqrt{\dfrac{k}{m}d^2-2\mu' gx}$〕

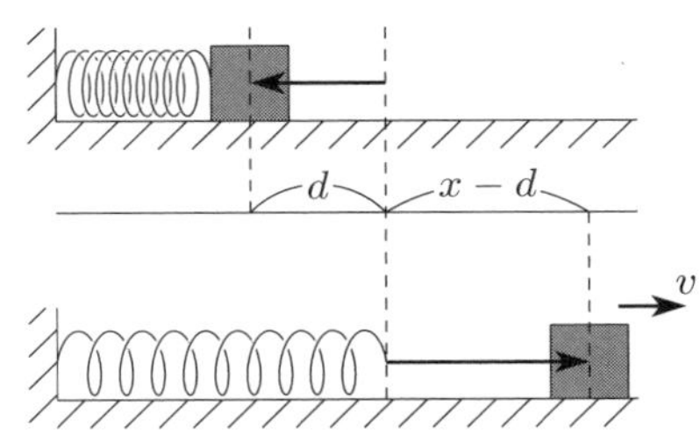


【問 37】　【問 36】において，グラスの質量が $1.0\times10^{-1}$ kg，ばね定数が 100 N/m，であったとして，$d=1.0\times10^{-1}$ m だけ圧縮させた結果，$x=3.0\times10^{-1}$ m だけ滑った後グラスは静止した．面とグラスの間の動摩擦係数 $\mu'$ を求めよ．〔答：$\mu'=1.7$〕

## 3.4　力学的エネルギー保存則

**力学的エネルギー保存則**

非保存力による仕事が存在しない系では，式 (3.15)の右辺はゼロになるので，力学的エネルギーの変化量はゼロ，つまり定数 $E_0$ が存在して，

$$E(\mathbb{r}_2, \mathbb{v}_2) = E(\mathbb{r}_1, \mathbb{v}_1) = E_0 \tag{3.16}$$

となる．これは物体の力学的エネルギー（運動エネルギーとポテンシャルエネルギーの和）が一定となることを示しており，**力学的エネルギー保存則**というとても重要な定理となる．

つまり，摩擦力や空気抵抗力のような非保存力によるエネルギー減衰がないならば，運動エネルギーの変化は，保存力のポテンシャルエネルギーとのやり取りとして考えることができ，それらの総和は常に一定である．

**【例題】**

質量 $m$ の質点を地表から鉛直上方に初速 $v_0$ で投げ上げた．このとき，質点が到達する最高点の高さ $H$ を求めよ．ただし，重力以外の力は作用しないものとする．

---

**《解答例》**

重力は保存力であるので，本問の状況下では力学的エネルギー保存則が成立する．つまり，「投げ上げた直後の力学的エネルギー $E_1$」＝「最高点での力学的エネルギー $E_2$」となり

$$\frac{1}{2}mv_0^2 + mg \cdot 0 = \frac{1}{2}m \cdot 0^2 + mgH$$

が成立する．これより，求めるべき高さ $H$ は

$$H = \frac{v_0^2}{2g}.$$

■

【問 38】 質量 $m$ の人がゴム紐の一端を体に付け，もう一端を橋に取り付けて橋の上から飛び降りるバンジージャンプをする．水深の深い川の水面から測った橋の高さは $L$ とする．ゴム紐は，ばね定数 $k$，自然長 $\ell < L$ のばねとして考える．

(1) 飛び降りた後，川の水面ぎりぎりで折り返す為には，$k$ はどんな値であればよいか？

(2) 上の結果を，$L = 100$m，$\ell = 30$m，$m = 70$kg として，数値で求めよ．

〔答：(1)$k = \dfrac{2mgL}{(L-\ell)^2}$, (2)$2.8 \times 10^1$ N/m〕

【問 39】 長さ $l$ の軽い糸の一端を固定し，他端に質量 $m$ のおもりをつけて，糸をたるむことのないように鉛直方向から $\theta$ の角だけ傾いた位置でおもりを離すとき，最下点でのおもりの速さを求めよ．

〔答：$\sqrt{2gl(1-\cos\theta)}$〕

【問 40】 長さ $L$ の軽い糸をつけた質量 $m$ の小球を，最下点から小球を弾いて速度 $v_0$ を与え，鉛直平面内で円運動させる．

(1) ある時刻 $t$ に，糸が鉛直下方と反時計回りに角度 $\theta(t)$ をなしていて，かつ糸の張力が $T$ であるとして，円の法線方向の運動方程式を立てよ．

(2) おもりの力学的エネルギー保存則を $\theta(t)$ を用いて表せ．

(3) 糸がたわむこと無く円運動できるためには初速度 $v_0$ はいくら以上でなければならないか？

〔答：(1)$mL\dot{\theta}^2 = T - mg\cos\theta$, (2)$\dfrac{m}{2}(L\dot{\theta})^2 + mgL(1-\cos\theta) = \dfrac{m}{2}v_0^2$, (3)$v_0 \geq \sqrt{5gL}$〕

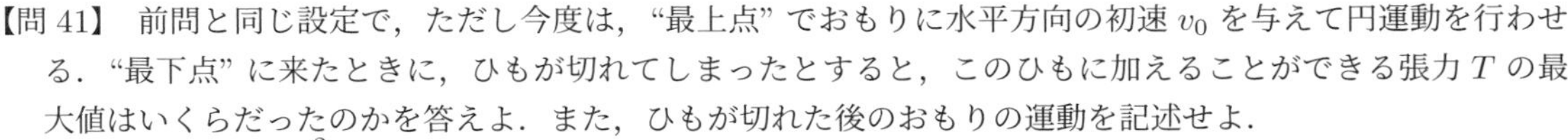

【問 41】 前問と同じ設定で，ただし今度は，“最上点” でおもりに水平方向の初速 $v_0$ を与えて円運動を行わせる．“最下点” に来たときに，ひもが切れてしまったとすると，このひもに加えることができる張力 $T$ の最大値はいくらだったのかを答えよ．また，ひもが切れた後のおもりの運動を記述せよ．

〔答：$T_{\max} = \dfrac{mv_0^2}{L} + 5mg$, 初速 $\sqrt{v_0^2 + 4gL}$ で水平投射〕

【問 42】 図のように，質量 $m$ の小球を，半径 $R$ の球面の頂上から，水平方向に速さ $v_0$ で動かした．はじめのうちは小球は球面から離れないとする．

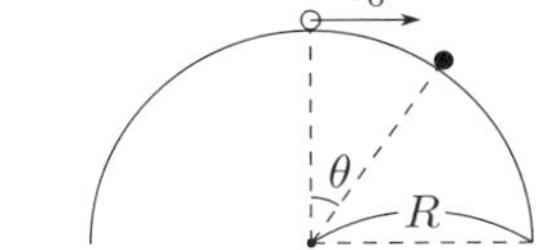


(1) $v_0 < \sqrt{gR}$ を満たすことを示せ．

(2) 時刻 $t$ で，小球が鉛直上方と反時計回りに角度 $\theta$ をなしていて，かつ球面からの垂直抗力が $N$ であるとして，円の法線方向の運動方程式を立てよ．

(3) 小球の力学的エネルギー保存則を $\theta$ を用いて表せ．

(4) 小球が球面から離れるときの角度 $\alpha$ を求めよ．

〔答：(2)$mR\dot{\theta}^2 = mg\cos\theta - N$, (3)$\dfrac{mv_0^2}{2} + mgR(1-\cos\theta) = \dfrac{m(R\dot{\theta})^2}{2}$, (4)$\alpha = \cos^{-1}\left(\dfrac{2gR + v_0^2}{3gR}\right)$〕

【問 43】 地上からロケットを打ち上げ，地球の引力圏から脱出して宇宙へ飛び出すには，運動エネルギーが万有引力のポテンシャルの落差以上のときに可能となる．脱出時の初速度 $v_0$ の最小値（第 2 宇宙速度）を求めよ．（万有引力定数を $G$，地球の質量を $M$，地球の半径を $R$ として答えよ．以降の問題も同様とする．）

〔答：$v_0 = \sqrt{\dfrac{2GM}{R}}$〕

【問 44】 質量 $m$ の人工衛星を地表から鉛直上向きに打ち上げる．

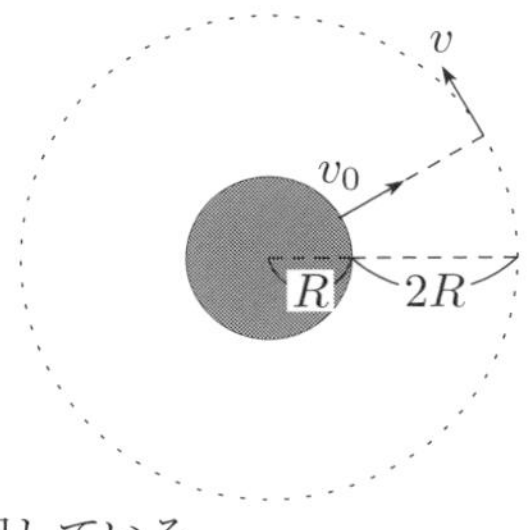


(1) 物体が地球の中心から距離 $3R$ の位置 P に到達するために，最低限必要な打ち上げの速さ $v_0$ を求めよ．

(2) 位置 P に到達した直後に，円の接線方向に速度 $v$ を与えて半径 $3R$ の円運動をさせた．このとき与えた速度の大きさを求めよ．

〔答：(1)$\dfrac{2}{\sqrt{3}}\sqrt{\dfrac{GM}{R}}$, (2)$\dfrac{1}{\sqrt{3}}\sqrt{\dfrac{GM}{R}}$〕

【問 45】 地球の中心から測って半径 $r$ の円軌道を，質量 $m$ の人工衛星が周回している．

(1) 衛星の速度を求めよ．

(2) この衛星の力学的エネルギーを求めよ．（無限に離れた点での重力のポテンシャルがゼロとなるように基準を選ぶこと．）

(3) この衛星が，隕石に衝突して力学的エネルギーが一気に減少したとする．このとき，衛星の軌道半径は，元の軌道半径に比べて増加するか減少するか？（衝突後，衛星は再び半径の異なる円軌道を回復するものとせよ．）

〔答：(1)$\sqrt{\dfrac{GM}{r}}$, (2)$-\dfrac{1}{2}\dfrac{GMm}{r}$, (3)$E$ が減少すると $r$ も減少する〕

# 第4章

# 質点系の運動方程式と運動量保存則

## 4.1 運動量・質点系の運動方程式

質点系

**■系** 自然界には様々な物体や環境が多数存在するが，物理学の現象を議論する際には，それらの中から，注目したい部分のみを取り出して考察することが多い．このようにひとまとめにした部分を**系**と呼ぶ．系にも様々なものがあるが，本章では複数の質点が集まって構成される**質点系**と呼ばれる系における現象を取り扱うことにする．

**■内力と外力** 系に含まれる物体の間で作用する力を**内力**，系の外側から作用する力を**外力**という．質点系で言えば，複数の質点に対して作用する力のうち，互いに及ぼしあう力（作用・反作用の関係にある力）が内力であり，それ以外の力が外力となる．

**■質点系の運動方程式** $n$ 個の質点の，それぞれの質量が $m_k$，速度 $\mathbb{v}_k$ で運動しているとき，各質点の運動量は $\mathbb{p}_k = m_k\mathbb{v}_k$ と書ける．また各質点に作用する力を $\mathbb{F}_k$ とすると，各質点の運動方程式は

$$\frac{\mathrm{d}\mathbb{p}_k}{\mathrm{d}t} = \mathbb{F}_k \tag{4.1}$$

となり，これらの和をとれば質点系の全運動量に関する運動方程式

$$\frac{\mathrm{d}\mathbb{P}}{\mathrm{d}t} = \mathbb{F}_{\mathrm{net}} \tag{4.2}$$

が得られる．ここで

$$\mathbb{P} \equiv \mathbb{p}_1 + \mathbb{p}_2 + \cdots + \mathbb{p}_n \tag{4.3}$$

は質点系の**全運動量**であり，

$$\mathbb{F}_{\mathrm{net}} \equiv \mathbb{F}_1 + \mathbb{F}_2 + \cdots + \mathbb{F}_n$$

は，すべての質点に作用する力の和である．ただし，$\mathbb{F}_{\mathrm{net}}$ を計算する際，各 $\mathbb{F}_i$ の内力については，作用・反作用の法則（$\mathbb{F}_{i\to j} + \mathbb{F}_{j\to i} = \mathbb{0}$）によって相殺されるため考慮しなくてよい．

**■質点系の運動量保存則** 質点に作用する**外力**の和 $\mathbb{F}_{\mathrm{net}}$ がゼロであれば（内力はゼロでなくてもよい），(4.2)式からわかるように

$$\frac{\mathrm{d}\mathbb{P}}{\mathrm{d}t} = \mathbb{0} \tag{4.4}$$

となり，全運動量 $\mathbb{P}$ が保存される (定数になる).

【例題】 質量 $m$ の物体が，一定の速度 $\mathbb{v}$ で運動していたとする．この物体が，静止している質量 $M$ の物体に衝突したところ，2 つの物体は一体となって速度 $\mathbb{V}$ で運動することになった．衝突後の速度 $\mathbb{V}$ を求めよ．ただし，この衝突の前後および衝突時に外力ははたらかないものとする．

---

《解答例》

外力がはたらかないので運動量保存則 (4.4)より

$$m\mathbb{v} + M \cdot \mathbb{0} = (m+M)\mathbb{V}$$

が成立する．これより求めるべき速度 $\mathbb{V}$ は

$$\mathbb{V} = \frac{m\mathbb{v}}{m+M}$$

■

【問 1】 2 個の質点それぞれに作用する力が，$\mathbb{F}_1 + \mathbb{F}_{2\to1}$, $\mathbb{F}_2 + \mathbb{F}_{1\to2}$ のように，外力 $\mathbb{F}_1$, $\mathbb{F}_2$ と，内力 $\mathbb{F}_{2\to1}$, $\mathbb{F}_{1\to2}$ の合力とするとき，$\mathbb{F}_{\mathrm{net}} = \mathbb{F}_1 + \mathbb{F}_2$ であることを示せ．

【問 2】 質量が $m_1$, $m_2$ である 2 つの質点が同じ速度 $\mathbb{v}$ で運動しているとき，$v$ を全運動量 $\mathbb{P}$ で表せ．
〔答：$\mathbb{v} = \dfrac{\mathbb{P}}{m_1 + m_2}$〕

【問 3】 滑らかな水平面上に，質量 $m_{\mathrm{A}}$ の台車 A と，さらにその横に質量 $m_{\mathrm{B}}$ の台車 B を並べて，左から水平方向に力 $F$ で押したところ，一体となって加速度 $a$ で動いた．

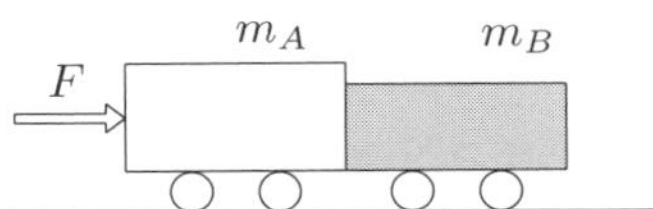


(1) 全運動量 $P$ に関する運動方程式を書け．
(2) $P$ と $a$ の関係を利用して $a$ を求めよ．
(3) AB が押し合う力 $F_{\mathrm{AB}}$ を求めよ（ヒント：B に関する運動方程式を書け）．
〔答：(1)$\dfrac{\mathrm{d}P}{\mathrm{d}t} = F$, (2)$a = \dfrac{F}{m_{\mathrm{A}} + m_{\mathrm{B}}}$, (3)$F_{\mathrm{AB}} = \dfrac{m_{\mathrm{B}}F}{m_{\mathrm{A}} + m_{\mathrm{B}}}$〕

【問 4】 滑らかな水平面上に，質量 $m_{\mathrm{A}}$ の台車 A と，さらにその横に質量 $m_{\mathrm{B}}$ の台車 B を置き両者を糸で結んだ．右から水平方向に力 $F$ で引っ張ったところ，AB は同じ速度で動いた．

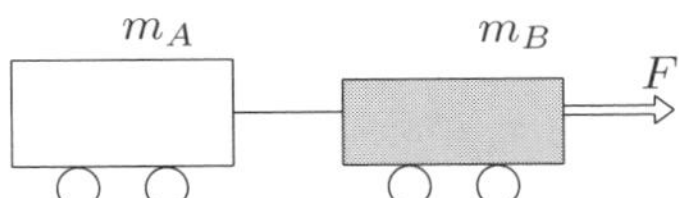


(1) 両者の加速度 $a$ を求めよ．
(2) AB 間の糸の張力 $T$ を求めよ．
〔答：(1)$a = \dfrac{F}{m_{\mathrm{A}} + m_{\mathrm{B}}}$, (2)$T = \dfrac{m_{\mathrm{A}}F}{m_{\mathrm{A}} + m_{\mathrm{B}}}$〕

【問 5】 滑らかな水平面上に，質量 $2m$ の台車 A と，さらにその上に質量 $m$ の物体 B がある．（両者の間の動摩擦係数は $\mu'$ とする．）物体 B を水平方向に力 $F$ で引っ張ったところ，物体 B が加速度 $a_B$ で，台車 A が加速度 $a_A$ で運動した．

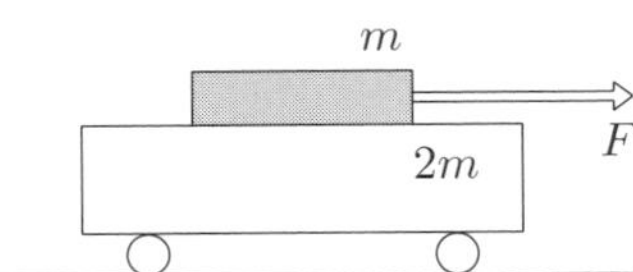


(1) 台車 A の運動方程式を立て，$a_{\mathrm{A}}$ を求めよ．
(2) 全運動量 $P$ に関する運動方程式を立てよ．
(3) $a_{\mathrm{B}} = 4a_{\mathrm{A}}$ であったとすると，引っ張った力 $F$ はいくらであるか（$\mu', m, g$ を用いて表せ．）
〔答：(1)$a_{\mathrm{A}} = \dfrac{\mu' g}{2}$, (2)$\dfrac{\mathrm{d}P}{\mathrm{d}t} = F$, (3)$F = 3\mu' mg$〕

【問 6】 質量 $m_A$ のおもり A と質量 $m_B$ のおもり B が，図のように軽い滑車を介してひもで結ばれている．($m_A > m_B$ とする．)

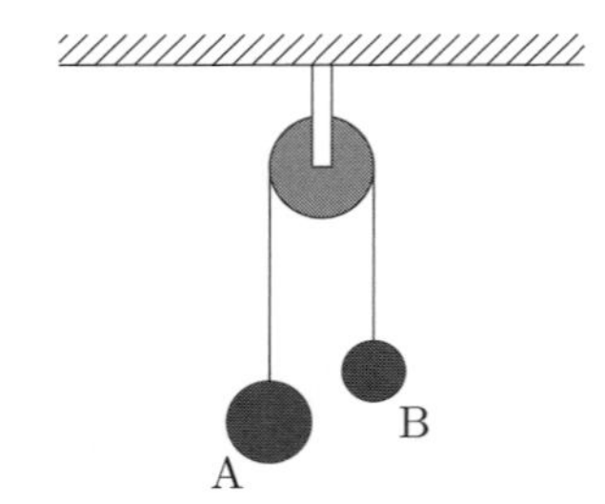


(1) 滑車は軽いので，ひもがおもり A を引く力と，ひもがおもり B を引く力は，大きさが等しいとできる．この大きさを $T$ とするときに，おもり A，B についての運動方程式を立てて，両式から $T$ を消去することで，おもり A の加速度 $a$ を求めよ．

(2) 全運動量 $P$ に対する運動方程式を立て，$P$ と $a$ の関係式を利用することで，おもり A の加速度 $a$ を求めよ．

〔答：(1)$m_A a = m_A g - T, m_B(-a) = m_B g - T$, (2)$\dot{P} = (m_A - m_B)g$; $a = \dfrac{m_A - m_B}{m_A + m_B}g$〕

【問 7】 図のように，動摩擦係数が $\mu'$ である水平面に置かれた質量 $m_B$ の物体 B と，鉛直方向に吊るされた質量 $m_A$ の物体 A が，軽い滑車を通してひもでつながれている．物体 A の加速度 $a$ を求めよ．($m_A > \mu' m_B$ とする．) 〔答：$a = \dfrac{m_A - \mu' m_B}{m_A + m_B}g$〕

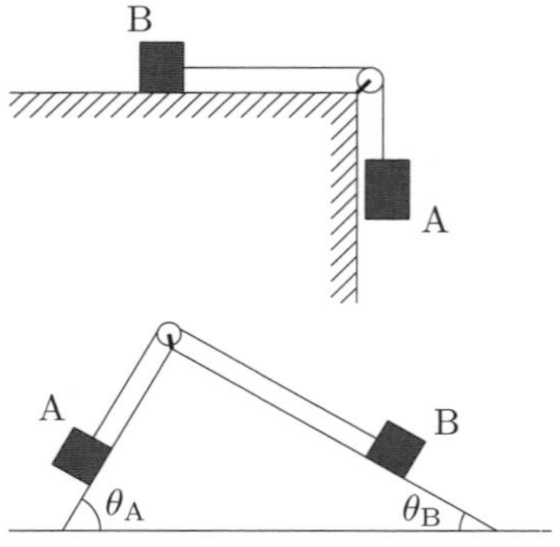


【問 8】 図のような 2 つの角度 $\theta_A, \theta_B$ をもつ滑らかな斜面の両側に，軽い滑車を通してひもでつながれた質量 $m$ の等しい物体を置いた．物体 A の加速度 $a$ を求めよ．($\theta_A > \theta_B$ とする．)
〔答：$a = \dfrac{1}{2}(\sin\theta_A - \sin\theta_B)g$〕

## 4.2 重心 (質量中心) の運動方程式

**重心（質量中心）の運動方程式**

**■質点系の重心と重心速度**　一般に，$n$ 個の質点からなる質点系に対して，各質点の質量と位置ベクトルをそれぞれ $m_k$ と $\boldsymbol{r}_k$ とすると，これらの重心 (質量中心) の位置ベクトル $\boldsymbol{r}_G$ は次式で定義される：

$$\boldsymbol{r}_G = \frac{m_1\boldsymbol{r}_1 + m_2\boldsymbol{r}_2 + \cdots + m_n\boldsymbol{r}_n}{m_1 + m_2 + \cdots + m_n} = \frac{\sum_{k=1}^{n} m_k\boldsymbol{r}_k}{M}. \tag{4.5}$$

ここで $M = \sum_{k=1}^{n} m_k$ は $n$ 個の質点の質量の和である．また，重心速度 $\boldsymbol{v}_G$ は，重心座標 $\boldsymbol{r}_G$ を時間微分したもので

$$\boldsymbol{v}_G = \frac{\mathrm{d}\boldsymbol{r}_G}{\mathrm{d}t} = \frac{m_1\boldsymbol{v}_1 + m_2\boldsymbol{v}_2 + \cdots + m_n\boldsymbol{v}_n}{M} = \frac{\sum_{k=1}^{n} m_k\boldsymbol{v}_k}{M}, \tag{4.6}$$

と書ける．ここで，式 (4.6)の最右辺の分子「$\sum_{k=1}^{N} m_k\boldsymbol{v}_k$」は質点系の全運動量 $\boldsymbol{P}$ に等しいので，

$$\boldsymbol{P} = M\boldsymbol{v}_G, \tag{4.7}$$

つまり，質点系の全運動量は，重心 $\boldsymbol{r}_G$ にある，質量 $M$ の質点の運動量とみなすことができる．

また，質点系の全運動量 $\boldsymbol{P}$ に関する運動方程式 (4.2)から，重心位置 $\boldsymbol{r}_G$，重心速度 $\boldsymbol{v}_G$ に関する運動方程式

$$M\frac{\mathrm{d}^2\boldsymbol{r}_G}{\mathrm{d}t^2} = M\frac{\mathrm{d}\boldsymbol{v}_G}{\mathrm{d}t} = \boldsymbol{F}_{\mathrm{net}} \tag{4.8}$$

が得られる．これを**重心の運動方程式**と呼ぶ．

**■質点系の運動量保存則（重心速度保存則）**　**外力**の総和 $\boldsymbol{F}_{\mathrm{net}}$ がゼロであれば，式 (4.8)より $\dfrac{\mathrm{d}\boldsymbol{P}}{\mathrm{d}t} = \boldsymbol{0}$ となり，質点系の全運動量 $\boldsymbol{P}$ が保存される．あるいは，$\boldsymbol{P} = M\boldsymbol{v}_G$ より，重心速度 $\boldsymbol{v}_G$ が保存されるとも言える．

**【例題】** 質量 $m_1$，$m_2$，$m_3$ の 3 つの質点が，1 辺が $a$ の正三角形の頂点に配置されている．それぞれの質点の位置座標を $\left(-\frac{a}{2}, 0\right)$，$\left(\frac{a}{2}, 0\right)$，$\left(0, \frac{a\sqrt{3}}{2}\right)$ と表すとき，これらの質点系の質量中心 (重心) の座標を求めよ．

---

**《解答例》**

$m_1$，$m_2$，$m_3$ のある位置ベクトルを $\boldsymbol{r}_1$，$\boldsymbol{r}_2$，$\boldsymbol{r}_3$ で表すとき，重心の位置ベクトル $\boldsymbol{r}_\mathrm{G}$ は

$$\boldsymbol{r}_\mathrm{G} = \frac{m_1\boldsymbol{r}_1 + m_2\boldsymbol{r}_2 + m_3\boldsymbol{r}_3}{m_1 + m_2 + m_3}$$

で与えられるので，それぞれの座標の値を代入して

$$\boldsymbol{r}_\mathrm{G} = \left(\frac{(m_2 - m_1)\,a}{2\,(m_1 + m_2 + m_3)}\ ,\ \frac{m_3 a\sqrt{3}}{2\,(m_1 + m_2 + m_3)}\right).$$

■

【問 9】　下図は，坂道を下る連結された列車のモデルである．傾斜角 $\theta$ の滑らかな平面上に，質量 $m$ の等しい 2 つのおもりを，自然長 $d$，バネ定数 $k$ のバネでつないだものを斜面に静かに置いて滑らせる．坂道の頂上を原点 O にとって，そこから斜面方向に $x$ 軸正方向をとる．

(1) 時刻 $t$ におけるおもり 1，2 の位置をそれぞれ $x_1(t)$，$x_2(t)$ とするときに，各々の運動方程式を立てよ．

(2) 重心座標 $x_\mathrm{G} = (x_1 + x_2)/2$ と，相対座標 $x_\mathrm{r} = (x_2 - x_1)/2$ を用いて運動方程式を書き換えよ．

(3) 重心座標と相対座標の一般解を求めよ．

〔答：(1)$m\ddot{x}_1 = mg\sin\theta - k(x_1 - x_2 + d)$, $m\ddot{x}_2 = mg\sin\theta - k(x_2 - x_1 - d)$,
(2)$m\ddot{x}_\mathrm{G} = mg\sin\theta$, $m\ddot{x}_\mathrm{r} = -k(2x_\mathrm{r} - d)$, (3)$x_\mathrm{G} = \dfrac{g\sin\theta}{2}t^2 + Ct + D$, $x_\mathrm{r} = \dfrac{d}{2} + A\sin\left(\sqrt{\dfrac{2k}{m}}t + \phi\right)$〕

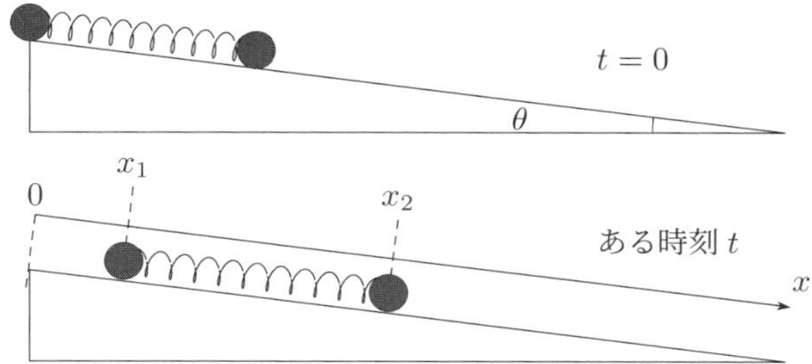


【問 10】　下図のように，滑らかな水平面上で，質量が $m$ で等しい 2 つのおもりが，自然長 $d$，バネ定数 $k$ のバネでつながれ，さらに各々と壁が同じ規格のバネでつながれている．簡単のために，つりあいの状態では，バネはちょうど自然長になっているとする．各々のおもりのつりあいの位置を原点にとって，そこから右方向に座標 $x_1$，$x_2$ をとる．

(1) 時刻 $t$ におけるおもり 1，2 の位置をそれぞれ $x_1(t)$，$x_2(t)$ とするときに，各々の運動方程式を立てよ．

(2) 重心座標 $x_\mathrm{G} = (x_1 + x_2)/2$ と，相対座標 $x_\mathrm{r} = (x_2 - x_1)/2$ を用いて運動方程式を書き換えて，それぞれの座標がどんな運動に従うかを述べよ．

(3) 初期条件 $x_1(0) = 2$, $x_2(0) = \dot{x}_1(0) = \dot{x}_2(0) = 0$ を満たす解を求めよ．

〔答：(1)$m\ddot{x}_1 = -2kx_1 + kx_2$, $m\ddot{x}_2 = kx_1 - 2kx_2$, (2) $m\ddot{x}_\mathrm{G} = -kx_\mathrm{G}$, $m\ddot{x}_\mathrm{r} = -3kx_\mathrm{r}$, それぞれ角振動数が $\omega_1 = \sqrt{\dfrac{k}{m}}$, $\omega_2 = \sqrt{\dfrac{3k}{m}}$ の単振動, (3) $x_1 = \cos(\omega_1 t) + \cos(\omega_2 t)$, $x_2 = \cos(\omega_1 t) - \cos(\omega_2 t)$ 〕

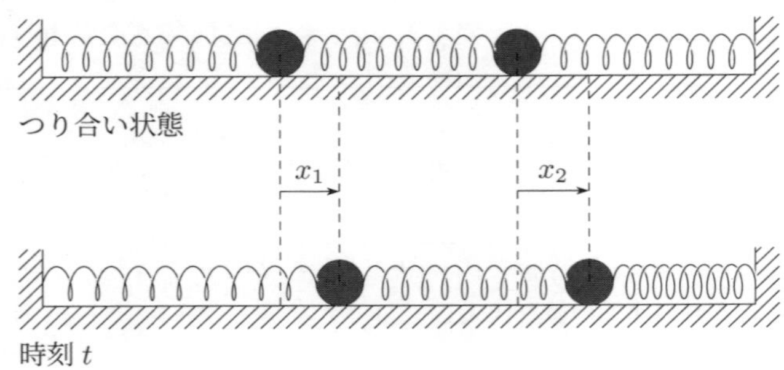


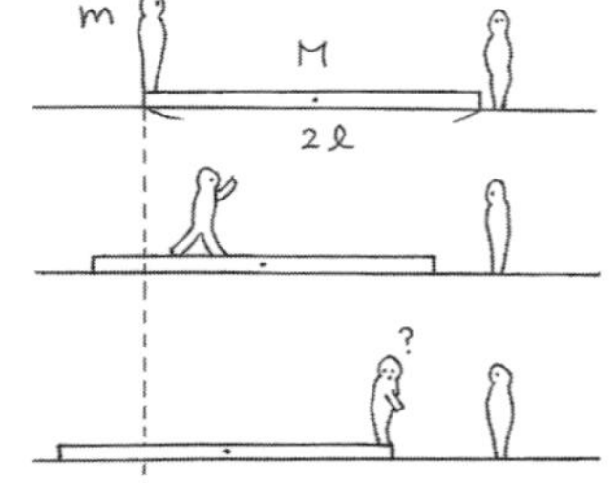


【問 11】 右図のように，なめらかな地面の上に質量 $M$，長さ $2\ell$ のボードを置く．このボード上を質量 $m$ の人が左端から右端まで移動する．時刻 $t=0$ で板と人は静止していたとし，板の左端の位置を原点に，水平方向右向きに座標軸 $x$ をとる．ボードは密度一様とし，人は質点とみなして，以下の問に答えよ．

(1) $t=0$ における，人とボードの合成系の重心座標を求めよ．

(2) 重心の運動方程式を立てて，時刻 $t$ における重心座標を求めよ．

(3) 人がボード上を左端から右端まで移動したとき，ボードの中心はどこにあるか答えよ．

〔答：(1) $\dfrac{M\ell}{m+M}$, (2) $(m+M)\ddot{x}_{\rm G}=0$, $x_{\rm G}(t)=\dfrac{M\ell}{m+M}$, (3) $\dfrac{M-m}{M+m}\ell$〕

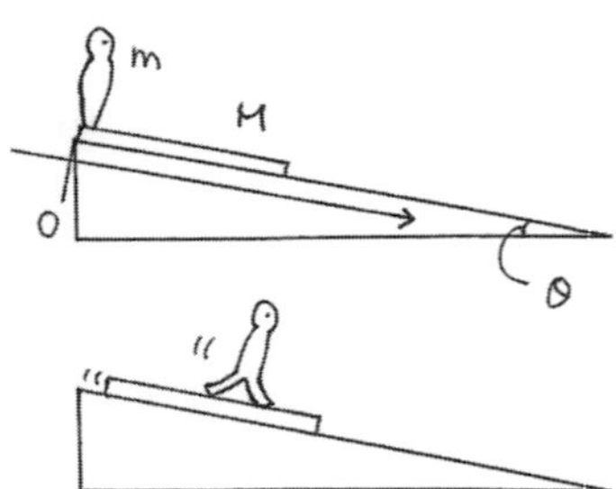


【問 12】 図のように，傾斜角が $\theta$ の斜面に質量 $M$，長さ $2\ell$ の密度が一様な板を置き，その板の上を上端から下端へ質量 $m$ の人間が歩くことを考える．斜面と板の間の摩擦は無く，時刻 $t=0$ に板と人は静止していたとする．$t=0$ での板の上端の位置を原点 $O$，斜面に沿って斜面を下る方向に座標軸をとる．時刻 $t$ での板の上端の位置を $x_1(t)$，人の位置を $x_2(t)$ として，以下の問いに答えよ．

(1) $t=0$ での人と板の重心座標を求めよ．

(2) 重心の運動方程式を，時刻 $t$ での重心座標を $x_{\rm G}(t)$ を用いて表せ．また，これを解いて $x_{\rm G}(t)$ を求めよ．

(3) 人が板の下端に来たとき，板がもとの位置に戻っていたとする．このとき，歩き始めてから掛かった時間を求めよ．

〔答：(1) $\dfrac{M\ell}{m+M}$, (2) $(m+M)\ddot{x}_{\rm G}=(m+M)g\sin\theta$,
$x_{\rm G}(t)=\dfrac{M\ell}{m+M}+\dfrac{g\sin\theta}{2}t^2$, (3) $T=2\sqrt{\dfrac{m}{m+M}\dfrac{\ell}{g\sin\theta}}$〕

## 4.3 衝突・結合・分裂

**衝突・結合・分裂時の運動量保存**

複数の物体が衝突・結合する際や，1つの物体がその内部のエネルギーを使って分裂する際には，外力の作用は無いものと考えられるので，運動量の和が保存する．

ただし，内力による仕事は存在するので，仕事-運動エネルギーの定理から，一般に運動エネルギーは変化し得る．運動エネルギーが減少しないような衝突は**弾性衝突**と呼ばれる．

**【例題】**

右図のように，ひもで吊るされた木製のブロックに水平方向から速さ $v$ をもつ弾丸を命中させたところ，弾丸とブロックは一体となって高さ $h$ まで振れたとする．弾丸の質量を $m$，ブロックの質量を $M$，衝突後に一体となった弾丸とブロックの速さを $V$ とし，重力加速度を $g$ として以下の問に答えよ．

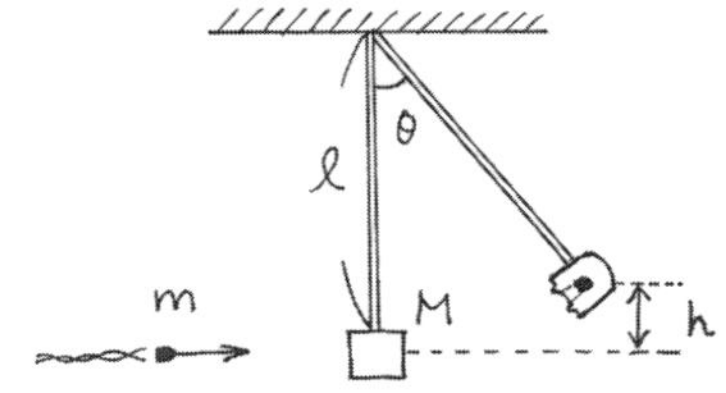


(1) 弾丸が命中する前後の運動量の関係を書け．
(2) 弾丸が命中した直後から，高さ $h$ の位置まで振れるまでの力学的エネルギーの関係を表せ．
(3) ブロックに命中する前の弾丸の速さ $v$ を $m$，$M$，$g$，$h$ を用いて表せ．
(4) この過程全体での力学的エネルギー変化量を求めよ．またそれはどこで，なぜ生じたのか考察せよ．

---

**《解答例》**

(1) 衝突の際，外力が働かないと考えられるので，運動量保存則が成り立つ：

$$mv = mV + MV.$$

(2) 最初にブロックがあった位置をポテンシャルエネルギーの基準点とすると，弾丸がブロックに命中した直後は，ポテンシャルエネルギーがゼロであるため，このときの力学的エネルギー $E_1$ は

$$E_1 = \frac{1}{2}(m+M)V^2$$

となる．一方，高さ $h$ まで振れたときは速度はゼロとなり，運動エネルギーはゼロとなるため，このときの力学的エネルギー $E_2$ は

$$E_2 = (m+M)gh$$

となる．この間，弾丸とブロックに作用する力は保存力である重力と，張力であるが，張力は仕事をしないので，力学的エネルギー保存則 $E_1 = E_2$ が成立する．よって求めるべき関係式は．

$$\frac{1}{2}(m+M)V^2 = (m+M)gh.$$

(3) 問 (2) の結果より $V = \sqrt{2gh}$. これを問 (1) の結果に用いて

$$v = \frac{m+M}{m}\sqrt{2gh}.$$

(4) はじめは弾丸の運動エネルギーのみなので $E_0 = \frac{m}{2}v^2 = \frac{(m+M)^2}{m}2gh$ ．よって変化量は

$$E_2 - E_0 = -\frac{(m+M)(m+2M)gh}{m} < 0$$

となり，力学的エネルギーは減少する．

弾丸がブロックに命中する前と後は，弾丸とブロックには保存力（重力）のみが仕事をするので，力学的エネルギーは保存している．したがって，力学的エネルギーの減少が生じたのは弾丸がブロックに命中した瞬間である．そのとき，互いに作用する摩擦力（保存力でない内力）による熱が発生したり，塑性変形が生じたり，あるいは音が鳴ったりすることにより系の外へエネルギーが流出した分だけ，系の力学的エネルギーは減少したと考えることができる．

■

【問 13】 500 kg の砲台が滑らかな地面の上に静止している．図のように，この砲台に 10 kg の砲弾を装填して，砲弾を水平方向に発射した．砲台が速さ 5 m/s で反動されたとすると，砲弾の速さはいかほどか？〔答：250 m/s〕

【問 14】 体重 60 kg の宇宙飛行士が，スペースシャトルまで 30 m の距離でシャトルに対して静止している．持ち物は 500 g のレンチのみである．生命維持装置の限界時間である 5 分以内にシャトルに帰還するためにはどうすれば良いか？〔答：$v = 12$ m/s で反対側にレンチを投げる.〕

【問 15】 図の様に，質量 $m$ の物体を円弧形状の斜面上端からそっと滑らせ，斜面の下端において右向き速度 $v$ となった後，その先にある，質量 $M$ の台車の上に乗る．物体と台車上面の間には摩擦が存在し，物体は台車上をしばらく滑ってから台車上で静止し，台車と一体となって運動した．その後台車は，右端にあるバネ定数 $k$ のバネに当たり，そのバネを $d$ だけ縮めたのち，跳ね返された．

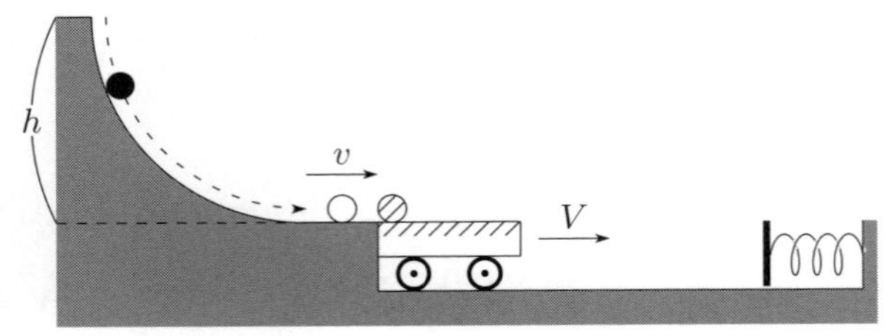


斜面の高低差は $h$，斜面の上端と台車までの区間では物体に摩擦力は働かず，台車と床の間にも摩擦はないものとする．

(1) 物体が台車上静止し，一体化した後の速さ $V$ を，$v$, $m$, $M$ で表せ．

(2) 物体が台車に乗る前と乗った後での力学的エネルギーの変化量を求めよ．また，このエネルギーの変化が生じた理由を考えよ．

(3) $d$ を $m$, $M$, $h$, $g$, $k$ を用いて表せ．

〔答：(1)$V = \dfrac{mv}{m+M}$, (2)$-\dfrac{mMv^2}{2(M+m)}(<0)$, (3)$m\sqrt{\dfrac{2gh}{k(m+M)}}$〕

【問 16】 静止している原子核が崩壊した結果，大きさ $p_1$ の運動量を持った電子と，$p_2$ の運動量を持った中性子が放射された．電子と中性子の放射された方向のなす角は $\theta$ であるとして，残った原子核の持つ運動量の大きさ $P$ と向き $\phi$ を求めよ．ただし $\phi$ は $p_1$ とのなす角とする．また，残った原子核の質量を $M$ とするとき，その運動エネルギー $K$ を求めよ．

〔答：$P = \sqrt{p_1^2 + p_2^2 + 2p_1p_2\cos\theta}$, $\cos\phi = -\dfrac{p_1 + p_2\cos\theta}{P}$ を満たす $\phi$, $K = \dfrac{p_1^2 + p_2^2 + 2p_1p_2\cos\theta}{2M}$〕

【問 17】 ある時刻 $t$ で質量 $M(t)$ のロケットが速度 $V(t)$ で直線上を運動している．このロケットは単位時間あたり一定の質量 $\mu$ の燃料（ガス）を，ロケットに対して常に一定の相対速度 $u$ で放出することにより直線上を加速しながら運動するものとする．外力ははたらかないものとして，以下の問いに答えよ．

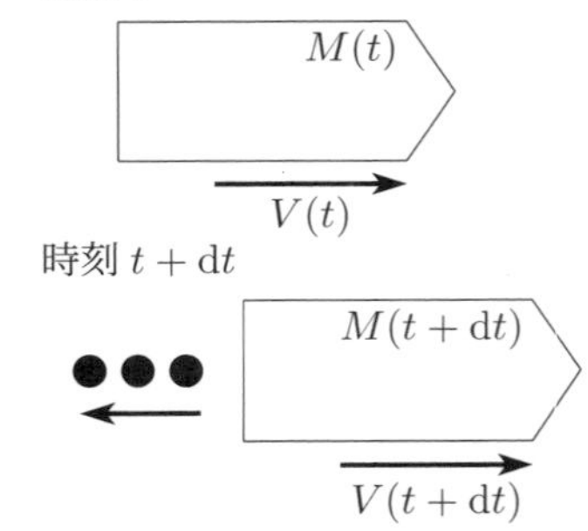


(1) ロケットに対する運動方程式を立てよ．

(2) 時刻 $t = 0$ でのロケットの質量を $M_0$，速度を 0 としたとき，時刻 $t = T$ でのロケットの速度 $V(T)$ を求めよ．

〔答：(1)$M\dot{V} - \mu u = 0$, (2)$V(T) = u\log\left(\dfrac{M_0}{M_0 - \mu T}\right)$〕

**衝突の跳ね返り係数（反発係数）**

2 つの物体が衝突・反発する際には，物体の間では非常に複雑な物理的現象が起きているが，その詳細に踏み入らず，それら 2 つの物体の相対速度の変化のみに着目した，以下のように定義される**跳ね返り係数（反発係数）** $e$ を考えることも多い：

2 物体の衝突前の速度をそれぞれ $v_1$，$v_2$ とし，衝突後の速度をそれぞれ $v_1'$，$v_2'$ とするとき，反発係数 $e$ は

$$e \equiv -\frac{v_2' - v_1'}{v_2 - v_1} \tag{4.9}$$

で定義される[a]．反発係数 $e$ を用いると，相対速度の変化を「衝突前後で変化しない」，「衝突後に小さくなる」，「衝突後はゼロになる」の 3 つの種類に分類することができる：

(i) **（完全）弾性衝突：**「相対速度の大きさが衝突前後で変化しない」$\Leftrightarrow e = 1$

(ii) **非弾性衝突：**「相対速度の大きさが衝突後に減少する」$\Leftrightarrow 0 < e < 1$

(iii) **完全非弾性衝突：**「相対速度の大きさが衝突後にゼロになる（2 物体がくっつく）」$\Leftrightarrow e = 0$

特に運動エネルギーが保存されるのは $e = 1$，つまり（完全）弾性衝突のときのみである．

[a] 相対速度の符号が逆向きになる方向の速度成分を考える．質点の壁反射も参照せよ．ここで，衝突前後では相対速度の符号が入れ替わるので，「$0 \leq e$」であり，また衝突の際には外力を受けないので，運動エネルギーの和は増加しないことから「$e \leq 1$」が導かれる，つまり「$0 \leq e \leq 1$」が成り立つ．

**【例題】**

右図のように，質量 $M$，速度 $V$ をもった物体 A が，静止していた質量 $M$ をもつ物体 B に衝突した．その後物体 B は，静止していた質量 $m(< M)$ をもつ物体 C に衝突した．それぞれの衝突は「弾性衝突」であるとし，摩擦や空気抵抗は無視できるものとする．このとき，以下の問いに答えよ．

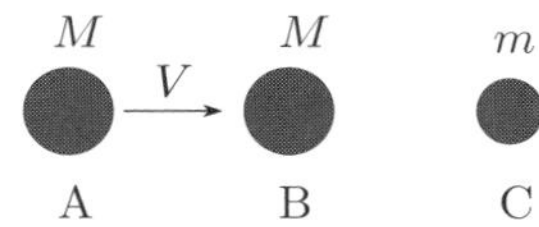


(1) 物体 A と物体 B が衝突したあとの物体 A および物体 B の速さを求めよ．

(2) 物体 B と物体 C が衝突したあとの物体 B および物体 C の速さを求めよ．

---

**《解答例》**

衝突であるから運動力保存則が成り立ち，さらに「弾性衝突」であるので，力学的エネルギー保存則も成立する．

(1) 物体 A と B が衝突したときのそれぞれの保存則は，衝突した後の物体 A，B の速度をそれぞれ $V_\mathrm{A}$，$V_\mathrm{B}$ とすると

$$MV = MV_\mathrm{A} + MV_\mathrm{B}(\text{運動量保存則})$$
$$\frac{1}{2}MV^2 = \frac{1}{2}MV_\mathrm{A}^2 + \frac{1}{2}MV_\mathrm{B}^2(\text{力学的エネルギー保存則})$$

と与えられる．これらの方程式を解いて，

$$V_\mathrm{A} = 0, \qquad V_\mathrm{B} = V.$$

なお，弾性衝突 $(e = 1)$ であることから，力学的エネルギー保存則の代わりに $V = V_\mathrm{B} - V_\mathrm{A}$ を用いてもよい．

(2) 前問と同様に，衝突した後の物体 B，C の速度をそれぞれ $V_B'$，$V_C$ とすると

$$MV = MV_B' + mV_C(\text{運動量保存則})$$
$$\frac{1}{2}MV^2 = \frac{1}{2}MV_B'^2 + \frac{1}{2}mV_C^2(\text{力学的エネルギー保存則})$$

と与えられる．これらの方程式を解いて，

$$V_B' = \left(1 - \frac{2m}{M+m}\right)V = \frac{M-m}{M+m}V, \qquad V_C = \frac{2M}{M+m}V.$$

■

【問 18】 質量 $M$ の球が速さ $V$ で，静止している質量 $m$ の球に一次元的に弾性衝突したとき，各々の球の衝突後の速度はいくらか？
〔答：$v = \dfrac{M-m}{M+m}V$, $u = \dfrac{2M}{M+m}V$〕

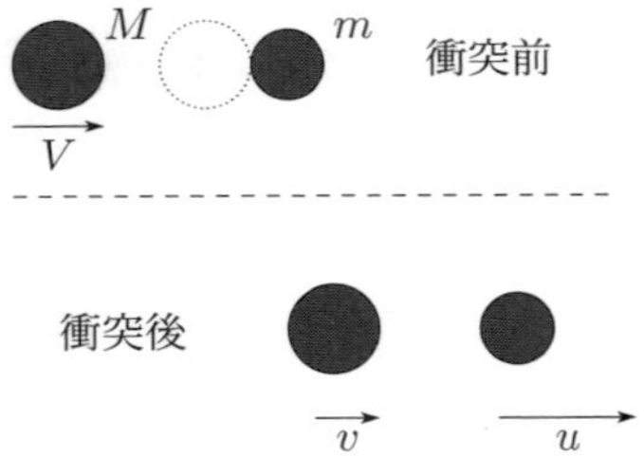


【問 19】 質量 $2m$, $2m$, $m$, $m$ の 4 つの球が，一次元上に順に並んでいる．この球に順番に番号をつけて，はじめ 2, 3, 4 の球が静止しているところに，1 の球が最初に速さ $V$ で 2 の球に弾性衝突し，その後，次々に弾性衝突するとき，各球の最終速度はいくらか？〔答：0, $\dfrac{V}{9}$, $\dfrac{4V}{9}$, $\dfrac{4V}{3}$〕

【問 20】 図のように，静止している質量 $m$ の物体 A に，同じ質量 $m$ の物体 B が弾性衝突をして，衝突前の物体 A の中心と物体 B の中心を結ぶ方向から，それぞれ角度 $\alpha$ と $\beta$ の方向に分かれて進むとき，$\alpha + \beta = 90°$ となることを示せ．

【問 21】 10 t の車両が 5.0 m/s の速さで，静止している 20 t の車両に衝突してそのまま一体化した．

(1) 衝突後の一体となった車両の速さを求めよ．

(2) 衝突に要した時間を $5.0 \times 10^{-1}$ s として，2 つの車両の間に働く平均の力の大きさを求めよ．

(3) 衝突の前後で失われた運動エネルギーを求めよ．

〔答：(1)1.7 m/s, (2) $6.7 \times 10^4$ N, (3)$8.3 \times 10^4$ J〕

【問 22】 反発係数 $e$ が 1 でないとき，運動エネルギーが保存されないことを証明せよ．

**質点の壁反射**

図のように，質点が壁や床（のような動かない物体）と衝突し跳ね返されたとする．反射前後の質点速度をそれぞれ $\mathbb{v} = v_x\mathbb{i} + v_y\mathbb{j}$, $\mathbb{v}' = v'_x\mathbb{i} + v'_y\mathbb{j}$ とする．衝突時の壁に垂直な方向の跳ね返り係数を $e$ とし，滑らかな壁であるために壁に平行な方向の力を受けないとすると，衝突後の速度成分は次のようになる：

$$v'_x = v_x, \quad v'_y = -e\,v_y.$$

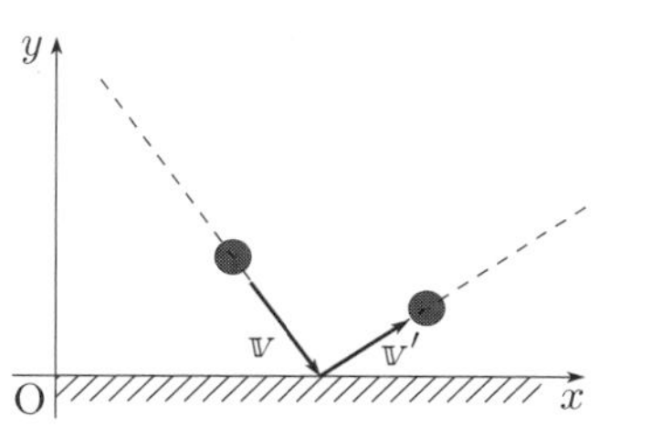


【例題】 右図のように，なめらかな壁に初速度の大きさ $v_0$ で，質量 $m$ の質点が壁との角度 $\theta$ で衝突したのち，速度 $v$ で角度 $\phi$ の向きに跳ね返った．このとき，以下の問に答えよ．ただし，衝突時の壁に垂直な方向の跳ね返り係数を $e$ とし，なめらかな壁であるために壁に平行な方向の力を受けないとする．

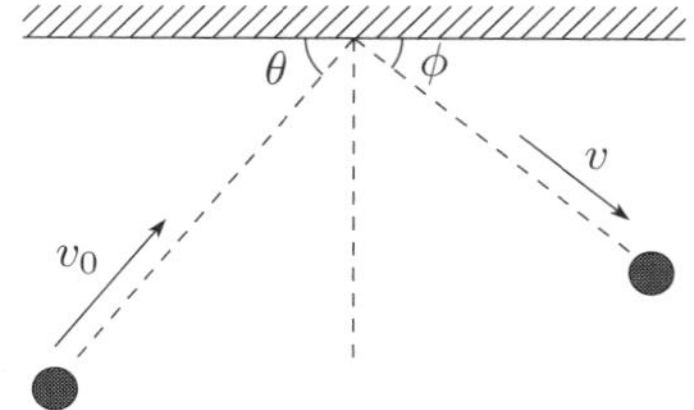


(1) 衝突後の速度 $v$ の大きさを求めよ．
(2) 衝突後の向き $\phi$ が満たす式を $e$, $\theta$ を用いて表せ．
(3) 質点が衝突時に失う運動エネルギーを求めよ．

---

**《解答例》**

(1) 壁に衝突する前の質点の速度は $\mathbb{v}_0 = (v_0\cos\theta, v_0\sin\theta)$ である．一方，衝突した後の質点の速度については，壁に対して水平方向には変化せず，垂直方向には反対向きに $e$ 倍されるので $\mathbb{v} = (v_0\cos\theta, -ev_0\sin\theta) = (v\cos\phi, -v\sin\phi)$ となる．これより，衝突後の速度の大きさは

$$v = |\mathbb{v}| = v_0\sqrt{\cos^2\theta + e^2\sin^2\theta}.$$

(2) 前問 (1) の結果を用いると，衝突後の速度の向きは以下の関係を満たす向きとなる．

$$\tan\phi = e\tan\theta.$$

(3) 「衝突前後の運動エネルギーの変化 $\Delta K = -$(失われた運動エネルギー $E_{\text{Lost}}$)」であるので

$$\begin{aligned} E_{\text{Lost}} &= -\left(\frac{1}{2}mv^2 - \frac{1}{2}mv_0^2\right) \\ &= -\frac{1}{2}mv_0^2\left(\cos^2\theta + e^2\sin^2\theta - 1\right) \\ &= \frac{1}{2}mv_0^2\left(1 - e^2\right)\sin^2\theta. \end{aligned}$$

■

【問 23】 床から高さ $h_0$ の点から，速度 $v_0$ でボールを水平に投げ出した．水平方向を $x$，鉛直方向を $y$ とする座標系を用い，床面は滑らかで，ボールとの反発係数は $e$ であるとして，以下の問いに答えよ．

(1) ボールが床面で跳ね返った直後のボールの速度を求めよ．
(2) ボールの跳ね返った地点を原点とし，時刻 $t$ におけるボールの位置 $(x, y)$ を求めよ．ただしはじめに跳ね返った時刻を $t = 0$ とし，次に跳ね返る時刻までとする．
(3) ボールが跳ね返った後に達する最高点の高さ $h$ を求めよ．

〔答：(1)$v_0\mathbb{i} + e\sqrt{2gh}\mathbb{j}$, (2)$(x, y) = (v_0t, -\frac{g}{2}t^2 + e\sqrt{2gh}t$, (3)$h = e^2h_0$〕

# 第5章

# 質点および質点系の回転運動

## 5.1 力のモーメント

**力のモーメントの定義とその意味**

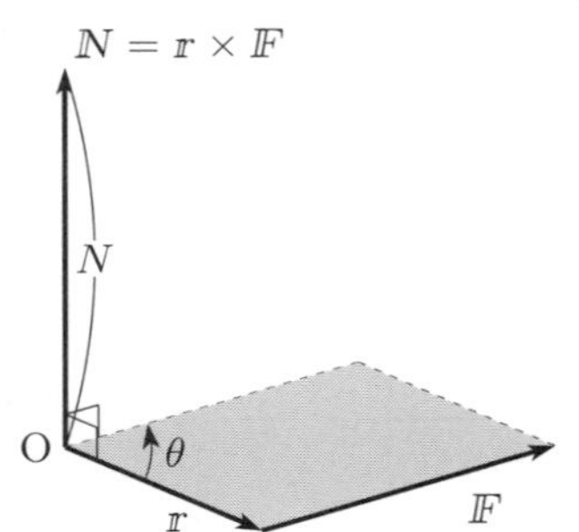


点 O から離れた位置 $\mathbb{r}$ に，力 $\mathbb{F}$ が作用するとき，O においては「回転力」が生じていると考えられる．この大きさと向きを表すために，**位置 $\mathbb{r}$ で作用する力 $\mathbb{F}$ による点 O まわりの力のモーメント $\mathbb{N}$** がベクトル積（付録 B を参照）を用いて以下のように定義される：

$$\mathbb{N} \equiv \mathbb{r} \times \mathbb{F} \tag{5.1}$$

SI 単位は [N · m] となる．力のモーメント $\mathbb{N}$ の大きさ $N = |\mathbb{N}|$ は，ベクトル積の意味から，

$$N = rF\sin\theta$$

となる．ここで $\theta$ は $\mathbb{r}$ と $\mathbb{F}$ のなす角である（右図）[a]．なお図にあるように，力のモーメント $\mathbb{N}$ の向きは位置ベクトル $\mathbb{r}$ と力 $\mathbb{F}$ と直交する向きであり，これは「$\mathbb{F}$ による回転作用」の軸の向きを表していることになる．実際の回転の向きは $\mathbb{N}$ に進む右ねじの回転する向き[b]である．

**■複数点に作用する力のモーメント**　$n$ 個の力 $\mathbb{F}_k$ が，それぞれ異なる点 $\mathbb{r}_k$ で作用しているとき，これらの力による力のモーメント $\mathbb{N}$ は，それぞれの力のモーメントの和で定義される．

$$\mathbb{N} \equiv \sum_{k=1}^{n} (\mathbb{r}_k \times \mathbb{F}_k)\,.$$

[a] つまり $\mathbb{F}$ が $\mathbb{r}$ と直角に作用するとき，$N$ は最大となり，逆に平行のときは $N = 0$ で「回転力」は生じない

[b] このように，回転の向きを回転軸の向きとして表すようなベクトルは**軸性ベクトル**と呼ばれる．対して，変位や速度を表す（通常の）ベクトルは極性ベクトルと呼ばれる．

**【例題】**　$xy$ 平面内で，点 R$(r, 0, 0)$ に，大きさ $F$ の力が $y$ 軸負方向に作用するときの，原点 O まわりの力のモーメントの向きと大きさを求めよ．

---

**《解答例》**

図形的に考えると，$\overrightarrow{\mathrm{OR}} = r\mathbb{i}$ と力 $\mathbb{F} = -F\mathbb{j}$ の向きが直交しているので，力のモーメントの大きさは $N = rF$ となり，$xy$ 平面で時計回りであることが分かる．

ベクトルとして代数的に考えれば，$\mathbb{N} = (r\mathbb{i}) \times (-F\mathbb{j}) = -rF\mathbb{k}$ となるので，このことからも，大きさは $|\mathbb{N}| = rF$ で，回転軸の向きは $-\mathbb{k}$ つまり，$z$ 軸負の方向に進む右ねじの回転となることが分かる．　■

【問 1】　位置ベクトル $\mathbb{r} = 2\mathbb{i}$ で表される点に，力 $\mathbb{F} = 3\mathbb{j}$ が作用しているとき，原点 O まわりの力のモーメント $\mathbb{N}$ の向きと大きさを求めよ．〔**答：**$\mathbb{N} = 6\mathbb{k}$, 大きさ 6, 反時計回り〕

【問 2】　点 $(1,2,0)$ に力 $\mathbb{F} = 3\mathbb{k}$ を作用させるとき，原点 O まわりの力のモーメント $\mathbb{N}$ の大きさを求め，向きを単位ベクトルを用いて表せ．．〔**答：**$\mathbb{N} = 6\mathbb{i} - 3\mathbb{j}$, 大きさ $3\sqrt{5}$, 向き $\dfrac{1}{\sqrt{5}}(2\mathbb{i} - \mathbb{j})$〕

【問 3】　$xy$ 平面内で，点 $\mathrm{R}(x,y)$ に力 $\mathbb{F} = F_x\mathbb{i} + F_y\mathbb{j}$ が作用するとき，原点まわりの力のモーメントの大きさ $N$ と向きを答えよ．〔**答：**$N = |xF_y - yF_x|$, $xF_y - yF_x > 0$ のとき反時計回り（$\mathbb{k}$ を軸とする回転）〕

【問 4】　ある物体が，位置 $\mathbb{r} = \mathbb{i} + \mathbb{j}$ にあり，これに力 $\mathbb{F} = \mathbb{i} - \mathbb{j}$ が作用している．次の各点のまわりの力のモーメントはいくらか？

(1) 点 $(0,0,0)$　　(2) 点 $(2,0,0)$　　(3) 点 $(1,1,0)$　　(4) 点 $(2,2,0)$

〔**答：**(1)$-2\mathbb{k}$, (2)$\mathbb{0}$, (3)$\mathbb{0}$, (4)$2\mathbb{k}$〕

【問 5】　$xy$ 平面上に，点 $\mathrm{A}(1,2,0)$, 点 $\mathrm{B}(2,1,0)$ 間に両端のある棒がおかれていて，点 A には $y$ 軸方向へ大きさ 1 N の力が，点 B には $x$ 軸方向へ大きさ 2 N の力が作用している．

(1) 点 A，B まわりの力のモーメントをそれぞれ求めよ．

(2) 任意の点 $(x,y,0)$ まわりの力のモーメントを求めよ．

(3) 棒上で力のモーメントが 0 となる点はどこか？

〔**答：**(1)$2\mathbb{k}$, $-\mathbb{k}$, (2)$(-1 - x + 2y)\mathbb{k}$, (3)$(\frac{5}{3}, \frac{4}{3}, 0)$〕

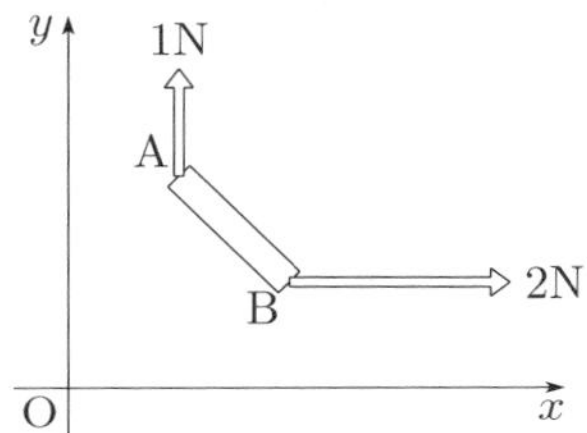


【問 6】　点 $\mathrm{P}(1,2,0)$ に力 $\mathbb{F}_1 = -2\mathbb{k}$ が作用し，点 $\mathrm{Q}(2,1,0)$ に力 $\mathbb{F}_2 = -3\mathbb{k}$ が作用している．

(1) この 2 つの力によって原点 O に生ずる力のモーメントを求めよ．

(2) 上の状況に加えて，或る点 $\mathrm{R}(x,y,0)$ に力 $\mathbb{F}_3 = -5\mathbb{k}$ を作用させたら原点 O まわりの力のモーメントが 0 になったとするとき，点 R を求めよ．

〔**答：**(1)$-7\mathbb{i} + 8\mathbb{j}$, (2)$(-\frac{8}{5}, -\frac{7}{5}, 0)$〕

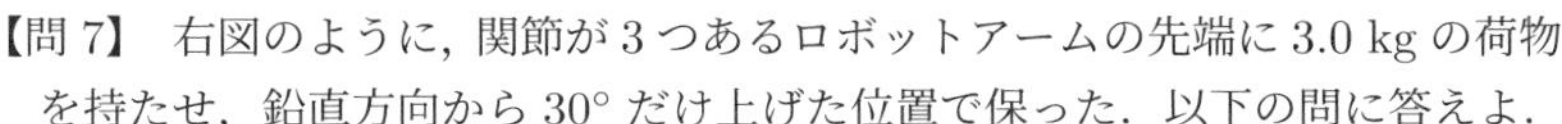

【問 7】　右図のように，関節が 3 つあるロボットアームの先端に 3.0 kg の荷物を持たせ，鉛直方向から 30° だけ上げた位置で保った．以下の問に答えよ．

(1) 関節 A，B，C のそれぞれのまわりでの荷物の重力のモーメントの大きさを求めよ．

(2) 関節 B でその下の部分をさらに 30° あげた場合，関節 A，B，C のそれぞれのまわりでの荷物の重力のモーメントの大きさを求めよ．

〔**答：**(1)7.9 N·m, 4.1 N·m, 1.6 N·m,
(2)$1.1 \times 10^1$ N·m, 7.1 N·m, 2.8 N·m〕

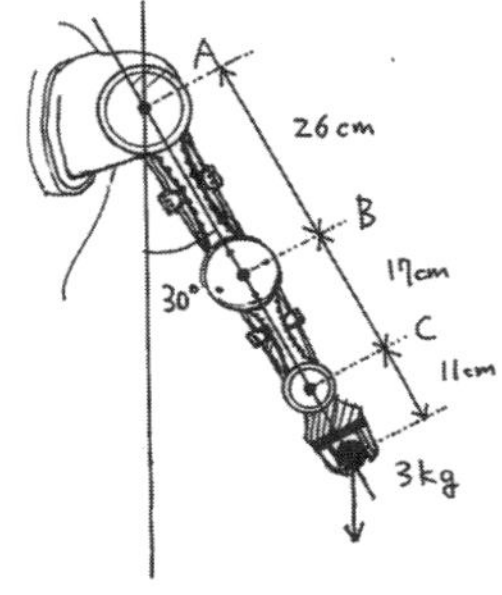


【問 8】　図のように L 字型金具の先端にワイヤーを結び $1.0 \times 10^2$ N の張力を加えた，点 O まわりの張力のモーメントの大きさを求めよ．

〔**答：**$3.2 \times 10^2$ N·m〕

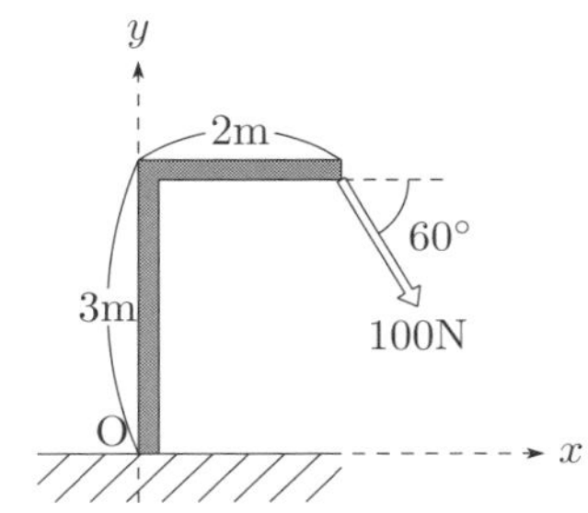

【問 9】 作用点 $\mathbb{r}$ に力 $\mathbb{F}$ が作用するときの力のモーメント $\mathbb{N}$ は，作用する点の位置を力の向きに沿って任意にずらしても変わらないことを示せ（hint: 作用点の位置ベクトルは，$\mathbb{r}+\alpha\mathbb{F}$ のように表される．）

【問 10】 $n$ 個の質点の各質量が $m_k$ $(k=1,2,\cdots,n)$ で，位置が $\mathbb{r}_k$ であるとき，それぞれに作用する重力 $-m_k g\mathbb{k}$ の，モーメントの総和が $\mathbb{0}$ になるような点は，重心（質量中心）に一致することを示せ．

## 5.2 角運動量

**角運動量**

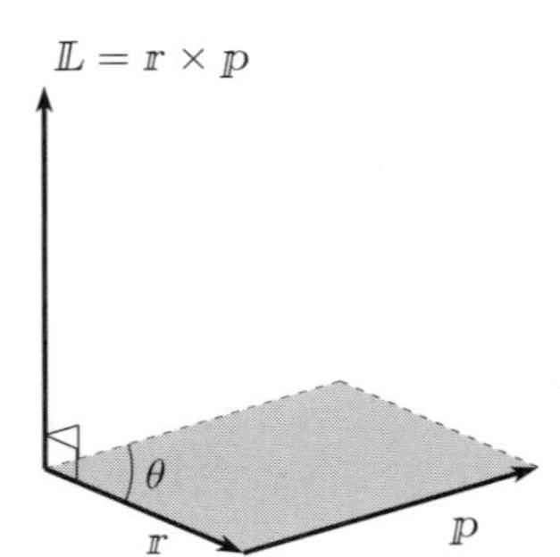


点 O から離れた位置 $\mathbb{r}$ にある質量 $m$ の質点が，運動量 $\mathbb{p}$ で運動している様子を，O を中心とした回転運動と捉えると，質点は「回転の運動量」を持っていると考えられる．この大きさと向きを表すために，力のモーメントにならって，**位置 $\mathbb{r}$ で運動量 $\mathbb{p}$ を持つ質点の O まわりの角運動量** $\mathbb{L}$ が，以下のように定義される：

$$\mathbb{L}\equiv\mathbb{r}\times\mathbb{p}=m\,\mathbb{r}\times\mathbb{v}. \tag{5.2}$$

単位は $[\mathrm{kg}\cdot\mathrm{m}^2/\mathrm{s}]$ である．角運動量の大きさ $L=|\mathbb{L}|=|\mathbb{r}\times\mathbb{p}|$ は

$$L=rp\sin\theta=mrv\sin\theta$$

となる．力のモーメントの向きが「回転力」の軸の向きを表すことと同じ理由で，$\mathbb{L}$ の向きは「回転運動」の軸の向きを表す．

**■質点系の全角運動量** $n$ 個の質点からなる質点系の全角運動量 $\mathbb{L}$ は，各質点の角運動量の和で定める．

$$\mathbb{L}\equiv\sum_{k=1}^{n}\mathbb{r}_k\times\mathbb{p}_k. \tag{5.3}$$

【例題】 質量 $m$ の質点に対し，原点 O から測った，時刻 $t$ での位置ベクトル $\mathbb{r}(t)$ が以下のように与えられるとき，原点 O のまわりでの角運動量を求めよ．ただし，$x$, $y$, $z$ 軸方向の単位ベクトルをそれぞれ $\mathbb{i}$, $\mathbb{j}$, $\mathbb{k}$ とする．

(1) $\mathbb{r}(t)=\dfrac{1}{2}t^2\mathbb{j}$　　(2) $\mathbb{r}(t)=\mathbb{i}+\dfrac{1}{2}t^2\mathbb{j}$

---

《解答例》

角運動量の定義 (5.2)を用いる．つまりそれぞれの速度 $\mathbb{v}$ を求め，$\mathbb{r}$ とのベクトル積を計算すれば良い．

(1) 速度は $\mathbb{v}=t\mathbb{j}$ となるので $\mathbb{L}=m\left(\dfrac{1}{2}t^2\mathbb{j}\right)\times(t\mathbb{j})=\mathbb{0}$.

(2) 速度は (1) と同じ $\mathbb{v}=t\mathbb{j}$ で，$\mathbb{L}=m\left(\mathbb{i}+\dfrac{1}{2}t^2\mathbb{j}\right)\times(t\mathbb{j})=mt\mathbb{k}$.

■

【問 11】 原点 O から測った，時刻 $t$ での位置ベクトル $\mathbb{r}(t)$ が以下のような，質量 $m$ の質点について原点 O まわりの角運動量を求めよ．($v_x$, $v_y$, $v_z$, $R$, $\omega$ は定数とする)

(1) $\mathbb{r}(t)=t\mathbb{i}+\mathbb{j}$　　(2) $\mathbb{r}(t)=3t\mathbb{i}-\dfrac{1}{2}t^2\mathbb{j}$

(3) $\mathbb{r}(t)=(v_x\mathbb{i}+v_y\mathbb{j}+v_z\mathbb{k})t$　　(4) $\mathbb{r}(t)=R\cos(\omega t)\mathbb{j}+R\sin(\omega t)\mathbb{k}$

〔答：(1)$-m\mathbb{k}$, (2)$-\dfrac{3m}{2}t^2\mathbb{k}$, (3)$\mathbb{0}$, (4)$mR^2\omega\mathbb{i}$〕

【問 12】 $x, y$ 平面内の運動 $\mathbb{r}(t) = x(t)\mathbb{i} + y(t)\mathbb{j}$ の，原点のまわりの角運動量は常に $\mathbb{k}$ に比例する，つまり $z$ 軸方向であることを示せ．

【問 13】 $r, \theta$ を時刻 $t$ の関数として，$\mathbb{r}(t) = r(\cos\theta\mathbb{i} + \sin\theta\mathbb{j})$ で運動する質量 $m$ の質点の原点まわりの角運動量を求めよ．〔答：$mr^2\dot{\theta}\mathbb{k}$〕

【問 14】 前問の結果を用いて，半径 $r$，角速度 $\omega$ で円運動（非等速円運動でもよい）する質点 $m$ の，円の中心まわりの角運動量の成分は $mr^2\omega$ で，向きが円運動の回転軸の向きと等しいことを示せ．

【問 15】 点 O を通る直線上を運動する物体の O まわりの角運動量は $\mathbb{0}$ になることを示せ．

## 5.3 質点の回転運動方程式

**質点の回転運動方程式**

角運動量の時間微分

$$\frac{\mathrm{d}\mathbb{L}}{\mathrm{d}t} = \frac{\mathrm{d}\mathbb{r}}{\mathrm{d}t} \times \mathbb{p} + \mathbb{r} \times \frac{\mathrm{d}\mathbb{p}}{\mathrm{d}t} = \mathbb{r} \times \frac{\mathrm{d}\mathbb{p}}{\mathrm{d}t}$$

に運動方程式 $\dfrac{\mathrm{d}\mathbb{p}}{\mathrm{d}t} = \mathbb{F}$ を代入すれば，

$$\frac{\mathrm{d}\mathbb{L}}{\mathrm{d}t} = \mathbb{N} \tag{5.4}$$

となる．ここで $\mathbb{N} = \mathbb{r} \times \mathbb{F}$ は力のモーメント（トルク）である．これを**回転運動の方程式**と呼ぶ．

とくに，質量 $m$ の質点が半径 $r$，角速度 $\omega$ の円運動している場合には，円の中心まわりの角運動量 $\mathbb{L}$ はその円と直交する方向を向き続け，その成分は

$$L = mr^2\omega \tag{5.5}$$

となる（【問 14】参照）ので，回転運動の方程式 (5.4)は角加速度 $\dfrac{\mathrm{d}\omega}{\mathrm{d}t}$ に関する方程式として表すことができる：

$$mr^2\frac{\mathrm{d}\omega}{\mathrm{d}t} = N. \tag{5.6}$$

**■中心力と角運動量保存則** 位置 $\mathbb{r}$ で質点に作用する向きが常に原点（回転中心）へ向かうような力 $\mathbb{F}$ を**中心力**という．このとき，$\mathbb{r}$ と $\mathbb{F}$ は同じ方向を向くので $\mathbb{N} = \mathbb{r} \times \mathbb{F} = \mathbb{0}$ となる．よって，式 (5.4)から，中心力のみが作用する質点は，角運動量 $\mathbb{L}$ が保存する．

**【例題】**

原点 O から長さ $r$ の糸で繋がれた質量 $m$ の質点が，速度に比例して速度に逆向きの抵抗力 $\gamma v$ を受けながら水平面上を速度 $v$ で円運動している．このとき，以下の問に答えよ．

(1) この質点の角運動量 $L$ を求めよ．
(2) この質点にはたらく力のモーメント $N$ を求めよ．
(3) この質点の回転運動の方程式を求めよ．

---

**《解答例》**

(1) 円運動している質点は質量 $m$，速度 $v$ をもっているので，運動量 $p$ は $p = mv$ である．また，円運動をしているので，回転中心からの位置ベクトル $\boldsymbol{r}$ と運動量 $\boldsymbol{p}$ は常に直交する $(\theta = 90°)$．したがって，角運動量 $L$ は

$$L = rp\sin(90°) = mrv.$$

(2) この質点にはたらく力は，糸の張力と速度に逆向きの抵抗力 $F = \gamma v$ であるが，張力は中心力なので，力のモーメントはゼロである．よって力のモーメント $N$ は

$$N = rF\sin(-90°) = -r\gamma v.$$

(3) 回転運動の方程式 (5.4)に問 (1) と (2) の結果を代入すると

$$mr\frac{\mathrm{d}v}{\mathrm{d}t} = -r\gamma v.$$

■

【問 16】 ある惑星 (質量 $m$) が太陽 (質量 $M$) を中心として，ほぼ円軌道を描いて運動している．ここでは 2 つの物体間の万有引力のみがはたらいているものとし，万有引力定数を $G$，惑星と太陽の間の距離を $R$ とする．このとき，以下の問に答えよ．

(1) 太陽まわりでの惑星の角運動量 $L$ が保存することを示せ．(ケプラーの第二法則)

(2) 惑星が円軌道を描くとき，惑星の角速度 $\omega$ が一定であることを示し，その大きさを求めよ．

(3) 惑星の公転周期の 2 乗が軌道半径の 3 乗に比例することを，円軌道の場合について示せ．(ケプラーの第三法則)

〔答：(2)$\omega = \sqrt{\dfrac{GM}{R^3}}$〕

【問 17】 図のように，長さ $L$ のひもの一端を固定し，もう一端に質量 $m$ のおもりをつなぐ．そして，最下点で静止しているおもりに水平方向に初速 $v_0$ を与えて円運動を行わせる．回転中心を原点とし，鉛直下向きを $x$ 軸，水平右向きを $y$ 軸にとることにする．また，回転角 $\theta$ は，$x$ 軸から反時計回りを正の方向として測ることにする．

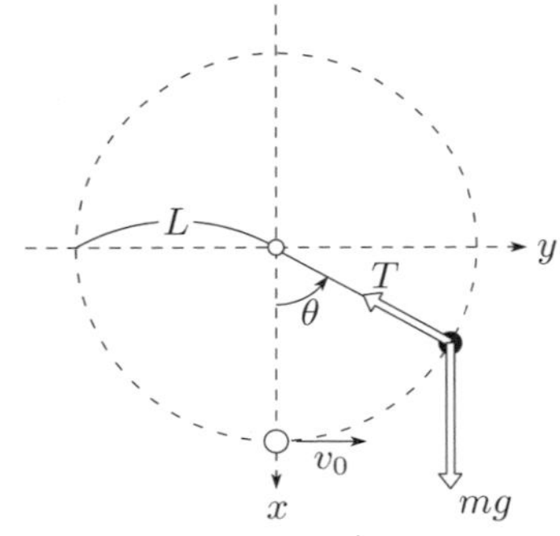


(1) 時刻 $t$ におもりの回転角が $\theta(t)$ であったとして，円の中心まわりのおもりの角運動量を求めよ．

(2) おもりに作用する，円の中心まわりの力のモーメント $N$ を計算し，おもりの回転運動の方程式を書き下せ．

(3) (2) で得られた方程式が，2 章 (2.6)の接線方向に関する運動方程式と同値であることを確認せよ．

〔答：(1)$mL^2\dot{\theta}$, (2)$N = -mgL\sin\theta$, $mL^2\ddot{\theta} = -mgL\sin\theta$〕

【問 18】 ひもの端に質量 $m$ のおもりをつけ，他方の端を平面に穴を開けてそこに通し，その端に力を加えながら，穴を中心とした平面上で，半径 $r_0$，速さ $v_0$ の等速円運動を行なう．平面とおもり，ひもと穴との間の摩擦は無視できるものとして，以下の問いに答えよ．

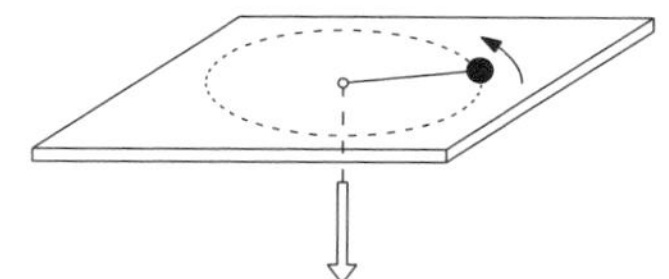

(1) このひもを引っ張って，円運動の半径を $r_1$ に縮める際，穴のまわりの角運動量は変化しない．その理由を述べよ．

(2) 半径が $r_1$ になったときの角速度 $\omega_1$ を求めよ．

(3) $\dot{r} \fallingdotseq 0$ とみなせるぐらい，ゆっくりとひもを引っ張ったときの運動エネルギーの変化を求め，それが何によって生じたのか説明せよ．

〔答：(2)$\omega_1 = \dfrac{r_0}{r_1^2} v_0$, (3)$\left(\dfrac{r_0^2}{r_1^2} - 1\right) \dfrac{mv_0^2}{2}$〕

【問 19】 質量が $m$, $2m$ の質点が，長さ $2l$ の重さの無視できる棒でつながれている．この中心を通って棒に垂直な軸のまわりで，この物体が角速度 $\omega$ で回転しているときの中心まわりの角運動量 $L$ を求めよ．また，同じ軸のまわりにトルク $N$ を加えるときの，回転運動の方程式を書け．

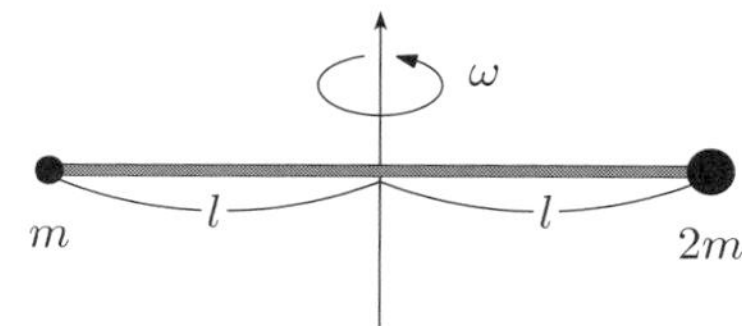


〔答：$L = 3ml^2\omega$, $3ml^2\dot{\omega} = N$〕

【問 20】 3 点 A(1, 0, 0), B(3, 1, 0), C(0, 1, 2) に，それぞれ質量 $m$, $2m$, $3m$ の質点があり，それが質量の無視できる頑丈な 3 本の棒 AB, BC, CA で三角形状に固定された質点系を考える．

(1) $z$ 軸まわりに回転させたときの慣性モーメント $I_1$ を求めよ．

(2) (0, 1, 0) を通り，$x$ 軸と平行な直線のまわりに回転させたときの慣性モーメント $I_2$ を求めよ．

(3) この質点系が (1)(2) それぞれの軸のまわりで回転している．それぞれの軸のまわりの角運動量が同じとき，より速く回転しているのはどちらか．

〔答：(1)$I_1 = 24m$, (2)$I_2 = 13m$, (3) (2) の方〕

【問 21】 図のような規格のやじろべえの微小振動を議論する．やじろべえは図の面内で，支点 O のまわりでゆらゆら振動できるとし，また両手先のおもり $m$ を除いた質量はゼロとする．

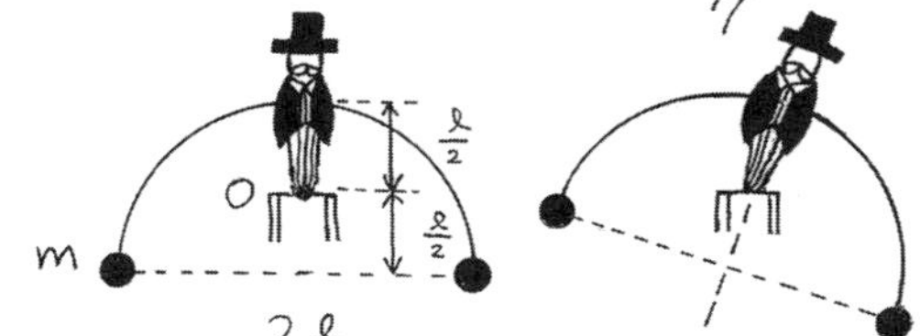


(1) やじろべえの重心の位置と， やじろべえの点 O まわりの慣性モーメントを求めよ．

(2) やじろべえを傾けた後，そっと手を放す．時刻 $t$ でやじろべえが角度 $\theta(t)$ だけ傾いているとして，支点 O まわりの回転の運動方程式を求めよ．

(3) 角度 $\theta(t)$ が十分に小さいとして，やじろべえの振動数を求めよ．

〔答：(1)$\dfrac{5}{2}m\ell^2$, (2)$\dfrac{5}{2}m\ell^2\ddot{\theta} = -mg\ell\sin\theta$, (3)$\dfrac{1}{2\pi}\sqrt{\dfrac{2g}{5\ell}}$〕

# 第6章

# 剛体の力学

## 6.1 剛体の静力学：静止してつりあう物体

**剛体が静止する条件**

「剛体[a]が静止する」とは，ある位置から移動しない（重心位置が移動しない）というだけでなく，「その位置での回転も生じない」ということを意味する．

つまり，剛体が静止するには，「**物体に作用する力の和（合力）がゼロであること（力のつりあい）**」に加えて，「**任意の1点のまわりの力のモーメントの和がゼロであること（力のモーメントのつりあい）**」が要求される．これらを式で表すと，剛体のつりあいの条件は

(i) 「力のつりあい」⇔「$\mathbb{F}_1 + \mathbb{F}_2 + \cdots = \mathbb{F}_{\rm net} = \mathbb{0}$」（重心の運動量保存に対応）

(ii) 「力のモーメントのつりあい」⇔「$\mathbb{N}_1 + \mathbb{N}_2 + \cdots = \mathbb{N}_{\rm net} = \mathbb{0}$」（角運動量保存に対応）

[a] 大きさをもつが，力を加えても全く変形しない理想的な物体のことである．密度が一様である場合には，その重心は幾何学的重心 (図心) に一致する．本章に出てくる剛体は，特に断り書きが無ければ，密度が一様であるとして考えること．

**【例題】** 図のように，質量 $M$，長さ $L$ の剛体棒の一端を自由に回転できるように固定する．この棒を水平に保つために，棒と角度 $\theta$ をなすように，質量の無視できる糸を壁に固定した．このとき，以下の問に答えよ．ただし，糸の張力を $T$，棒が固定点Pから受ける支持反力のうち水平方向を $H$，鉛直方向を $V$ とする．

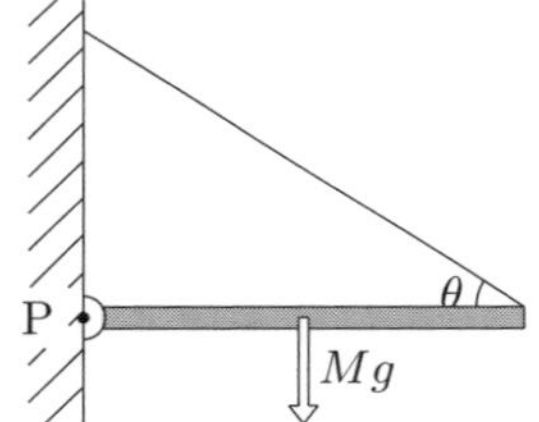


(1) 水平および鉛直方向の力のつりあいの式を書け．
(2) P まわりの力のモーメントのつりあいの式を書け．
(3) $T$，$H$，$V$ の大きさを $M$，$g$，$\theta$ を用いて表せ．

---

**《解答例》**

(1) 水平方向にはたらく力は，張力 $T$ の水平方向成分と壁面からの支持反力 $H$ であり，鉛直方向にはたらく力は，張力 $T$ の鉛直方向成分と壁面からの支持反力 $V$，そして重力 $Mg$ であるので

$$T\cos\theta = H, \quad V + T\sin\theta = Mg.$$

(2) 垂直抗力 $H$ と $V$ はPに作用する力なので，これらによるPまわりの力のモーメントはゼロである．結局，P まわりの力のモーメントを引き起こすのは張力 $T$ と重力 $Mg$ のみであるので

$$TL\sin\theta = \frac{1}{2}MgL.$$

(3) 問 (1)〜(2) の結果より，それぞれについて解くと

$$T = \frac{1}{2}\frac{Mg}{\sin\theta}, \quad H = \frac{1}{2}\frac{Mg}{\tan\theta}, \quad V = \frac{1}{2}Mg.$$

■

【問 1】 剛体に作用する力がつり合っているとき，ある点のまわりで力のモーメントがつりあっていれば，任意の点まわりでも力のモーメントがつりあうことを示せ.

【問 2】 図のように，質量 $M$，長さ $L$ の剛体棒の一端を自由に回転できるように固定する．この棒を水平に保つために，棒のもう一方の端に上向きの力 $F$ を加える．このときの力 $F$ の大きさを求めよ．なお，剛体棒の重心位置は棒の中心である.

〔答：$\dfrac{Mg}{2}$〕

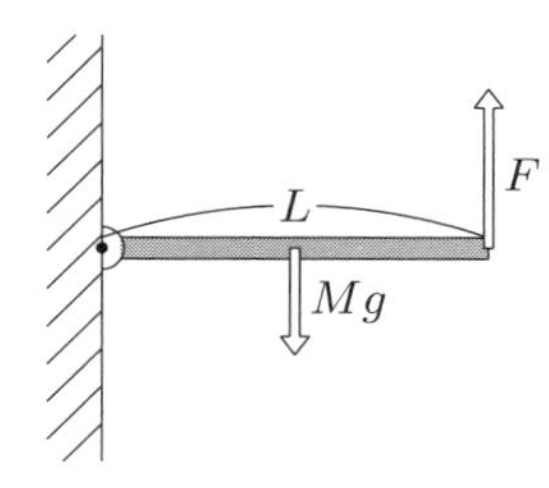


【問 3】 断面の半径が $R$ で，全質量が $M$ の円柱の頂点にロープを引っ掛け，このロープを引っ張って高さが $h$ の段差の上に持ち上げる際に，最低限必要な力を求めよ．(円柱が地面から浮き上がりさえすれば，後はそれ以下の力で段差の上に持ち上げることができる.)

〔答：$\sqrt{\dfrac{h}{2R-h}}Mg$〕

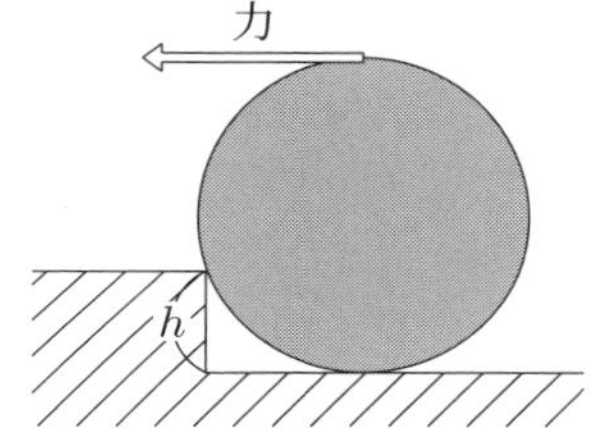


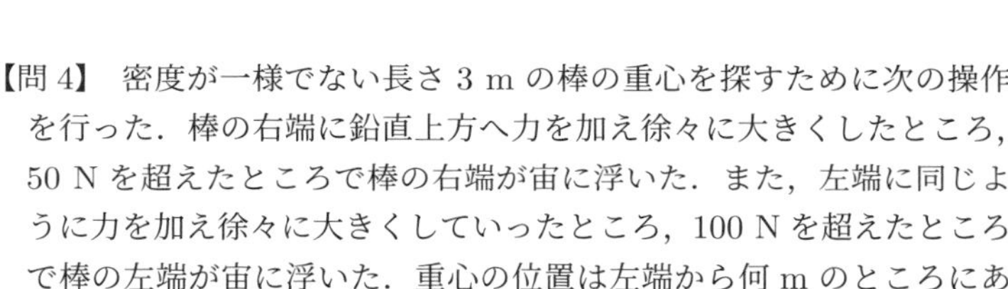

【問 4】 密度が一様でない長さ 3 m の棒の重心を探すために次の操作を行った．棒の右端に鉛直上方へ力を加え徐々に大きくしたところ，50 N を超えたところで棒の右端が宙に浮いた．また，左端に同じように力を加え徐々に大きくしていったところ，100 N を超えたところで棒の左端が宙に浮いた．重心の位置は左端から何 m のところにあるだろうか．〔答：1 m〕

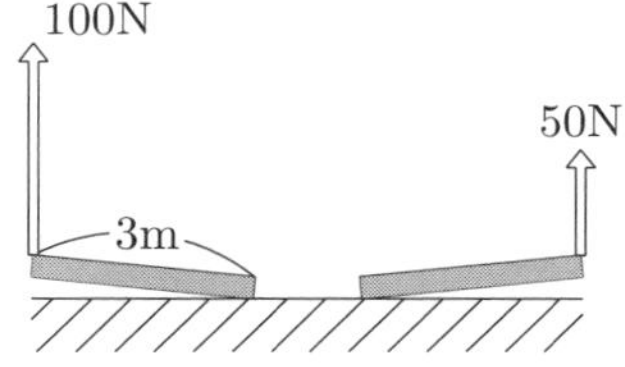


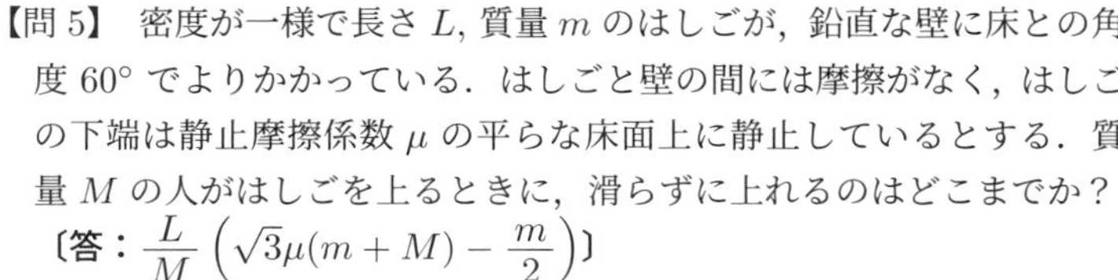

【問 5】 密度が一様で長さ $L$, 質量 $m$ のはしごが，鉛直な壁に床との角度 60° でよりかかっている．はしごと壁の間には摩擦がなく，はしごの下端は静止摩擦係数 $\mu$ の平らな床面上に静止しているとする．質量 $M$ の人がはしごを上るときに，滑らずに上れるのはどこまでか？

〔答：$\dfrac{L}{M}\left(\sqrt{3}\mu(m+M) - \dfrac{m}{2}\right)$〕

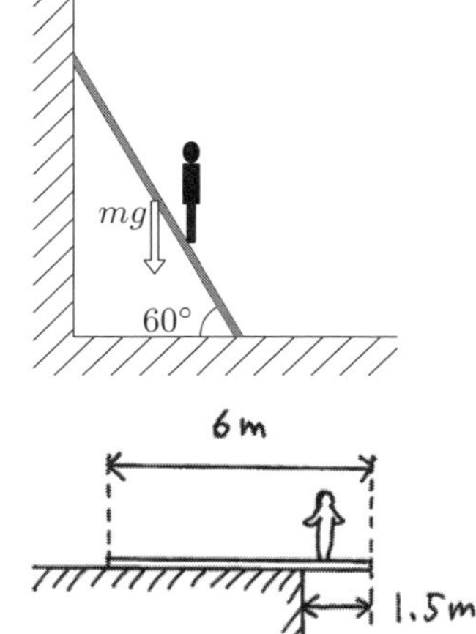


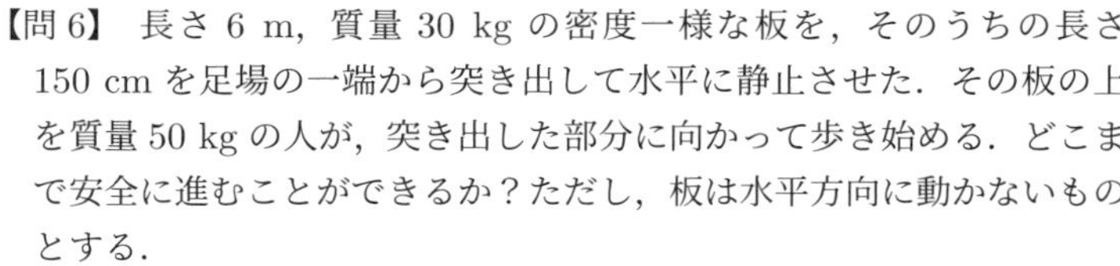

【問 6】 長さ 6 m，質量 30 kg の密度一様な板を，そのうちの長さ 150 cm を足場の一端から突き出して水平に静止させた．その板の上を質量 50 kg の人が，突き出した部分に向かって歩き始める．どこまで安全に進むことができるか？ただし，板は水平方向に動かないものとする.

〔答：90 cm〕

【問 7】 図のような状態で，釘抜きの柄に水平方向に 150 N の力を加える．クギが釘抜きに及ぼす力は，クギの刺さっている方向を向いているとして，この力を求めよ．ただし，くぎ抜きはその右下端で床に接しているとする．

〔答：$\sqrt{3}$ kN〕

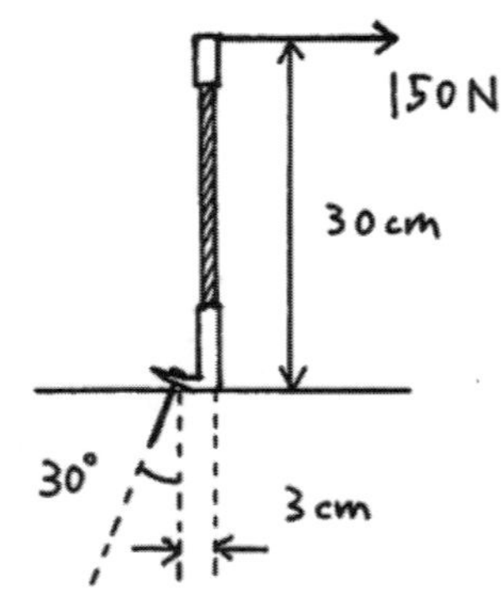


【問 8】 図のような長さが 4.0 m，質量が 100 kg のアームを持つクレーンで 1.0 t の荷物を吊り上げる．アームの下端は自由に回転できるとして，水平方向から 60° で荷物を保持するとき，アームを吊り下げるケーブルにかかる張力 $T$ を求めよ．

〔答：5.1 kN〕

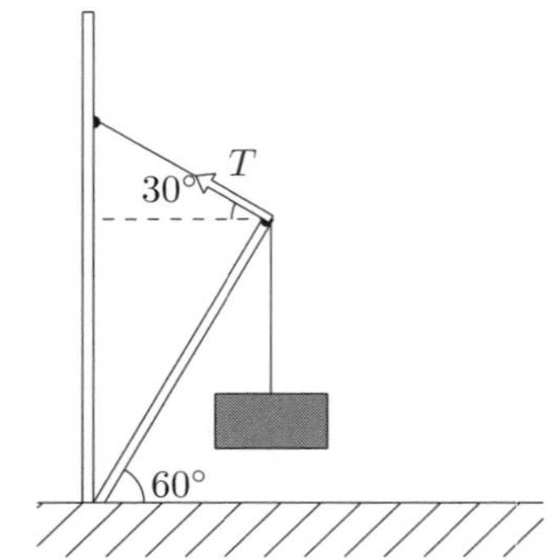


【問 9】 腕で荷物を持つ様子を図のようにモデル化して考える．関節 O は自由に回転できるとし，手の位置 A にある重量 $W$ の荷物を，上腕二頭筋によって，点 B に図のような向きに力を加えて支えるとする．二頭筋は関節から長さ $d$ の位置についており，おもりは関節から長さ $\ell$ の位置にある．簡単のために，前腕自体の重さは無視できるとするときに，二頭筋が前腕 B に及ぼす力 $F$，関節 O において前腕にかかる力 $R$ を求めよ．

〔答：$F = \dfrac{\ell W}{d}$, $R = \dfrac{(\ell - d)W}{d}$〕

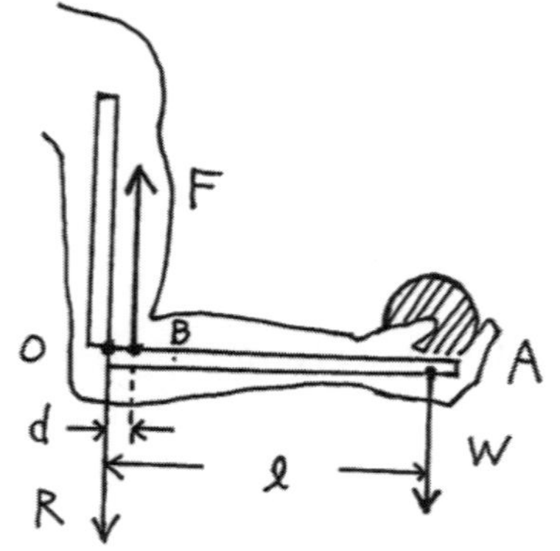


【問 10】 質量が $6.0 \times 10^1$ kg の人が腕立て伏せをしているときに，足先が地面から受ける力 $F_1$ と，両手が地面から受ける力 $F_2$ を求めよ．（いずれの力も地面と垂直であるとし，重心は，図の黒丸の位置にあるとする．）

〔答：$F_1 = 2.4 \times 10^2$ N, $F_2 = 3.5 \times 10^2$ N〕

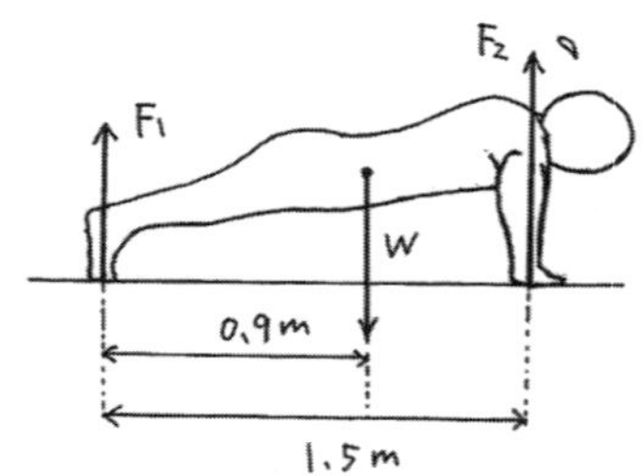

【問 11】 図は，鉛直方向から角度 $\theta = 45°$ だけ傾けて，お辞儀をする人の姿勢を示している．この姿勢を保つのに必要な背筋力を考える．背骨を長さ $L = 60$ cm の直線とみなし，頭部を除く上半身の重さ $W_1$（質量は 30 kg）が背骨の中心にかかるとする．また，背骨の上端に加わる頭部の重さを $W_2$（質量は 5 kg），背筋からの力 $F$ は背骨の上端から $L/3$ の位置に作用するとし，図のように背骨に対して角度 $\phi = 13°$ の方向とする．$\sin 13° \fallingdotseq 0.225$ を用いて，この背筋力 $F$ が上半身の重さ $W_1$ の何倍であるかを数値的に評価せよ．

〔答：3.14 倍〕

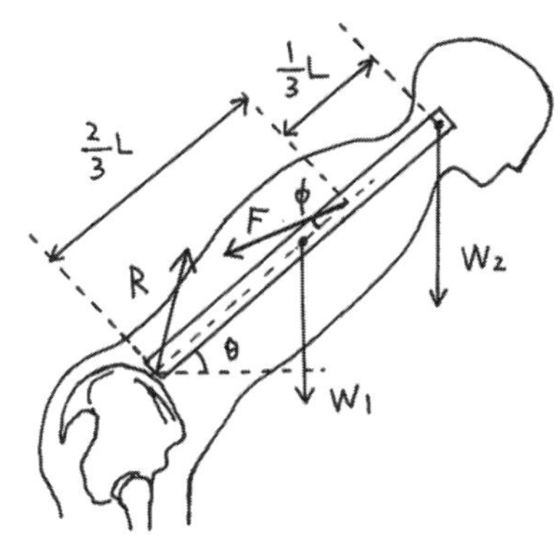


【問 12】 L 字形の棚台用の軽い金具を，鉛直な壁面に 1 本のねじで図のように留めてある．このねじの軸方向への耐荷重が 100 N であるとき，金具の図の位置に何 N までの荷重がかけられるか求めよ．（ねじは鉛直方向にずれないと仮定する．）

〔答：120 N〕

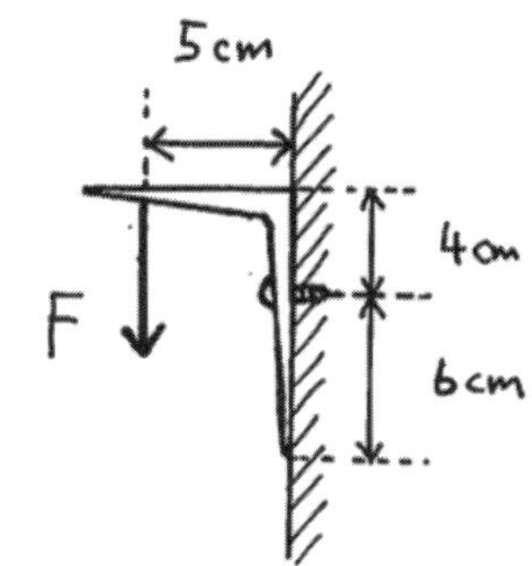


【問 13】 図のように長さ $L$ の同一の板を 2 枚，崖から突き出して静止させる．板が崖の端から突き出している部分の長さを $x$ とするときに，この長さ $x$ の最大値を以下の手順に従って求めよ．

(1) 下側の板と崖が完全に静止していると考えたとき，上側の板は，下側の板の端からどこまで突き出せるか？

(2) 2 枚の板が上の答えの分だけずれて合わさっているときに，この結合物の重心位置は各々の重心位置からどれだけずれたところに存在するか？また，この結果から $x$ の最大値を求めよ．

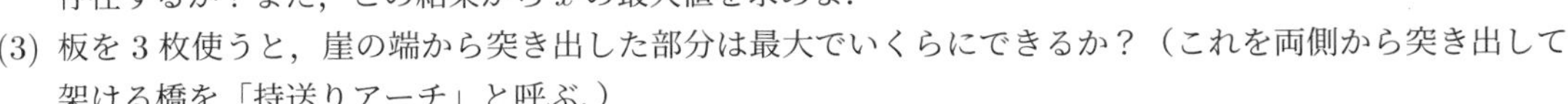
(3) 板を 3 枚使うと，崖の端から突き出した部分は最大でいくらにできるか？（これを両側から突き出して架ける橋を「持送りアーチ」と呼ぶ．）

〔答：(1) $\dfrac{L}{2}$, (2) $\dfrac{L}{4}$ ずれた位置，$\dfrac{3}{4}L$, (3) $\dfrac{11}{12}L$〕

【問 14】 図のように，長さ $\ell$，高さ $h$，質量 $m$ の荷車を，とりつけた軽いひもで角度 $\theta$ の方向に，力 $F$ をかけてひっぱっている．この人と荷物が等速直線運動しているとき，前輪と後輪それぞれにかかる垂直抗力を求めよ．

〔答：前：$\left(\dfrac{h\cos\theta}{\ell} - \sin\theta\right)F + \dfrac{mg}{2}$, 後：$-\dfrac{h}{\ell}F\cos\theta + \dfrac{mg}{2}$〕

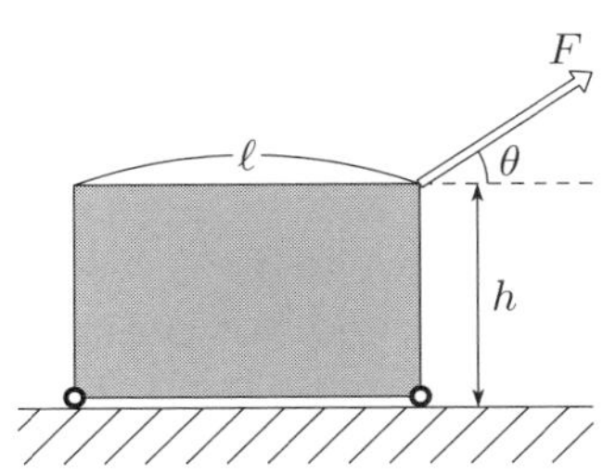

## 6.2 剛体の回転運動方程式

**軸まわりの慣性モーメント**

**■質点の慣性モーメント** 5.2節【問14】でみたように，回転軸から距離 $r$ の位置にある質量 $m$ の質点が角速度 $\omega$ で円運動しているとき，円の中心まわりの角運動量は $L = mr^2\omega$ で与えられる．

ここで**慣性モーメント** $I$ を

$$I \equiv mr^2 \tag{6.1}$$

と定義する．$I$ を用いると，角運動量と慣性モーメントの間には

$$L = I\omega \tag{6.2}$$

という関係が成立し，$I$ が「物体の回転のしにくさを表す指標」であることがわかる．

**■質点系の慣性モーメント（質点系でできた剛体の慣性モーメント）** 質量 $m_k$ をもつ $n$ 個の質点が，固定軸Oから距離 $r_k$ にあって，同じ角速度 $\omega$ で回転しているとき，質点系全体の慣性モーメント $I$ を，各質点の慣性モーメント(6.1)の和

$$I \equiv \sum_{k=1}^{n} m_k r_k^2 \tag{6.3}$$

と定義すれば，5章(5.3)より，質点系に関しても(6.2)が成り立つ．

**■剛体の慣性モーメント** 剛体が連続的な物体であるときは，その形状や密度分布による積分

$$I \equiv \int_V r^2 \rho(x,y,z)\mathrm{d}x\mathrm{d}y\mathrm{d}z \quad (r\text{ は回転軸から点 }(x,y,z)\text{ までの距離}) \tag{6.4}$$

によって慣性モーメントが定まる．計算例などについては付録Aを参考のこと．角速度 $\omega$ と角運動量 $L$ の間には(6.2)の関係が成り立つ．

**■平行軸の定理** 質量 $M$ の剛体の固定軸Oまわりの慣性モーメント $I_{\mathrm{O}}$ は，それと平行な向きで重心を通る固定軸Gまわりの慣性モーメント $I_{\mathrm{G}}$ を用いて

$$I_{\mathrm{O}} = I_{\mathrm{G}} + Mh^2 \quad (h\text{ はOとGの距離}) \tag{6.5}$$

で与えられる．

以下の問いでは，付録A (A.2)の値を用いてよい．

【問15】 以下の剛体の慣性モーメント，および角速度 $\omega$ で回転するときの角運動量を求めよ．質量はすべて $M$ とする．

(1) 半径 $a$ の円盤の中心Oを貫く，面に垂直な軸で回転させる場合．
(2) 半径 $a$ の球の中心Oを貫く軸で回転させる場合．
(3) 半径 $a$ の円盤の中心Oから $h$ だけずれた点Pを貫き，面に垂直な軸で回転させる場合．
(4) 半径 $a$ の球の中心Oから $h$ だけずれた点Pを貫き，OPと直交する向きの軸で回転させた場合．

〔答：(1) $\dfrac{Ma^2}{2}$, $\dfrac{Ma^2\omega}{2}$, (2) $\dfrac{2Ma^2}{5}$, $\dfrac{2Ma^2\omega}{5}$, (3) $(\dfrac{a^2}{2}+h^2)M$, $(\dfrac{a^2}{2}+h^2)M\omega$, (4) $(\dfrac{2a^2}{5}+h^2)M$, $(\dfrac{2a^2}{5}+h^2)M\omega$〕

**固定軸のまわりで回転する剛体の回転運動方程式**

固定軸 O のまわりで回転する剛体に，O まわりの力のモーメント $N$ が作用しているとき，回転の角加速度 $\dfrac{\mathrm{d}w}{\mathrm{d}t}$ は，回転運動方程式

$$I\frac{\mathrm{d}\omega}{\mathrm{d}t} = N \tag{6.6}$$

を満たす．ここで $I$ は剛体の O 軸まわりの慣性モーメントである．

**【例題】**

右図のようなドラムにおいて，$x$ 軸まわり，$z$ 軸まわりの慣性モーメントがそれぞれ 10 kg · m$^2$，1 kg · m$^2$ だったとする．このとき，以下の問に答えよ．

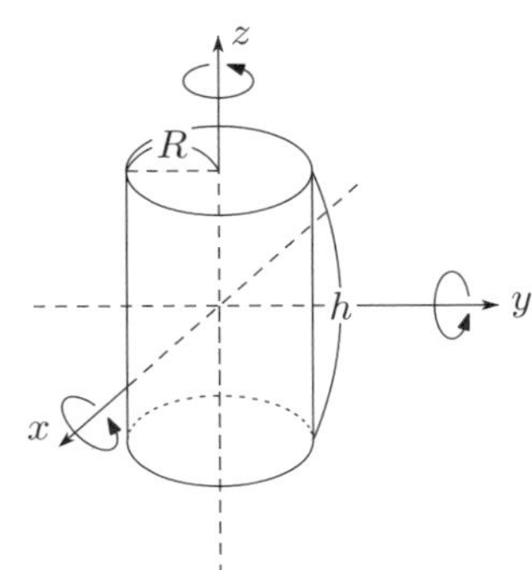


(1) 静止していたドラムを $z$ 軸まわりに回転させて，30 秒後に毎分 300 回転にまで加速するために必要な力のモーメントの大きさを求めよ．(力のモーメントは一定とする．)

(2) 静止していたドラムを $x$ 軸まわりに回転させて，30 秒後に毎分 300 回転にまで加速するために必要な力のモーメントの大きさは，前問 (1) の何倍であるか求めよ．(力のモーメントは一定とする．)

---

**《解答例》**

回転の運動方程式 (6.6)の両辺を時刻 $t$ で積分して，初期条件 ($t = 0$ で $\omega = 0$) を用いると

$$I\omega = Nt$$

が成立する．なお，毎分 300 回転を角速度 $\omega$ [rad/s] で表現すると $\omega = 300 \times \dfrac{2\pi}{60} = 10\pi$ [rad/s] である．

(1) $z$ 軸まわりの慣性モーメントは，$I = 1$ なので，上式から

$$1 \times 10\pi = N \times 30 \quad \Longrightarrow \quad N = \frac{1}{3}\pi\ [\mathrm{N \cdot m}].$$

(2) $x$ 軸まわりの慣性モーメントは，$I = 10$ なので，

$$10 \times 10\pi = N \times 30 \quad \Rightarrow \quad N = \frac{10}{3}\pi\ [\mathrm{N \cdot m}].$$

したがって，前問 (1) にくらべて，「10 倍」の力のモーメントが必要であることがわかる．

■

【問 16】　上の例題のドラムが $z$ 軸まわりに 300 rpm（毎分 300 回転）で回転している．これに金属片を押し当てたら 300 回転して静止した．

(1) 車輪にかかった力のモーメント（トルク）が時間的に一定だったとするとき，静止するまでに要した時間を求めよ．

(2) このトルクの大きさを求めよ．

(3) また，ドラムを $x$ 軸まわりに回して，同じことを行う（300 rpm から 300 回転で静止させる）ためには，何倍のトルクが必要か．

〔**答**：(1)120 s, (2)$\dfrac{\pi}{12}$ [N · m], (3)10 倍〕

【問 17】　質量 $M$ の以下のような剛体が，一定のトルク $N$ を受けて回転する．それぞれの回転運動の方程式を角速度 $\omega$ について立てよ．ただし，各々の剛体の密度は一様であるとする．

(1) 長さ $2l$ の細長い棒を重心を通り，棒に垂直な軸のまわりで回転.

(2) 長さ $2l$ の細長い棒をその一端を通り，棒に垂直な軸のまわり回転.

(3) 直径 $D$ の円盤をその中心を通り円盤に直交する軸のまわりで回転.

(4) 直径 $D$ の球体をその中心を通る軸のまわりで回転.

〔答：(1)$\dfrac{Ml^2}{3}\dot{\omega} = N$, (2)$\dfrac{4Ml^2}{3}\dot{\omega} = N$, (3)$\dfrac{MD^2}{8}\dot{\omega} = N$, (4)$\dfrac{MD^2}{10}\dot{\omega} = N$〕

【問 18】　静止していた車輪に，一定のトルク 2 N · m を 30 秒間与えた．車輪の角速度 $\omega$ [rad/s] を求めよ．ただし車輪の軸まわりの慣性モーメントを 4 kg · m$^2$ とする．また，この 30 秒間の総回転数を求めよ．

〔答：$\omega = 15$ rad/s, $\dfrac{225}{2\pi}$ 回転〕

【問 19】　毎分 300 回転している半径 $3.0 \times 10^{-1}$ m，慣性モーメント $1.0 \times 10^1$ kg · m$^2$ のドラムに，図のように，軸からドラムの中心軸までの距離 $5.0 \times 10^{-1}$ cm，手の力の作用点までの距離は 1.5 m として鉛直下向きに $1.0 \times 10^2$ N の力を手で加えてブレーキ片を押し付けて停止させる．

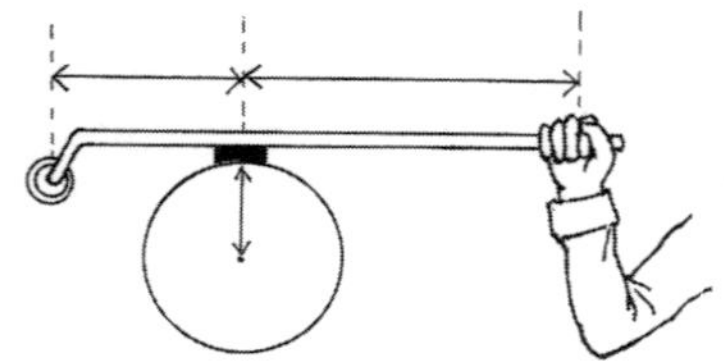

(1) ドラムがブレーキ片に及ぼした鉛直上向きの力はいくらか?

(2) ドラムとブレーキ片の間の動摩擦係数を $3.0 \times 10^{-1}$ とすると，ドラムの回転軸まわりに発生したトルクはいくらか?

(3) ブレーキ片を押し付けてから何秒後にドラムは静止するか?

〔答：(1)$3.0 \times 10^2$ N, (2)$2.7 \times 10^1$ N · m, (3)$1.2 \times 10^1$ s〕

【問 20】　図のように，一端が固定された質量 $M$，長さ $L$ の密度が一様な細い棒が，固定点 O まわりで鉛直面内の運動をする様子を考える．このとき，以下の問に答えよ．

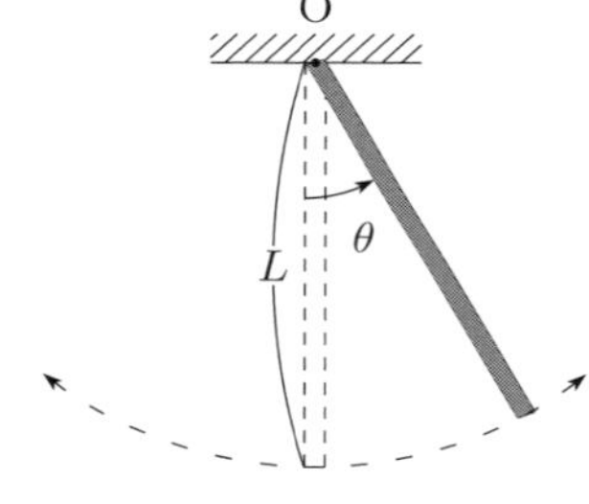


(1) この棒の固定点 O を通って棒に垂直な軸のまわりの慣性モーメント $I_{\mathrm{O}}$ を求めよ．

(2) 固定点 O のまわりの回転の運動方程式を立式せよ．

(3) 回転角 $\theta$ が非常に小さいとき，$\sin\theta \fallingdotseq \theta$ と考えることができる．この関係を用いて，棒の振動の周期 $T$ を求めよ．

〔答：(1)$I_{\mathrm{O}} = \dfrac{ML^2}{3}$, (2)$\dfrac{ML^2}{3}\ddot{\theta} = -\dfrac{MgL}{2}\sin\theta$, (3)$T = 2\pi\sqrt{\dfrac{2L}{3g}}$〕

【問 21】　図のように，質量 $M$，半径 $R$ の円盤の中心から $a$ だけ離れた点 O に円盤面に垂直な回転軸をつくって振動させた．この固定軸 O まわりの回転の運動方程式を立てて，微小振動の固有振動数 $f$ を求めよ．

〔答：$\left(\dfrac{R^2}{2} + a^2\right) M\ddot{\theta} = -Mag\sin\theta$, $f = \dfrac{1}{2\pi}\sqrt{\dfrac{2ag}{R^2 + 2a^2}}$〕

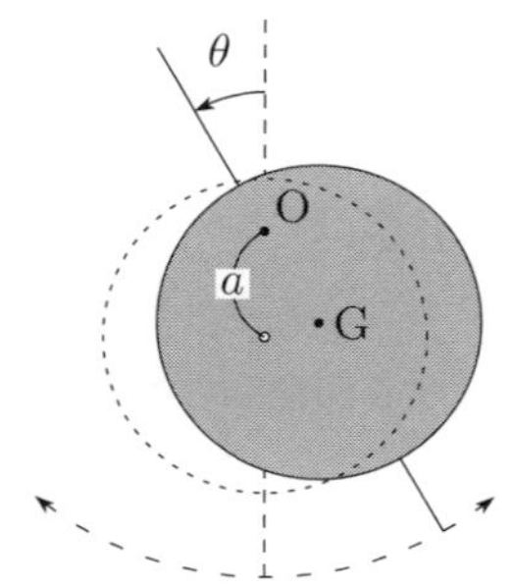

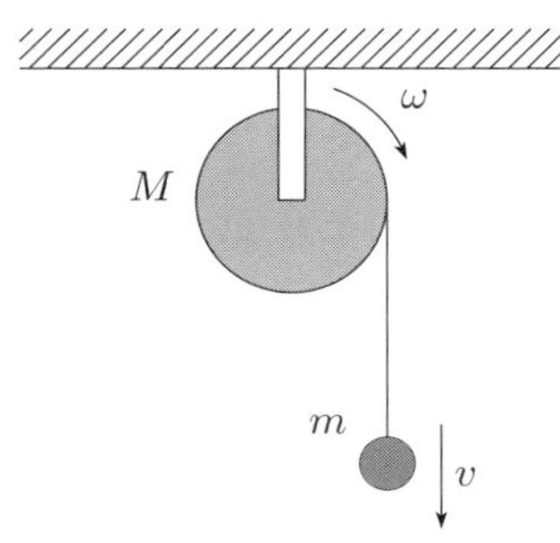


【問 22】　図のように，半径 $R$，質量 $M$ の滑車に軽い糸を巻き付け，この糸の他端を質量 $m$ の物体に結び静かに手を離して物体を落下させる．滑車の形状は円柱であり，糸は滑車に対してもつれなく解きほぐされるとして下記の問いに答えよ．（これは以降の問題でも同様とする．）

(1) 糸の張力を $T$ として，落下する物体の運動方程式を示せ．

(2) 張力 $T$ による滑車の回転の運動方程式を示せ．

(3) 落下する物体の加速度を $m$，$M$，$R$，$g$ を用いて表せ．

(4) 糸の張力 $T$ を $m$，$M$，$R$，$g$ を用いて表せ．

〔答：(1)$m\dot{v} = mg - T$，(2)$\dfrac{1}{2}MR^2\dot{\omega} = RT$，(3)$\dfrac{2mg}{2m+M}$，(4)$\dfrac{mMg}{2m+M}$〕

【問 23】　一定のトルク $\tau$ で駆動される，質量 $M$，半径 $R$ の滑車に，軽い糸を介して，質量 $m$ のおもりをつるして巻き上げる．ひもの張力を $T$ として，滑車とおもりの運動方程式をそれぞれ立てよ．また，おもりの加速度を $M$，$R$，$m$，$\tau$ を用いて表せ．

〔答：$\dfrac{MR^2}{2}\dot{\omega} = \tau - RT,\ m\dot{v} = T - mg,\ \dot{v} = \dfrac{\tau/R - mg}{m + M/2}$〕

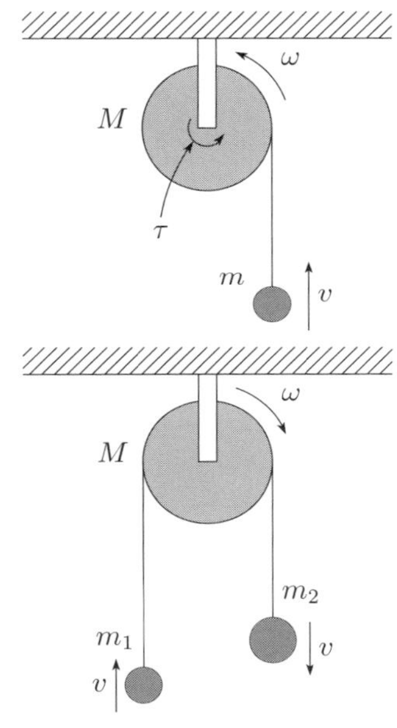


【問 24】　図のように，質量 $M$，半径 $R$ の滑車に軽い糸をかけて糸の両端にそれぞれ $m_1$，$m_2$ のおもりを取り付ける．$m_1 < m_2$ と仮定して以下の問いに答えよ．

(1) 各々のおもりに働く糸の張力を $T_1$，$T_2$ として，各々のおもりの運動方程式を示せ．

(2) 張力 $T_1$，$T_2$ による滑車の回転の運動方程式を示せ．

(3) おもりの加速度 $a$ を求め，滑車の質量を無視した場合と比較せよ．

〔答：(1)$m_1\dot{v} = T_1 - m_1 g,\ m_2\dot{v} = -T_2 + m_2 g$，(2)$\dfrac{MR^2}{2}\dot{\omega} = R(T_2 - T_1)$，(3)$a = \dfrac{m_2 - m_1}{m_1 + m_2 + M/2}g$〕

## 6.3　剛体の平面運動方程式

**固定軸をもたない剛体の運動方程式**

剛体の重心がある平面内を運動し，かつ剛体の回転軸がこの平面と直交している場合，これを**剛体の平面運動**と呼ぶ．この場合には，重心の並進運動と重心を通る軸まわりの回転運動を別々に考えるのが一般的である．重心の並進運動方程式は（$xy$ 平面上を運動しているとして）

$$M\frac{\mathrm{d}V_x}{\mathrm{d}t} = F_x, \qquad M\frac{\mathrm{d}V_y}{\mathrm{d}t} = F_y \tag{6.7}$$

である．ここで $M$ は剛体の質量であり，$\mathbb{V}_{\mathrm{G}} = V_x\mathbb{i} + V_y\mathbb{j}$ は重心の速度，$\mathbb{F} = F_x\mathbb{i} + F_y\mathbb{j}$ は剛体に作用する合力である．一方，重心を通る軸まわりの回転運動方程式は

$$I_{\mathrm{G}}\frac{\mathrm{d}\omega}{\mathrm{d}t} = N_{\mathrm{G}} \tag{6.8}$$

となる．ここで，$I_{\mathrm{G}}$ は重心を通る軸 G まわりの慣性モーメントであり，$\omega$ は G まわりの角速度，$N_{\mathrm{G}}$ は G まわりの力のモーメントである．

**■滑らず条件**　半径 $R$ の円柱（あるいは円盤，円環，球）が床面を角速度 $\omega$ で「滑らずに転がる」ときは，接地点における円柱と床面の相対速度がゼロであるから，円柱の中心の速度 $v$ と，接触点における円運動の速度 $R\omega$ が一致する：

$$v = R\omega. \tag{6.9}$$

また，水平に固定した中心軸のまわりで回転する滑車が，もつれることなくひもを巻き取るときも，単位時間で巻き取るひもの長さ $v$ と，滑車の回転の速さ $R\omega$ が一致するので，(6.9)が成立する．

**【例題】**

右図のように，密度が一様で，質量 $M$，半径 $R$ をもつ球を，傾斜角 $\alpha$ のあらい斜面に置くと，球は滑らずに斜面を転がった．このとき，以下の問に答えよ．

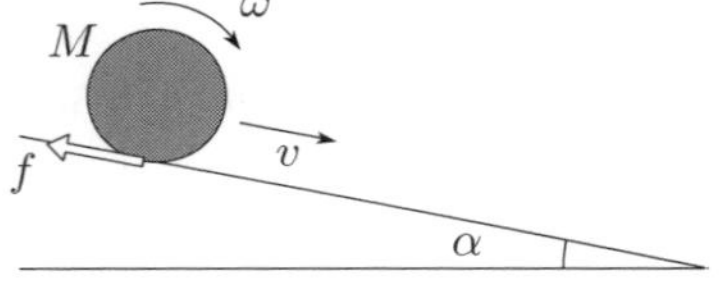


(1) 球の落下速度を $v(t)$ とし，球と斜面の間の摩擦力を $f$ とするとき，球の重心の並進運動方程式と，重心まわりの回転の運動方程式を立式せよ．
(2) 斜面方向の重心の加速度を求めよ．
(3) 摩擦力 $f$ を $M$，$g$，$\alpha$ を用いて表せ．
(4) 本問のように，球が滑らずに転がるとき，球と地面の接点は瞬間的には静止しており，静止条件 $f < \mu N$（$\mu$ は静止摩擦係数，$N$ は垂直抗力）が成立している．この条件から，球が滑らずに転がるために，静止摩擦係数 $\mu$ に与えられる条件を求めよ．

---

**《解答例》**

(1) 重心，および回転の運動方程式はそれぞれ以下のようになる:

$$\text{重心の運動方程式}: Ma = F \quad \Rightarrow \quad M\dot{v} = Mg\sin\alpha - f.$$

$$\text{回転の運動方程式}: I\dot{\omega} = N \quad \Rightarrow \quad \frac{2}{5}MR^2\dot{\omega} = fR.$$

(2) 滑らず条件 $R\dot{\omega} = v$ を用いると，回転の運動方程式は

$$\frac{2}{5}M\dot{v} = f$$

となる．これと，重心の運動方程式を用いると，重心の加速度 $a$ は

$$a = \dot{v} = \frac{5}{7} g \sin\alpha.$$

(3) 前問 (2) で得た結果を，重心の運動方程式に代入すると

$$f = \frac{2}{7} Mg \sin\alpha.$$

(4) 静止条件 $f < \mu N$ より

$$f = \frac{2}{7} Mg \sin\alpha < \mu Mg \cos\theta \quad \Rightarrow \quad \mu > \frac{2}{7} \tan\alpha.$$

■

【問 25】 付録 A.1 の G で表される重心の値をすべて証明せよ．

【問 26】 図の 3 つの板それぞれの重心を求めよ．板の面密度は一様とする．

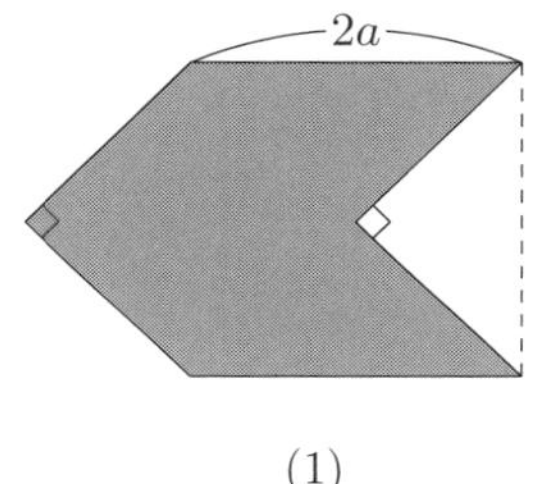


(1)

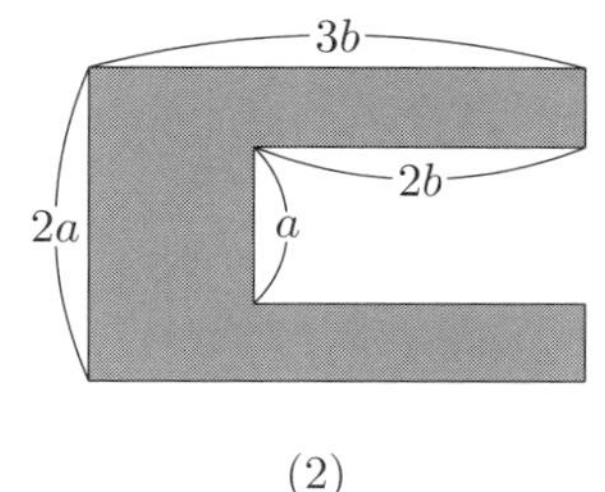


(2)

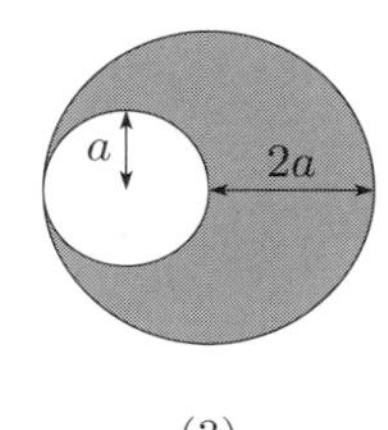


(3)

〔答：(1) 左端の点から右へ $\frac{3a}{2}$, (2) 左端辺の中点から右へ $\frac{5b}{4}$, (3) 大きい方の円の中心から右へ $\frac{a}{3}$〕

【問 27】 図のように，質量 $M$，半径 $R$ の円柱の重心に大きさ $F$ の外力を水平方向にかけたところ円柱が滑ることなく転がった．

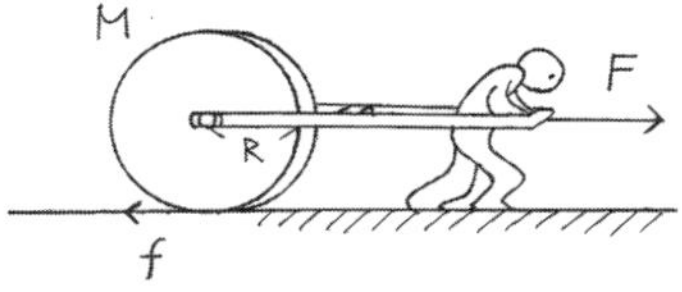


(1) 円柱の速度を $v(t)$ とし，円柱と床の間の摩擦力を $f$ とするときに，重心の水平方向の運動方程式と，重心まわりの回転の運動方程式を立てよ．

(2) 問 (1) で得られた 2 つの式から，重心の水平方向の加速度を求めよ．

(3) 円柱と床の間の摩擦力 $f$ を求めよ．

(4) 滑らずに転がるとき，円柱と床の接点は瞬間的には静止しており，静止条件 $f < \mu N$（$\mu$ は静止摩擦係数，$N$ は垂直抗力）が成立している．円柱が滑らずに転がるための静止摩擦係数 $\mu$ の条件を求めよ．

〔答：(1)$M\dot{v} = F - f, \frac{1}{2}MR^2\dot{\omega} = fR$, (2)$a = \frac{2F}{3M}$, (3)$f = \frac{F}{3}$, (4)$\mu > \frac{F}{3Mg}$〕

【問 28】 質量 $M$，半径 $R$ のヨーヨーに糸を巻き付け，糸の他端を天井に固定させて，ヨーヨーを落下させる．重心の加速度 $a$ を求めよ．ただし，ヨーヨーは密度一様な円盤と仮定すること．

〔答：$a = \frac{2}{3} g$〕

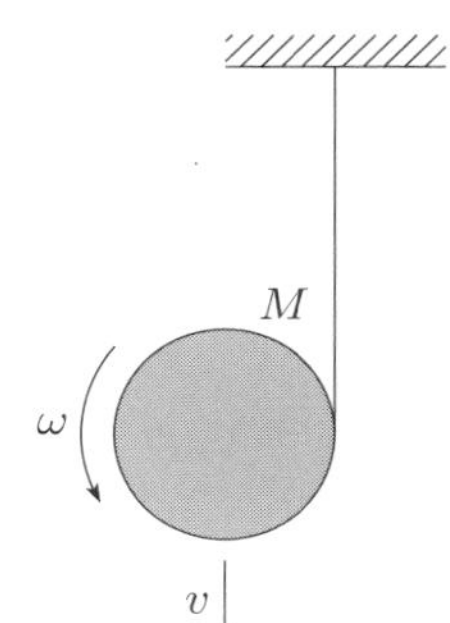

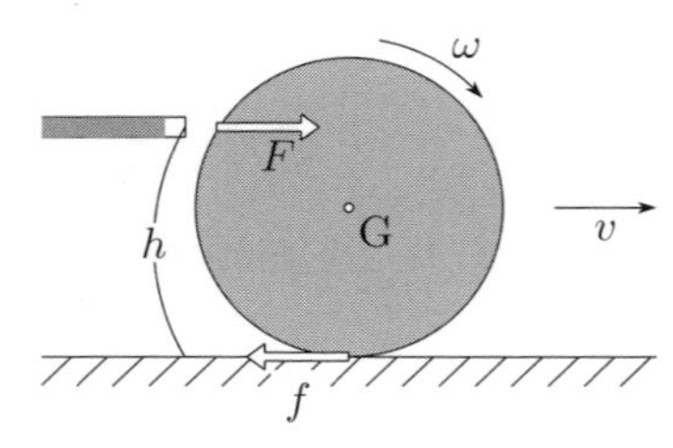


【問 29】 質量 $M$，半径 $R$ の静止したビリヤードの球を高さ $h > R$ の位置で水平に突く．撃力 $F$ の作用は非常に短い時間 $\Delta t$ で作用し，この間での接地面からの摩擦力による力積は無視できるものとする．

(1) 力積 $F\Delta t$ を与えた直後の，重心の速度 $V_0$ と球の回転角速度 $\omega_0$ を求めよ．

(2) $h = \dfrac{7R}{5}$ でつけば，球が滑らずに転がりだすことを示せ．

(3) $h > \dfrac{7R}{5}$ のとき，動摩擦力の作用する向きを答え，球が滑らなくなるまでの時間 $T$ を求めよ．ただし動摩擦係数を $\mu'$ とする．

〔答：(1)$V = \dfrac{F\Delta t}{M}$, $\omega = \dfrac{5(h-R)F\Delta t}{2MR^2}$, (3)$\dfrac{(5h-7R)F\Delta t}{7MgR\mu'}$〕

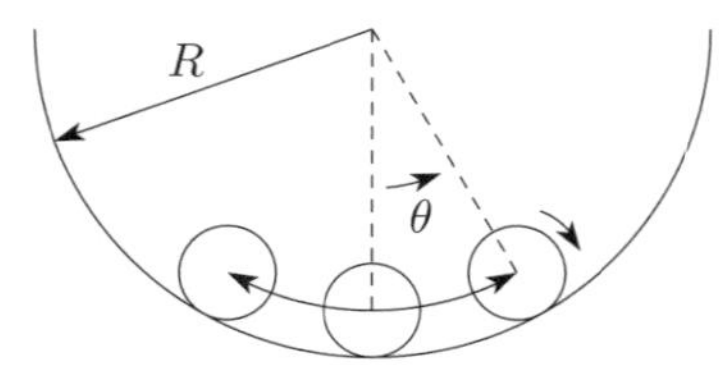


【問 30】 図のように，半径 $R$ の円筒面上の最下点を中心に，半径 $a$ の円柱が滑らずに転がりながら微小に振動するとき，この振動の周期 $T$ を求めよ．

〔答：$T = 2\pi\sqrt{\dfrac{3(R-a)}{2g}}$〕

## 6.4　剛体の力学的エネルギー保存則

**平面運動する剛体の全運動エネルギー**

平面運動している剛体の全運動エネルギー $K$ は

$$K = \frac{1}{2}MV_{\mathrm{G}}^2 + \frac{1}{2}I_{\mathrm{G}}\omega^2 \tag{6.10}$$

となる．前者は重心の並進運動エネルギーで，$M$ は剛体の質量，$V_{\mathrm{G}}$ は重心の速度である．後者は重心を通る軸のまわりの回転運動エネルギーで，$I_{\mathrm{G}}$ は同軸まわりの慣性モーメント，$\omega$ は剛体を構成する各質点の同軸まわりの角速度である．

**■剛体が固定軸 O のまわりで回転している場合**　この場合には，剛体の全運動エネルギー (6.10)は，固定軸 O まわりの慣性モーメント $I_{\mathrm{o}}$ と剛体を構成する各質点の固定軸 O まわりの角速度 $\omega$ を用いて

$$K = \frac{1}{2}I_{\mathrm{o}}\,\omega^2 \tag{6.11}$$

のように簡潔にまとめられるので，この表式の方が便利である．ここで，重心の速度と角速度の関係 $V_{\mathrm{G}} = \overline{\mathrm{OG}}\,\omega$（$\overline{\mathrm{OG}}$ は OG 間の距離）と平行軸の定理 $I_{\mathrm{G}} + M\overline{\mathrm{OG}}^2 = I_{\mathrm{o}}$ を用いた．

**【例題】**

密度が一様で，同じ半径 $R$ をもつ円柱と十分に薄い円筒 (中は中空) が，高低差 $h$ の斜面を，どちらも初速ゼロで滑らずに転がり落ちるとき，最下点に到着するのはどちらが先か．それぞれの速度を計算し，それらを比較することで答えよ．また，回転せずに滑り落ちる場合はどうなるか答えよ．

---

**《解答例》**

円筒および円柱の慣性モーメント $I_c$ および $I_p$ はそれぞれ以下のようになる:

$$\text{円筒の慣性モーメント: } I_c = MR^2$$

$$\text{円柱の慣性モーメント: } I_p = \frac{1}{2}MR^2$$

また，「重力がした仕事 = 円筒 (円柱) の得た運動エネルギー」であるから

$$\text{円筒の場合: } Mgh = \frac{1}{2}Mv_c^2 + \frac{1}{2}MR^2\omega^2$$

$$\text{円柱の場合: } Mgh = \frac{1}{2}Mv_p^2 + \frac{1}{2}\left(\frac{1}{2}MR^2\right)\omega^2$$

が成立する．ここで（滑らず条件）$v = R\omega$ を用いて整理すると

$$\text{円筒の場合: } v_c = \sqrt{gh}$$

$$\text{円柱の場合: } v_p = \sqrt{\frac{4}{3}gh}$$

となる．これより，円柱の方が速度が大きいので，円柱の方が先に最下点に到着することがわかる．

また，回転せずに滑り落ちる場合には，角速度 $\omega = 0$，$v_c = v_p = \sqrt{2gh}$ となる．したがって，最下点には同時に到着する．（そして，転がる場合よりもはやく到着することがわかる．）

■

【問 31】 角速度 $\omega$ で，質量 $M$ の以下のような剛体が回転する．それぞれの運動エネルギーを求めよ．（慣性モーメントの値は付録 A.2 を参照せよ．）

(1) 長さ $2l$ の細長い棒を重心を通って棒に垂直な軸のまわりで回転.

(2) 長さ $2l$ の細長い棒をその一端を通って棒に垂直な軸のまわりで回転.

(3) 半径 $R$ の円盤をその中心を通り円盤に直交する軸のまわりで回転.

(4) 半径 $R$ の球体をその中心を通る軸のまわりで回転.

〔答：(1) $\dfrac{Ml^2\omega^2}{6}$, (2) $\dfrac{2Ml^2\omega^2}{3}$, (3) $\dfrac{MR^2\omega^2}{4}$, (4) $\dfrac{MR^2\omega^2}{5}$〕

【問 32】 モーターで駆動される半径 $R$ の車輪 A があり，ベルトを用いて従動輪 B に動力を一定の仕事率 $P$ で伝達したい．

(1) 駆動輪は一定の角速度 $\omega$ で回転しているとして，駆動モーターのトルク $\tau$ を求めよ．

(2) ベルトにかかる張力 $T_1, T_2$ の差を求めよ．

〔答：(1) $\tau = \dfrac{P}{\omega}$, (2) $T_1 - T_2 = \dfrac{P}{\omega R}$〕

駆動モーター $\tau$

$T_1$

A　B

$T_2$

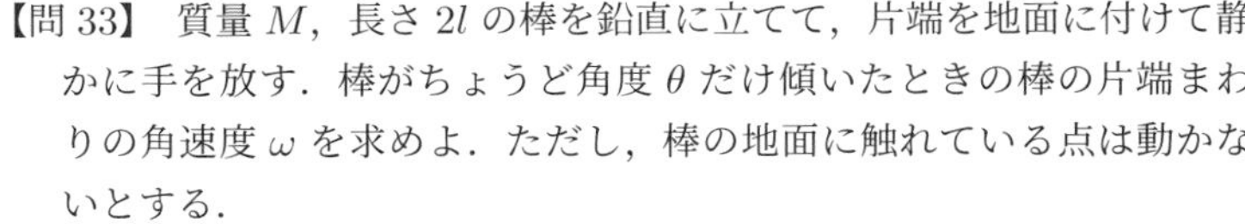

【問 33】 質量 $M$，長さ $2l$ の棒を鉛直に立てて，片端を地面に付けて静かに手を放す．棒がちょうど角度 $\theta$ だけ傾いたときの棒の片端まわりの角速度 $\omega$ を求めよ．ただし，棒の地面に触れている点は動かないとする．

〔答：$\omega = \sqrt{\dfrac{3g(1-\cos\theta)}{2l}}$〕

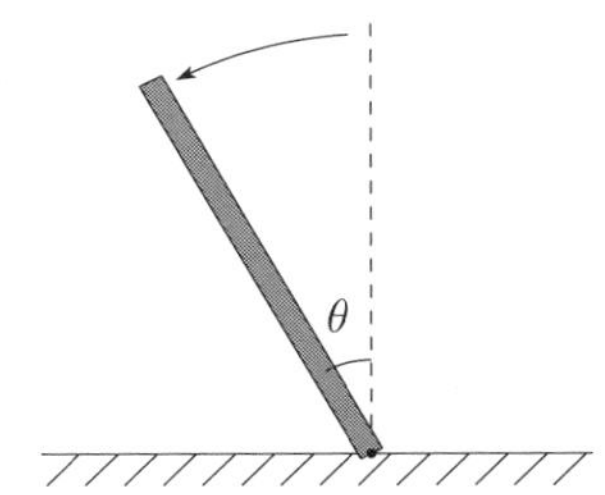

【問 34】 質量 $M$，長さ $2l$ の一様な棒が，その一端のまわりで回転できる．この棒を水平位置に静止している状態から静かに放す．棒が最下点に来たときの角速度はどれほどか？

〔答：$\omega = \sqrt{\dfrac{3g}{2l}}$〕

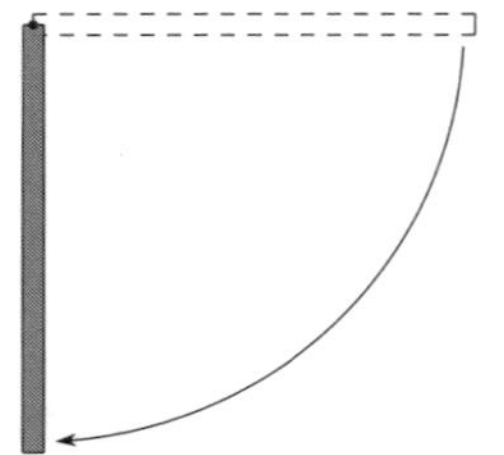

【問 35】 図のように斜面を，半径 $R$，質量 $M$ の円柱が，滑ることなく転がり落ちる．初速ゼロで転がり始めたときから，高さ $h$ だけ降下したときの，剛体の重心の並進速度 $V$ を求めよ．

〔答：$V = \sqrt{\dfrac{4gh}{3}}$〕

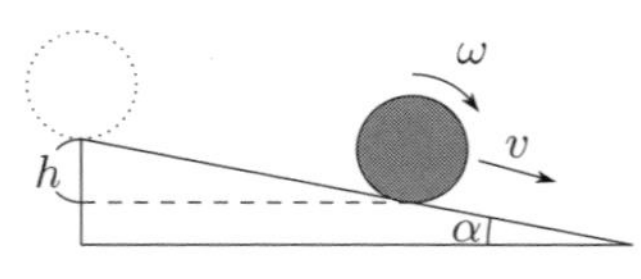


【問 36】 重心の固定された滑車（質量 $M$，半径 $R$）にひもを取り付けて，ひもの片端に小さなおもり（質量 $m$）をつけて，静かに手を放す．おもりが $h$ だけ落下したときのおもりの速度 $v$ を求めよ．ひもは滑車に対して滑らないものとする．

〔答：$v = \sqrt{\dfrac{4mgh}{2m+M}}$〕

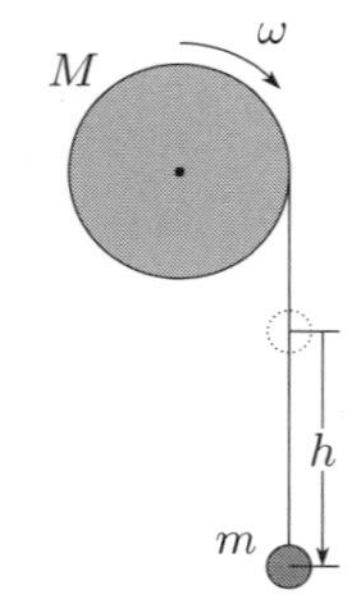


## 6.5 剛体系の角運動量保存則

**質点系・剛体系の角運動量保存則**

複数の剛体からなる系，または剛体と質点からなる系において，外力による力のモーメントが存在しないならば，**全角運動量が保存する**．

特に衝突（結合・分裂）の際には，内力のみが作用すると考えられるので，全角運動量が保存するとしてよい．

【問 37】 質量の無視できる長さ $\ell$ の棒の一端を水平面に固定し，もう一端に質量 $M$ の木片をつけて同じ水平面上におく．棒は，固定端のまわりで滑らかに回転できるとする．棒に垂直な方向から水平面に平行に，速さ $v$ で飛来してきた質量 $m$ の弾丸が木片に命中し，木片と一体となって回転する．この角速度 $\omega$ はいくらか?

〔答：$\omega = \dfrac{mv}{(M+m)\ell}$〕

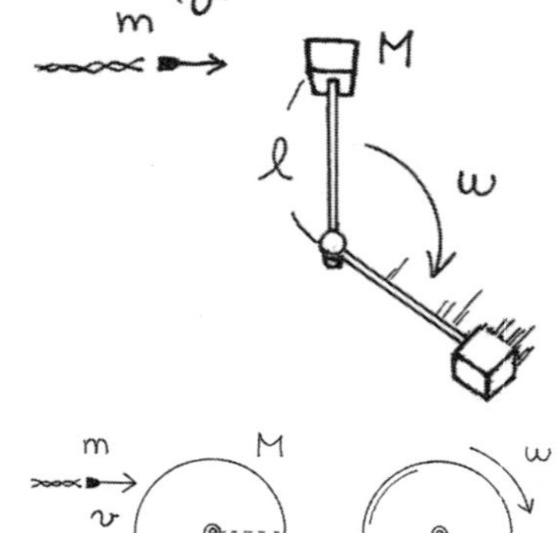


【問 38】 質量 $M$ で半径 $R$ の円柱が，円柱の中心軸まわりに滑らかに回転できる．初め静止している円柱に，速さ $v$ で飛来してきた質量 $m$ の弾丸が回転軸から高さ $d$ だけずれたところに命中し，円柱と一体となって回転する．この角速度 $\omega$ はいくらか．ただし重力は考えなくてよい．

〔答：$\omega = \dfrac{mvd}{\left(m+\dfrac{M}{2}\right)R^2}$〕

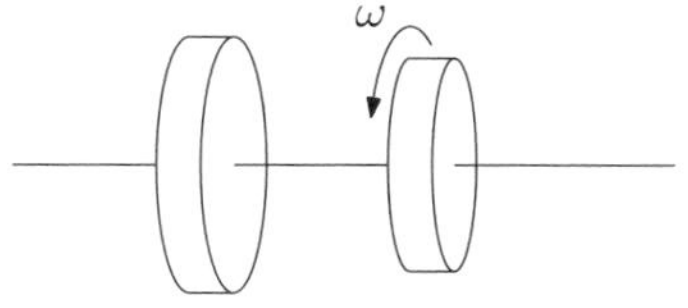


【問 39】 図のように，静止している質量 $M$，半径 $R$ の大円盤に，角速度 $\omega$ で回転している質量 $m$，半径 $r$ の小円盤が近づいて連結される．連結後の角速度 $\Omega$ を求めよ．また，連結の際に失われる運動エネルギー $\Delta K$ を求めよ．

〔答：$\Omega = \dfrac{mr^2\omega}{mr^2 + MR^2}$, $\Delta K = \dfrac{1}{4}\dfrac{mMr^2R^2\omega^2}{mr^2 + MR^2}$〕

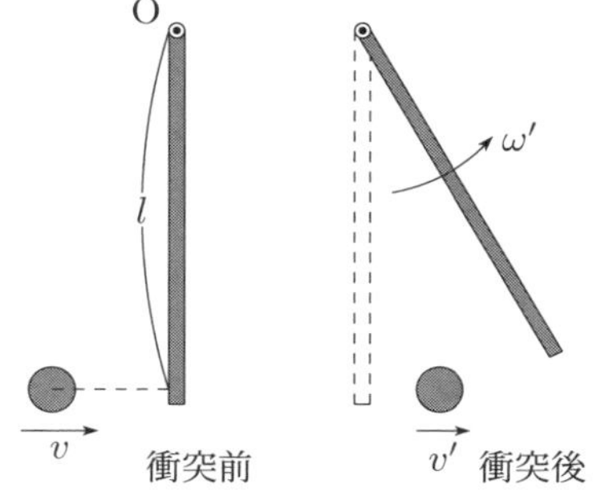


【問 40】 図のように，質量が $M$，長さが $l$ で密度が一様な棒が，端点を自由に回転できる支点 O で固定された状態で水平面上に置かれている．静止した棒の端に，質量 $m$ の球（質点とみなす）が，棒と垂直に速度 $v$ で衝突する．

(1) 衝突後の球の速度を $v'$，衝突後の棒の支点まわりの角速度を $\omega'$ とするときに，点 O まわりの角運動量保存則の式を立てよ．

(2) 衝突直後の，棒の打撃点での速度 $V'$ を，$l$ と $\omega'$ を用いて表せ．

(3) 問 (1) の答を $mv = mv' + M'V'$ のように書き換えるとき，$M'$ を $M, l$ を用いて表せ．

(4) 衝突が弾性的であると仮定して，$v', \omega'$ を求めよ．

〔答：(1)$mvl = mv'l + \dfrac{Ml^2}{3}\omega'$, (2)$V' = l\omega'$, (3)$M' = \dfrac{M}{3}$, (4)$v = \dfrac{(3m - M)v}{3m + M}$, $\omega = \dfrac{6mv}{(3m + M)l}$〕

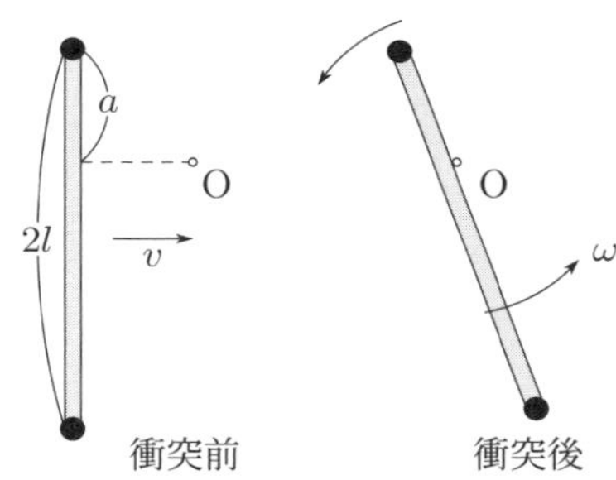


【問 41】 図のように，両端に質量 $m$ のおもりをつけた長さ $2l$ の軽い棒を，滑らかで水平な床の上に置いて，棒と垂直な向きに速度 $v$ で滑らし，棒の一端から $a(< l)$ の点を堅い支点 O に衝突させた直後，棒が O を中心として回転する．衝突直後の棒の O まわりの角速度 $\omega$ を求めよ．

〔答：$\omega = \dfrac{2(l - a)v}{a^2 + (2l - a)^2}$〕

【問 42】 前問において，棒は密度が一様で質量が $M$ の場合で考えよ．

〔答：$\omega = \dfrac{(M + 2m)(l - a)}{m(a^2 + (2l - a)^2) + M(l^2/3 + (l - a)^2)}$〕

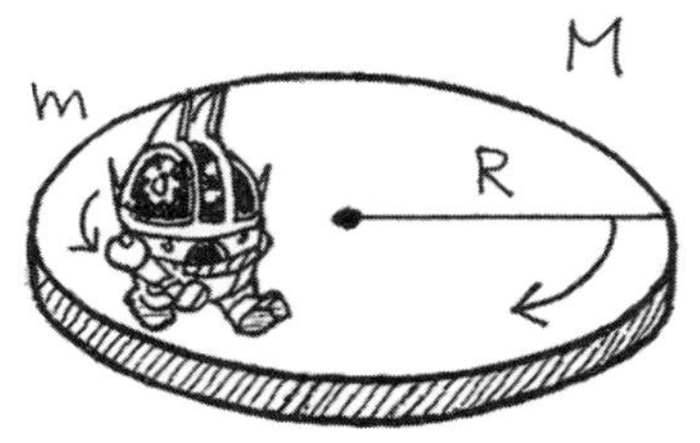


【問 43】 中心を通る鉛直な軸のまわりで滑らかに回転できる，密度が一様な質量 $M$，半径 $R$ の円盤の端に，質量 $m$ のロボットが停止している．そこからロボットを反時計回りに円盤の縁にそって一周させ，元の位置にまで戻ってこさせる．ロボットと円盤は同一平面内で回転しているとし，それぞれの時刻 $t$ における回転角を $\theta(t), \phi(t)$ で表す．

(1) ロボットの角速度を $\omega = \dfrac{\mathrm{d}\theta}{\mathrm{d}t}$，円盤の角速度を $\Omega = \dfrac{\mathrm{d}\phi}{\mathrm{d}t}$ とおく．このとき，角運動量保存則を用いて，$\omega$ と $\Omega$ の関係式を導け．

(2) 問 (1) の結果を積分して，$\theta$ と $\phi$ の関係式を導け．

(3) ロボットが円盤上の出発点に戻ったとき，円盤は中心軸から見て $\Phi$ だけ回転した．$\Phi$ を求めよ．

〔答：(1)$mR^2\omega + \dfrac{MR^2}{2}\Omega = 0$, (2)$m\theta + \dfrac{M}{2}\phi = 0$, (3)$\dfrac{4\pi m}{2m + M}$〕

# 第Ⅱ部

# 熱

# 第7章

# 熱と温度

## 7.1 熱と関わりの深い物理量

**熱と関わりの深い物理量と国際単位系 (SI)**

**■熱** 現実の世界では，力学的な操作[a]以外でも，物体の間でエネルギーのやりとりが起こり得る．このような形でやりとりされるエネルギーを**熱**という．よって熱の単位はエネルギーと同じ [J] となるが，水の比熱由来の単位 [cal] が使われることもある：換算は 1 cal = 4.184 J [b]である．

**■温度** 素朴には，温度は物体の熱さ・冷たさの度合いを表すものであるが，それは物体間での熱のやりとりによって表現される：2つの物体の間で熱の交換が行われなくなったとき，これらは**熱平衡**にあるという．熱平衡にある物体は等しい**温度**を持つという．温度を測る基準に用いる物体（温度計）が機能するのは**「基準となる物体と物体 A，物体 B が熱平衡であれば，物体 A と B も熱平衡である」**からである．これは**熱力学の第0法則**とよばれている．

**★ 温度の単位**

- ケルビン（K）…1K を水の三重点の温度の 1/273.16 と定める．0 K を絶対零度として，ケルビンを温度の SI 単位とする[c]．
- セルシウス温度 (°C)…大気圧中の水の凝固点を 0°C，沸点を 100°C とする．$T$ [K] $= T -$ 273.15 [°C].

**■物質量** 膨大な数の粒子の集合体を表す．1 mol の原子はアボガドロ定数 $N_{\mathrm{A}} = 6.02214076 \times 10^{23}$ だけの原子からなる[d]．**モル質量**は，1 mol あたりの質量で，単位は kg/mol であるが，化学の方では g/mol を用いることも多い．

**■圧力・体積の単位** 圧力は単位面積あたりに作用する力で，SI 単位系における圧力の単位は，パスカル（ $\mathrm{Pa} = \mathrm{N/m^2}$）となるが，化学や気象学ではほかの単位もよく使われる：

- 1 atm （1 気圧）= 1013.25 hPa = 760 Torr (水銀柱の高さ)
- 1 bar = 1000 hPa (1 mbar=1 hPa)

体積の SI 単位は $\mathrm{m^3}$（立方メートル） となるが， L（リットル）もよく用いられる．換算は $1\ \mathrm{L} = 1\ \mathrm{dm^3} = 1 \times 10^{-3}\ \mathrm{m^3}$.

[a] 外力による仕事や力学的エネルギーのやりとり．

[b] 現行計量法に基づく値．教科書 [1] では，1 cal = 4.18605 J となっているが，これは旧計量法によるものである．

[c] 2019 年 5 月 20 日に，ボルツマン定数を $k = 1.380649 \times 10^{-23}$ J/K と**定義**することで，設定されることになりました．

[d] 2019 年 5 月 20 日にこの定義になりました．旧定義では，「炭素 $^{12}\mathrm{C}$ 12 g 中に含まれる，炭素原子の数に等しい」としていましたが，これで，質量の定義に依存しない定義となりました．

**【例題】**「物体が熱を持つ」という言い方は，物理の用語としては正しくない理由を述べよ．また，この状態を表すふさわしい言い方を考えよ．

---

**《解答例》**

熱は，仕事ではない形で，温度の異なる**物体の間で移行するエネルギー**のことで，物体そのものが持っている量ではない．

正しい表現としては「温度が高い」，あるいは後に定義する状態量の **内部エネルギー** を用いて，「物体の単位質量あたりの内部エネルギーが大きい」のように表現すべき． ■

【問 1】 1 g の水を 1°C 上昇させるのに，およそ 1 cal の熱が必要であるという[*1]．300 g の水を 4°C 上昇させるのに必要なエネルギーは，およそ 何 J か答えよ．〔**答：**およそ 5 kJ〕

【問 2】 気圧計の読みが水銀柱で 760 mm となるのに必要な空気柱の高さはいくらか．ただし大気は一様な密度 1.2 kg/m$^3$ を持ち[*2]，水銀の密度は $13.53 \times 10^3$ kg/m$^3$ とする．〔**答：** 8.6 km〕

【問 3】 伝熱以外で，鉄の塊の温度を上昇させる方法をいくつか答えよ．

【問 4】 圧力の次元が，単位体積当たりのエネルギーの次元に等しいことを示せ．

**気体の状態方程式**

系の熱平衡状態を表す状態変数，温度 $T$, 体積 $V$, 圧力 $P$ は独立ではなく，系ごとに固有の関係式，**状態方程式**を満たす：

$$f(T, V, P) = 0. \tag{7.1}$$

**■理想気体の状態方程式**　希薄な気体では，$n$ を物質量とするとき

$$PV = nRT \tag{7.2}$$

がほぼ成立することが，実験的に確かめられている．この関係式を厳密に満たす気体を**理想気体**[a]，(7.2) を理想気体の状態方程式という．ここで $R = 8.314462$ J/(K · mol) は気体定数．

**■ファン・デル・ワールスの状態方程式**　密度の高い気体では，理想気体の状態方程式からのずれが大きくなる．そこで，気体分子自身の体積と分子間力の効果を理想気体の状態方程式に取り入れた**ファン・デル・ワールスの状態方程式**

$$\left(P + \frac{an^2}{V^2}\right)(V - nb) = nRT \quad (V > nb) \tag{7.3}$$

が，実在気体のよりよい近似となる．ここで $a, b$ は気体の種類による補正で，ファン・デル・ワールス定数という．

この状態方程式は，$T$ が大きいときは $P$ は $V$ に関して単調減少になるが，温度を下げていき，ある温度 $T_C$ を下回ると，体積が膨張しても圧力が下がらないという，非物理的な関係式を与えてしまう．この温度 $T_C$ を臨界温度，そのときの体積 $V_C$，圧力 $P_C$ を臨界体積，臨界圧力という．

[a] 完全気体ということもある

---

[*1] 厳密には，水の温度や圧力によって，必要な熱量は少し変化するが，ここでは一定として考えることにする．

[*2] 実際は，高度が高くなっていくにつれて大気の密度は低くなり，地上と同じ成分の大気のある高さは 100 km 程度となっている．

【例題】 100°C で 1.00 L の体積を占めるネオンがある．圧力を変えないで温度を 0°C に下げると，体積はいくらになるか．

《解答例》

ネオンを理想気体と考えると，状態方程式 $PV = nRT$ が成り立つ．圧力を変えないので $\dfrac{V}{T} = \dfrac{nR}{P}$ は一定である，よって

$$V' = \frac{T'}{T}V = \frac{(0+273)\ K}{(100+273)\ K}(1.00\ \mathrm{L}) = 0.7319\cdots = 0.732\ \mathrm{L}.$$

■

以下の問題では，理想気体として考えよ．

【問 5】 ヘリウム 2.0 mol を 10 L の容器にいれると，27°C での圧力はいくらか．〔答：$5.0 \times 10^5$ Pa〕

【問 6】 $9.50 \times 10^2$ hPa の圧力下で 5.00 L を占める酸素がある．また，同じ温度で大気圧中 (1.00 atm) のもとでの体積を求めよ．〔答：4.69 L〕

【問 7】 鋼鉄製のタンクに 27°C で 1200 kPa の二酸化炭素を封入し，タンク全体を 100°C まで加熱した．圧力を求めよ．〔答：$1.5 \times 10^3$ Pa〕

【問 8】 密度が $\rho$ [kg/m$^3$] の理想気体は

$$P = \rho R' T$$

を満たすことを示せ．ただし $R' = \dfrac{R}{M}$ で，$M$ [kg/mol] は，この気体の平均モル質量を表す．

【問 9】 27°C, 1 気圧での，乾燥大気の密度を求めよ．ただし乾燥大気の平均モル質量は 29 g/mol とする．〔答：1.2 kg/m$^3$〕

【問 10】 前問と同じ乾燥大気中で，半径 10 cm の球形ヘリウムガス風船に作用する合力を求めよ．ヘリウムの密度を $1.6 \times 10^{-1}$ kg/m$^3$, 重力加速度を 9.8 m/s$^2$ とし，風船そのものの質量は 2.0 g とする．
〔答：鉛直上向き $2.3 \times 10^{-2}$ N(2.4 gW)〕

【問 11】 大気中を上に行くと，その区間の分だけの空気の重さ分だけ圧力が低下するので，大気は高度が高いほど気圧や密度が低くなる．乾燥大気のモル質量を 29 g/mol として，高度 $z$ における大気圧 $P(z)$ を，以下の手順で求めよ．

(1) 高度 $z$ から $z + \Delta z$ 間にある大気の重量と，圧力差とのつり合いを用いて $\Delta P = -\rho g \Delta z$ を導け．ここに $\rho$ は高度 $z$ における空気の密度，$g$ は重力加速度を表す．

(2) 状態方程式と (1) の結果を組み合わせて，$P$ が従う微分方程式 $\dfrac{\mathrm{d}P}{\mathrm{d}z} = -\dfrac{29g}{1000RT}P$ を導け．

(3) $T$ が高度によらず一定であるという条件[*3]のもと，(2) の微分方程式を解いて，地上 ($z = 0$) での圧力を $P_0$ としたときの $P(z)$ を求めよ．〔答：$P(z) = P_0 e^{-\frac{29g}{1000RT}z}$〕

【問 12】 ファン・デル・ワールスの状態方程式に従う気体について，

(1) 温度が $T_c = \dfrac{8a}{27bR}$ に等しいとき，$P$-$V$ グラフは停留点をもち，それが $V_c = 3nb$, $P_c = \dfrac{a}{27b^2}$ であることを導け．

(2) $T \geq T_c$ であるとき，ファンデルワールス気体は異常でないこと，つまり $P$ は $V$ に関して単調減少であることを示せ．(hint: $P$ を $V, T$ の式として表したとき，$V$ に関して減少 $\Leftrightarrow \dfrac{\partial P}{\partial V} \leq 0$)

[*3] 実際には，温度は高度に依存しているので，この仮定は厳密にはあまり妥当ではない．

【問 13】 $CO_2$ をファン・デル・ワールス定数 $a = 3.66 \times 10^{-1}$ Pa · m$^3$ · mol$^{-2}$, $b = 4.28 \times 10^{-5}$ m$^3$ · mol$^{-1}$ であるような，ファン・デル・ワールスの状態方程式に従う気体として考えて，以下の問いに答えよ

(1) $n = 1$ mol，$T = 27$ °C，$V = 1$ L のときの圧力 $P$ [Pa] を求めよ．また $CO_2$ を理想気体と見なした場合との差を求めよ．

(2) 臨界温度 $T_c$，臨界圧力 $P_c$ を求めよ．また $CO_2$ の相図における臨界点の値と比較せよ．

〔答：(1) $P = 2.24 \times 10^6$ Pa, $2.54 \times 10^5$ Pa だけ理想気体よりも小,
(2)$T_c = 31.6$ °C, $P_c = 7.40 \times 10^6$ Pa $= 73.0$ atm〕

**温度による体積変化**

**■固体の熱膨張**　物体の温度が上昇すると，その体積は膨張する．圧力一定の環境下で温度が $T \to T + \Delta T$，長さが $L \to L + \Delta L$，体積が $V \to V + \Delta V$ と変化するとき，比例定数 $\alpha, \beta$ が存在して，

$$\frac{\Delta L}{L} = \alpha \Delta T \tag{7.4}$$

$$\frac{\Delta V}{V} = \beta \Delta T \tag{7.5}$$

が成り立つ．$\alpha$ を**線膨張率**，$\beta$ を**体積膨張率**という．

**■流体（気体・液体）の熱膨張**　流体は形状が容易に変わるので，圧力一定の環境下での体積膨張率のみを考える．特に理想気体であれば，状態方程式を用いることで

$$\beta = \frac{1}{T} \quad \text{（理想気体の膨張率）} \tag{7.6}$$

が得られる．ここで $T$ [K] は気体の温度である．

**【例題】** 20°C で，長さが 1.00 m のアルミニウム棒の，40°C における伸びを求めよ．

---

**《解答例》**

アルミニウムの線膨張率は，教科書 [1] によれば $2.31 \times 10^{-5}$ K$^{-1}$ なので
伸び $= \alpha L \Delta T = 2.31 \times 10^{-5} \times 1.00 \times (40 - 20) = 4.6 \times 10^{-4}$ m. ■

以下の問で，具体的な物質の線膨張率 $\alpha$ の値は教科書 [1] に掲載されているものを用い，温度依存性はないもの（$\alpha$ は定数）として答えよ．

【問 14】 線膨張率 $\alpha$ と体積膨張率 $\beta$ の間に，$\beta = 3\alpha$ が成り立つことを示せ．

【問 15】 理想気体の体積膨張率が (7.6)で与えられることを示せ．

【問 16】 冬場（0°C）25 m の鉄製のレールが，夏場（40°C）10 mm 伸びた．このレールの線膨張率を求めよ．〔答：$1.0 \times 10^{-5}$ K$^{-1}$〕

【問 17】 20°C で $5.0 \times 10^3$ L のガソリンが 30°C になると何 L になるか．ただしガソリンの体積膨張率は $1.4 \times 10^{-3}$ K$^{-1}$ とする．〔答：$5.07 \times 10^3$ L〕

【問 18】 鉄製のガソリンタンクの温度が 30°C 上昇すると，その容積は何%増加するか．また，前問におけるガソリンと同じものを 15°C でタンクに入れるとき，45°C で溢れないようにするためには，タンクの容量の何%までにしないといけないだろうか．〔答：0.11 %増加，96 %〕

【問 19】 20°C で，内径 5.00 cm のアルミ製の円環に，直径 5.05 cm の丸棒を挿入して接合したい．円環の温度を何度にすればよいだろうか．〔答：453°C〕

【問 20】 水銀温度計は右図のように，ガラス管の中に水銀が封入されている構造になっている．管の断面積が $A$，水銀球の体積が $V$ の温度計について，温度変化が $\Delta T$ のときの水銀柱の高さの変化 $\Delta h$ を求めよ．ただし，ガラスの膨張は無視してよい．また管の直径が 0.040 mm，水銀球の直径が 2.5 mm であるとき，1°C あたりの目盛りの幅は何 mm にすればよいか．水銀の体積膨張率を $\beta = 1.82 \times 10^{-4}\ \mathrm{K}^{-1}$ として答えよ．〔答：$\Delta h = \dfrac{\beta V}{A}\Delta T$, 1.2 mm〕

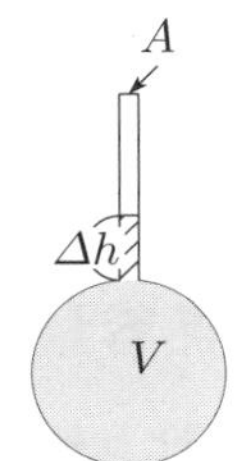


**相**

相とは，化学組成及び物理的状態が，系内の任意の領域内で一様であることをいう．例えば水は，温度によって，固体の氷，液体の水，気体の水蒸気という 3 種類の相が存在する．物質ごとに，温度 $T$，圧力 $P$ において安定となる相があり[a]，それを図にしたものを**相図**という．相図において，異なる相の境界は，それぞれの相が共存できるような $(T, P)$ を表し，気相と液相，液相と固相，気相と固相の境界は，それぞれ**蒸気圧曲線**，**融解曲線**，**昇華曲線**と呼ばれる．状態変化でこれらの曲線を横切るとき，不連続な相の変化が生じる．これを**相転移**という．

**■沸点・融点（凝固点）** $P = P_0$ の直線と蒸気圧曲線，融解曲線が交わる温度は，圧力 $P_0$ の環境下で液相⇔気相，固相⇔液相となる温度で，それぞれ圧力 $P_0$ における**沸点**，**融点（凝固点）**と呼ばれる．何のことわりもない場合は，大気圧 $P_0 = 1$ atm のときを，沸点，融点とする．

[a] $(T, P)$ によって，必ずしも相が確定するわけではない．例えば水をゆっくりと冷却することで，1 atm で 0 °C を下回る**過冷却水**を作ることが可能である．ただし，これは不安定な状態で，少しの衝撃を与えるだけで一気に凍ってしまう．

【問 21】 $CO_2$ の相図を参考にして，1 atm においては，ドライアイス（固相の $CO_2$）の温度が上昇するとき，液化しないで直接気体になることを確かめよ．また，温度上昇にともなって個体・液体・気体と相転移するための，圧力が満たす条件を求めよ．〔答：$5.11 < P < 73.0$ [atm]〕

【問 22】 圧力が上昇すると，水の融点はどのように変化するか．$H_2O$ の相図を参考にして答えよ．また，ドライアイスの場合はどうなるだろうか．〔答：水の融点は下がる．ドライアイスの融点は上昇する．〕

【問 23】 フリーズドライや，冷凍室の食品が乾燥してしまう現象（冷凍焼け）を，水の相変化に着目して説明せよ．

【問 24】 1 atm，90 °C の水を，相転移させずに 1 atm, 110 °C の水蒸気にすることは可能か？

【問 25】 ある物質の，気相と液相が共存する温度，圧力において，密度が $\rho$ [kg/m$^3$] であるとき，含まれる気体の質量比 $x$ を求めよ．ただし，飽和液体の比体積[*4]が $v_{\mathrm{L}}$ [m$^3$/kg]，飽和気体の比体積が $v_{\mathrm{G}}$ [m$^3$/kg] とする．〔答：$x = \dfrac{\rho^{-1} - v_{\mathrm{L}}}{v_{\mathrm{G}} - v_{\mathrm{L}}}$〕

【問 26】 1 気圧 100 °C における，飽和水と飽和水蒸気の比体積は，それぞれ $1.04 \times 10^{-3}$ m$^3$/kg, 1.67 m$^3$/kg である．1.00 L の質量が 1.00 g であるような湿り水蒸気（液体の水と水蒸気の混合物）の，水蒸気の質量の割合[*5]を求めよ．〔答：60 %〕

【問 27】 温度 $t$ [°C], における水の蒸気圧 $P$ [atm] の近似式として，$\log_{10} P = 5.19049 - \dfrac{1730.63}{233.426 + t}$ が知られている．10 atm の環境下では，1 atm に比べて沸点はどのように変化するか．〔答：80 °C 上昇する〕

【問 28】 スプレー缶内のガスの圧力はおよそ 6〜7 気圧であるが，中身が減っても一定の圧力を維持するため

[*4] 比体積…単位質量あたりの体積．密度の逆数．

[*5] 乾き度と呼ばれる．

に，この圧力で気化するプロパンガスのような物質が液化された状態で封入されている．通常このガスとしては，やや危険性の高い可燃性の物質が用いられるのであるが，その理由を述べよ．

## 7.2 熱容量と潜熱（導入）

**熱容量と比熱（導入）**

物体に熱を与える（奪う）か仕事をすれば，その温度を変化させることができる．しかし，物体によって暖まり方に違いがあること，つまり与える熱・仕事に対して，温度の増加（減少）量は物体によって異なる．

**■熱容量と比熱（比熱容量）** 系の温度を 1 K 上昇させるために必要なエネルギーを**熱容量**（単位は J/K）といい，単位質量あたりの熱容量を**比熱**（単位は J/(g·K)），単位物質量あたりの熱容量を**モル熱容量（モル比熱）**（単位は J/(mol·K)）という．

固体・液体の熱容量・比熱の測定は，通常定圧環境下において行われるので，特にことわりが無ければ**定圧熱容量**を表している[a]．厳密には，熱容量は系の温度 $T$ によっても異なるので，表などを参照するときは温度にも注意すること．

以上より，定圧環境下で温度 $T$ の系に熱・仕事 $Q$ を与え[b]，系の温度が $\varDelta T$ だけ変化するとき，

$$Q = C\varDelta T \tag{7.7}$$

が成り立つ，ここで $C$ は温度 $T$ における系の熱容量を表す．

[a] 固体は体積変化が小さいので，定積熱容量とほとんど差が生じない．詳しくは 8.2.2 節 熱容量と比熱（熱力学的定式化）を参照．

[b] 系に与えた熱と仕事の和を $Q$ で表記している．熱のみを表しているわけではないことに注意．

**【例題】** 大気圧中で水の比熱は，（厳密には温度によって変化するが）およそ一定で $c_P = 4.19\ \mathrm{J/(K\cdot g)}$ である．大気圧中で $m = 200$ g の水を，10°C から 40°C に上昇させるために必要なエネルギーを求めよ．

**《解答例》**

比熱が一定なので，温度変化 $\Delta T$ と，投入するエネルギー $Q$ との関係は，

$$Q = mc_p\Delta T$$

となる．$m = 200$, $c_P = 4.19$, $\Delta T = 30$ を代入して

$$Q = 25140 = 2.5 \times 10^1\ \mathrm{kJ}.$$

■

以下では，教科書 [1] に掲載されている比熱の値を用いて計算せよ．比熱は温度によらず一定としてよい．

【問 29】 10°C であった鉄の塊 1.0 kg を，25°C に保たれた部屋にしばらく放置しておくと，部屋と同じ温度になった．鉄の塊に流入した熱 $Q$ を求めよ．〔**答：**$Q = 6.6$ kJ〕

【問 30】 質量 2.0 g, 速度 200 m/s の銅製の弾丸が，壁に打ち込まれて静止した．弾丸の温度変化 $\varDelta T$ の上限を求めよ．〔**答：**$\varDelta T \leq 53$ K〕

【問 31】 水 1.0 kg を入れた 出力 1.0 kW の電気ポットに 100 s だけ通電したとする．水の温度変化を求めよ．ただし水の定圧モル比熱を 75 J/(K·mol)，モル質量を 18 g/mol とする．〔**答：**24 K〕

【問 32】 ある金属の塊 100 g を，250°C まで加熱し，25°C の水 1 kg の中に投入してしばらく経つと 26.4°C になって平衡した．この金属の比熱はいくらぐらいか．〔答：0.262 J/(g · K)〕

**潜熱（導入）**

**■潜熱** 1 気圧の大気中で水を温める際，100°C になった液体の水は，エネルギーを与えていても，それらがすべて水蒸気に変わるまで，温度が上昇しない．

このように，一定の圧力下，相転移温度において，相転移する際に必要なエネルギーを**潜熱**[a]という．特に，液相から気相へ変わるときの潜熱は蒸発熱（気化熱），固相から液相に変わるときの潜熱は融解熱とよばれる．

潜熱は単位質量，あるいは単位質量数ごとのエネルギーとして与えられ，相転移圧力・温度ごとに異なる値を持つ．

[a] 物質に与えた熱が，温度を変化させずに「潜んでしまう」という見方で，このような言い方をする

以下では，1 atm における水の融解熱を $3.33 \times 10^5$ J/kg, 水の蒸発熱を $2.26 \times 10^6$ J/kg とせよ．

【問 33】 100 °C の水よりも，100 °C の水蒸気に手を触れたときの方がひどいやけどになりやすい．その理由を述べよ．

【問 34】 1 atm の環境下で，0 °C の水 200 g をすべて氷にするには，どれだけのエネルギーを奪えばよいか．〔答：$6.66 \times 10^4$ J〕

【問 35】 30 °C, 200 g の水に，0 °C, 50 g の氷をいれた．外に熱が逃げないものとして，熱平衡での温度を求めよ．〔答：8.1 °C〕

【問 36】 90 °C の水を加熱して，110 °C の水蒸気を作る．水 1 g あたりに必要なエネルギーを求めよ．〔答：2.3 kJ〕

【問 37】 蒸気ヒーターは，高温の水蒸気を熱交換器に通すことで，周囲の空気や水を温める装置である．ある蒸機ヒーターは大気圧 1 atm 中で，120°C の水蒸気を，熱交換器で 90°C に復水して，循環させる．毎秒 10 g の水が熱交換器を通過するとき，1 秒あたりの放熱量 $H$ [W] を求めよ．〔答：$H = 23$ kW〕

## 7.3 熱の移動

**熱伝導**

物質の移動を伴わずに，接触している高温物質から低温物質へ熱が伝わる現象のこと．

**■フーリエの法則** 温度が $T_1$，$T_2$ の物体が，長さ $L$，断面積 $A$ の一様な棒で連結されているとき，この棒を通じた伝熱量，つまり単位時間あたりに伝わる熱の量は

$$H = k\frac{A}{L}(T_2 - T_1) \qquad \text{[W]}$$

で与えられる．$k$ [W/(m · K)] を棒の**熱伝導率**という．これを棒が一様でない場合に一般化すると，単位断面積あたりの熱の流れは

$$J = -k\frac{\mathrm{d}T}{\mathrm{d}x} \qquad [\mathrm{W/m^2}]$$

で与えられる．

**【例題】** 面積 $A = 1.0\ \mathrm{m}^2$, 厚み $L = 10\ \mathrm{mm}$ が同一の，アルミニウム板と銅板を貼り合わせた合板の，単位温度差あたりの伝熱量を求めよ．

---

**《解答例》**

合板の両面の温度を $T_H, T_L\ (T_H > T_L)$，貼り合わせた間の面（アルミ板と銅板が接する面）の温度を $T_c$ とおく．熱の流れ $H$ はアルミ板，銅板のどちらでも等しく，アルミニウムと銅の熱伝導率 $k_1 = 236$, $k_2 = 403$ を用いると，

$$H = k_1 \frac{A}{L}(T_H - T_c) = k_2 \frac{A}{L}(T_c - T_L)$$

と表せる．これから $T_c$ を求めると $T_c = \dfrac{k_1 T_H + k_2 T_L}{k_1 + k_2}$．これより

$$H = k_1 \frac{A}{L}(T_H - T_c) = \frac{k_1 k_2}{k_1 + k_2} \frac{A}{L}(T_H - T_L).$$

よって，単位温度差あたりでの合板の伝熱量は，

$$\frac{k_1 k_2}{k_1 + k_2} \frac{A}{L} = 1.5 \times 10^4\ \mathrm{W/K}.$$

■

【問 38】 室温 20°C の部屋に，金属製のドアノブがついた木製の扉がある．ドアノブに触れたときの方が，木の部分に触れたときに比べて冷たく感じる理由を，フーリエの法則を用いて定性的に説明せよ．

【問 39】 厚み 15 mm，熱伝導率 1.5 W/(m · K) の平板壁があり，その内外の温度差は 20°C である．この板を通して流れる単位面積あたりの伝熱量 $H$ [W/m$^2$] を求めよ．〔**答**：$2.0 \times 10^3$ W/m$^2$〕

【問 40】 外気温が 5.0 °C の環境下で，厚みが 40 mm，熱伝導率が 0.58 W/(m · K) であるコンクリート壁で囲われた部屋内の気温を 25 °C に保つための暖房能力 $P$ [W] を求めよ．ただし，壁の総面積は 28 m$^2$ とする．〔**答**：$P = 8.1$ kW〕

【問 41】 厚みが 3.0 mm のガラス 2 枚の間に 6.0 mm の空気層を持つ面積が 1.2 m$^2$ の 3 層構造ペアガラスがある．ガラス両面の温度を 38°C, 28°C とするとき，このペアガラスを通じた伝熱量 $H$ [W] を求めよ．ただし，ガラスと空気の熱伝導率をそれぞれ 0.55 W/(m · K), 0.024 W/(m · K) とする．〔**答**：46 W〕

【問 42】 ガラス窓にカーテンをつけると，断熱の効果があって伝熱量がもとの 30 %になったという．同じカーテンを半分だけ閉めたときの伝熱量は，カーテンをしないときの何%になっているだろうか．〔**答**：65 %〕

【問 43】 フーリエの法則において $R_{\mathrm{th}} = \dfrac{L}{kA}$ とおいたものを熱伝導体の**熱抵抗**という．（これにより，フーリエの法則は $T_2 - T_1 = R_{\mathrm{th}} H$ *6とかける．）$n$ 個の熱伝導体が熱伝導の向きに一列で並べて接合されているとき，$R_{\mathrm{th}}$ は，$n$ 個の熱伝導体の熱抵抗の和に一致することを示せ．

【問 44】 板材の熱貫流率 $\lambda$ とは，単位面積あたりの熱伝導性を表すもので，板が一様な熱伝導率 $k$，厚み $L$ であれば，$\lambda = \dfrac{k}{L}$ となる．標準的な木造家屋の外壁材は，12 mm の木製合板，100 mm の断熱材，12 mm の石こうボードの三層構造で，それぞれの熱伝導率は 0.16, 0.045, 0.22 W/(m · K) である．この外壁材の熱貫流率 $\lambda$ を求めよ．また【問 41】のペアガラスの熱貫流率も求め，これらを比較してみよ．
〔**答**：0.43 W/(m$^2$ · K)，ペアガラスは 3.8 W/(m$^2$ · K) なので，ペアガラスは約 9 倍熱を通しやすい．〕

---

*6 $R_{\mathrm{th}}$ を電気抵抗 $R$，$H$ を電流 $I$, $T_2 - T_1$ を $R$ の両端の電位差 $V$ と対応させれば，フーリエの法則は，オームの法則のアナロジーと見れる．

**熱放射（輻射）**

高温の（=絶対零度でない）物体から放出される電磁波（可視光・赤外線・紫外線等）によって，熱が伝わる現象のこと．放出される電磁波のエネルギーは，物体の温度 $T$ と，波長 $\lambda$(または振動数 $\nu$) に依存する．

**■プランクの法則**　黒体[a]から放射される電磁波の分光放射輝度 $I$ [W/m$^3$] は，波長 $\lambda$ [m] と温度 $T$ [K] の関数として

$$I(\lambda, T) = \frac{2\pi hc^2}{\lambda^5}\frac{1}{e^{hc/\lambda kT} - 1} \tag{7.8}$$

で与えられる．ここで $h = 6.62607015 \times 10^{-34}$ J・s はプランク定数，$c = 2.99792458 \times 10^8$ m/s は真空中の光速度，$k = 1.380649 \times 10^{-23}$ J/K はボルツマン定数である[b]．

**■ウィーンの変位則**　温度 $T$ の黒体から放射される電磁波の強度が最大になる波長 $\lambda_{\max}$ [m] は

$$\lambda_{\max} T \fallingdotseq 2.9 \times 10^{-3}\ \mathrm{m \cdot K} \tag{7.9}$$

を満たす．

**■シュテファン・ボルツマンの法則**　温度 $T$ の黒体から放射される，単位面積あたりを透過する電磁場の仕事率 $W(T)$ [W/m$^2$] は，$T^4$ に比例する：

$$W(T) = \int_0^\infty I(\lambda, T)\mathrm{d}\lambda = \sigma T^4.$$

ここで $\sigma = \dfrac{2\pi^5 k^4}{15c^2h^3} \fallingdotseq 5.67 \times 10^{-8}\ \mathrm{W/(m^2 \cdot K^4)}$.

もし黒体が温度 $T_0$ の環境に置かれているときは，環境から放射エネルギーを得ることになるので，

$$W_{\mathrm{net}} = \sigma(T^4 - T_0^4)$$

のエネルギーを放出する．黒体でない一般の物体の場合は，放射強度がこれより少なくなり，物体表面の性質を反映した**放射率** $e$ $(0 \le e \le 1)$ を，これに乗ずることで得られる．黒体の放射率は $e = 1$ である．

---

[a] 入射する電磁波をすべて吸収する物体．つまり外部から来る電磁場を反射しないので，黒体からの放射はその物体のみに由来することになる，

[b] $c$, $h$, $k$ の値はいずれも**定義値**であり，厳密値である．

**【例題】**　ある恒星の発する光のスペクトル分析をしたところ，最もエネルギーの大きい波長は $\lambda_{\max} = 4.3 \times 10^{-7}$ m であった．この恒星の表面温度を見積もれ．

---

**《解答例》**

ウィーンの変位則に，理想的に従っていると仮定すれば，

$$T = \frac{2.9 \times 10^{-3}}{4.3 \times 10^{-7}} = 6.7 \times 10^3\ \mathrm{K}.$$

（注：$4.3 \times 10^{-7}$ m は青色の波長であるが，この恒星が青色に見えるわけではない．実際の光としては，他の様々な波長の光も合成されている．）　■

【問 45】　鉄溶鉱炉内にある，溶融している鉄を，小さな覗き穴を通して放射光のスペクトルを分析したところ，波長 1.6 $\mu$m のところにピークが存在した．この溶融鉄の温度は何度か．〔**答**：$1.8 \times 10^3$ K〕

【問 46】 白熱電灯は，タングステンフィラメントが $T = 2000$ K で発熱することにより発光している．ウイーンの変位則を利用して，白熱電灯の光の最も強度の高い波長を求めよ．またこの波長の光は何色といえるか？〔答：$\lambda_{\max} = 1.5\ \mu$m〕

**【例題】** 地球を平均表面温度を 288 K の黒体として，熱放射として地球表面全体から放出されるエネルギーを求めよ．

---

**《解答例》**

シュテファン・ボルツマンの法則より，

$$W = \sigma T^4 = 5.67 \times 10^{-8} \times 288^4 = 390.079\ \mathrm{W/m^2}.$$

地球を半径 $R_E = 6.37 \times 10^6$ m の球体として，この表面積を乗ずればよい：

$$390.079 \times 4\pi R_E^2 = 1.99 \times 10^{17}\ \mathrm{W}.$$

■

【問 47】 地球大気表面[*7]における，太陽エネルギーの単位面積当たりの仕事率（太陽定数）は，およそ 1.37 kW/m$^2$ である．これとシュテファン・ボルツマンの法則を用いて，太陽表面の温度を概算せよ．ただし，太陽の半径を $R_\mathrm{S} = 6.96 \times 10^8$ m，太陽から地球までの距離を $d = 1.50 \times 10^{11}$ m とする．〔答：$5.80 \times 10^3$ K〕

【問 48】 シュテファン・ボルツマンの法則を用いて，気温 20°C の部屋にいる人間が，単位時間あたり放射するエネルギーを求めよ．ただし，人間の体温は 37°C, 体の表面積を 1.8 m$^2$ と仮定し，皮膚・衣服等の影響による放射率を $e = 0.8$ として答えよ．〔答：152 W〕[*8]

【問 49】 日本の地上付近では，昼間の太陽の放射エネルギーはおよそ 530 W/m$^2$ 程度であるという．屋根に取り付けられた 30 m$^2$ の太陽光発電パネルのエネルギー変換効率が 17 %であるとして，発電量を求めよ．〔答：2.7 kW〕

【問 50】 赤外線カメラは，暗いところでも人の姿をとらえることができる．この原理を考えよ．

【問 51】 プランクの法則 (7.8) を用いて，ウィーンの変位則 (7.9) を示せ．ここで方程式 $e^{1/x}(1-5x)+5x = 0$ の解が $x \fallingdotseq 0.201405$ であることを利用してよい．（Hint: $T$ を固定し，$\lambda$ の関数として最大値を考えよ）

【問 52】 プランクの法則から，シュテファン・ボルツマンの法則を導け．積分公式 $\displaystyle\int_0^\infty \frac{x^3}{e^x - 1}\mathrm{d}x = \frac{\pi^4}{15}$ を用いてよい．

---

*7 地球外での表面ということであり，人工衛星によって観測されている．ちなみに地上付近まで到達するエネルギーは，大気による散乱や反射などされてこれより少ない．

*8 この放射熱以外に，空気への熱伝導や水分の蒸発に伴う熱があるので，実際にはもっと多くのエネルギーを失っている．

# 第8章

# 熱力学

## 8.1 熱平衡状態と状態変化

**熱平衡状態と外界の間での，仕事・熱・物質のやりとり**

外界とのエネルギー及び物質のやりとりがない系を，**孤立系**という．孤立系は，十分時間がたてばある状態に落ち着いて，その後変化が無くなる．この状態を**熱平衡状態**という（誤解のないときは単に**状態**ともいう）．

熱平衡状態にある系に様々な操作（例えば流体の入っている入れ物の容積を変化させる，系の外にある別の物体に接触させる，別の流体と混ぜ合わせるなど）をすることで，系の**状態を変化**させることができる．

| | やりとりされるもの | | |
|---|---|---|---|
| | 仕事 | 熱 | 物質 |
| 孤立系 | なし | なし | なし |
| 断熱系 | ○ | なし | なし |
| 閉じた系 | ○ | ○ | なし |
| 開いた系 | ○ | ○ | ○ |

操作の際には，外界と仕事や熱を介したエネルギーのやりとりや，物質の出入りが行われる．系に対し，仕事によるエネルギーのやりとりのみが行われる場合は**断熱系**，仕事および熱エネルギーのやりとりのみが行われる場合は**閉じた系**，加えて物質の出入りも行われる場合は**開いた系**という．

★ **熱力学における仕事について：** ここでいう仕事には，体積の変化をともなって圧力がする仕事だけでなく，そうでない仕事（攪拌，摩擦，電力によるジュール熱など）も含まれる．

【問 1】 以下のそれぞれの方法で，下線部で示した系に流入・流出させるエネルギーの形態を，(A) 熱，(B) 体積変化に伴って外圧のする仕事，(C) 体積変化によらない仕事，に分類せよ．

① 空気の入った風船を手で押さえて圧縮する．
② 冷えていない水の入ったペットボトルを冷蔵庫に入れる．
③ コップに入ったコーヒーを，スプーンでかき混ぜる．
④ 電熱線（ニクロム線）に電流を流す．
⑤ ハンマーを使って釘を木に打ち込む．
⑥ 黒い色紙を日光にさらす．
⑦ 電気ケトルに通電して，中の水を沸騰させる．

【問 2】 以下の系（下線部）を，(a) 開いた系，(b) 閉じた系，(c) 断熱系，(d) 孤立系，のいずれかであるかを，それぞれ理由をつけて分類せよ．

① 気密性の高いピストン付きシリンダー内の空気．
② ふたのされていないフラスコの中に入っている，塩酸とそれに銅を投入したもの．
③ フラスコに，空気と塩酸と水酸化ナトリウムを投入して栓をする．
④ 木でできた的に命中する，鉛の弾丸．ただし弾丸は欠けることがないとする．
⑤ 静置された魔法瓶の中に入っている，氷水．魔法瓶への熱伝導はないとする．
⑥ マグネティックスターラーで攪拌されている，断熱密閉容器内の水酸化ナトリウム溶液．

【問 3】 以下の下線部で示される系の状態変化 ①～⑦は，実行可能である．これらの変化について，外界とやりとりされているもの（仕事，熱，物質）をそれぞれ理由を付けて，可能な限りあげよ．

① 容器の容積をピストンなどで変化させることで，封入してある気体の体積を変化させる．
② 断熱容器に封入している流体を攪拌することで，体積や物質量を変えずに，温度だけを上昇させる．
③ 電源につないで電気ポット内の水を加熱する．
④ ガラス瓶に封入されている気体を，湯せんして温度を上昇させる．
⑤ スプレー缶に入っているガスの一部を放出する．
⑥ やかんに入っている熱湯に，冷たい水を混ぜて，温度を下げる．
⑦ 銅に電流を流すことで，その温度を上昇させる．

【問 4】 以下のそれぞれの方法で，下線部で示した系にした仕事 $W$ をそれぞれ求めよ．

(1) 空気を入れ，出口をふさいだ注射器のピストンを，一定の力 3.0 N で，2.0 cm だけ押し込んだ．
(2) あるニクロム線の抵抗値は $R = 2.5\ \Omega$ で，この両端に 6.0 V の電圧を，10 分間加えた．

〔答：(1)$W = 6.0 \times 10^{-2}$ J, (2)$W = 8.6$ kJ〕

**状態量**

系が取る熱平衡状態に応じて定まる物理量を**状態量**[a]という．熱平衡状態にある系に仕切りを入れて分割すると，熱平衡状態を保ったまま，量は異なる系ができあがる．分割の前後で変化しない状態量（温度や圧力など）を**示強性**の量，分割に比例して変化する状態量（体積や質量，内部エネルギーなど）を**示量性**の量という．

いくつかの状態量の組み合わせ，例えば温度 $T$, 体積 $V$, 物質量 $n$ で，熱力学状態を $(T, V, n)$ [b]のように一意的に表すことできる．このとき，他の状態量は $(T, V, n)$ の関数として表すことができて，この意味で $(T, V, n)$ を独立な状態変数，そのほかの状態量を状態関数と呼ぶことがある．

[a] 例として，温度，体積，圧力，内部エネルギー，エントロピーなどがある．
[b] $(V, P, n)$，$(T, P, n)$，$(S, V, n)$ など，圧力 $P$ や エントロピー $S$ を用いて状態変数とすることも多い．また，物質量の変化がないとき $n$ をしばしば省略する．

【問 5】 以下の量を，示量性量と示強性量に分類せよ．
温度，体積，圧力，熱容量，密度，質量，内部エネルギー，濃度，物質量

【問 6】 仕事の定義に基づいて，仕事は状態量ではないことを示せ．

【問 7】 温度が示強性状態量であることを説明せよ．

【問 8】 圧力が示強性状態量であることを説明せよ．

【問 9】 示量性状態量 $A, B$，示強性状態量 $a$ があるとき，$c = \dfrac{A}{B}$ は示強性，$D = \dfrac{A}{a}$ は示量性であることを示せ．

【問 10】 系の温度が $T$ で一定のときに，体積 $V$ と圧力 $P$ の間で成り立つ関係のグラフを，温度 $T$ の**等温線**という．温度の異なる 2 本の等温線は，決して交わらないことを示せ．

### 状態変化，準静的過程

**■状態変化・過程**　状態 A の系に対し，外界とさまざまなやりとり（系に対する**操作**という）をさせた後，十分に時間をおけば，系は別の状態 B に変化する．系になにかしらの操作を行って状態を A から B に変えることを**状態変化** $\mathrm{A} \to \mathrm{B}$ という．

A から B に変化する途中で，系は熱平衡状態になっているとは限らない[a]．もし，この変化の途中でいったん操作を止めて熱平衡状態 $\mathrm{A}_1$ になるのを待ち，その後操作を再開・中断を繰り返すことで，状態変化の列 $\mathrm{A} \to \mathrm{A}_1 \to \cdots \to \mathrm{A}_n \to \mathrm{B}$ が得られる．このように途中経過の様子もあわせて考えた状態変化を**過程**という．

始状態と終状態が等しい過程を特に**サイクル（循環過程）**と呼ぶ．

**★ 基本となる状態変化の要請：** 以下の状態変化は可能とする．

- **示量変数（体積・物質量）の変化：**任意の状態の系に対し，体積や物質量を任意の値に変化させることができる[b]．
- **温度だけを上げる断熱変化：**任意の状態の断熱系に対し，外界から系に**正の仕事**をすることで，体積，物質量をもとのまま[c]にして，温度のみ上昇させる変化が可能である．[d]
- **熱源との接触による温度変化：**任意の状態の系に，温度 $T$ の熱源を接触させることによって，体積，物質量をそのままにして，系の温度を $T$ にすることができる[e]．

**■準静的過程**　状態変化 $\mathrm{A} \to \mathrm{B}$ の途中で常に熱平衡状態が保たれているとき，$\mathrm{A} \to \mathrm{B}$ は**準静的過程**と呼ばれる．準静的過程は，A と B の間が常に熱平衡状態なので，状態空間内では A と B をつなぐ曲線として表すことができる．

準静的過程の実現のためには，系を微小に変化させる操作の度に熱平衡状態になるのを待ち，これを連続的に繰り返す必要があるから，系への操作は**ゆっくり**[f]行うことになる．

準静的過程の途中は常に熱平衡状態なので，元の操作と逆の操作ができれば[g]，系は元の状態変化と全く逆の過程で変化をする．つまり，準静的過程 $\mathrm{A} \to \mathrm{B}$ に対して，外界からの作用の仕方を逆向きにすることで逆向きの準静的過程 $\mathrm{B} \to \mathrm{A}$ を行うことができる[h]．逆の過程で，系が外界から得る熱 $Q$ と仕事 $W$ は，もとの過程と逆負号になる．

---

[a] つまり変化の途中では，体積，温度，圧力などが定まっていない．

[b] ピストンで容積を変える，同じ状態の物質を加える・除くなどする．

[c] 変化の始めと最後で同じであるという意味．常に一定に保つという意味ではない．

[d] 流体の攪拌による温度上昇（ジュールの実験）や摩擦による温度上昇等が根拠である．逆の「温度だけを下げる断熱変化」は不可能であることが，熱力学の第二法則から導かれる．

[e] この変化の際，外界と（熱＋仕事）のやりとりが行われるが，熱と仕事の割合は過程に依存する．

[f] どのような過程を実現するかでかなり違う，気体の断熱変化であれば，音速より少し小さい速さの変化でほぼ達成されるが，等温準静的過程では，外界から熱を取り入れながら系を一定の温度に保つように変化させなければならず、熱伝導の速さも関係するので，一般には相当の時間がかかることになる

[g] 示量変数である体積や物質量の変化は，任意の向きに操作できる．

[h] この意味で，準静的過程を可逆過程と呼んでいるテキストもある．

【問 11】　図のような滑らかに動くピストンのついたシリンダに気体を封入し，気体が膨張しないように圧力 $P_0$ でピストンを押さえつけて，熱平衡状態となっている．このピストンを押し込んで，気体を圧縮させる変化は準静的とみなしてよいか？

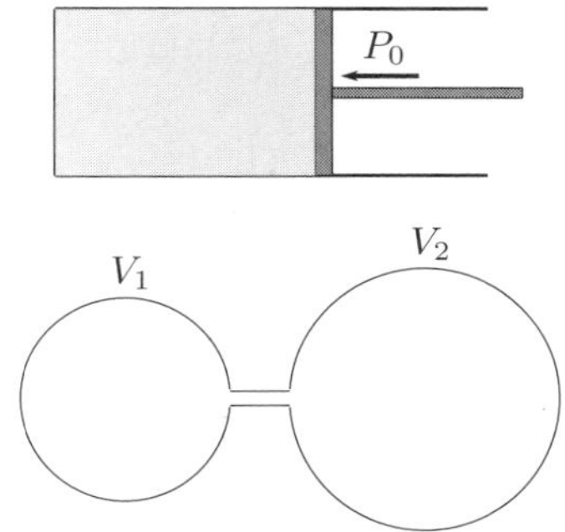


【問 12】　図のようにコックでつながれた，容積が $V_1, V_2$ である 2 つの断熱容器があり，栓を閉じた状態で，それぞれの容器に同種類の理想気体が，圧力が $P_1, P_2$ $(P_1 > P_2)$ で封入されている．栓を少し開いて，容器 1 から 2 へとゆっくり気体を流すとき，それぞれの容器内の気体の変化は，準静的とみなしてよいか？

**等温変化，等圧変化に関する注意**

実用上，一定の温度 $T_{\mathrm{ex}}$，圧力 $P_{\mathrm{ex}}$ である外界と平衡状態にある系に，何らかの操作を行ったのち再び外界と平衡状態になるような状態変化 A → B を考えることが有用である．

このような状態変化では，状態 A と B で温度や圧力は $T_{\mathrm{ex}}$，$P_{\mathrm{ex}}$ に一致しているので，「等温変化」「等圧変化」と呼べるが，変化の途中における系の温度や圧力が $T_{\mathrm{ex}}$，$P_{\mathrm{ex}}$ でない[a]こともあるので，以下のような用語を用いて区別することにする：
状態変化 A → B が，

- **等温環境下の変化** … 系が接触する外界の温度が常に一定 $T_{\mathrm{ex}}$ で，状態 A, B の温度が $T_{\mathrm{ex}}$ に等しい．
- **等圧環境下の変化** … 系の境界における外界の圧力が一定 $P_{\mathrm{ex}}$ で．状態 A, B の圧力が $P_{\mathrm{ex}}$ に等しい．

もし状態変化が準静的過程で，温度あるいは圧力が常に一定の場合は，それぞれ等温準静的変化，等圧準静的変化などとよぶことにする．

[a] 変化の途中では熱平衡状態でない可能性もあり，そのときは状態量が定まらないことになる．

**【例題】** 気体に対し，断熱準静的過程，等温準静的過程を実現する方法を考えよ．

---

《解答例》
・ピストン付きの断熱容器に気体を封入し，ピストンをゆっくり操作することで，体積を任意に変化させるような**断熱準静的過程**が実現できる．（ただし，系の温度 $T'$ は，系の性質によって定められ，任意に設定することはできない．）

・熱伝導のよいピストン付きの容器に気体を封入し，一定温度 $T$ の熱源に接触させながらピストンをゆっくり操作することで，系の温度を $T$ に保ちながら，体積を任意に変化させるような**等温準静的過程**が実現できる．■

【問 13】 気体を等温準静的過程と断熱準静的過程を用いて，温度, 体積が $(T_1, V_1)$ の状態から $(T_2, V_2)$ の状態まで準静的に変化させる方法を考えよ．

【問 14】 以下の，下線部で示した系に関する状態変化のうち，(a) 等温準静的過程，(b) 等温環境下の変化，と考えてよいものをそれぞれ選べ．

① 理科室で，そこに置いてあった塩酸と水酸化ナトリウム水溶液を反応させて，塩化ナトリウム水溶液を生成した．
② やかんの中の水を，180 °C に保たれた電気コンロに置いて，沸騰直前まで加熱した．
③ 口をふさいだ注射器に空気を入れて，ピストンを一気に押し込んで圧縮した後，放置した．
④ 1 atm, 0 °C の氷を加熱して融解させ，0 °C の水にした．
⑤ 断熱されていないシリンダー内に，室温と同じ温度の空気を入れ，ゆっくりと圧縮する．

【問 15】 以下の，下線部で示した系に関する状態変化のうち，(a) 等圧準静的過程，(b) 等圧環境下の変化，と考えてよいものをそれぞれ選べ．

① 理科室で，そこに置いてあった塩酸と水酸化ナトリウム水溶液を反応させて，塩化ナトリウム水溶液を生成した．
② 空気の入った注射器のピストンを一定の力で押さえて，注射器を湯せんする．
③ 1 atm, 0 °C の氷を加熱して融解させ，0 °C の水にした．
④ スプレー缶の中にある高圧のガスを，大気中に放出した．

# 8.2 熱力学の第一法則

## 8.2.1 内部エネルギーと熱力学の第一法則

**内部エネルギー**

系の持つ全エネルギー $E$ のうち，力学的エネルギー（=運動エネルギー $E_{\mathrm{K}}$ +外力のポテンシャルエネルギー $E_{\mathrm{P}}$）を差し引いた量を，**内部エネルギー** $U$ という:

$$E = E_{\mathrm{K}} + E_{\mathrm{P}} + U.$$

$U$ は，系を構成する多数の原子・分子の運動エネルギー，分子間相互作用力に関するポテンシャルエネルギーなどの総和と見なせる．熱力学においては，主に（巨視的に見て）静止している系について考えることが多いので，その場合は，$E_{\mathrm{K}} = E_{\mathrm{P}} = 0$ として，$U$ が系全体のエネルギーと考えてよい．

系が熱平衡状態にあるとき，$U$ は状態量，すなわち系の状態変数 (温度 $T$, 体積 $V$, 圧力 $P$, 物質量 $n$ 等) の関数として表される．

**【例題】** 質量 $m$、速さ $v$ の弾丸が，質量 $M$ で静止していた木片に衝突し，弾丸は貫通することなくそのまま木片と一体となって飛んで行った．木片と弾丸の内部エネルギーの増加量を求めよ．ただし，外界に熱が伝わることはない（つまり，木片と弾丸の外にエネルギーは漏れない），ものとする．

---

**《解答例》**

$U$, $U'$ を衝突前後の，弾丸と木片の内部エネルギーの和とする．衝突前のエネルギーは，運動エネルギーと内部エネルギーの和なので，$E = \frac{m}{2}v^2 + U$．衝突後の速度を $V$ とすると，衝突後のエネルギーは，$E' = \frac{m+M}{2}V^2 + U'$ と書ける．

仮定より，弾丸と木片のエネルギーの和は，外に漏れないから，衝突前後のエネルギーは変わらない: $E' - E = 0$ すなわち，

$$\Delta U = U' - U = \frac{m}{2}v^2 - \frac{m+M}{2}V^2$$

. つまり，運動エネルギーの減少量が，内部エネルギーの増加量になる．

$V$ は運動量保存則から $V = \frac{mv}{m+M}$ となるので，

$$\Delta U = \frac{m}{2}v^2 - \frac{m+M}{2}V^2 = \frac{mM}{2(m+M)}v^2.$$

（注：弾丸と木片の間の摩擦力がした仕事 $W$ が，内部エネルギーの変化となった.）

■

以下では，系のエネルギーは系外とのやりとりが無いものとする．

【問 16】 高所にある貯水槽から 1.0 t の水を，低地にあるプールに注ぎ込む．高低差が 10 m であるとして，この水の内部エネルギーの変化量を求めよ． 〔**答**：$9.8 \times 10^1$ kJ〕

【問 17】 500 kg の砲台で 10 kg の砲弾を水平方向に発射する．砲弾を 250 m/s で射出するためには，火薬の内部エネルギーはどれだけ必要か.（射出に伴って砲台は反動を受けることに注意すること）
〔**答**：$3.2 \times 10^2$ kJ〕

【問 18】 車のディスクブレーキは，タイヤに取り付けられたディスク（金属性の円盤）に動摩擦力を作用することで減速させるものである．30 km/h で走行している 1.0 t の車を急停止させたとき，ディスクの内部エネルギーはどれだけ増加するだろうか．ディスクからの放熱は無いものとする． 〔**答**：$3.5 \times 10^1$ kJ〕

**熱力学の第一法則**

**■熱力学の第一法則**　熱力学的系の状態変化 A $\to$ B があるとき，系の内部エネルギーの変化量 $\Delta U = U_\mathrm{B} - U_\mathrm{A}$ は，外界から系になされた力学的仕事 $W$ [a]と外界から系に与えられた熱 $Q$ の和に等しい：

$$\Delta U = Q + W. \tag{8.1}$$

☆ **「系のする仕事」という用語に関する注意：** 上記の $W$ の符号を逆にした $L = -W$ [b]は，外界が系から得た仕事なので，「系のする仕事」と呼ばれる．しかし，力学用語としての「仕事」は，**系に**作用する力によって定まるものだから，「系のする仕事」という語は本来は不適切な言い回しである．$L$ は，系の状態変化などに伴って**系外に出る熱以外のエネルギー**を表すということを，きちんととらえて用いること．系のする仕事 $L$ を用いるとき，第一法則は

$$\Delta U = Q - L. \tag{8.2}$$

と表されることになる．

**■内部エネルギーの性質**

- 断熱変化 A $\to$ B（準静的に限らない）において，系が外界にする仕事 $L$ は，内部エネルギーの減少量に等しい：

$$L = -\Delta U = U_\mathrm{A} - U_\mathrm{B}. \tag{8.3}$$

  つまり，断熱変化の範囲では，内部エネルギーは系のポテンシャルエネルギーのように振る舞う．
- 内部エネルギーは，温度 $T$ に関する増加関数である[c]：任意の体積 $V$，物質量 $n$，温度 $T < T'$ に対し

$$U(T, V, n) < U(T', V, n). \tag{8.4}$$

- 内部エネルギーは示量的である．

---

[a] 仕事は系に作用する力と変位の積で，力学においては，物体の運動エネルギーおよびポテンシャル（位置エネルギー，弾性エネルギー，電気エネルギー等）を変化させるだけであるが，熱力学的な系では，仕事はその内部エネルギーも変化させ得る．

[b] この問題集では，系にする仕事 (work) は $W$ で，系がした仕事 (=系に対する負荷：load) は $L$ で表すことにする．

[c] 平たく言えば，内部エネルギーの大小が，温度の高低に対応することを意味する．特に，物質量が等しく，比熱が一定な理想気体ならば，内部エネルギーの変化 $\Delta U$ は，温度変化 $\Delta T$ に比例することが言える．

**【例題】** 理想的な魔法瓶に入っている水を勢いよく振った．中に入っている水を熱力学的系と考えて，以下のそれぞれに答えよ．

(i) 系に熱は流入するか．
(ii) 系に仕事はなされたか．
(iii) 系の内部エネルギーは増加するか．
(iv) 系の温度は上昇するか．

---

**《解答例》**

(i) 魔法瓶が理想的な断熱壁であるとみなせば，熱は流入しない．
(ii) 水を振る操作は，系に力を加えて，変位させるものだから，仕事を行うことになる．
(iii) 「プランクの原理（熱力学の第二法則から導かれる．そちらも参照せよ）」によれば，体積変化を伴わない仕事は必ず正であるから，第一法則によって内部エネルギーは増加する．
(iv) 内部エネルギーが増加したことと，内部エネルギーが温度についての増加関数であることから，温度も上昇する．

■

【問 19】 ある液体 100 mg を温めることを考える．温度上昇に伴って，相転移は無く，体積の膨張も無視できるものとして，以下の問いに答えよ

(1) 10 °C の液体を，容器内部に電熱線を通した断熱容器に封入し，電熱線に 2.0 A, 15 V で電力を与えると 40 秒間で 15 °C に達した．液体の内部エネルギーの増加量 $\Delta U$ を求めよ．

(2) 10 °C の液体を，密閉容器に封入し，暖かい部屋にしばらく放置したら，15 °C に達した．液体に流入した熱 $Q$ を求めよ．

(3) 10 °C の液体を，容器内部に電熱線を通した密閉容器に封入し，電熱線に 2.0 A, 15 V で電力を与えると 30 秒間で 15 °C に達した．液体に流入した熱 $Q'$ を求めよ．

〔**答：**(1)$\Delta U = 1.2$ kJ, (2)$Q = 1.2$ kJ, (3)$Q' = 300$ J〕

【問 20】 温度の異なる二つの物体を接触させ，環境から孤立させるとき，これらが仕事をしなければ，**熱量保存の法則**「高温の物体が失う熱＝低温の物体が得る熱」が成立することを，熱力学の第一法則から示せ．

【問 21】 温度だけを上げる断熱変化の存在を用いて，内部エネルギーが温度についての増加関数であること–(8.4) を示せ．

**体積変化に伴う，圧力のする仕事について**

系の体積が $\Delta V = V_1 - V_0$ だけ変化する間，外界から系に作用する圧力が一定で $P_{\rm ex}$ とすれば，外界から系に与えられる仕事は

$$W = -P_{\rm ex}\Delta V$$

となる．ここで負号は系が圧縮される（$\Delta V < 0$）際に，外界は正の仕事をするからである．体積が $V_0$ から $V_1$ まで変化する間，$P_{\rm ex}$ が一定でない場合は，仕事は積分として与えられる：

$$W = -\int_{V_0}^{V_1} P_{\rm ex}\mathrm{d}V.$$

一般に $P_{\rm ex}$ は系の圧力とは等しくないことに注意．ただし体積の変化が準静的であれば，$P = P_{\rm ex}$ が成り立つので，体積が微小に変化する **準静的過程については**

$$W = -\int_{V_0}^{V_1} P\,\mathrm{d}V \tag{8.5}$$

のように，系の状態量 $P, V$ を用いて表すことができる．

**【例題】** 理想気体を温度を一定に保ちながら，体積 $V_0$ から $V_1$ まで，準静的に変化させた．気体にした仕事 $W$ を求めよ．

---

**《解答例》**

気体を準静的に変化させている場合の圧力の仕事の式 (8.5)に，理想気体の圧力 $P = \dfrac{nRT}{V}$ を代入して

$$W = -\int_{V_0}^{V_1} P\mathrm{d}V = -\int_{V_0}^{V_1} \frac{nRT}{V}\mathrm{d}V = -nRT\int_{V_0}^{V_1} \frac{\mathrm{d}V}{V} = -nRT\Big[\log V\Big]_{V_0}^{V_1} = -nRT\log\frac{V_1}{V_0}.$$

上式において 3 番目の等号は，この過程において $T$ が体積によらず一定であることを用いた．

■

**【例題】** 図のような，仕切り板のある断熱容器の左側に，圧力 $P_0(>0)$ の気体が封じ込められていて，容器の右側は真空とする．この仕切り板を取り払って，気体を膨張させたとき，内部エネルギーの変化量はいくらか．(**気体の断熱自由膨張**)

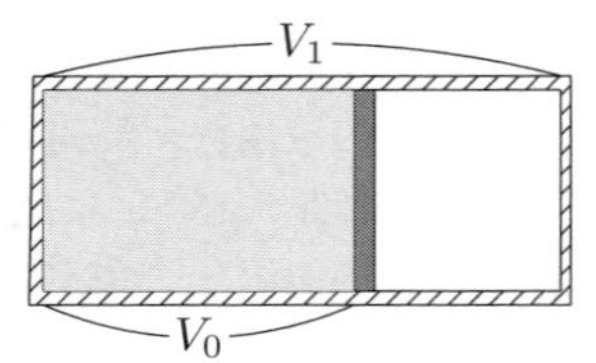


**《解答例》**

断熱容器内なので，気体に熱は移動しない: $Q=0$. また，気体の外部は真空，つまり外気圧は $P_{\text{ex}}=0$ であるので，膨張の際に気体にする仕事は $W=0$. 熱力学の第一法則より，内部エネルギーの変化量 $=Q+W=0$.

■

【問 22】 図のような断面積が $A$ のピストンのついたシリンダー内に圧力が $P$ の気体を封入し一定の外圧 $P_0>P$ でピストンが $s$ だけ押しこまれた．この外圧によって気体にした仕事 $W$ を求めよ[*1].
〔**答**：$W=P_0As$〕

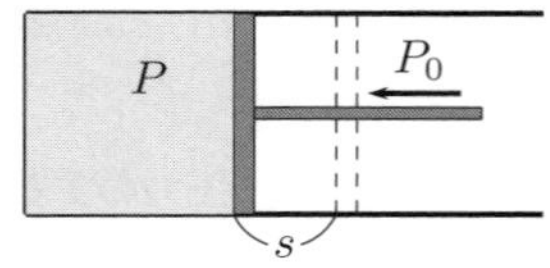


【問 23】 【問 22】とは逆に，外圧が $P_0<P$ であった場合，気体が膨張して $s$ だけピストンが押し返された．この外圧によって，気体にした仕事 $W$ を求めよ．〔**答**：$W=-P_0As$〕

【問 24】 $P=1.0$ atm, $n=1$ mol のヘリウムを，適当に力 $F$ を作用させて，$P=2.0$ atm になるまで，$T=27$ °C で等温準静的に圧縮する．この力 $F$ のした仕事 $W$ を求めよ．ヘリウムは理想気体とみなすこと．〔**答**：$W=RT\log 2=1.7$ kJ〕

【問 25】 ファン・デル・ワールスの状態方程式 (7.3)に従う気体 1 mol を，臨界温度以上の温度 $T$ で，体積を $V_0$ から $V_1$ まで等温準静的に膨張させるとき，気体のする仕事 $L$ を求めよ．
〔**答**：$L=RT\log\dfrac{V_1-b}{V_0-b}+a\left(\dfrac{1}{V_1}-\dfrac{1}{V_0}\right)$〕

【問 26】 図のような容器に空気を入れて，蓋をする．その上に質量 $m$ のおもりを置くと，空気が圧縮されて，$h$ だけ沈み込んだ．ふたは滑らかに上下に動くことができるものとして，この操作で気体にした仕事 $W$ を求めよ．〔**答**：$W=mgh$〕

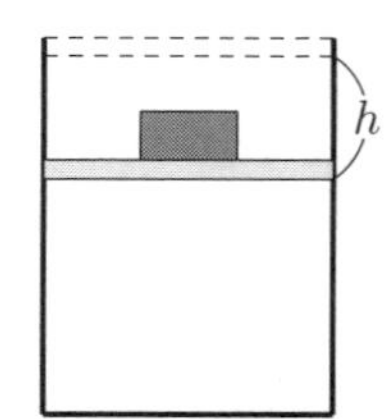


【問 27】 水深 10 m における圧力の大きさは，大気圧＋水圧で約 $2.0\times10^5$ Pa である．この深さで風船を体積 1.0 L だけ膨らませるためには，どれだけのエネルギーが必要か[*2]．ただし水圧は常に一定と仮定する．
〔**答**：$2.0\times10^2$ J〕

[*1] 注：熱として外界とやりとりされるエネルギーもありうるので，必ずしも内部エネルギーの変化量には一致しない．

[*2] このエネルギーは，風船内の空気に与えるわけではないことに注意せよ．重力に逆らって物体を持ち上げるために必要なエネルギーと同じような概念である

### 8.2.2 熱容量と比熱（熱力学的定式化）

**熱容量と比熱**

■**熱容量** 熱，あるいは仕事によって系にエネルギー $Q$ [a]を与えると，その系の温度が $\Delta T$ 上昇するとき，系を単位温度だけ上昇させるために必要なエネルギー

$$C = \lim_{\Delta T \to 0} \frac{Q}{\Delta T} \tag{8.6}$$

を，その系の**熱容量**，という（単位は J/K）．熱容量は，$Q$ を与える際の状態変化の過程に依存するが，重要なものは以下の 2 つである[b]．

- **定積熱容量** 系の体積を一定にした場合，系の体積変化に伴う仕事は無いので，与えたエネルギー $Q$ は内部エネルギーの変化量 $\Delta U$ に等しくなる．すなわち体積一定の時の熱容量は

$$C_V \equiv \lim_{\Delta T \to 0} \left(\frac{\Delta U}{\Delta T}\right)_V = \left(\frac{\partial U}{\partial T}\right)_V \tag{8.7}$$

  で与えられる．$C_V$ を**定積熱容量**という．

- **定圧熱容量** 系の圧力を一定にしてエネルギーを系に与えたとき，系の体積変化が $\Delta V$ であれば，与えたエネルギー $Q$ は，内部エネルギーの増加分と体積変化にともなう仕事 $P\Delta V$ の和に等しい．すなわち圧力一定の時の熱容量は

$$C_P \equiv \lim_{\Delta T \to 0} \left(\frac{\Delta U + P\Delta V}{\Delta T}\right)_P = \left(\frac{\partial U}{\partial T}\right)_P + P\left(\frac{\partial V}{\partial T}\right)_P = C_V + \left\{\left(\frac{\partial U}{\partial V}\right)_T + P\right\}\left(\frac{\partial V}{\partial T}\right)_P \tag{8.8}$$

  で与えられる．$C_P$ を**定圧熱容量**という．

■**比熱** 単位質量あたりの熱容量を，**比熱**（単位は J/(K · g)）という．また，1 mol あたりの熱容量は，**モル比熱**または**モル熱容量**（単位は J/(K · mol)）とよばれる．

☆ **固体の定圧比熱について：**通常固体の比熱の測定は，定圧環境下においてなされるので，定圧比熱 $c_P$ を測定していることになる．しかし，気体と比べて体積膨張に伴う仕事が小さいので，多くの場合 $c_V \fallingdotseq c_P$ としてよい．

[a] $Q$ と表記しているが，系に与えるエネルギーは熱に限らない．この $Q$ は，系に与えた仕事と熱の和である．また，$\Delta Q$ と記述するテキストもあるが，$Q$ は状態量ではないので，変化量を表すような $\Delta Q$ という表記は避けた．

[b] 固体や液体などは，体積を変えないように温度上昇させることは非常に難しいので，一定圧力の環境の中，定圧に温度上昇させて測定する定圧熱容量が測定されるのが普通である．

【問 28】 内部エネルギーが $U = \frac{5}{2}RT$ で表されるような系の，定積熱容量を求めよ．ここで $T$ は系の絶対温度を表す．〔**答：**$C_V = \frac{5}{2}R$〕

【問 29】 0 °C 付近での銅の定積比熱はおよそ 0.38 J/(g · K) である．比熱が一定と仮定して，銅 1 kg の $T = 0$ °C と $T = 20$ °C での内部エネルギーの差を求めよ．〔**答：**$U_{(20°\mathrm{C})} - U_{(0°\mathrm{C})} = 7.6$ kJ〕

【問 30】 気体の定積熱容量 $C_V$ と定圧熱容量 $C_P$ の間に成り立つ，(8.8) の関係を証明せよ．

理想気体の内部エネルギーとモル比熱

**■理想気体の内部エネルギーの体積非依存性（ジュールの法則）**　状態方程式 $PV = nRT$ を満たす理想気体の内部エネルギーは，体積に依存しない．[a]

**■理想気体の定積モル比熱**　$U$ が体積 $V$ に依存しないことより，定積モル比熱

$$c_V = \frac{1}{n}\left(\frac{\partial U}{\partial T}\right)_V \tag{8.9}$$

も $V$ に依存しない．

$c_V$ の値は，熱力学の理論の範囲で定めることはできず[b]，一般には $T$ に依存し得る．気体分子運動論の結果を利用すると，単原子分子（He など）で $c_V = \dfrac{3}{2}R$，2 原子分子（$H_2$ など）で $c_V = \dfrac{5}{2}R$ という理論値が得られるが，実測値では，$c_V$ は温度に依存して変化し，これらの理論値とは異なる値になることが知られている．

**■理想気体の定圧モル比熱**　理想気体に対しては，定圧モル比熱と定積モル比熱の間に，**マイヤーの関係**が成り立つ：

$$c_P = c_V + R.$$

**■定積比熱一定の理想気体の内部エネルギー**　定積比熱が，定数であるような理想気体については，内部エネルギーは

$$U = n(c_V T + u) \tag{8.10}$$

の形となる．ここで $u$ は，エネルギーの基準点の選び方に応じて決まる定数である．

[a] もともとは，ゲイリュサック・ジュールによる実験，「希薄気体の自由膨張の際には温度が変化しない」のことであるが，状態方程式からの理論的結論として導くことができる．

[b] 統計力学的手法，または実験の結果によって値を得ている．

【問 31】　気体の定積熱容量 $C_V$ と定圧熱容量 $C_P$ の間に成り立つ (8.8) の関係を用いて，理想気体に対する，マイヤーの関係 $c_P = c_V + R$ が成り立つことを示せ．

【問 32】　単原子分子気体，2 原子分子気体が，定積モル比熱がそれぞれ $c_V = \dfrac{3}{2}R$, $\dfrac{5}{2}R$ の理想気体であるとして，$H_2$, He, $O_2$, Ne それぞれの 1 g あたりの定圧比熱容量を求めよ．(モル質量は調べよ)
〔**答**：14.4357, 5.19314, 0.90942, 1.03005 J/(g · K)〕

【問 33】　容積が $V$ の容器に，温度が $T$ の気体を封入した後，これを $T_{\mathrm{ex}}$ の環境に置いてしばらくたつと，気体の温度も $T_{\mathrm{ex}}$ になった．気体の得た熱を求めよ．ただし気体の定積熱容量は状態によらず一定の値 $C_V$ であるとする．〔**答**：$C_V(T_{\mathrm{ex}} - T)$〕

【問 34】　自由に可動するピストンのついた容器に封入された 1 mol の理想気体が，温度 $T_0$, 圧力 $P_0$ の環境下で熱平衡状態になっている．この容器を，圧力は同じであるが，温度が $T_1$ である環境に持っていき，しばらく放置すると熱平衡状態になった．気体の定積モル比熱は定数 $c_V$ であるとして，気体の得た熱を求めよ．
〔**答**：$(c_V + R)(T_1 - T_0)$〕

【問 35】　体積 $V_1$, $V_2$ の容器に封入された温度 $T_1$, $T_2$ の気体を接触させる．それぞれの気体の定積熱容量が定数，$C_1$, $C_2$ であるとき，熱平衡状態になったときの温度 $T$ を求めよ．容器の熱容量は考慮しなくてよい．
〔**答**：$T = (C_1 T_1 + C_2 T_2)/(C_1 + C_2)$〕

【問 36】 図のように，容積が一定の容器 1 に，温度 $T_1$，物質量 $n_1$ の理想気体が封入され，これに同じ種類で温度が $T_2$ $(< T_1)$，圧力 $P_2$，物質量 $n_2$ の気体が封入された，ピストン付きの容器 2 を接触させ，それらを断熱壁で囲む．気体の定積モル比熱は定数 $c_V$ であるとし，ピストンは常に外圧 $P_2$ とつり合っているものとする．熱平衡状態になったときの気体の温度 $T$ を求めよ．容器の熱容量については考えなくてよい．〔答：$T = \dfrac{n_1 c_V T_1 + n_2(c_V + R)T_2}{n_1 c_V + n_2(c_V + R)}$〕

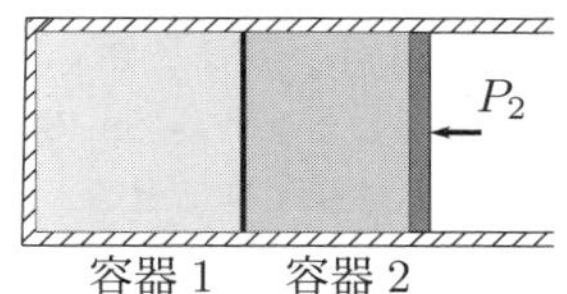


**固体の熱容量**

■**Dulong Petit の法則**　十分高い温度（デバイ温度よりも高温）であれば，固体元素の持つ比熱は構成原子の種類によらず $3R = 25$ J/K · mol である．

【問 37】 銀の比熱容量は 0.236 J/(g · K) で，モル質量は 107.9 である．銀のモル比熱を計算し，それが $3R$ に近いことを確かめよ．

【問 38】 質量が等しいが，温度が 50°C でモル質量が 107.9 g/mol の固体 A と，20°C で 63.5 g/mol の固体 B を接触させて，それらを断熱壁で囲む．熱平衡後の温度 $T$ を求めよ．ただしそれぞれの固体のモル比熱は Dulong Petit の法則に従うと仮定してよい．〔答：$T = 31.1$°C〕

### 8.2.3　等温過程と断熱過程：仕事と熱の出入り

【問 39】 理想気体の等温環境下における変化では，「系の得た熱量 $Q$=系のした仕事 $L$」が成り立つことを示せ．特に，等温膨張では熱を吸収 $(Q > 0)$ し，逆に等温圧縮では熱を放出 $(Q < 0)$ することを示せ．

【問 40】 図のように，温度 $T$ の環境下で，仕切り板のある容器の左側に物質量 $n$ の理想気体が封じ込められていて，容器の右側は真空であるとする．容器全体の体積は $V_1$ ，左側の体積は $V_0$ $(V_0 < V_1)$ とする．

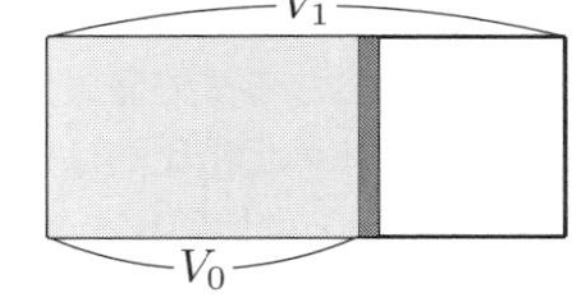


この仕切り板を動かして，気体を体積 $V_1$ になるまで膨張させて，気体の温度が $T$ になるまで静置する．

気体は容器を通して環境との熱のやりとりは自由にできるものとして，以下の問いに答えよ．

(1) 膨張前後の気体の圧力 $P_0, P_1$ をそれぞれ求め，$P_0$ と $P_1$ の大小関係を表せ

(2) 以下 (A),(B), (C) の方法で仕切り板を動かして，気体を膨張させるとき，それぞれの場合で気体がする仕事 $L$ を求めよ．

　(A) 仕切り板をいきなり取り去って，気体を自由膨張させたとき（仕切り板の取り去り自体は仕事をしないものとする）．

　(B) 仕切り板を一定の圧力 $P_{\rm ex}$ で押さえ続けるとき．ただし $P_{\rm ex} < P_1$ とする．

　(C) 準静的に膨張させていくとき．（つまり，仕切り板を押さえる圧力が，内部の気体の圧力と常につり合いを保つように膨張させていく）

(3) 上の膨張の過程 (A), (B), (C) で，気体が環境から得た熱 $Q$ をそれぞれ求め，これらの中では，過程 (C) が最も多くの熱を得ることを確かめよ[*3]．(hint: 理想気体の内部エネルギーは温度にのみ依存することを利用せよ.）

---

[*3] 一般に等温環境下における変化では，等温準静的過程で最大の熱を得られることが証明できる．

**断熱準静的過程における，Poisson（ポアソン）の関係式**

定積比熱 $c_V$，定圧比熱 $c_P$ が定数であるような理想気体を，状態 1 から状態 2 まで断熱準静的に体積変化させるとき，Poisson の関係式と呼ばれる，以下の等式が成り立つ：$(T_i, P_i, V_i)$ を状態 $i = 1, 2$ の温度，圧力，体積とするとき，

$$P_1 V_1^{\gamma} = P_2 V_2^{\gamma}, \tag{8.11}$$

$$T_1 V_1^{\gamma-1} = T_2 V_2^{\gamma-1} \tag{8.12}$$

が成り立つ．ここで $\gamma = \dfrac{c_P}{c_V}$ である．$\gamma$ は**比熱比**と呼ばれる．

【問 41】 断熱材で覆われたピストンつき容器に，温度 $T_1$，体積 $V_1$，物質量 $n$ の定積比熱 $c_V$ が定数であるような理想気体が封入されている．ここからピストンを準静的に操作して，体積を $V_2$ にまで変化させる．変化後の温度 $T_2$ および 圧力 $P_2$ に対して成り立つ関係式

$$P_1^c V_1^{c+1} = P_2^c V_2^{c+1}, \tag{8.13}$$

$$T_1^c V_1 = T_2^c V_2 \tag{8.14}$$

を以下の手順に従って示せ．ここで $c = \dfrac{c_V}{R}$ である．

(1) 理想気体であることに注意して，$\mathrm{d}U = c_V n \mathrm{d}T$ が成り立つことを示せ．

(2) 熱力学の第一法則と (1) の結果を用いて，$c\dfrac{\mathrm{d}T}{T} = -\dfrac{\mathrm{d}V}{V}$ が成り立つことを示せ．

(3) (2) の方程式を積分し，$T^c V =$ 定数 を示せ．

(4) (8.13), (8.14) [*4]を示せ．

【問 42】 図のような，仕切り板のある断熱容器の左側に，圧力 $P_0$，物質量 $n$ の理想気体が封じ込められていて，容器の右側は真空とする．容器全体の体積は $V_1$，左側の体積は $V_0$ $(V_0 < V_1)$ とする．この仕切り板を動かして，気体を体積 $V_1$ になるまで膨張させた後，熱平衡状態になるまで静置する．この理想気体の定積比熱は定数 $c_V$ として，以下の問いに答えよ（以下 $\gamma = c_P/c_V$ は比熱比を表すとする）．

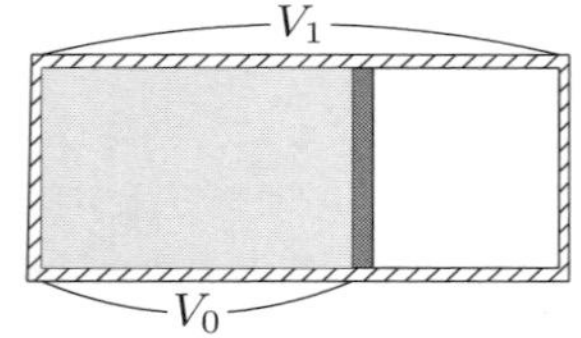


(1) 以下 (A)，(B)，(C) の方法で仕切り板を動かして，気体を膨張させるとき，それぞれの場合で気体がする仕事 $L$ を求めよ．

　(A) 仕切り板をいきなり取り去って，気体を自由膨張させたとき（仕切り板の取り去り自体は仕事をしないものとする）．

　(B) 仕切り板を一定の圧力 $P_{\mathrm{ex}}$ $(< P_0(V_0/V_1)^{\gamma})$ で押さえ続けるとき．

　(C) 準静的に膨張させていくとき．（つまり，仕切り板を押さえる圧力が，内部の気体の圧力 $P$ とつり合いを保つように膨張させていく．断熱準静変化における Poisson の関係式 (8.11)を用いよ．）

(2) 上の膨張の過程 (A), (B), (C) で，気体の内部エネルギーの変化量を求めよ．

(3) 膨張後の気体の温度 $T_1$ を，過程 (A), (B), (C) のそれぞれで求め，どの過程が最も温度が変化したのか答えよ．

【問 43】 空気を断熱準静的に体積が半分になるように圧縮する．空気を比熱比が $\gamma = 1.4$ であるような理想気体とみなして，圧力と温度の変化を求めよ．〔**答：**圧力は 2.6 倍，温度は 1.3 倍〕

【問 44】 水素とヘリウムで，断熱圧縮のしやすさを比較せよ．
〔**答：**ヘリウムの方が，より高圧で圧縮する必要がある．〕

---

[*4] これらは本質的に Poisson の関係式そのものである．実際 $\gamma = 1 + c^{-1} = \dfrac{c_P}{c_V}$ なので，Poisson の関係式 (8.12), (8.11) が得られる

【問 45】 圧気発火器は，シリンダ内に封じた空気を急激に圧縮することによって，中にいれた綿などを発火させるものである．綿を発火させる温度を 427 °C として，27 °C の空気を何分の 1 に圧縮すればよいだろうか．ただし，十分速く（しかし音速よりは遅く）圧縮することにより，この過程は断熱準静的とみなして考えよい．〔**答：**およそ 8.3 分の 1 に圧縮〕

### 8.2.4 エンタルピー

**エンタルピー**

状態量 $H$ を

$$H = U + PV \tag{8.15}$$

とおいて，系の**エンタルピー**という．エンタルピーは，内部エネルギーに，圧力 $P$ の環境下で体積 $V$ の気体を押しのける仕事 $PV$（排除仕事とよばれる）を加えたものである．

エンタルピーは，**環境の圧力によってコントロールされる系**[a] が外界とのエネルギーのやりとりを表すのに適した量である．エンタルピーを用いれば，定圧環境下での変化である，化学反応や相転移に伴う熱（反応熱，潜熱）[b]や，定常流動系のする仕事（タービンやコンプレッサー）を適切に表すことができる．

[a] この場合，系の体積 $V$ は外系とのつり合いで決定されるので，状態を記述する独立変数としては，$V$ よりも圧力 $P$ を用いる方がより適切になる．詳しくは Legendre 変換に関する議論（例えば [3]）を参照．

[b] このことから，エンタルピーは**熱関数**と呼ばれることもある．【問 52】，【問 55】を参照．

【問 46】 エンタルピーは示量性であることを示せ．

【問 47】 定圧熱容量 $C_P$ はエンタルピー $H$ を用いて $C_P = \left(\frac{\partial H}{\partial T}\right)_P$ で与えられることを示せ．

【問 48】 比熱が一定な理想気体のエンタルピーは，温度 $T$ の一次関数であることを示せ．

【問 49】 単原子分子である Ne 気体の定積比熱の理論値は $c_V = \frac{3}{2}R = 12.5\ \mathrm{J/(mol\cdot K)}$ で，これは実測値ともよく一致していることが知られている．1 mol の Ne 気体の温度が，25°C から 40°C まで上昇したとき，内部エネルギーとエンタルピーの変化量 $\Delta U$, $\Delta H$ をそれぞれ求めよ．ただし Ne 気体は理想気体として扱うこと．〔**答：**$\Delta U = 1.88 \times 10^2$ J, $\Delta H = 3.12 \times 10^2$ J〕

【問 50】 2 原子分子である，$O_2$ 気体の定圧比熱の理論値は $c_P = \frac{7}{2}R = 29.1\ \mathrm{J/(mol\cdot K)}$ であるが，実測では温度 $T$ [K] の依存があり，270K から 500K の間では，$c_P = 26.7 + 0.009T$ [*5] でうまく近似できる．これを用いて 1 mol の $O_2$ 気体の温度が，25°C から 40°C まで上昇したとき，内部エネルギーとエンタルピーの変化量 $\Delta U$, $\Delta H$ をそれぞれ求めよ．ただし $O_2$ 気体は理想気体として扱うこと．
〔**答：**$\Delta U = 3.17 \times 10^2$ J, $\Delta H = 4.42 \times 10^2$ J〕

【問 51】 ある物質の温度 $T$ における定圧モル比熱の推論式が，$c_P = a + bT + cT^2$ のように，定数 $a, b, c$ を用いて表されているとする．この物質 $n$ mol の，温度 $T_1$ から $T_2$ までのエンタルピー変化量 $\Delta H$ を求めよ．

【問 52】 状態 A から状態 B まで等圧環境下で変化するとき，系が熱として得るエネルギーは，エンタルピーの変化 $H_{\mathrm{B}} - H_{\mathrm{A}}$ に等しいことを示せ．ただし，体積変化以外の仕事は無いものとする．

[*5] NIST Chemistry WebBook / Search for Species Data by Chemical Formula
`http://webbook.nist.gov/chemistry/`

【問 53】（ヘスの法則）化学反応における発熱は，等圧環境下における状態変化に伴って起きる，外界への熱の移動と考えられる．反応の途中経路が異なっていても，反応物の最終的な状態が同じであれば，発熱量の総量は不変であること（ヘスの法則）を，エンタルピーを用いて示せ．

【問 54】標準状態における反応 $H_2(g) + \frac{1}{2}O_2(g) \rightarrow H_2O(l)$ に伴うエンタルピーの変化量は $\Delta H = -285.8$ kJ/mol であるという．標準状態で，1 g の水素を完全燃焼させたときの発熱量を求めよ．〔答：$1.418 \times 10^2$ kJ〕

【問 55】ある系の，圧力 $P$ の環境下における沸点が $T$ であるとする．温度 $T$ における液体の蒸発熱[*6]は，気相と液相でのエンタルピーの差[*7]

$$H_G - H_L$$

に等しいことを示せ．ここで $H_G = U_G + PV_G$，$H_L = U_L + PV_L$ で，$V_G, V_L$ はそれぞれ，$(T, P)$ における気相，液相での体積である．

【例題】（定常流動系の断熱仕事）図は，流体が流れることによって仕事を発生させるタービンの模式図である．タービンの入り口 (A) において高圧力 $P_A$ で流体が入り，タービンの仕事 $L'$ を発生させて，出口 (B) において低圧力 $P_B$ で排出される．流れは定常的で，(A),(B) における流速は等しく，外部と熱のやりとりはないと仮定する．(A),(B) におけるエンタルピーを $H_A, H_B$ で表すとき，$L' = -\Delta H = H_A - H_B$ であることを示せ．

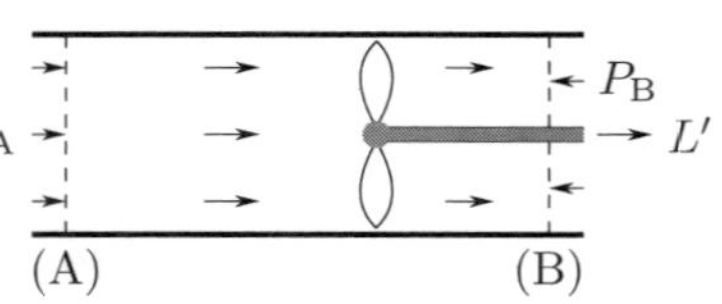


《解答例》

(A), (B) での流速は同じなので，運動エネルギーの変化はない．また，流れは定常的であるので，単位時間あたりに (A),(B) を通過する流体の物質量は等しく，(A) で通過した流体の状態を A, (B) を通過した流体の状態を B として，この流れを状態変化 A → B と考えることができる．系にされた仕事は，タービンにした仕事 $-L'$ と，(A) において圧力 $P_A$ 方向に $V_A$ だけ押しのける仕事 $W_A = P_A V_A$ と，(B) において圧力 $P_B$ に逆らって $V_B$ だけ押しのける仕事 $W_B = -P_B V_B$ の和である．また断熱過程なので，$Q = 0$．熱力学の第一法則より

$$U_B - U_A = -L' + P_A V_A - P_B V_B$$

が成り立つ．$H = U + PV$ を用いて変形すると

$$H_B - H_A = -L'.$$

■

【問 56】上の例題の設定において，タービンが熱 $Q$ を系外に放出する場合，仕事 $L'$ はどうなるか．〔答：$L' = -\Delta H - Q$〕

【問 57】上の例題の設定で，単位時間に流れる流体の質量が $\dot{m}$ であったとする．単位質量あたりのエンタルピー（比エンタルピー）を $h$ で表すとき，タービンの仕事率 $\dot{L}'$ を求めよ．〔答：$\dot{L}' = -\dot{m}\Delta h = \dot{m}(h_A - h_B)$〕

[*6] 液相にあったものをすべて気相にするために必要なエネルギー．蒸発は，温度と圧力を一定に保ちながら進む

[*7] 蒸発のエンタルピーといい，$\Delta H_{vap}$ で表される．

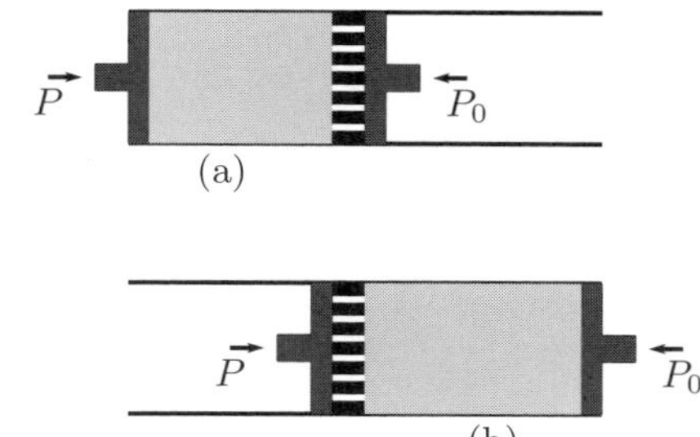


【問 58】 (ジュール・トムソンの実験) 両側にピストンのついたシリンダーの中央に，気体がゆっくり透過するような細孔栓で仕切られた装置で，右側のピストンには，一定の外圧 $P_0$ が作用している．まず (a) のように栓の左側に気体を封じ，左側のピストンに一定の圧力 $P > P_0$ を作用し図 (b) のように気体を栓の右側まで押し出して，気体の温度変化 $\Delta T$ を測定した．気体の移動は非常にゆっくりで，(a), (b) において気体の圧力は $P$, $P_0$ に等しく，シリンダー・ピストンは断熱されているとして，以下の問いに答えよ．

(1) 状態 (a) と (b) において，エンタルピーが等しいことを示せ．

(2) 希薄気体で実験を行うと，$\Delta T \fallingdotseq 0$ であった[*8]．このことから，理想気体の内部エネルギーの圧力依存性についてなにが言えるだろうか．

## 8.3 熱力学の第二法則

### 8.3.1 トムソンの原理

**熱力学の第二法則（トムソンの原理）**

一様な温度の一つの熱源から熱を受け取り，それと等しい大きさの正の仕事を外にするだけで，他になんの変化も残さない（系の状態をもとに戻す）過程は存在しない．

言い換えると，等温環境下[a]のサイクルで系が外界にする仕事（$L_{\mathrm{cyc}}^{\text{等温}}$ で表す）は正にならない[b]：

$$L_{\mathrm{cyc}}^{\text{等温}} \leq 0. \tag{8.16}$$

**★ トムソンの原理から導かれることがら**

- **等温最大仕事の原理：** 等温環境下で，状態 A から状態 B へ変化させるときに系が外界へ行う仕事は，等温準静的過程で変化させたときに最大となる．
- **プランクの原理[c]：** 断熱変化によって，温度だけを下げることは不可能である．

[a] 注：系の温度は必ずしも一定でなくてもよい．
[b] 一つの熱源から熱を奪うだけのサイクルが無いこととともいえる．
[c] 第二法則の別の表現としてもよく用いられる．

**【例題】** 等温最大仕事の原理を証明せよ．

**《解答例》**

任意の等温環境下の過程 $\mathcal{P}$: A → B において，系が外界に行う仕事を $L_{\mathcal{P}}$，等温準静的過程 $\mathcal{Q}$: A → B において外界に行う仕事を $L_{\mathcal{Q}}$ とする．等温準静的過程 $\mathcal{Q}$ に対しては，外界にする仕事が $-L_{\mathcal{Q}}$ となるような，逆向きの過程 $\bar{\mathcal{Q}}$: B → A が存在する．$\mathcal{P}$ と $\bar{\mathcal{Q}}$ をつないだ過程は，等温環境下のサイクルになり，トムソンの原理から

$$L_{\mathcal{P}} + (-L_{\mathcal{Q}}) \leq 0.$$

すなわち

$$L_{\mathcal{P}} \leq L_{\mathcal{Q}}.$$

■

[*8] ある程度高密度の実在気体で実験を行うと，小さくない温度変化が測定される．これをジュール・トムソン効果という．

**【例題】** プランクの原理，つまり，体積 $V$, 物質量 $n$ を変化させず断熱的に（つまり仕事のみで）温度を下げることは不可能であることを，トムソンの原理から示せ．

---

**《解答例》**

$T_H > T_L$ として，状態変化 $\mathcal{P}$: $(T_H, V) \to (T_L, V)$ が，断熱的になされたと仮定する．温度が下がるので内部エネルギーも減少し，第一法則から系は外に正の仕事をする：

$$-L = \Delta U < 0 \qquad \text{より} \qquad L > 0.$$

次に，体積を一定にしたまま系を温度 $T_H$ の熱源と接触させることにより，状態変化 $\mathcal{Q}$: $(T_L, V) \to (T_H, V)$ ができる．温度だけが上昇するので，内部エネルギの変化量は正であり，体積変化に伴う仕事がないので，系には熱 $Q > 0$ だけが与えられる．

$\mathcal{P}$ と $\mathcal{Q}$ を組み合わせると，温度 $T_H$ の熱源から熱 $Q > 0$ を受け取り，外界に $L > 0$ の仕事をするサイクルができるが，一方これは $T_H$ の等温環境下のサイクルなので，これはトムソンの原理と矛盾する．■

**【問 59】** 温度 $T$ の等温環境下で，状態 $\mathrm{A}(T, V_\mathrm{A})$ から状態 $\mathrm{B}(T, V_\mathrm{B})$ へ変化させるときに系が外界から得る熱は，等温準静的過程で変化させたときに最大となることを，等温最大仕事の原理から示せ．またより一般的に，状態 A, B の温度 $T_\mathrm{A}$, $T_\mathrm{B}$ が $T$ と異なるとき，状態変化 $\mathrm{A} \to \mathrm{B}$ で外界から得られる熱は，状態 $\mathrm{A}'(T, V_{\mathrm{A}'})$ から $\mathrm{B}'(T, V_{\mathrm{B}'})$ への等温準静的過程で得られる熱以下であることを示せ．ここで $\mathrm{A}'$, $\mathrm{B}'$ は状態 A, B を温度が $T$ になるように，断熱準静的に変化させた状態である．

**【問 60】** 理想気体を一定温度の熱源と接触させ，温度を一定に保ちながら膨張させると，内部エネルギーは変化しないので，$0 = \Delta U = Q - L$，つまり，熱源から得た熱 $Q$ と同量の仕事 $L$ を外に行うことができる．これは，トムソンの原理に矛盾しないだろうか．

**【問 61】** 断熱された理想気体を，温度を変えずに膨張させることは可能であるが，逆に温度を変えずに圧縮することはできないことを，トムソンの原理から示せ．

**【問 62】** 1つの等温準静的過程と1つの断熱準静的過程だけを用いて，外界へ正の仕事をするサイクルを構成することはできないことを示せ．[*9]

**【問 63】** 2つの等温準静的過程と1つの断熱準静的過程を組み合わせて外界へ正の仕事をするサイクルを作ることはできないことを示せ．

**コラム：** 熱力学の第二法則の表現には，ここに述べたトムソンの原理のほかに，『熱がほかのところでの変化を伴わずに，低温の物体から高温の物体に移ることは無い』という，**クラウジウスの原理**というものが知られている．この表現をまともに取り扱うためには，「ほかのところでの変化」，つまり外界の状態およびその変化というものを定義する必要があるが，それが明確に定義されていないので，やや曖昧な表現になっている．

代わりに『低温熱源から得た熱を，そのまま高温熱源に移動させ，そのほかの仕事，熱は全く受け取らないサイクルは存在しない』という形で表現すれば，以降の節で取り扱う，熱機関や冷暖房機の効率の考え方を利用することで，トムソンの原理との同値性を証明できる．【問 74】も参照せよ．

---

*9 このことから，等温準静的過程と断熱準静的過程を表す状態曲線は，1点でのみ交わることになる．

### 8.3.2 熱機関

**カルノーサイクル**

図のような，２つの等温準静的過程と，２つの断熱準静的過程で構成されるサイクル A → B → C → D → A を**カルノーサイクル**という[a].

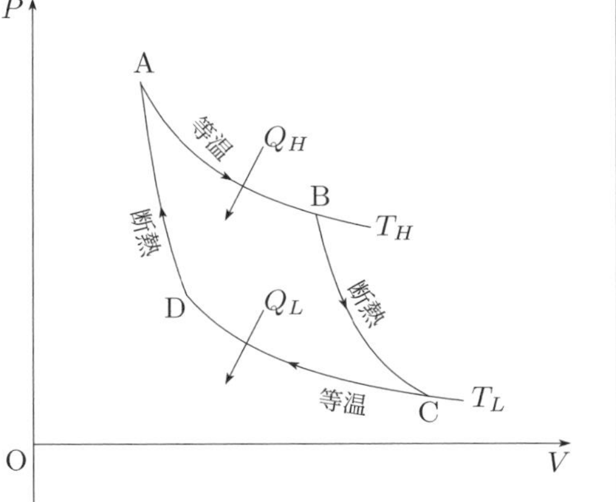


カルノーサイクルでは，２つの等温準静的過程 A → B, C → D において系は熱 $Q_H$，$-Q_L$ を外界から受け取り[b]，熱力学の第一法則より $L = Q_H - Q_L$ [c]の仕事を外界に対して行う**熱機関**の一種である．

一般に，吸熱量に対する外へした仕事の比 $\eta = \dfrac{L}{Q_H} = 1 - \dfrac{Q_L}{Q_H}$ を，**熱機関の効率**と呼ぶが，カルノーサイクルの効率は系の種類によらず，系の温度のみで定まる：

$$\eta_{\mathrm{c}} = 1 - \frac{T_L}{T_H}. \tag{8.17}$$

カルノーサイクルは可逆的である：準静的過程のみで構成されるので，逆向きの過程をたどるようなサイクルが存在する．

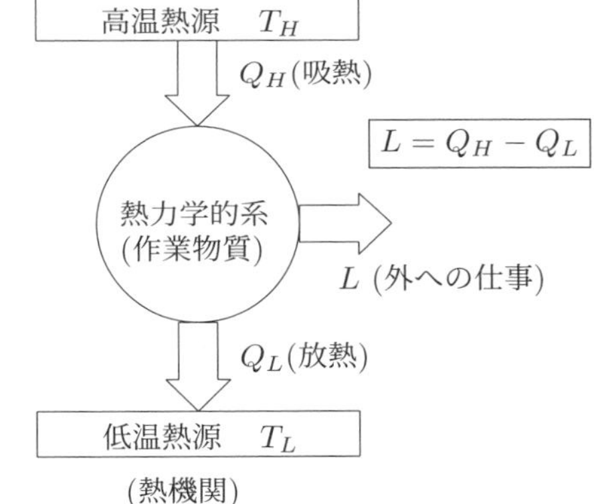

(熱機関)

■**カルノーの定理** 図のように，状態 A から状態 C まで，等温準静的過程と断熱準静的過程によって A → B → C と A → D → C の２通りに状態変化するとき，それぞれの等温準静的過程で系が得る熱を $Q_H$, $Q_L$ とすれば，

$$\frac{Q_H}{T_H} = \frac{Q_L}{T_L} \tag{8.18}$$

が系の種類によらずに成り立つ．

[a] これより少ない等温準静的過程，断熱準静的過程の組み合わせでは，サイクルを構成できない．【問 63】を参照．

[b] 膨張の際は系に熱 $Q_H$ が入り，逆に圧縮の際は系から熱 $Q_L$ が放出される．過程の向きが逆：D → C であれば，$Q_L$ が外界から得られる．

[c] $L$ は，4 つの過程，A → B, B → C, C → D, D → A のそれぞれで系がする仕事の和である．なお，過程 C → D, D → A では，系が外にする仕事は負になる．つまりこの過程においては，外界から仕事をしてもらっていることになる．

【問 64】 比熱が一定の理想気体を用いたカルノーサイクルの効率が (8.17)で与えられることを，以下の手順で示せ．

(1) 等温準静的過程 A → B で系が得る熱 $Q_H$，および C → D で系が放出する熱 $Q_L$ をそれぞれ求めよ．

(2) 断熱準静的過程で成立する Poisson の関係式 (8.12)を用いて，$\dfrac{V_B}{V_A} = \dfrac{V_C}{V_D}$ が成り立つことを示せ，

(3) (1), (2) を利用して，効率 $\dfrac{L}{Q_H}$ を変形し (8.17) を導け．

【問 65】 理想気体に限定しない任意の系のカルノーサイクル $\mathcal{C}$（吸熱量，放熱量，仕事を $Q_H, Q_L, L$ とする）の効率は，理想気体によるカルノーサイクルの効率と等しくなることを，以下の手順で示せ．

(1) 理想気体のカルノーサイクル $\mathcal{C}'$ で，放熱量が $Q_L$ に等しいものが存在することを示せ．（Hint: 物質量を適当に調整せよ．もちろん，この時点で吸熱量は $Q_H$ に一致することまでは言えない．）

(2) (1) で考えたサイクル $\mathcal{C}'$ の吸熱量を $Q'_H$ とする．この逆サイクルを，もとのカルノーサイクル $\mathcal{C}$ と連動することによって，温度 $T_H$ の熱源からのみ，熱のやりとりをするサイクルが得られる．トムソンの原理から，$Q_H - Q'_H \leq 0$ が成り立つことを示せ．

(3) (2) の連動サイクルは，準静的なので逆過程のサイクルが作られる．これより $Q'_H - Q_H \leq 0$ を示せ．

(4) カルノーサイクル $\mathcal{C}$ の効率が (8.17)に等しいことを示せ．

**カルノーの熱機関効率に関する原理**

一定温度 $T_H$ の高温熱源から熱を $Q_H$ 受け取り，一定温度 $T_L$ の低温熱源へ熱 $Q_L$ を放出し，外界へ $L = Q_H - Q_L$ の仕事をするような，任意のサイクルの効率 $\eta$ は，カルノーサイクルの効率 $\eta_c$ を超えない：

$$\eta = \frac{L}{Q_H} = 1 - \frac{Q_L}{Q_H} \leq 1 - \frac{T_L}{T_H} = \eta_c \tag{8.19}$$

さらに $\eta_c < 1$ が成り立つので，どのような熱機関も熱をすべて仕事に変えられないことが導かれる．

【問 66】 2つの温度 $T_H > T_L$ の熱源のみから熱 $Q_H, Q_L$ をやりとりし，外界に正の仕事 $L$ をする任意のサイクル $\mathcal{Z}$ に対して，その効率 $\eta_{\mathcal{Z}}$ は，カルノーサイクルの効率 $\eta_c = 1 - \dfrac{T_L}{T_H}$ を超えないことを，以下の手順で示せ．

(1) カルノーサイクル $\mathcal{C}$ で，その放熱量が $Q_L$ に等しいものが存在することを示せ．

(2) サイクル $\mathcal{Z}$ と，$\mathcal{C}$ の逆サイクルを連動させることによって，温度 $T_H$ からのみ，熱のやりとりをするサイクルが得られ，さらにトムソンの原理から，$Q_H \leq Q'_H$ を示せ．ここで $Q'_H$ は $\mathcal{C}$ の吸熱量を表す．

(3) $\eta_{\mathcal{Z}} \leq \eta_c$ を示せ．

【問 67】 いくつかの断熱準静的過程と，いくつかの等温準静的過程で複数の熱源とやりとりするサイクルを考える．熱源のうち，最も高い温度を $T_H$，最も低い温度を $T_L$ とすれば，このサイクルの効率 $\eta$ は，カルノーサイクルの効率 $\eta_{\mathcal{C}} = 1 - \dfrac{T_L}{T_H}$ を超えないことを，以下の手順で示せ[*10]．

(1) 1サイクルで，系が熱源 $T_1, T_2, \cdots, T_j$ から得る熱を $Q_1, Q_2, \cdots, Q_j$，系が熱源 $t_1, t_2, \cdots, t_k$ から放出する熱を $q_1, q_2, \cdots, q_k$ とする．これらの熱を熱源 $T_H$ から等温準静的過程で得られる熱 $Q_1^H, Q_2^H, \cdots, Q_j^H$，または放出される熱 $q_1^H, q_2^H, \cdots, q_k^H$ を用いて表せ．(Hint: カルノーの定理を用いよ)

(2) $\dfrac{q_1^H + q_2^H + \cdots + q_k^H}{Q_1^H + Q_2^H + \cdots + Q_j^H} \geq 1$ を示せ．(Hint: トムソンの原理を用いよ)

(3) $\dfrac{q_1 + q_2 + \cdots + q_k}{Q_1 + Q_2 + \cdots + Q_j} \geq \dfrac{T_L}{T_H}$ を示せ．

(4) $\eta \leq \eta_{\mathcal{C}}$ を示せ．

【問 68】 熱容量 $C_V, C_P$ が一定の理想気体を，図のような，2つの断熱準静的過程と，2つの等積過程によって作られるサイクル（オットーサイクル[*11]）を考える．以下の問いに答えよ．ただし $\gamma = \dfrac{c_P}{c_V}$ を比熱比とする．

(1) 等積過程 B → C における，放熱量 $Q_{\mathrm{BC}}$，D → A における吸熱量 $Q_{\mathrm{DA}}$ を，各状態での温度 $T_{\mathrm{A}}, T_{\mathrm{B}}, T_{\mathrm{C}}, T_{\mathrm{D}}$ を用いて表せ．ただし，外圧のする仕事のほかに仕事はないものとする．

(2) このサイクルの熱効率 $\eta_{\mathrm{o}}$ を，各状態での温度を用いて表せ．

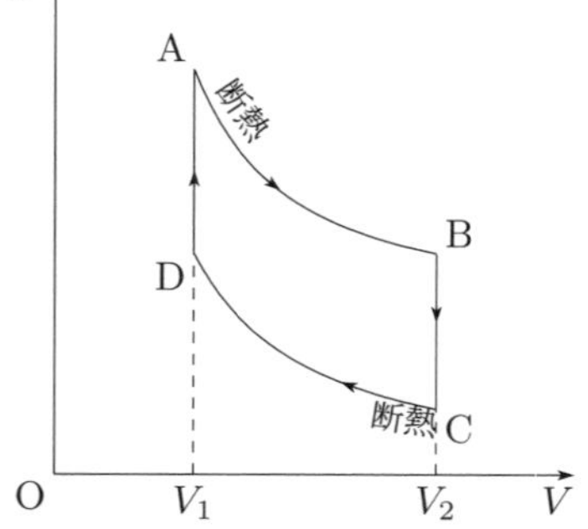


[*10] この問は，後のクラウジウスの不等式を用いるほうが比較的簡単に解ける．

[*11] ガソリンエンジンの熱力学的モデルとされるサイクルである．C → D が可燃性混合気の圧縮，D → A が燃焼，A → B が膨張，B → C が排気・吸気に対応する．

(3) Poisson の関係式を用い，$T_\mathrm{B}-T_\mathrm{C}=\left(\dfrac{V_1}{V_2}\right)^{\gamma-1}(T_\mathrm{A}-T_\mathrm{D})$ を示せ．

(4) このサイクルの熱効率を，圧縮比 $\varepsilon=\dfrac{V_2}{V_1}$ を用いて表せ．

(5) このサイクルにおける，最高温度 $T_H$ と最低温度 $T_L$ は，どの状態での温度か答えよ．

(6) このサイクルの熱効率 $\eta_\mathrm{o}$ が，$T_H, T_L$ の熱源で動作するカルノーサイクルの効率 $\eta_\mathrm{c}$ よりも小さいことを示せ．

〔答：(1)$Q_\mathrm{BC}=C_V(T_\mathrm{B}-T_\mathrm{C}), Q_\mathrm{DA}=C_V(T_\mathrm{A}-T_\mathrm{D})$, (2)$\eta_\mathrm{o}=1-\dfrac{T_\mathrm{B}-T_\mathrm{C}}{T_\mathrm{A}-T_\mathrm{D}}$, (4)$\eta_\mathrm{o}=1-\varepsilon^{1-\gamma}$〕

【問 69】 熱容量 $C_V, C_P$ が一定の理想気体を，図のような，2つの断熱準静的過程と，等圧過程，等積過程によって作られるサイクル（ディーゼルサイクル*12）を考える．以下の問いに答えよ．ただし $\gamma=\dfrac{c_P}{c_V}$ を比熱比とする．

(1) 等積過程 B → C における放熱量 $Q_\mathrm{BC}$，等圧過程 D → A における，吸熱量 $Q_\mathrm{DA}$ を，各状態での温度 $T_\mathrm{A}, T_\mathrm{B}, T_\mathrm{C}, T_\mathrm{D}$ を用いて表せ．ただし，外圧のする仕事のほかに仕事はないものとする．

(2) このサイクルの熱効率 $\eta_\mathrm{d}$ を，各状態での温度を用いて表せ．

(3) Poisson の関係式を用い，

$$T_\mathrm{B}-T_\mathrm{C}=\left(\frac{V_1}{V_3}\right)^{\gamma-1}\left(\left(\frac{V_2}{V_1}\right)^{\gamma-1}T_\mathrm{A}-T_\mathrm{D}\right)$$ を示せ．

(4) このサイクルの熱効率を，圧縮比 $\varepsilon=\dfrac{V_3}{V_1}$，締切比 $\sigma=\dfrac{V_2}{V_1}$ を用いて表せ．

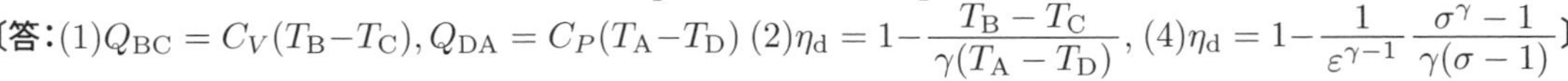
〔答：(1)$Q_\mathrm{BC}=C_V(T_\mathrm{B}-T_\mathrm{C}), Q_\mathrm{DA}=C_P(T_\mathrm{A}-T_\mathrm{D})$ (2)$\eta_\mathrm{d}=1-\dfrac{T_\mathrm{B}-T_\mathrm{C}}{\gamma(T_\mathrm{A}-T_\mathrm{D})}$, (4)$\eta_\mathrm{d}=1-\dfrac{1}{\varepsilon^{\gamma-1}}\dfrac{\sigma^\gamma-1}{\gamma(\sigma-1)}$〕

### 8.3.3 冷却機・暖房機

**冷房機・暖房機の動作係数（成績係数）**

冷房機や暖房機は力学的な仕事 $W$（電力等）を用いて，熱 $Q$ を取り去る，あるいは与えるものである．それらのはたらきは，単位仕事あたりの取り去った（与えた）熱量として，動作係数（成績係数：Coefficient Of Performance）

$$\mathrm{COP}=\frac{Q}{W}$$

で表す．冷房機の場合は，低温環境から奪った熱量 $Q_L$ を，暖房機の場合は，高温環境に与える熱量 $Q_H$ を $Q$ として，それぞれの COP と定義する．

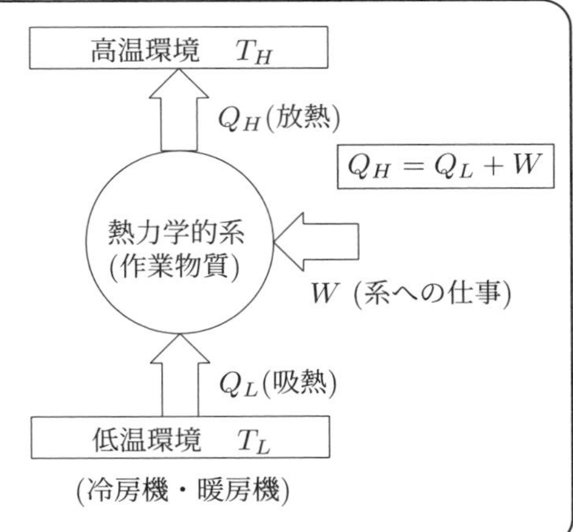

(冷房機・暖房機)

*12 ディーゼルエンジンの熱力学的モデルとされるサイクルである．C → D が空気の圧縮，D → A が燃料噴射と燃焼，A → B が膨張，B → C が排気である．

**【例題】** ある冷房機を，$T_H = 34°\mathrm{C}$ の外気温度，$T_L = 27°\mathrm{C}$ の屋内温度で運転すると，消費電力が $W = 800\ \mathrm{W}$ で，冷房熱量が $Q_L = 4.2\ \mathrm{kW}$ であるという．この冷房機の COP を計算せよ．また，同じ条件での，カルノーの逆サイクルで作られた冷房機の $\mathrm{COP}_{\mathcal{C}}$ を計算し，比較せよ．

---

**《解答例》**

$$\text{冷房機の COP} = \frac{4200}{800} = 5.25.$$

カルノーの逆サイクルでは（【問 70】参照）

$$\mathrm{COP}_{\mathcal{C}} = \frac{T_L}{T_H - T_L} = \frac{27+273}{7} = 42.85\cdots = 42.9.$$

カルノー逆サイクルの性能は，およそ 8 倍となる． ■

**【問 70】** 系に力学的仕事 $W$ を投入して，温度 $T_L$ の低温環境から熱 $Q_L$ を取り出し，温度 $T_H$ の高温環境に $Q_H = Q_L + W$ の熱を放出させるサイクル $\mathcal{Z}$ 用いた冷房機を考える．

(1) カルノーの逆サイクルを冷房機と考えるとき，成績係数は $\mathrm{COP}_{\mathcal{C}} = \dfrac{T_L}{T_H - T_L}$ になることを示せ．

(2) 放出する熱が $Q_L$ であるようなカルノーサイクルを，冷房サイクル $\mathcal{Z}$ と連動することで，温度 $T_H$ の等温環境下のサイクルが得られる．$Q'_H$ をカルノーサイクルの吸熱量とするとき，トムソンの原理を用いて $Q_H \geq Q'_H$ を示せ．

(3) $\mathrm{COP}_{\mathcal{Z}} \leq \mathrm{COP}_{\mathcal{C}}$，すなわち，カルノーの逆サイクルによる冷房機の成績係数が最も大きいことを示せ．

**【問 71】** 低温に保つ場所の温度を $T_L$, 熱を放出する環境の温度を $T_H$ として，カルノーの逆サイクルを冷房装置として用いる．

(1) この冷房装置を用いて，外気温 $T_H = 35°\mathrm{C}$ の中で，部屋の気温を $T_L = 27°\mathrm{C}$ に維持するのに，100W の電力を使用していたとする．この冷房装置が単位時間当たりに取り去る熱量を求めよ．

(2) 外気温が $T_H = 38°\mathrm{C}$ になったとき，部屋の気温を $T_L = 27°\mathrm{C}$ に維持するために必要な電力を求めよ．ただし，室外から部屋内に流れ込む熱量は温度差に比例するとせよ*13．〔**答：**(1)3.75 kW, (2)189 W〕

**【問 72】** 高温に保つ場所の温度を $T_H$, 熱を奪う環境の温度を $T_L$ として，熱力学系を利用したサイクルを暖房装置として用いる．

(1) カルノーの逆サイクルを利用した暖房装置の動作係数 $\mathrm{COP}_{\mathcal{C}}$ を求めよ．

(2) 一般の熱力学的サイクルを利用した暖房装置の動作係数が，$\mathrm{COP}_{\mathcal{C}}$ よりも小さいことを示せ．

**【問 73】** ガスヒートポンプとは，電気エネルギーの代わりに都市ガスの燃焼のエネルギーを用いてコンプレッサーを動かす暖房機器*14である．

都市ガスの燃焼温度は $T_\mathrm{s} = 1000°\mathrm{C}$ で，この熱源から単位時間当たり 1 kW の熱エネルギーを得られるとしてガスヒートポンプを動作させて，外気温 $T_\mathrm{e} = 0°\mathrm{C}$ の中，部屋の温度を $T_\mathrm{r} = 18°\mathrm{C}$ に保つことを考える．

(1) コンプレッサーに与える単位時間あたりのエネルギー $E$ は，$T_\mathrm{s}, T_\mathrm{e}$ で動作するカルノーサイクルのする仕事に等しいとする．$E$ を求めよ．

(2) コンプレッサーによる暖房能力が，カルノーの逆サイクルのものと等しいとする．部屋に供給する，単位時間当たりの熱量 $Q_\mathrm{r}$ を求めよ．

(3) ガス燃焼の熱を直接に部屋に与える場合と比べて，このガスヒートポンプの効率は何倍になるか．

〔**答：**(1)786 W, (2)12.7 kW, (3)12.7 倍〕

**【問 74】** 低温熱源から，高温熱源に熱をそのまま移動させるだけで，ほかに仕事を受け取らないヒートポンプ（サイクル）は存在しないことを示せ．

---

*13 熱伝導に関するフーリエの法則

*14 もちろん冷房もできる

# 8.4　エントロピー

## 8.4.1　エントロピー

**エントロピーと，その基本性質**

準静的な状態変化 A $\to$ B があるとき，系に与えられる力学的な微小仕事 $w$ は，体積 $V$ の変化を伴う仕事，$w = -PdV$ として与えられる[a]．一方，そのとき系に与えられる微小熱 $q$ は，第一法則によって $q = \mathrm{d}U - w = \mathrm{d}U + P\mathrm{d}V$ に等しいが，これが，体積とは別の示量性変数– $S$ – の変化を伴って系に与えられると考えることができる．この**準静的過程における熱のやりとりに関わる変数** $S$ を，系の**エントロピー**とよぶ．

**■エントロピーは以下の性質を満たす様に定義される：**

(i) 状態 A，B が**断熱準静的過程**で結ばれるとき，エントロピーは等しい：$S_\mathrm{A} = S_\mathrm{B}$.

(ii) 状態 A，B が**等温準静的過程**で結ばれるとき，$S_\mathrm{B} - S_\mathrm{A} = \dfrac{Q}{T}$．ここで $T$ は系の温度，$Q$ は等温準静的過程 A $\to$ B の間に得る熱量，すなわち $Q = U_\mathrm{B} - U_\mathrm{A} - W$ で，ここで $W$ は等温準静的過程で系の得る仕事を表す．

**■エントロピーの性質**

- エントロピーは示量性の状態量である．
- エントロピーは温度 $T$ に関する増加関数である．すなわち，体積 $V$, 物質量 $n$ が等しい場合，温度 $T$ が高い方がエントロピーも大きい：

$$S(T; V, n) < S(T'; V, n) \qquad (T < T'). \tag{8.20}$$

- 定積熱容量とエントロピーの間に

$$C_V = T\left(\frac{\partial S}{\partial T}\right)_V \tag{8.21}$$

の関係が成り立つ．【問 85】

- 定圧熱容量とエントロピーの間に

$$C_P = T\left(\frac{\partial S}{\partial T}\right)_P \tag{8.22}$$

の関係が成り立つ．

- **等積でのエントロピー変化**：A $= (T_\mathrm{A}, V)$ と B $= (T_\mathrm{B}, V)$ でのエントロピーの差は (8.21) から

$$S_\mathrm{B} - S_\mathrm{A} = \int_{T_\mathrm{A}}^{T_\mathrm{B}} \frac{C_V}{T}\mathrm{d}T. \tag{8.23}$$

- **等圧でのエントロピー変化**：A $= (T_\mathrm{A}, P)$ と B $= (T_\mathrm{B}, P)$ でのエントロピーの差は (8.22) から

$$S_\mathrm{B} - S_\mathrm{A} = \int_{T_\mathrm{A}}^{T_\mathrm{B}} \frac{C_P}{T}\mathrm{d}T. \tag{8.24}$$

- ***U* の $S, V$ 依存性**（熱力学の第一法則の状態変数による表示【問 87】）：

$$\mathrm{d}U = T\mathrm{d}S - P\mathrm{d}V. \tag{8.25}$$

[a] $V$ とは別に系の示量変数 $X$ が存在し，$X$ の変化に伴った微小仕事 $j\mathrm{d}X$ があるときは，それも $w$ に含めて考える

**【例題】** 定積熱容量 $C_V$ が定数である気体が，容積が $V$ の容器に充填されている．この気体の温度を $T_1$ から $T_2$ に，以下の方法で変化させるとき，それぞれのエントロピーの変化量を求めよ．

(A) 温度 $T_2$ の熱源に接触させる．　　(B) 気体を（羽根車などを利用して）攪拌する．

---

**《解答例》**

エントロピーは状態量だから，変化の方法によらず，始状態 $(T_1, V)$ と終状態 $(T_2, V)$ のみで決まる．つまり (A), (B) のどちらの方法でも同じ結果となる．

$V$ が変化しないので，等積でのエントロピーの変化 (8.23)より，

$$S(T_2, V) - S(T_1, V) = \int_{T_1}^{T_2} \frac{C_V}{T} \mathrm{d}T = C_V \Big[\log T\Big]_{T_1}^{T_2} = C_V \log \frac{T_2}{T_1}.$$

■

**【問 75】** エントロピーは示量性であることを示せ．

**【問 76】** 100 g のヘリウムを 1 atm の環境下で，20 °C から 50 °C まで加熱した．エントロピーの変化量を求めよ．ただしヘリウムの定圧モル比熱を $\frac{5}{2}R$ とする．〔**答**：51 J/K〕

**【問 77】** 1 atm における鉄の比熱は 0 °C において，0.437 J/(g · K) である．比熱が温度によらず一定であると仮定して，鉄 50 g の温度が 0 °C から 50 °C まで上昇するときに増加するエントロピーを求めよ．〔**答**：3.7 J/K〕

**【問 78】** $O_2$ の 圧力 1 atm，温度 $T$ [K] における定圧モル比熱の推定式は，270K から 500K の間では，$c_P = 26.7 + 0.009T$ で与えられるという．1 atm の環境下で，300 K から 400 K まで加熱したとき，1 mol あたりのエントロピーの変化量を求めよ．〔**答**：8.58 J/K〕

**【問 79】** ある純物質の気相と液相の相転移が，温度 $T$, 圧力 $P$ で生ずるとする．温度 $T$ におけるこの物質の気相のエントロピー $S_{\mathrm{G}}$ と，液相のエントロピー $S_{\mathrm{L}}$ の差は $\dfrac{\Delta H_{\mathrm{vap}}}{T}$ に等しいことを示せ．ここで $\Delta H_{\mathrm{vap}}$ は蒸発のエンタルピー（蒸発熱）である．

**理想気体のエントロピー**

定積比熱 $c_V$ が一定の理想気体のエントロピーは

$$S(T, V, n) = nS_0 + nR \log\left(\left(\frac{T}{T_0}\right)^{c_v/R} \frac{V}{nV_0}\right) \tag{8.26}$$

となる．ここで $S_0$ は 1 mol における，任意に設定した基準温度，体積におけるエントロピーを表す：$S_0 = S(T_0, V_0, 1)$.

**【問 80】** 1 mol の理想気体のエントロピーの変化量が

$$\Delta S = S(T_2, V_2) - S(T_1, V_1) = R \log\left(\left(\frac{T_2}{T_1}\right)^{c_v/R} \frac{V_2}{V_1}\right). \tag{8.27}$$

となることを，以下の手順で示せ．

(1) 温度 $T$ で，体積が $V$ から $V'$ に等温準静的過程変化するときのエントロピーの変化を求めよ．

(2) 断熱準静的過程ではエントロピーが変化しないことを利用して，温度 $T_2$ で，$(T_1, V_1)$ のときのエントロピーと等しい値を持つときの体積 $V_3$ を求めよ．

(3) 断熱準静的過程 $(T_1, V_1) \to (T_2, V_3)$ と 等温準静的過程 $(T_2, V_3) \to (T_2, V_2)$ を組み合わせることで，(8.27)を導け．

【問 81】 前問の結果 (8.27)を利用して，(8.26)を証明せよ．(Hint: エントロピーの示量性：$S(T,V,n) = nS(T,V/n,1)$ を利用せよ)

【問 82】 理想気体の断熱自由膨張では，体積が $V_1$ から $V_2$ まで膨張して，温度 $T$ は変化しない．この過程における，$n$ mol の理想気体のエントロピーの変化量 $\Delta S$ を求めよ．〔**答**：$\Delta S = nR\log\dfrac{V_2}{V_1}$〕

【問 83】 【問 82】によると，$\Delta S = nR\log\dfrac{V_2}{V_1} \neq 0$ であるが，理想気体の断熱自由膨張では，$T$ は一定で，吸熱量 $Q = 0$ なので $\Delta S = \dfrac{Q}{T} = 0$ となってしまい，結果が異なる．これは何を間違えているのだろうか？

【問 84】 右図のように，状態 A と状態 B を，等温準静的過程と断熱準静的過程でつなぐ，2 通りの過程 A → C → B と A → $D_1$ → $D_2$ → $D_3$ → B を考える．
このとき

$$\frac{Q}{T} = \frac{Q_1}{T} + \frac{Q_2}{T'}$$

が成り立つことを示せ．ここで $T, T'$ はそれぞれ等温過程 A → C, $D_2$ → $D_3$ における温度，$Q$, $Q_1$, $Q_2$ は等温過程 A → C, A → $D_1$, $D_2$ → $D_3$ における吸熱量を表す．

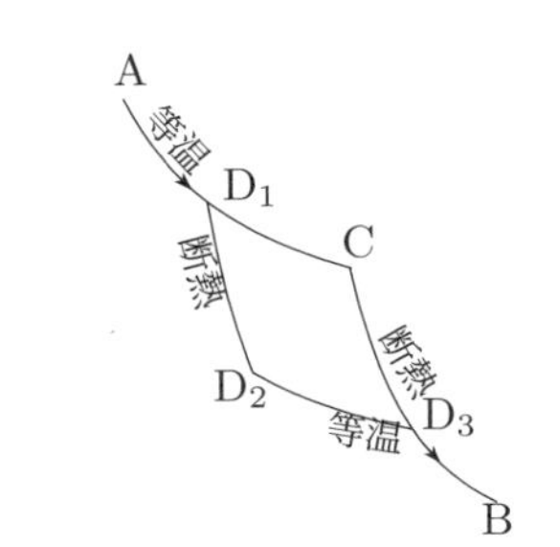


また，この結果を用いて，状態 A, B 間のエントロピー変化量は，それらを結ぶ等温準静的過程と断熱準静的過程の選び方によらないことを示せ．(Hint: 過程 $D_1$ → C → $D_3$ → $D_2$ → $D_1$ はカルノーサイクルであることに注意して，カルノーの定理を用いよ)

【問 85】 エントロピーが温度 $T$ に関する増加関数であること，および $U$, $S$ が $T$ について偏微分可能なとき

$$\left(\frac{\partial S}{\partial T}\right)_V = \frac{1}{T}\left(\frac{\partial U}{\partial T}\right)_V \left(= \frac{C_V}{T}\right) \tag{8.28}$$

が成り立つことを，以下の手順に従って示せ：

任意の $\Delta T > 0$ に対し，状態 $A(T,V)$, $B(T,V')$, $C(T+\Delta T, V)$, $D(T+\Delta T, V'')$ とおく．ただし $V'$, $V''$ は，B → C および D → A が断熱準静的過程にできるように選ぶ．

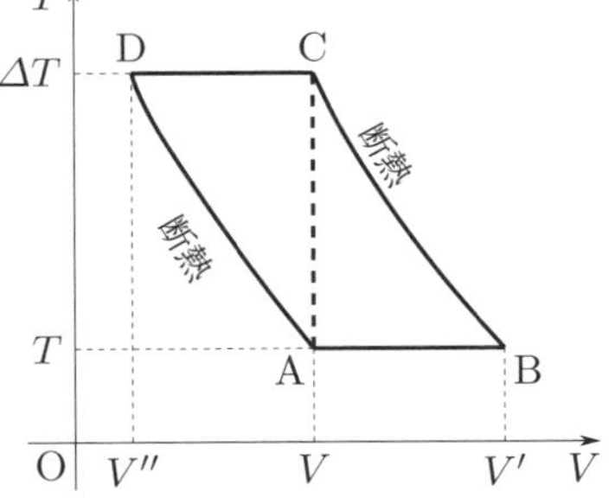


(1) 等温準静的過程 A → B，断熱準静的過程 B → C，体積を一定に保ちながら，温度 $T$ の熱源と接触させる状態変化 C → A からなるサイクル $\mathcal{Z}_1$ によって，系が外界にする仕事は

$$L_{\mathcal{Z}_1} = T(S_C - S_A) - (U_C - U_A)$$

となることを示せ．

(2) 体積を一定に保ちながら，温度 $T + \Delta T$ の熱源と接触させる状態変化 A → C，等温準静的過程 C → D，断熱準静的過程 D → A からなるサイクル $\mathcal{Z}_2$ によって，系が外界にする仕事は

$$L_{\mathcal{Z}_2} = (T+\Delta T)(S_A - S_C) - (U_A - U_C)$$

となることを示せ．

(3) $\mathcal{Z}_1$, $\mathcal{Z}_2$ が，それぞれ温度 $T$, $T+\Delta T$ の等温環境下のサイクルであることに注意して，

$$\frac{1}{T+\Delta T}(U(T+\Delta T,V) - U(T,V)) \le S(T+\Delta T,V) - S(T,V) \le \frac{1}{T}(U(T+\Delta T,V) - U(T,V))$$

が成り立つことを示せ．

(4) $S$ の $T$ に関する増加性と，(8.28) を示せ．

【問 86】 (8.28)を用いて，$\left(\frac{\partial U}{\partial S}\right)_V = T$ が成り立つことを示せ.

【問 87】 前問の結果と熱力学の第一法則を用いて，関係式 (8.25) $\mathrm{d}U = T\mathrm{d}S - P\mathrm{d}V$ が成り立つことを示せ.

**エントロピー原理**

任意の状態 A と状態 B に対し，

$$S_A \leq S_B \Longleftrightarrow \text{状態 A から状態 B へ，断熱変化させることができる} \tag{8.29}$$

**■エントロピー増大則** 断熱系においては，そのエントロピーは必ず増加する[a]

[a] 「非減少」というほうが正確．この命題は，「断熱系（ゆえに孤立系も含む）の自発的な状態変化では，必ずエントロピーが増加する」という，より弱い形で述べられることが多い．

**【例題】** 1 mol のヘリウムを，定積比熱 $c_V = \frac{3}{2}R$ である理想気体とみなすとき，以下の状態変化を，断熱的（＝仕事のみによる状態変化）に可能かどうかを，それぞれ調べよ.

(A) $(T, V) \to (T', V)$ ただし $T' < T$.
(B) $(T, V) \to (T/2, 4V)$.

---

**《解答例》**

1 mol の理想気体のエントロピーの変化量を与える式 (8.27)と，エントロピー原理を用いる.

(A) $\Delta S = R\log\left(\left(\frac{T'}{T}\right)^{3/2}\right) < 0$ ($T' < T$ より)．この変化ではエントロピーは減少するから，断熱的には不可能.

(B) $\Delta S = R\log\left(\left(\frac{T/2}{T}\right)^{3/2}\frac{4V}{V}\right) = \frac{1}{2}R\log 2 > 0$．この変化ではエントロピーが増大するので，断熱的に可能.

（注：断熱膨張によって温度が下げられることは，定性的には比較的容易に言えることだが，エントロピーを用いると定量的に議論ができる．もし $c_V = \frac{5}{2}R$ であるような理想気体の場合では，(B) の変化も断熱的には不可能である.） ■

【問 88】 プランクの原理をエントロピー原理を用いて示せ.

【問 89】 【問 82】の結果とエントロピー原理を利用して，断熱的に等温圧縮することは不可能であることを示せ.

【問 90】 エントロピー原理を証明せよ．(Hint: エントロピーは $T$ に関する増加関数であることと，断熱準静変化で不変であることを用いよ)

### 8.4.2 クラウジウスの不等式

**クラウジウスの不等式とエントロピー生成**

系が状態 A から状態 B へ変化する間に，$n$ 個の温度 $T_i$ の熱源から熱 $Q_i$ を得たとする．このとき**クラウジウスの不等式**

$$\sum_{i=1}^{n} \frac{Q_i}{T_i} \leq S_{\mathrm{B}} - S_{\mathrm{A}} \tag{8.30}$$

が成立する．等号は，状態 A から B への変化が準静的過程であるときに限る．

■**エントロピー生成**　クラウジウスの不等式より，

$$S_{\mathrm{gen}} = S_{\mathrm{B}} - S_{\mathrm{A}} - \sum_{i=1}^{n} \frac{Q_i}{T_i} \tag{8.31}$$

は必ず正で，過程が準静的であるとき 0 になる．$S_{\mathrm{gen}}$ を過程 A → B に関する**エントロピー生成**という[a]．

[a] 温度 $T_i$ の環境が「失った」エントロピーが $\sum_{i=1}^{n} \frac{Q_i}{T_i}$ で，そのとき系の得たエントロピーは $S_{\mathrm{B}} - S_{\mathrm{A}}$ だから，環境と系を合わせたエントロピーは，$S_{\mathrm{gen}}$ だけ増加したと考えることができる．これがこの語の由来である．

【問 91】 等温環境下における状態変化にともなう，外への仕事 $L$ が最大であることと，エントロピー生成がゼロであることが同値なことを示せ．

【問 92】 温度 $T$ の環境下で，1 mol の理想気体を $V_1 \to V_2$ と膨張させることによって，外部に $L$ の仕事をした．この過程におけるエントロピー生成 $S_{\mathrm{gen}}$ を求めよ．($V_1 < V_2$ とする) 〔**答：**$S_{\mathrm{gen}} = R \log \frac{V_2}{V_1} - \frac{L}{T}$〕

【問 93】 クラウジウスの不等式を用いて，温度 $T$ の環境下で，$n$ mol の理想気体を $V_1 \to V_2$ と膨張させたときの，この気体のする仕事 $L$ の上限を求めよ． 〔**答：**$L \leq nRT \log \frac{V_2}{V_1}$〕

【問 94】 27 °C における，水素の燃焼反応 $2\mathrm{H_2(g)} + \mathrm{O_2(g)} \to 2\mathrm{H_2O(l)}$ では，1 mol あたりのエントロピー変化は $\Delta s = -327$ J/(K · mol) のように負の値，つまりエントロピーが減少していることが知られている．一見エントロピー原理に矛盾しているように見えるこの事実を，クラウジウスの不等式を用いて正しく説明せよ．なお，この反応における発熱量は 572 kJ/mol であることが知られている．

【問 95】 熱力学的系が，状態 A から状態 B まで変化する間に，一定温度 $T$ の熱源から熱 $Q$ を得るとき，不等式[*15]

$$\frac{Q}{T} \leq S_{\mathrm{B}} - S_{\mathrm{A}} \tag{8.32}$$

が成り立つことを，以下の手順に従って示せ．

(1) 準静的過程 $\mathrm{A}(T_{\mathrm{A}}, V_{\mathrm{A}}) \to \mathrm{B}(T_{\mathrm{B}}, V_{\mathrm{B}})$ を，断熱準静的過程と，温度 $T$ の等温準静的過程を組み合わせて構成し，この過程で得る熱を $Q'$ とすれば，$Q \leq Q'$ が成り立つことを示せ．(【問 59】も参照せよ)

(2) エントロピーの定義に注意して，(8.32)が成立することを示せ．

【問 96】 様々な温度の熱源と熱のやりとりをするサイクルを考える．熱源のうち最も高い温度を $T_H$，低い温度を $T_L$ とするとき，このサイクルの効率 $\eta$ はカルノーサイクルの効率 $\eta_C = 1 - \frac{T_L}{T_H}$ を超えないことを示

[*15] クラウジウスの不等式の，最も基本的なものである

せ．（Hint: 1 サイクルで，系が熱源 $T_1, T_2, \cdots, T_k$ から得る熱を $Q_1, Q_2, \cdots, Q_k$，系が熱源 $t_1, t_2, \cdots, t_l$ から放出する熱を $q_1, q_2, \cdots, q_l$ おくとき，クラウジウスの不等式を利用して，

$$\frac{1}{T_H}(Q_1 + Q_2 + \cdots + Q_k) \leq \frac{1}{T_L}(q_1 + q_2 + \cdots + q_l)$$

が成り立つことを示せ．）

### 8.4.3　複合系のエントロピー

**複合系のエントロピー**

互いに孤立系で，各々が熱平衡状態にある $n$ 個の系 $\mathrm{A}_1(T_1, V_1), \mathrm{A}_2(T_2, V_2), \cdots, \mathrm{A}_n(T_n, V_n)$ を，まとめて一つの系と考えるとき，**局所平衡状態**にある**複合系**といい，$(\mathrm{A}_1|\mathrm{A}_2|\cdots|\mathrm{A}_n)$ のように表す．

**■複合系に対するエントロピー**　各々の系のエントロピーの和と定める：

$$S(\mathrm{A}_1|\mathrm{A}_2|\cdots|\mathrm{A}_n) = S(\mathrm{A}_1) + S(\mathrm{A}_2) + \cdots + S(\mathrm{A}_n).$$

複合系においても，エントロピー原理が成立する．特に平衡状態にあるときはエントロピーが最大になるので，

$$\mathrm{d}S = \mathrm{d}S(\mathrm{A}_1) + \mathrm{d}S(\mathrm{A}_2) + \cdots + \mathrm{d}S(\mathrm{A}_n) = 0$$

をみたす[a]．

[a] 状態の仮想変分を用いて，『平衡状態は $\delta S < 0$ を満たす』という言い方で表すことが多い．この表現の方が，系の安定性も表すことができるので優れているが，新たに用語の定義が必要なので，上のような表現とした．

【問 97】 体積が変化しない，温度の異なる 2 つの系 A, B を熱的に接触させ，外界から孤立させると，しばらくの後 A, B は熱平衡状態になった．このとき，A, B の温度は一致することを，エントロピーの極大性から示せ．

【問 98】 各々の温度が $T_1$, $T_2$ $(T_1 > T_2)$ で，熱容量が定数 $C$ の 2 つの固体を接触させ，断熱壁で囲んで放置したら，同じ温度 $T_f$ になって平衡状態となった．接触による状態変化で固体の体積は変化しないとして，以下の問いに答えよ．

(1) $T_f$ を求めよ．

(2) これら 2 つの固体を複合系とみなして，接触前後のエントロピーの変化量を求めよ．

(3) この変化の逆を断熱的に実現することは不可能であることを，エントロピー原理を用いて示せ．

【問 99】 図のような仕切りで区切られた断熱容器内に，温度 $T$ と圧力 $P$ が等しい，体積，物質量 $V_\mathrm{A}$, $n_\mathrm{A}$ の理想気体 A と，$V_\mathrm{B}$, $n_\mathrm{B}$ の理想気体 B とが入っている．この仕切りを取り去って，気体を混ざり合わせる操作を考える，以下の問いに答えよ．なお，理想気体の混合の際には，互いの気体の間で仕事はしないものと仮定する．

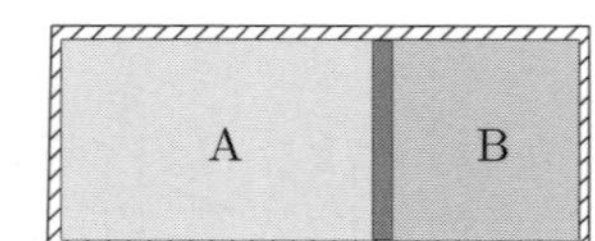


(1) 混合後の熱平衡状態で，温度は $T$ になることを示せ．

(2) 混合後の熱平衡状態で，圧力は $P$ になることを示せ．

(3) この混合でのエントロピーの変化量 $\Delta S$ を求め，この変化の逆を断熱的に実現することは不可能であることを示せ．

〔**答：**$\Delta S = -R(n_\mathrm{A} \log x_\mathrm{A} + n_\mathrm{B} \log x_\mathrm{B})$ ただし $x_\mathrm{A}$, $x_\mathrm{B}$ はモル分率 $x_\mathrm{A} = \dfrac{n_\mathrm{A}}{n_\mathrm{A} + n_\mathrm{B}}$，$x_\mathrm{B} = \dfrac{n_\mathrm{B}}{n_\mathrm{A} + n_\mathrm{B}}$〕

【問 100】 図のように，断熱壁で囲まれた熱容量 $C_0$ が定数の固体と，物質量が $n$ である定積比熱一定の理想気体からなる複合系を考える．固体の体積は不変であるとし，固体と理想気体は熱が自由に移動できるように接触し，共通の温度 $T$ を持つとする．また，理想気体の体積はピストンを操作することで自由に変えることができるものとする．

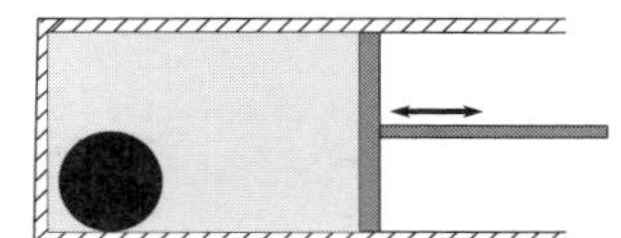

断熱的な操作によって，この固体の温度を下げられることを，以下の手順で示せ．

(1) 温度を $T$, 理想気体の体積を $V$ とするとき，この複合系のエントロピーが

$$S(T,V) = nR\log\left(T^{(c_V+c')/R}Vn^{-1}\right) + S_0$$

と表せることを示せ．ここで $S_0$ は（エントロピーの基準による）適当な定数で，$c' = \dfrac{C_0}{n}$ である．

(2) $T' < T$ に対して，$V' \geq \left(\dfrac{T}{T'}\right)^{(c_V+c')/R} V$ を満たせば，$S(T,V) < S(T',V')$ となることを示せ．

(3) エントロピー原理を用い，断熱操作で温度が下げられることを示せ．

## 8.5 熱力学的ポテンシャルとその性質

**ヘルムホルツの自由エネルギー**

$U$ を内部エネルギー，$T$ を温度，$S$ をエントロピーとするとき，

$$F = U - TS \tag{8.33}$$

をヘルムホルツの自由エネルギー[a]という．

**■ヘルムホルツの自由エネルギーの性質**

- 任意の**等温環境下の変化** $\mathcal{P}$: A $\to$ B において系が外にする仕事 $L$ はヘルムホルツの自由エネルギーの減少量以下である：

$$L \leq -\Delta F = F_{\mathrm{A}} - F_{\mathrm{B}} \tag{8.34}$$

特に，$\mathcal{P}$ が等温準静的過程であれば等号が成立する．よって $F$ によって，等温環境下の変化における最大仕事を表すことができる．

- 等温環境下で，外界との仕事のやりとりの無いような，任意の状態変化 A $\to$ B に対し，

$$\Delta F \leq 0 \tag{8.35}$$

が成り立つ（等号は準静的等温等圧過程のとき成立する）．特にこの条件下で熱平衡状態にあるとき，ヘルムホルツの自由エネルギーは最小値をとる．

[a] 単に自由エネルギーと呼ばれることが多い

**【例題】** 等温環境下の変化 A $\to$ B で系が外にする仕事 $L$ に関する不等式 (8.34)を示せ．

**《解答例》**

温度 $T$ の等温環境下の変化 $\mathcal{P}$: A $\to$ B で系が得る熱を $Q$ とすると，クラウジウスの不等式 $\dfrac{Q}{T} \leq \Delta S$ より

$$Q \leq T\Delta S.$$

が成り立つ．等号は $\mathcal{P}$ が等温準静的過程のとき成立する，これに熱力学の第一法則 $Q = \Delta U + L$ を代入すると

$$\Delta U + L \leq T\Delta S$$

これより

$$L \leq -(\Delta U - T\Delta S) = -\Delta(U - TS) = -\Delta F.$$

となって，(8.34)を得る．なお，二番目の等式は，状態 A, B において温度が $T$ であることから，$\Delta(TS) = T_{\mathrm{B}}S_{\mathrm{B}} - T_{\mathrm{A}}S_{\mathrm{A}} = T(S_{\mathrm{B}} - S_{\mathrm{A}}) = T\Delta S$ であることを用いた．■

【問 101】 等温環境下の変化で，仕事をしない系に対する不等式 (8.35)を示せ．

【問 102】 等温環境下の変化で，かつ定積変化であるとき，$\Delta F \leq 0$ が成り立つことを示せ．ただし，外圧による仕事以外は存在しないものとする．

**ギブズの自由エネルギー**

$F$ をヘルムホルツの自由エネルギー，$P$ を圧力 $V$ を体積とするとき，

$$G = F + PV \tag{8.36}$$

をギブズの自由エネルギー[a]という．

**■ギブズの自由エネルギーの性質**

- 任意の**等温・等圧環境下の変化** $\mathcal{P}$: A $\to$ B において，系が外にする体積変化以外の仕事 $L'$ はギブズの自由エネルギーの減少量以下である：

$$L' \leq -\Delta G = G_{\mathrm{A}} - G_{\mathrm{B}} \tag{8.37}$$

特に，$\mathcal{P}$ が等温・等圧準静的過程であれば等号が成立する．よって $G$ によって，等温・等圧環境下の変化における最大仕事を表すことができる．

- 等温等圧環境下で，外界との体積変化以外の仕事のやりとりの無いような，任意の状態変化 A $\to$ B に対し，

$$\Delta G \leq 0 \tag{8.38}$$

が成り立つ（等号は準静的等温等圧過程のとき成立する）．特にこの条件下で熱平衡状態にあるとき，ギブズの自由エネルギーは最小値をとる．

[a] 単にギブズエネルギーと呼ばれることが多い

【問 103】 等温・等圧環境下の変化で系が外にする，体積変化以外の仕事 $L'$ が満たす不等式 (8.37)を示せ．

【問 104】 等温・等圧環境下の変化で，体積変化以外の仕事をしない系に対する不等式 (8.38)を示せ．

【問 105】 ある相転移点 $(T, P)$ で相転移を起こしているとき，$G$ は変化しないことを示せ．

# 第III部

# 振動・波動

# 第9章

# 振動

## 9.1 単振動・減衰振動と斉次線形微分方程式

### 9.1.1 フックの法則に従う復元力・粘性抵抗力が働く物体の運動方程式

**ばねの復元力のみが働く運動–単振動**

ばねの復元力 $-kx$ のように，変位 $x$ に比例し逆向きに作用する力を**フックの法則に従う復元力**という．この力のみが作用する質量 $m$ の質点の運動方程式は

$$m\frac{\mathrm{d}^2x}{\mathrm{d}t^2} = -kx \tag{9.1}$$

となるが，この方程式は未知関数 $x$ について2階までの微分を含み，$x$ について斉次線形（$x$ の一次式のみでできている）[a]なので，**2階斉次線形微分方程式**と分類される微分方程式である．この微分方程式の解のうち，あらかじめ与えられた初期条件（初期位置・初速度）を満たすようなものは，ただ一つ定まり，実際の運動を表すことになる．このような運動方程式の解を初期条件をみたす**特解**と呼ぶ．

2章2.4.3で述べたように，(9.1) の解は振幅 $A$, 初期位相 $\theta_0$ を任意定数とする，角振動数 $\omega_0 = \sqrt{\dfrac{k}{m}}$ の単振動 (1.4)

$$x = A\sin(\omega_0 t + \theta_0) \tag{9.2}$$

の形で与えられるが，この表式は微分方程式 (9.1)の**一般解**と呼ばれる．ただし，任意定数の取り方によって一般解は異なる表示を持つことに注意せよ．

[a] 線形とは「一次関数」と同じ意味で，斉次（せいじ）は一次のみ，つまり $x$ を含まない「定数項」が無いことを意味する．なお，定数 $a, b$ に対し，$\dfrac{\mathrm{d}}{\mathrm{d}t}(ax_1 + bx_2) = a\dfrac{\mathrm{d}x_1}{\mathrm{d}t} + b\dfrac{\mathrm{d}x_2}{\mathrm{d}t}$ なので，微分演算は線形となる．

**【例題】** 運動方程式が $\ddot{x} = -4x$ となるような質点について，この方程式の特解であるものを以下から選べ．

(1) $x(t) = t + 1$　(2) $x(t) = 3\cos(2t) - \sin(2t)$　(3) $x(t) = \sin\left(2t + \dfrac{\pi}{3}\right)$

---

**《解答例》**

与えられた関数が微分方程式の解であるか否かを確かめるためには，実際にその関数の式を微分方程式の左辺と右辺に代入して，恒等的に等しくなるかどうかをチェックすれば良い．勿論，左辺と右辺が等しければ解であり，等しくなければ解ではない．

(1) $x(t) = t + 1$ のとき微分方程式 $\ddot{x}(t) = -4x(t)$ の両辺を計算すると

$$(\text{左辺}) = \ddot{x}(t) = 0, \qquad (\text{右辺}) = -4x(t) = -4(t+1) \tag{9.3}$$

これは，$t$ について恒等的に等しくないので解ではない．

(2) $x(t) = 3\cos(2t) - \sin(2t)$ のときも同様に両辺を計算すると

$$(\text{左辺}) = \ddot{x}(t) = -12\cos(2t) + 4\sin(2t), \qquad (\text{右辺}) = -4x(t) = -4(3\cos(2t) - \sin(2t)) \tag{9.4}$$

これは，$t$ について恒等的に等しいので解である[*1]．

(3) $x(t) = \sin\left(2t + \dfrac{\pi}{3}\right)$ も同様に両辺を計算すると

$$(\text{左辺}) = \ddot{x}(t) = -4\sin\left(2t + \frac{\pi}{3}\right), \qquad (\text{右辺}) = -4x(t) = -4\sin\left(2t + \frac{\pi}{3}\right) \tag{9.5}$$

これは，$t$ について恒等的に等しいので解である．

■

【問 1】 $\omega_0$ を定数とする．オイラーの公式を用いて，$\cos(\omega_0 t)$, $\sin(\omega_0 t)$ を指数関数で表せ．
〔答：$\cos(\omega_0 t) = \dfrac{e^{i\omega_0 t} + e^{-i\omega_0 t}}{2}$, $\sin(\omega_0 t) = \dfrac{e^{i\omega_0 t} - e^{-i\omega_0 t}}{2i}$〕

【問 2】 微分方程式 $\ddot{x} = -4x$ の特解であるものを以下から選び，それらの $t = 0$ における初期値を求めよ．

(1) $x(t) = t^2 + t + 1$　(2) $x(t) = e^{2t}$　(3) $x(t) = \sin t$
(4) $x(t) = e^{it}$　(5) $x(t) = 2e^{i2t}$　(6) $x(t) = e^{i2t} + 2e^{-i2t}$

〔答：(5)$x(0) = 2, \dot{x}(0) = 4i$, (6)$x(0) = 3, \dot{x}(0) = -2i$〕

【問 3】 微分方程式 $\ddot{x} = -4x$ の，$x(0) = 1$, $\dot{x}(0) = 2$ を満たす特解を，以下の形で，それぞれ求めよ．

① $A\sin(\omega_0 t + \theta_0)$　② $A_1\cos(\omega_0 t) + A_2\sin(\omega_0 t)$　③ $C_1 e^{i\omega_0 t} + C_2 e^{-i\omega_0 t}$

〔答：① $x = \sqrt{2}\sin(2t + \frac{\pi}{4})$, ② $x = \cos(2t) + \sin(2t)$, ③ $x = \dfrac{1-i}{2}e^{i2t} + \dfrac{1+i}{2}e^{-i2t}$〕

【問 4】 $\omega_0 = \sqrt{\dfrac{k}{m}}$ のとき，以下の関数が，運動方程式 $m\dfrac{\mathrm{d}^2 x}{\mathrm{d}t^2} = -kx$ の一般解であることを示せ．（$A, \phi, C, D$ はすべて任意定数とする．）

(1) $x(t) = A\cos(\omega_0 t + \phi)$　(2) $x(t) = Ce^{i\omega_0 t} + De^{-i\omega_0 t}$

(Hint：$x(t)$ を運動方程式の左辺と右辺に別々に代入して，$t$ についての恒等式となることを確認せよ．また，任意定数の数が十分であることも確認せよ[*2]．)

【問 5】 前問の関数の各々に対して，単振動の力学的エネルギー

$$E = \frac{1}{2}mv^2 + \frac{1}{2}kx^2$$

を計算して，いずれも時間に依らない定数となっていることを確認せよ．
〔答：(1)$E = \dfrac{kA^2}{2}$, (2)$E = 2CDk$〕

【問 6】 運動方程式 $m\ddot{x} = -kx$ の解の周期に対して，以下のそれぞれの場合の周期は何倍になるか．

(1) 質量 $m$ を 2 倍にする．　(2) ばね定数 $k$ を 2 倍にする．
(3) 初期振幅 $x(0)$ を 2 倍にする．　(4) 初速度 $v(0)$ を 2 倍にする．

〔答：(1)$\sqrt{2}$ 倍，(2)$1/\sqrt{2}$ 倍，(3) 変化しない, (4) 変化しない．〕

【問 7】 長さ $l$ のひもに質量 $m$ のおもりを結んだ単振り子の振れ角を $\theta$ とおくと，運動方程式 $ml\ddot{\theta} = -mg\sin\theta$ が得られる．$\theta$ がとても小さいときの一般解を求めよ．〔答：$\theta(t) = A\sin\left(\sqrt{\dfrac{g}{l}}t + \delta\right)$〕

---

[*1] 三角関数の合成を用いて，$A\sin(2t + \theta_0)$ の形に変形できることからも，これが特解であることが分かる．言い換えれば，(9.2)の形でない解の表示が存在する．

[*2] 運動方程式は変位 $x$ について 2 階の微分方程式なので，その一般解には任意定数が 2 個含まれる．

【問 8】 $x(t) = Ce^{i\omega_0 t} + De^{-i\omega_0 t}$ に対し，$x(0)$, $\dot{x}(0)$ が共に実数であるとき，$x(t)$ は任意の $t$ で実数であることを示せ．

**粘性抵抗力も作用する運動—減衰運動**

空気の抵抗力 $-Rv$ $(R > 0)$ のように，速度 $v$ に比例し，逆向きに作用する力を**粘性抵抗力**という．フックの法則に従う復元力と粘性抵抗力が作用する質量 $m$ の質点の運動方程式は $\left(v = \dfrac{\mathrm{d}x}{\mathrm{d}t}\right.$ に注意して$\left.\right)$

$$m\frac{\mathrm{d}^2 x}{\mathrm{d}t^2} = -R\frac{\mathrm{d}x}{\mathrm{d}t} - kx \tag{9.6}$$

となる．これも単振動と同じ，2 階斉次線形微分方程式に分類される微分方程式であるが，$R \neq 0$ のとき，解 $x(t)$ は単振動とはならず，時刻 $t \to \infty$ で 0 に収束する減衰運動になることが 9.1.3 で示される．

**【例題】** 運動方程式が，$\ddot{x} = -2\dot{x} - 5x$ となるような質点について，以下の問いに答えよ．

(1) 単振動 $x(t) = A\sin(\omega_0 t + \theta_0)$ の形では，意味のある解が得られないことを確かめよ．

(2) $x(t) = e^{-t}\sin(2t)$ が，特解であることを示し，そのグラフを描け．

---

**《解答例》**

(1) $x = A\sin(\omega_0 t + \theta_0)$ が解と仮定して，方程式に代入して整理すると

$$(5 - \omega_0^2)A\sin(\omega_0 t + \theta_0) + 2\omega_0 A\cos(\omega_0 t + \theta_0) = 0$$

が $t$ によらず恒等的に成りたつことになる．つまり sin, cos の係数が共にゼロ，よって $A = 0$ であるが，これは解として $x = 0$ しか得られないことを意味する．

(2) 方程式の左辺，右辺に代入して，恒等的に一致することを見ればよい：

$$(\text{左辺}) = -3e^{-t}\sin(2t) - 4e^{-t}\cos(2t)$$
$$(\text{右辺}) = -5(e^{-t}\sin(2t)) - 2(-e^{-t}\sin(2t) + 2e^{-t}\cos(2t))$$

は恒等的に等しいから，解であることが示された．グラフは以下．

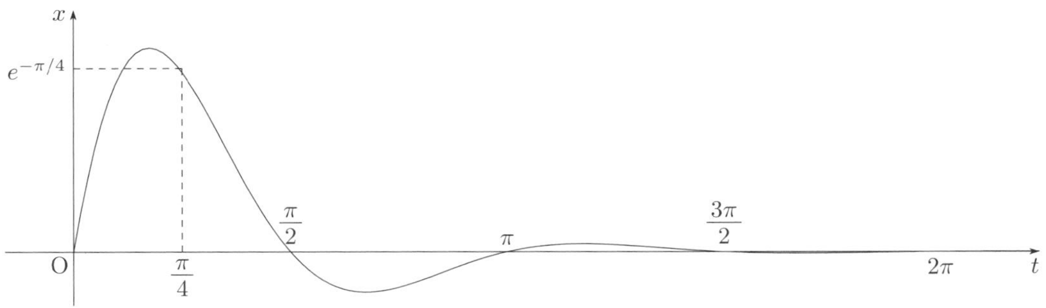


■

【問 9】 微分方程式 $\ddot{x} + 2\dot{x} + 5x = 0$ の特解として正しい関数を以下の中から選び，それらの初期条件を求めよ．

(1) $x(t) = \sin t$ (2) $x(t) = e^{-t}$ (3) $x(t) = -2e^{-t}\cos(2t)$

(4) $x(t) = e^{-t} - 3e^{-2t}$ (5) $x(t) = e^{-2t}\sin(t)$ (6) $x(t) = e^{-t}(\cos(2t) + \sin(2t))$

〔答：(3)$x(0) = -2, \dot{x}(0) = 2$, (6)$x(0) = 1, \dot{x}(0) = 1$〕

【問 10】 微分方程式 $\ddot{x}+3\dot{x}+2x=0$ の特解として正しい関数を以下の中から選び，それらの初期条件を求めよ．

(1) $x(t)=\cos(2t)$ (2) $x(t)=e^{-2t}$ (3) $x(t)=-2e^{-t}\cos(t)$

(4) $x(t)=2e^{-t}+e^{-2t}$ (5) $x(t)=e^{-3t}+2e^{-2t}$ (6) $x(t)=e^{-2t}\sin(2t)$

〔答：(2)$x(0)=1$,$\dot{x}(0)=-2$, (4)$x(0)=3$,$\dot{x}(0)=-4$〕

### 9.1.2 微分方程式の分類

**線形微分方程式**

**■2階線形微分方程式**　$x(t)$ に関する方程式

$$\frac{\mathrm{d}^2x}{\mathrm{d}t^2}+p(t)\frac{\mathrm{d}x}{\mathrm{d}t}+q(t)x=f(t) \tag{9.7}$$

を**2階線形微分方程式**という[a]．$\mathcal{L}=\frac{\mathrm{d}^2}{\mathrm{d}t^2}+p(t)\frac{\mathrm{d}}{\mathrm{d}t}+q(t)$ とおくと，(9.7)は $\mathcal{L}x=f$ のように書ける．$\mathcal{L}$ は線形性と呼ばれる，以下の性質を満たす：

(1) 任意の関数 $x(t)$ と任意の定数 $\alpha$ に対して $\mathcal{L}[\alpha x]=\alpha\mathcal{L}x$ が成立する．

(2) 任意の2つの関数 $x_1(t)$,$x_2(t)$ に対して $\mathcal{L}[x_1+x_2]=\mathcal{L}x_1+\mathcal{L}x_2$ が成立する．

また，$x$ の「係数」$p(t)$, $q(t)$ が定数のとき，**定数係数**線形微分方程式という．

例えば，単振動の運動方程式 $\ddot{x}+\omega_0^2x=0$ の場合には，$\mathcal{L}=\frac{d^2}{dt^2}+\omega_0^2$ であり，定数係数線形微分方程式の一例である[b]．

**■斉次と非斉次**　線形方程式 (9.7)は，斉次線形方程式と非斉次線形方程式に大別される．

- **斉次線形方程式** $f(t)=0$ の場合：方程式に $x(t)$ の一次しか無いという意味で「斉次（同次）」という[c]．
- **非斉次線形方程式** $f(t)\neq 0$ の場合：$f(t)$ は $x(t)$ のゼロ次であると見なして，これは $x(t)$ の一次ではないという意味で「非斉次（非同次）」という．

[a] 微分の最高階数が $n$ であれば，$n$ 階微分方程式という．
[b] 線形でない方程式を**非線形方程式**という．例えば，方程式に $x^2$ や $\sin x$ といった $x(t)$ の1次でない式が現れる場合には非線形となる．
[c] 斉次（せいじ）の「斉」とは「そろっている・ひとしい」という意味．

【例題】 以下の微分方程式の一群を次の3つ(A)(B)(C)に分類せよ．

(A) 斉次線形方程式 (B) 非斉次線形方程式 (C) 非線形方程式

(1) $\ddot{x}+4\dot{x}+3x=0$ (2) $\ddot{x}+4\dot{x}+x^3=0$

(3) $\ddot{x}+4x=\sin t$ (4) $\ddot{x}+4x=\sin x$

---

《解答例》

(1) 左辺が $x$ の一次のみなので線形方程式．しかも右辺はゼロなので斉次線形方程式である．

(2) 左辺に $x$ の三乗が含まれるので非線形方程式である．

(3) 左辺が $x$ の一次のみなので線形方程式．しかも右辺に $t$ の関数（$x(t)$ のゼロ次）があるので非斉次線形方程式である．

(4) $\sin x$ は $x$ の一次式ではないので非線形方程式である．

■

【問 11】 以下の微分方程式の一群を次の 3 つ (A)(B)(C) に分類せよ．($x$ 以外の文字は正の定数とする．)

(A) 斉次線形方程式　(B) 非斉次線形方程式　(C) 非線形方程式

(1) $m\ddot{x} = 0$　(2) $m\ddot{x} = -mg$　(3) $m\ddot{x} = -R\dot{x} - kx$
(4) $m\ddot{x} = -c\dot{x}^2 - mg$　(5) $m\ddot{x} = -R\dot{x} - kx + F\sin(\omega t)$　(6) $m\ell\ddot{x} = -mg\sin x$

〔答：(A)…(1),(3), (B)…(2),(5), (C)…(4),(6)〕

### 9.1.3 定数係数の斉次線形方程式の一般解

**定数係数の斉次線形方程式の一般解の構成法**

定数係数斉次線形微分方程式

$$\frac{\mathrm{d}^2x}{\mathrm{d}t^2} + a\frac{\mathrm{d}x}{\mathrm{d}t} + bx = 0 \tag{9.8}$$

の一般解は，以下のように構成される．

(1) 2 階の微分方程式 (9.8)の特解を $x(t) = e^{\lambda t}$（$\lambda$ は未知定数）と仮定して微分方程式に代入し，$e^{\lambda t}$ で割ると，$\lambda$ についての 2 次代数方程式を得る：

$$\lambda^2 + a\lambda + b = 0. \tag{9.9}$$

これを微分方程式 (9.8)の**特性方程式**という．

(2) 特性方程式 (9.9)を解いて根を 2 個求め．これらを $\lambda_1, \lambda_2$ とすれば[a]，特解が 2 個求まる：

$$x_i(t) = e^{\lambda_i t} \quad i = 1, 2.$$

(3) 2 個の特解 $x_1, x_2$ の線形結合により[b]，一般解が構成される：

$$x(t) = A_1 e^{\lambda_1 t} + A_2 e^{\lambda_2 t}. \tag{9.10}$$

[a] $\lambda_1 = \lambda_2$（重根）の場合は，特解は $x_1(t) = e^{\lambda_1 t}$, $x_2(t) = te^{\lambda_1 t}$ となる．【問 13】，【問 18】を参照せよ．
[b] $\lambda_1 = \lambda_2$（重根）の場合は，$x(t) = (A_1 + A_2 t)e^{\lambda_1 t}$ となる．

**【例題】** 単振動の運動方程式

$$\ddot{x} = -\omega_0^2 x \tag{9.11}$$

の一般解を上記の方法で求めて，

$$x(t) = A_1\cos(\omega_0 t) + A_2\sin(\omega_0 t) \tag{9.12}$$

($A_1, A_2$ は任意定数）のように書けることを示せ．

---

**《解答例》**

特解を $x(t) = e^{\lambda t}$ とおいて (9.11)に代入すると，特性方程式は $\lambda^2 = -\omega_0^2$．その根は $\lambda = \pm i\omega_0$．

故に，特殊解は $e^{i\omega_0 t}$, $e^{-i\omega_0 t}$ となって，一般解は $A_+, A_-$ を任意定数として $x(t) = A_+ e^{i\omega_0 t} + A_- e^{-i\omega_0 t}$ となる．オイラーの公式 $e^{i\theta} = \cos\theta + i\sin\theta$ を使って書き換えると $x(t) = (A_+ + A_-)\cos(\omega_0 t) + i(A_+ - A_-)\sin(\omega_0 t)$．

係数を改めて $A_1 = A_+ + A_-$，$A_2 = i(A_+ - A_-)$ とおくと一般解は $x(t) = A_1\cos(\omega_0 t) + A_2\sin(\omega_0 t)$．
■

【問 12】 運動方程式 $\ddot{x} = -4x$ の初期条件 $x(0) = 0, \dot{x}(0) = -1$ を満たす解を以下の手順で求めよ．

(1) 運動方程式の特解を $x(t) = e^{\lambda t}$ と仮定して求めて，その線形結合によって一般解を構成せよ．

(2) オイラーの公式を用いて，一般解を三角関数を用いて表現し直せ．また，この単振動 (9.12)の周期 $T$ を，三角関数の周期が $2\pi$ であることを使って求めよ．

(3) 初期条件を用いて，任意定数の値を定め，初期条件を満たす解を求めよ．

〔答：(1)$x(t) = A_+ e^{2it} + A_- e^{-2it}$, (2)$x(t) = A_1 \cos(2t) + A_2 \sin(2t)$, $T = \pi$, (3)$x(t) = -\dfrac{1}{2}\sin(2t)$〕

【問 13】 微分方程式 $\ddot{x} - 2a\dot{x} + a^2 x = 0$ の特性方程式 $\lambda^2 - 2a\lambda + a^2 = 0$ は重根 $\lambda = a$ を持つ．このとき，$x(t) = te^{at}$ もこの微分方程式の特解であることを，この $x(t)$ を方程式に代入して確かめよ．

【問 14】 以下の斉次線形方程式の一般解を求めよ．ただし，特性方程式の根に虚部が含まれる場合には，オイラーの公式を用いて一般解を三角関数を用いて表現し直すこと．

(1) $\dot{x} + 2x = 0$　(2) $\ddot{x} + 3\dot{x} + 2x = 0$　(3) $\ddot{x} + 2x = 0$

(4) $\ddot{x} + 6\dot{x} + 10x = 0$　(5) $\ddot{x} + 2\dot{x} = 0$　(6) $\ddot{x} + 5\dot{x} + 4x = 0$

(7) $\ddot{x} + 4\dot{x} + 6x = 0$　(8) $\ddot{x} + 6\dot{x} + 9x = 0$　(9) $\dddot{x} + 2\ddot{x} - \dot{x} - 2x = 0$

〔答：(1)$x(t) = Ae^{-2t}$, (2)$x(t) = A_1 e^{-2t} + A_2 e^{-t}$, (3)$x = A_1 \cos(\sqrt{2}t) + A_2 \sin(\sqrt{2}t)$,
(4)$x(t) = e^{-3t}(A_1 \cos t + A_2 \sin t)$, (5)$x(t) = A_1 + A_2 e^{-2t}$, (6)$x(t) = A_1 e^{-4t} + A_2 e^{-t}$,
(7)$x(t) = e^{-2t}(A_1 \cos(\sqrt{2}t) + A_2 \sin(\sqrt{2}t))$, (8)$x(t) = (A_1 + A_2 t)e^{-3t}$, (9)$x(t) = A_1 e^{-2t} + A_2 e^{-t} + A_3 e^{t}$〕

【問 15】 以下の初期条件のもとで，微分方程式を解け．

(1) $\dot{x} + 2x = 0,\ x(0) = 3$　(2) $\ddot{x} + 3\dot{x} + 2x = 0,\ x(0) = 1,\ \dot{x}(0) = 0$

(3) $\ddot{x} + 2x = 0,\ x(0) = 0,\ \dot{x}(0) = 2$　(4) $\ddot{x} + 6\dot{x} + 10x = 0,\ x(0) = 1,\ \dot{x}(0) = 2$

(5) $\ddot{x} + 6\dot{x} + 9x = 0,\ x(0) = 0,\ \dot{x}(0) = 4$

〔答：(1)$x(t) = 3e^{-2t}$, (2)$x(t) = -e^{-2t} + 2e^{-t}$, (3)$x(t) = \sqrt{2}\sin(\sqrt{2}t)$, (4)$x(t) = e^{-3t}(\cos t + 5\sin t)$,
(5)$x(t) = 4te^{-3t}$〕

### 粘性抵抗も考慮した，ばねによる振動の運動方程式

ばねの復元力に加えて，おもりが速度に比例するような粘性抵抗 $R\dfrac{\mathrm{d}x}{\mathrm{d}t}$ $(R > 0)$ を受ける場合を考える．この場合の運動方程式は，

$$m\frac{\mathrm{d}^2 x}{\mathrm{d}t^2} = -kx - R\frac{\mathrm{d}x}{\mathrm{d}t} \qquad (9.13)$$

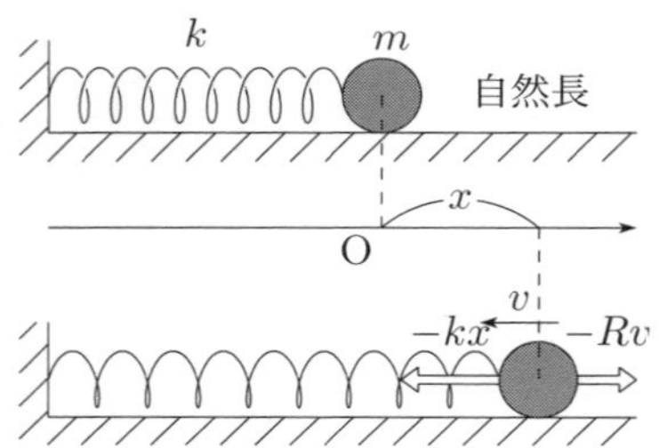


となる．ここで，

$$\frac{k}{m} \equiv \omega_0^2, \qquad \frac{R}{m} \equiv 2\gamma$$

とおくと[a](9.13)は次のように書き換えられる：

$$\frac{\mathrm{d}^2 x}{\mathrm{d}t^2} + 2\gamma\frac{\mathrm{d}x}{\mathrm{d}t} + \omega_0^2 x = 0. \qquad (9.14)$$

これは，定数係数斉次線形微分方程式 (9.8)なので，一般解を求めることができて，$\gamma$ と $\omega_0$ との大小関係に依存して，運動の形が，減衰振動，臨界減衰，過減衰の 3 種類のいずれかになることが分かる（【問 16】,【問 18】参照）．いずれの解も，力学的エネルギー $E = \dfrac{m}{2}v^2 + \dfrac{k}{2}x^2$ は減少し，その減少率は粘性抵抗力による仕事率に等しい (【問 20】)．

[a] 定数 $\gamma$ の前の係数 2 は，以降の数式を簡単にするためのものであって物理的な意味はない．

【問 16】 運動方程式 (9.14)の一般解を以下の２つの場合

(a) $\omega_0 < \gamma$ の場合　　　　(b) $\omega_0 > \gamma$ の場合

に分けて求めると，一般解は次のように書けることを示せ．ただし $A_1, A_2$ は任意定数を表す．

$$x(t) = \begin{cases} e^{-\gamma t}\left(A_1 e^{\sqrt{\gamma^2-\omega_0^2}\,t} + A_2 e^{-\sqrt{\gamma^2-\omega_0^2}\,t}\right) & \text{(a)（過減衰）} \\ e^{-\gamma t}\left(A_1 \cos\left((\sqrt{\omega_0^2-\gamma^2})t\right) + A_2 \sin\left((\sqrt{\omega_0^2-\gamma^2})t\right)\right) & \text{(b)（減衰振動）} \end{cases} \tag{9.15}$$

【問 17】 運動方程式 (9.14)の一般解を以下の手順（文献 [1] 参照）に従って求めよ．

(i) 運動方程式 (9.14)に変換 $y(t) = x(t)e^{\gamma t}$ を施すと，$y(t)$ についての微分方程式

$$\ddot{y}(t) + \left(\omega_0^2 - \gamma^2\right) y(t) = 0 \tag{9.16}$$

が得られることを示せ．

(ii) 得られた微分方程式を，

(a) $\omega_0 < \gamma$ の場合　　　　(b) $\omega_0 > \gamma$ の場合

の各々の場合について解いて，それから【問 16】と同じ結果が得られることを示せ．

【問 18】 等号 $\omega_0 = \gamma$ が成立する場合，前問の微分方程式 (9.16)は

$$\ddot{y}(t) = 0$$

となる．これを解くことによって，$\omega_0 = \gamma$ の場合の運動方程式 (9.14)の一般解が

$$x(t) = (A_1 + A_2 t)e^{-\gamma t} \quad \text{(c)（臨界減衰）} \tag{9.17}$$

と書けることを示せ．ただし $A_1$, $A_2$ は任意定数とする．

【問 19】 (【問 16】,【問 18】) の解 (a), (b), (c) は，初期条件に関係なく，いずれも 0 に減衰（$t \to \infty$ で，$x(t) \to 0$）することを示せ．また，減衰振動 (b) の振動周期 $T$ を求め，それが自由振動 ($R = 0$) の周期よりも長くなることを示せ．〔答：$T = \dfrac{2\pi}{\sqrt{\omega_0^2 - \gamma^2}}$〕

【問 20】 力学的エネルギー $E = \dfrac{m}{2}v^2 + \dfrac{k}{2}x^2$ に対し，$\dfrac{\mathrm{d}E}{\mathrm{d}t} = -Rv^2$ が成り立つことを示せ．

【問 21】 質量 $m = 1.0$ kg の物体に，ばね定数 $k$ [N/m] のばねと，粘性抵抗 $R$ [kg/s] が自由に設定できるダンパーがついている系を考え，物体に初速を与えて運動させた．

(1) $R = 0$ と設定してから運動をさせると，物体は周期 2.8 s で単振動を行った．$k$ の値を求めよ．

(2) $R$ をすこし大きくして運動させると，物体は減衰振動を行い，周期は 3.0 s であった．$R$ の値を求めよ．

(3) 振動の無い減衰をさせるには，$R$ はどのように設定すればよいか．

〔答：(1)$K = 5.0$, (2)$R = 1.6$, (3)$R \geq 4.5$〕

【問 22】 質量 $m = 1$ kg の物体に，ばね定数 $k = 5$ N/m のばねと，粘性抵抗 $R = 2$ kg/s のダンパーがついている系を考え，物体を平衡位置から 2 m ずらし，そっとはなして運動させた．

(1) 時刻 $t$ における，物体の平衡位置からのずれを $x(t)$ を求めよ．

(2) 力学的エネルギーの減衰率 $P(t) = \dfrac{\mathrm{d}E}{\mathrm{d}t}$ を求めよ．

〔答：(1)$x(t) = e^{-t}\left(2\cos(2t) + \sin(2t)\right)$, (2)$P(t) = -50e^{-2t}\sin^2(2t)$〕

【問 23】 減衰振動が起きるとき，$x(t)$ と $\dot{x}(t)$ の位相差 $\delta$ は

$$\tan\delta = -\frac{\sqrt{1-\zeta^2}}{\zeta}$$

を満たすことを示せ．ただし $\zeta = \gamma/\omega_0$ とする．

## 9.2　非斉次線形微分方程式と強制振動

### 9.2.1　非斉次線形方程式の一般解の構成法

**非斉次線形方程式の一般解の構成法**

線形方程式 $\mathcal{L}x(t) = f(t)$ のうち，右辺 $f(t)$ がゼロでない方程式を非斉次線形方程式という．

もし非斉次方程式の特解 $x_{\rm p}$ が一つ得られているならば，任意の解 $x$ に対し，$x_0 = x - x_{\rm p}$ と置けば，

$$\mathcal{L}[x_0] = \mathcal{L}[x - x_{\rm p}] = \mathcal{L}x - \mathcal{L}x_{\rm p} = f - f = 0$$

となることから，$x_0$ は斉次方程式 $\mathcal{L}x_0 = 0$ の解であることが分かる．言い換えると非斉次線形方程式の一般解 $x$ は，斉次方程式の一般解 $x_0$ と，非斉次方程式の特解 $x_{\rm p}$ を用いて

$$x(t) = x_{\rm p}(t) + x_0(t) \tag{9.18}$$

の様に得られることになる．

**■非斉次線形方程式の特解の求め方**　(9.18)によれば，非斉次線形方程式 $\mathcal{L}x(t) = f(t)$ の特解が一つ何でも良いから求まりさえすれば，それに斉次線形方程式 $\mathcal{L}x_0(t) = 0$ の一般解 $x_0(t)$ を加えて[a]，直ちに非斉次線形方程式の一般解が得られる．

非斉次線形方程式 $\mathcal{L}x(t) = f(t)$ の特解を求めるのは，一般には容易ではないが[b]，いくつかの場合については，以下のように $x_{\rm p}$ の形を持つことが知られている：

- $f(t)$ **が定数の場合：** 特解も $x_{\rm p}(t) = \alpha$ と定数で見つけられる場合が多い．
- $f(t) = f_1\sin(\omega t) + f_2\cos(\omega t)$ **の場合：**特解も同じ角振動数の三角関数 $x_{\rm p}(t) = \alpha\sin(\omega t) + \beta\cos(\omega t)$ の形で求められることが多い[c]．
- $f(t) = f_0e^{st}$ **の場合：** 特解も指数関数 $x_{\rm p}(t) = \alpha e^{st}$ で与えられることが多い[d]．

これらの定数 $\alpha$, $\beta$ は，$x_{\rm p}(t)$ が特解になる（方程式を満たす）ように決められるべきもので，**fitting parameter** と呼ばれる．

[a] 前節までで，定数係数の斉次線形方程式 $\mathcal{L}x_0(t) = 0$ の一般解の構成法を説明した．

[b] 非斉次線形方程式 $\mathcal{L}x(t) = f(t)$ の特解を系統的に求める方法として，**定数変化法**や**ラプラス変換**を用いた方法がよく知られているが，ここでは説明しない．

[c] 斉次方程式の解が角振動数 $\omega_0$ の単振動で，かつ外力の角振動数 $\omega$ が $\omega_0$ に等しいときは，共振と呼ばれる現象が起きるが，この場合は $x_{\rm p}$ の形が変わる．【問 26】も参照せよ．

[d] 斉次方程式の解に $e^{st}$ や，$te^{st}$ が含まれる場合は，$x_{\rm p}$ の形が $te^{st}$, $t^2e^{st}$ のように形が変わる．

**【例題】** 微分方程式 $\dot{x} + 2x = 2$ の一般解を求めよ．

---

**《解答例》**

非斉次項が定数なので，特解も $x_{\rm p}(t) = \alpha$ （$\alpha$ は定数）とおいて，微分方程式に代入すると $2\alpha = 2$．よって $\alpha = 1$．

つまり，非斉次線形方程式 $\dot{x} + 2x = 2$ の特解は $x_{\rm p}(t) = 1$．

これに，斉次線形方程式 $\dot{x} + 2x = 0$ の一般解 $x_0(t) = Ce^{-2t}$ （$C$ は任意定数）を加えると，非斉次方程式の一般解の構成法 (9.18)より，問題の方程式の一般解となるので $x(t) = 1 + Ce^{-2t}$．■

【問 24】 以下の微分方程式の一般解を求めよ．

(1) $\ddot{x} + 2x = 4$　　(2) $\ddot{x} + 2\dot{x} = 4$

〔答：(1)$x(t) = A_1\cos(\sqrt{2}t) + A_2\sin(\sqrt{2}t) + 2$, (2)$x(t) = A_1 + A_2e^{-2t} + 2t$〕

【問 25】 以下の微分方程式の特解をそれぞれ1つずつ求めよ．($x(t), I(t), Q(t)$ 以外の文字はすべて正の定数とする．)

(1) $m\ddot{x} = -R\dot{x} - kx + mg$
(2) $m\dot{v} = -Rv + mg$
(3) $m\ddot{x} = -R\dot{x} + mg$
(4) $L\dot{I} + RI = V$
(5) $R\dot{Q} + \frac{1}{C}Q = V$
(6) $L\ddot{Q} + R\dot{Q} + \frac{1}{C}Q = V$

**【例題】** $\omega_0 \neq \omega$ とする．以下の非斉次線形微分方程式の一般解を求めよ．

$$\frac{\mathrm{d}^2 x}{\mathrm{d}t^2} - \omega_0^2 x = f_0 \sin(\omega t) \tag{9.19}$$

---

**《解答例》**

まず，(9.19)の斉次方程式 $\frac{\mathrm{d}^2 x}{\mathrm{d}t^2} - \omega_0^2 x = 0$ の一般解を求めると，

$$x_0 = A_1 \sin(\omega_0 t) + A_2 \cos(\omega_0 t).$$

つぎに (9.19)の非斉次項が $f_0 \sin(\omega t)$ なので，特解として

$$x_{\mathrm{p}} = \alpha \sin(\omega t) + \beta \cos(\omega t) \tag{9.20}$$

と仮定し，(9.19)に代入し，$\sin(\omega t)$, $\cos(\omega t)$ について整理すると，

$$((-\omega^2 + \omega_0^2)\alpha - f_0)\sin(\omega t) + (-\omega^2 + \omega_0^2)\beta\cos(\omega t) = 0.$$

これより $\alpha = \frac{f_0}{\omega_0^2 - \omega^2}$, $\beta = 0$．よって特解

$$x_{\mathrm{p}} = \frac{f_0}{\omega_0^2 - \omega^2}\sin(\omega t) \tag{9.21}$$

を得る．非斉次方程式の解の構成法から，一般解は $x_{\mathrm{p}}$ と $x_0$ の和で与えられる：

$$x(t) = \frac{f_0}{\omega_0^2 - \omega^2}\sin(\omega t) + A_1 \sin(\omega_0 t) + A_2 \cos(\omega_0 t). \tag{9.22}$$

■

【問 26】 斉次方程式の一般解が角振動数 $\omega_0$ の単振動で，非斉次項の角振動数がこれと等しい場合（$\omega_0 = \omega$）の微分方程式

$$\ddot{x}(t) + \omega_0^2 x(t) = f_0 \sin(\omega_0 t)$$

の特解を，$\omega_0 \neq \omega$ のときに用いた (9.20) と仮定しても，うまく求められないことを確認せよ．代わりに，

$$x_{\mathrm{p}}(t) = t\,(\alpha \sin(\omega_0 t) + \beta \cos(\omega_0 t)) \tag{9.23}$$

の形を仮定すれば，$\alpha = 0$, $\beta = -\frac{f}{2\omega_0}$ となることを示し，特解が得られることを確認せよ．また，この特解のグラフの概形を描け．

【問 27】 以下の微分方程式の一般解を求めよ．

(1) $\ddot{x} + 3\dot{x} + 2x = \sin t$
(2) $\ddot{x} + x = \cos(2t)$
(3) $\ddot{x} + x = 2\sin t$
(4) $\ddot{x} - 4\dot{x} + 5x = \cos t$

〔**答**：(1)$x(t) = A_1 e^{-t} + A_2 e^{-2t} + \frac{1}{10}(-3\cos t + \sin t)$, (2)$x(t) = A_1 \cos t + A_2 \sin t - \frac{1}{3}\cos(2t)$, (3)$x(t) = A_1 \cos t + A_2 \sin t - t\cos t$, (4)$x(t) = e^{2t}(A_1 \cos t + A_2 \sin t) + \frac{1}{8}(\cos t - \sin t)$〕

【問 28】 以下の微分方程式の一般解を求めよ．

(1) $\ddot{x}+3\dot{x}+2x=2e^{3t}$　(2) $\ddot{x}+3\dot{x}+2x=e^{-2t}$
(3) $\ddot{x}+2\dot{x}+x=-e^{3t}$　(4) $\ddot{x}+2\dot{x}+x=3e^{-t}$

〔答：(1)$x(t)=A_1e^{-t}+A_2e^{-2t}+\dfrac{1}{10}e^{3t}$, (2)$x(t)=A_1e^{-t}+A_2e^{-2t}-te^{-2t}$,
(3)$x(t)=(A_1+A_2t)e^{-t}-\dfrac{1}{16}e^{3t}$, (4)$x(t)=(A_1+A_2t)e^{-t}+\dfrac{3}{2}t^2e^{-t}$〕

### 9.2.2　強制振動と共振

**単振動する系への振動する外力の作用（粘性抵抗がない場合）**

非斉次線形方程式の物理的な好例として，**強制振動**がよく知られている．
基本的な場合として，単振動する質点に周期外力 $F_0\sin(\omega t)$ を加えた系の運動方程式は

$$m\ddot{x}=-kx+F_0\sin(\omega t)$$

となる．ここで $\omega_0^2=\dfrac{k}{m}$, $f_0=\dfrac{F_0}{m}$ とおくと，この運動方程式は (9.19)のように書き換えられ，特解は $\omega_0\neq\omega$ のとき（【例題】(9.21)式）

$$x_{\mathrm{p}}=\frac{f_0}{\omega_0^2-\omega^2}\sin(\omega t),$$

$\omega_0=\omega$ のとき

$$x_{\mathrm{p}}=-\frac{f_0}{2\omega_0}t\cos(\omega_0 t)$$

で与えられる（【問 26】）．特に $\omega_0=\omega$ のときは振幅が $t$ に比例して，特解が発散する**共振**現象が起きることを表している．

【問 29】　ばね定数 $k$ のばねの一端を固定し，他端に質量 $m$ のおもりを吊るして，周期的な外力 $F=F_0\sin(\omega t)$ を加えたとする．
(1) 図の自然長の位置 O を原点とし，鉛直下向きを $x$ 軸にとるときに，変位 $x(t)$ の満たす運動方程式を求めよ．
(2) 図の釣り合いの位置 O′ が原点になるように平行移動した座標系で測った変位を $y(t)$ とするときに，運動方程式が

$$m\ddot{y}(t)=-ky(t)+F_0\sin(\omega t) \tag{9.24}$$

となることを示し，$\omega\neq\sqrt{\dfrac{k}{m}}$ のとき，一般解を求めよ．

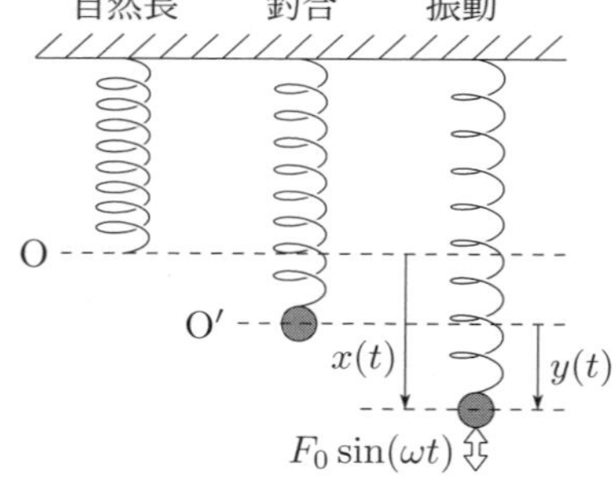


〔答：(1)$m\ddot{x}=-kx+mg+F_0\sin(\omega t)$, (2)$y(t)=\dfrac{F_0}{k-m\omega^2}\sin(\omega t)+A_1\sin\left(\sqrt{\dfrac{k}{m}}t\right)+A_2\cos\left(\sqrt{\dfrac{k}{m}}t\right)$〕

【問 30】　ばね（ばね定数 $k$）のついたおもちゃ（質量 $m$）を手に乗せて，手を $y_0(t)=A\sin(\omega t)$ で揺する．座標は，図の点線を基準として，鉛直上向きにとることにし，台とばねの質量はないものとして以下の問いに答えよ．
(1) ある瞬間 $t$ での図の点線からのおもちゃの変位を $y(t)$ とするときに，このおもちゃの運動方程式を求めよ．
(2) ちょうど共振が起こる条件を求めよ．

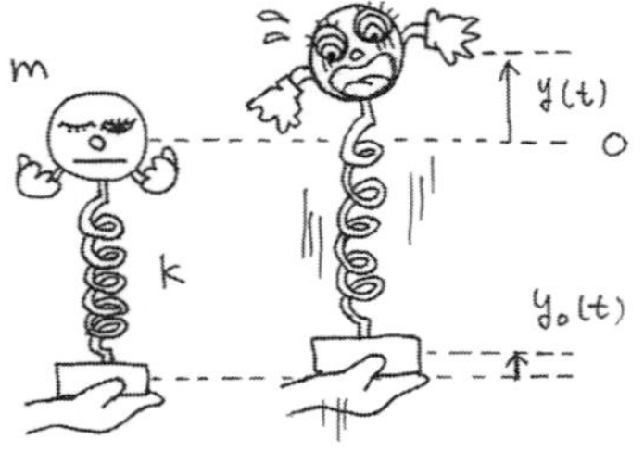


〔答：(1)$m\ddot{y}=-ky-mg+kA\sin(\omega t)$, (2)$\omega=\sqrt{\dfrac{k}{m}}$〕

【問 31】 例題より，$\omega_0 \neq \omega$ のとき，微分方程式 (9.19)の一般解は (9.22)で与えられるが，もし，$\omega_0 \fallingdotseq \omega$ のように角振動数が近いとき，**うなり**が発生することを以下の手順で示せ．

(1) 特別な場合として，(9.22)の $A_1, A_2$ をうまく選んで，解が

$$x(t) = \frac{f}{\omega_0^2 - \omega^2}(\sin(\omega t) - \sin(\omega_0 t))$$

となっているとき，

$$x(t) = -\frac{f}{\bar{\omega}\,\delta}\cos(\bar{\omega}t)\,\sin(\frac{\delta}{2}t) \tag{9.25}$$

と変形できることを示せ．ここで，$\bar{\omega}$，$\delta$ はそれぞれ 2 つの角振動数の平均値と差である：$\bar{\omega} \equiv \dfrac{\omega + \omega_0}{2}$，$\delta = \omega - \omega_0$

(2) 2 つの角振動数 $\omega, \omega_0$ が $\bar{\omega}$ に比べて十分に近いとき（$|\delta| \ll \bar{\omega}$），この関数 (9.25)の概形を描き，これがうなりを表すことを説明せよ．

(3) うなりの周期と振動数が次のようになることを示せ：

$$T_{\rm beat} = \frac{2\pi}{\delta} = \frac{2\pi}{|\omega - \omega_0|}, \quad f_{\rm beat} = \frac{|\omega - \omega_0|}{2\pi}.$$

**粘性抵抗が存在する場合の強制振動の運動方程式と定常振動解**

粘性抵抗も考慮した強制振動の運動方程式は

$$m\ddot{x} = -kx - R\dot{x} + F_0\sin(\omega t). \tag{9.26}$$

ここで $\omega_0^2 = \dfrac{k}{m}$, $2\gamma = \dfrac{R}{m}$, $f_0 = \dfrac{F_0}{m}$ とおくと，(9.26)は

$$\ddot{x} + 2\gamma\dot{x} + \omega_0^2 x = f_0\sin(\omega t) \tag{9.27}$$

と非斉次線形方程式に書き換えられ，この特解は

$$x_{\rm p}(t) = \frac{f_0}{(\omega_0^2 - \omega^2)^2 + (2\gamma\omega)^2}\left((\omega_0^2 - \omega^2)\sin(\omega t) - 2\gamma\omega\cos(\omega t)\right) \tag{9.28}$$

$$= A\sin(\omega t + \phi) \tag{9.29}$$

$$A = \frac{f_0}{\sqrt{(\omega_0^2 - \omega^2)^2 + (2\gamma\omega)^2}}, \phi = \tan^{-1}\frac{2\gamma\omega}{\omega_0^2 - \omega^2}$$

となることが示される【問 32】．一般解 $x(t) = x_{\rm p}(t) + x_0(t)$ において，$x_0(t)$ は斉次方程式の一般解 (9.15), (9.17)で，初期条件によらず 0 に減衰するから，$t$ が大きいとき，特解 $x_{\rm p}(t) = A\sin(\omega t + \phi)$ に近づく．この意味で，強制振動の特解 $x_{\rm p}$ を**定常振動解**と呼ぶことが多い．

【問 32】 運動方程式 (9.27)の特解について考える．

(1) 特解を

$$x_{\rm p} = \alpha\sin(\omega t) + \beta\cos(\omega t) \tag{9.30}$$

の形で探すとき，パラメータ $\alpha, \beta$ を定め，(9.28)を示せ．

(2) 三角関数の合成を用いて，$x_{\rm p}$ が (9.29)で与えられることを示せ．

〔**答**：(1)$\alpha = \dfrac{\omega_0^2 - \omega^2}{(\omega_0^2 - \omega^2)^2 + (2\gamma\omega)^2}f_0$, $\beta = -\dfrac{2\gamma\omega}{(\omega_0^2 - \omega^2)^2 + (2\gamma\omega)^2}f_0$〕

**増幅倍率，共振，$Q$ 値**

運動方程式 (9.27)において，減衰比（ダンピングファクター）$\zeta$, 規格化角振動数 $\omega_{\rm r}$ を

$$\zeta = \frac{\gamma}{\omega_0}, \quad \omega_{\rm r} = \frac{\omega}{\omega_0}$$

で定めると，定常振動解 (9.29)の振幅 $A$ とばねに静的な力 $F_0$ を作用させたときの変位 $\dfrac{F_0}{k}$ の比

$$\chi = \frac{1}{\sqrt{(1-\omega_{\rm r}^2)^2 + (2\zeta\omega_{\rm r})^2}} \tag{9.31}$$

は強制振動の角振動数の振幅応答の強さを表し，**変位振幅倍率 (増幅率)** という．

**■変位振幅共振**　$\zeta < \dfrac{1}{\sqrt{2}}$ であるとき，外力の振動数が $\omega = \sqrt{1-2\zeta^2}\omega_0$ を満たすときに変位振幅倍率が最大値 $\chi_{\rm max} = 1/2\zeta\sqrt{1-\zeta^2}$ なるので，この条件が成立する場合を**変位振幅共振**と呼ぶ（【問 33】）．一方 $\zeta \geq \dfrac{1}{\sqrt{2}}$ であるときは，$\chi$ は $\omega$ に関して単調に減少し，変位振幅共振は生じない．

**■エネルギー共振と $Q$ 値・半値幅**　定常振動解をする質点に，外力 $F_0 \sin(\omega t)$ がする仕事率は

$$P = \frac{\zeta F_0^2}{m\omega_0} \frac{\omega_{\rm r}^2}{(1-\omega_{\rm r}^2)^2 + 4\zeta^2\omega_{\rm r}^2} \tag{9.32}$$

となる（【問 34】）．外力によってされる仕事は，抵抗 $R$ によって失われる（吸収される）エネルギーに等しいので，$P$ は減衰振動子のエネルギー吸収率を表し，それが外力の振動数によって変化することを示している．$P$ は，$\omega_{\rm r} = 1$ つまり $\omega = \omega_0$ のとき最大値 $P_{\rm max} = \dfrac{F_0^2}{m\omega_0}\dfrac{1}{4\zeta}$ となるので，この条件が成立する場合を**エネルギー共振**という．

エネルギー共振の鋭さ表す指標として **Q 値**を $Q = \dfrac{1}{2\zeta}$ と定める．Q 値の逆数 $2\zeta$ は $P$ が $P_{\rm max}$ の半分になる規格化角振動数 $\omega_{\rm r}$ の幅に等しい（【問 35】）ので**半値巾**と呼ばれ，$Q$ が大きいほど共振が鋭いことを示す．

【問 33】　$\zeta < \dfrac{1}{\sqrt{2}}$ のとき，振幅共振が $\omega = \sqrt{1-2\zeta^2}\omega_0$ で生じること，一方 $\zeta \geq \dfrac{1}{\sqrt{2}}$ のときは，$\chi$ は極大値を取らないことを示せ．

【問 34】　強制振動の運動方程式 (9.26)の定常振動解 (9.29)に対して，周期外力 $F = F_0 \sin(\omega t)$ のする仕事について考える．

(1) 1 周期 $T = \dfrac{2\pi}{\omega}$ での，$F$ のする仕事

$$W = \int_{1\,\text{周期}} F_0 \sin(\omega t) {\rm d}x_{\rm p} = \int_0^{2\pi/\omega} F_0 \sin(\omega t)(\omega A \cos(\omega t + \phi)){\rm d}t$$

を計算せよ．

(2) 1 周期での仕事率 $P$ を求め，それが (9.32)に等しいことを示せ．

(3) $P$ は，$\omega = \omega_0$ のとき最大値を取ることを示せ．

〔**答：**(1)$P = F_0 A\pi \cos\phi = \dfrac{2\pi F_0^2}{m}\dfrac{\gamma\omega}{(\omega_0^2-\omega^2)^2 + (2\gamma\omega)^2}$〕

【問 35】　(9.32)が最大値の半分になる角振動数 $\omega_-$,$\omega_+$ $(\omega_- < \omega_+)$ を求め，

$$Q = \frac{\omega_0}{\omega_+ - \omega_-}$$

が成り立つことを示せ．〔**答：**$\omega_\pm = (\pm\zeta + \sqrt{1+\zeta^2})\omega_0$〕

【問 36】 定常振動解 (9.29)の速度 $\dot{x}_{\mathrm{p}}$ の振幅が，その最大振幅の $\dfrac{1}{\sqrt{2}}$ になる角振動数を考えても，【問 35】と同じ結果が得られることを示せ．

【問 37】 質量 $m=1$ kg の物体に，ばね定数 $k=5$ N/m のばねと，値の分からない抵抗 $R$ [kg/s] のダンパーが付いている系に，$F=\sin(\omega t)$ [N] の外力を作用させる．$\omega$ を変えながら，速度 $\dot{x}$ の振幅を測定すると，最大振幅の $1/\sqrt{2}$ となる角振動数が，$\omega_{\pm}=\sqrt{5}\left(1\pm\dfrac{1}{4}\right)$ rad/s であった．

(1) Q 値と減衰比 $\zeta$ を求めよ．

(2) $R$ を求めよ．

(3) 変位振幅共振が生じることを確かめ，共振角振動数 $\omega_c$ [rad/s] を求めよ．

〔答：(1)$Q=2, \zeta=\dfrac{1}{4}$, (2)$R=\dfrac{\sqrt{5}}{2}$, (3)$\omega_c=\sqrt{\dfrac{35}{8}}$ 〕

### 9.2.3 求積法による微分方程式の解法

**求積法による微分方程式の解法**

定数係数斉次線形微分方程式 (9.8)でない微分方程式に対しては，一般的な解法が存在しないが，積分を用いて解く方法がある．

■**変数分離法** 一階の微分方程式を $\dfrac{\mathrm{d}x}{\mathrm{d}t}$ について解いたとき，

$$\frac{\mathrm{d}x}{\mathrm{d}t}=F(x)G(t) \tag{9.33}$$

のように，$x$ と $t$ の式の積に分解できるとき，**変数分離形**の微分方程式という．これは両辺を $F(x)$ で割って，$t$ で両辺を積分

$$\int \frac{1}{F(x)}\frac{\mathrm{d}x}{\mathrm{d}t}\mathrm{d}t=\int G(t)\mathrm{d}t+C \tag{9.34}$$

したものを，$x$ について解けば解が得られる．

■**エネルギー保存則の利用** 作用する力 $F$ が保存力であれば，運動方程式の両辺に $\dfrac{\mathrm{d}x}{\mathrm{d}t}$ を書けて $t$ で積分することで得られる力学的エネルギー保存則

$$\frac{1}{2}mv^2=U(x)+E_0 \tag{9.35}$$

を $v=\dfrac{\mathrm{d}x}{\mathrm{d}t}$ について解いたとき変数分離形になれば，そこから解 $x$ を求めることができる．

**【例題】** 単振り子の運動方程式 $m\ddot{\theta}=-\dfrac{mg}{l}\sin\theta$ を求積法によって一般解を求めよ．ただし $t=0$ のとき，$\theta=\theta_0$，$\dot{\theta}=0$ とする．

---

**《解答例》**

$F=-\dfrac{mg}{l}\sin\theta$ の $\theta=\theta_0$ を基準とするポテンシャルは $U=-\displaystyle\int_{\theta_0}^{\theta}-\frac{mg}{l}\sin\theta\mathrm{d}\theta=-\frac{mg}{l}(\cos\theta-\cos\theta_0)$ となるので，力学的エネルギー保存則より

$$\frac{1}{2}m\dot{\theta}^2-\frac{mg}{l}(\cos\theta-\cos\theta_0)=0$$

これを $v=\dfrac{\mathrm{d}\theta}{\mathrm{d}t}$ について解いて

$$\frac{\mathrm{d}\theta}{\mathrm{d}t}=\sqrt{\frac{2g}{l}(\cos\theta-\cos\theta_0)}.$$

これは変数分離形の微分方程式なので，積分

$$\int \frac{\mathrm{d}\theta}{\sqrt{\cos\theta - \cos\theta_0}} = \int \sqrt{\frac{2g}{l}}\mathrm{d}t$$

を計算して，$\theta$ について解けばよい．ただし，この左辺の積分は初等関数の範囲で求められないことが知られていて，楕円関数と呼ばれる特殊関数を用いる必要がある． ■

【問 38】 以下の微分方程式の一般解を，求積法で求めよ．

(1) $y' = 2y + 3$　(2) $y' = 1 - y^2$　(3) $y' = xe^{-y}$

(4) $y' = \dfrac{y}{1-x^2}$　(5) $y' = \dfrac{e^y}{x^2+1}$　(6) $y' = y(1-y)$

〔**答**：(1)$y(x) = Ae^{2x} - \dfrac{3}{2}$, (2)$y(x) = \dfrac{e^{2x} - A}{e^{2x} + A}$, (3)$y(x) = \log(\dfrac{x^2}{2} + C)$, (4)$y(x) = A\sqrt{\left|\dfrac{1+x}{1-x}\right|}$, (5)$y(x) = -\log(-\tan^{-1}x + A)$, (6)$y(x) = \dfrac{e^x}{e^x + A}$〕

【問 39】 以下の微分方程式について，与えられた初期条件を満たす解を求積法で求めよ．

(1) $y' = 2y + 3,\ y(0) = 1$　(2) $y' = \dfrac{y}{1-x^2},\ y(0) = 2$

(3) $y' = y(1-y),\ y(0) = 2$　(4) $y' = y(1-y),\ y(0) = 0$

〔**答**：(1)$y(x) = \dfrac{5}{2}e^{2x} - \dfrac{3}{2}$, (2)$y(x) = 2\sqrt{\left|\dfrac{1+x}{1-x}\right|}$, (3)$y(x) = \dfrac{2e^x}{2e^x - 1}$, (4)$y(x) = 0$〕

**コラム：解の存在定理と任意定数の個数** $x(t)$ に関する $n$ 階の微分方程式が，$n$ 階微分 $x^{(n)} = \dfrac{\mathrm{d}^n x}{\mathrm{d}t^n}$ について解けているとき，つまりある関数 $F$ を用いて

$$x^{(n)}(t) = F(t; x(t), \dot{x}(t), \cdots, x^{(n-1)}(t))$$

と表されるとき，正規形という．正規形の微分方程式に対し，以下の重要な定理が証明されている：

常微分方程式の解の存在定理

$F(t, x, \dot{x}, \cdots, x^{(n-1)})$ が微分可能関数[a]であれば，初期条件

$$x(0) = c_0,\ \dot{x}(0) = c_1,\ \cdots,\ x^{(n-1)}(0) = c_{n-1}$$

を満たす解が，（$t = 0$ の周辺で局所的に）ただ一つ存在する．

[a] この仮定は，より弱い条件「$F$ がリプシッツ連続関数」に置き換えることができる．

この定理によれば，正規形の $n$ 階微分方程式の特解は，$n$ 個の定数 $c_0$, $c_1$, $\cdots$ $c_{n-1}$ を定めるごとに，ただ一つ定まることになり，逆に（局所的であるが），任意の特解が適当な初期条件を満たす解として得られることも示すことができる．このことから，

正規形の $n$ 階微分方程式の一般解は，ちょうど $n$ 個の任意定数を含む．

が導かれる．

なお，正規形でない微分方程式の場合，**特異解**とよばれる，一般解として表すことのできない解が存在することがある．例として，$\ddot{x}^2 = \dot{x}$ の一般解は $x = \dfrac{1}{12}(t - C_1)^3 + C_2$ となるが，$x = C_3$ という解も存在し，これは一般解で表せないので，特異解である．

## 9.3 電気回路への応用問題

**電気回路の微分方程式**

これまでに扱った力学的な振動現象の分析法を電気回路に適用して，回路を流れる電流やコンデンサに蓄えられる電荷の時間変化を調べることができる．

与えられた電気回路に対し，以下の処方によって定数係数の線形微分方程式が得られる：

(1) 電気回路における受動素子（抵抗・コンデンサ・コイル）には，次のときに電位差が現れる．（文献 [1] 第 19,21 章参照.）

★ 抵抗（レジスタンス $R$）に電流 $i$ が流れる際の電圧降下 $V_R = Ri$

★ コイル（インダクタンス $L$）を流れる電流 $i$ の時間変化に対する逆起電力 $V_L = L\dfrac{\mathrm{d}i}{\mathrm{d}t}$

★ コンデンサ（キャパシタンス $C$）に電荷 $Q$ がたまって発生する電位差 $V_C = \dfrac{Q}{C}$

(2) キルヒホッフの法則を用いると，電流 $i$ または $Q$ に関する微分方程式が得られる．

(3) 電荷保存則によって，電荷 $Q$ と $i$ には $\dfrac{\mathrm{d}Q}{\mathrm{d}t} = i(t)$ の関係があるので，微分方程式を，未知数を $Q$ か $i$ のどちらか一方の文字に統一する．

### 9.3.1 直流回路

**【例題】** 直流電源 $V$ と，コンデンサ $C$ とコイル $L$ を直列につなぐ．コンデンサにたまった電荷 $Q(t)$ の満たす微分方程式は

$$L\ddot{Q} + \frac{1}{C}Q = V \tag{9.36}$$

となることを導き，この微分方程式の初期条件 $Q(0) = 0,\ i(0) = 0$ を満たす解を求めよ．また，それを時間微分して回路を流れる電流 $i(t)$ を求めて，このグラフの概形を描け．

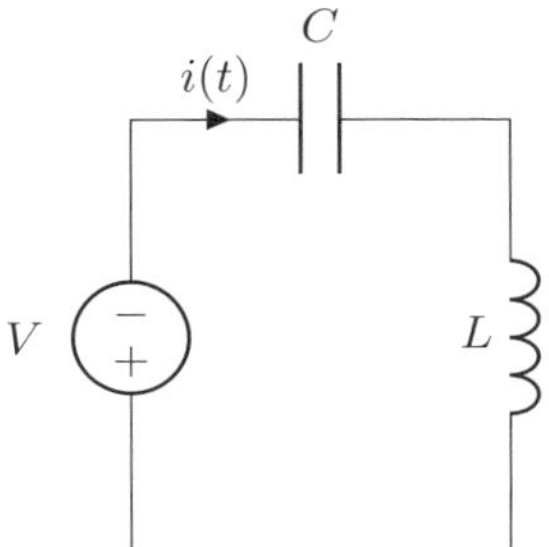


**《解答例》**

キルヒホッフの電圧則によって $\dfrac{Q}{C} + L\dfrac{\mathrm{d}i}{\mathrm{d}t} = V$．これに $i = \dfrac{\mathrm{d}Q}{\mathrm{d}t}$ を代入して (9.36)が得られる．

これは非斉次線形方程式であるから，前節の手法を用いて一般解を求めると

$$Q(t) = CV + A\sin\left(\frac{1}{\sqrt{LC}}t\right) + B\cos\left(\frac{1}{\sqrt{LC}}t\right). \tag{9.37}$$

これを微分すると回路を流れる電流になる：

$$i(t) = \frac{\mathrm{d}Q}{\mathrm{d}t} = \frac{1}{\sqrt{LC}}A\left(\cos\frac{1}{\sqrt{LC}}t\right) - \frac{1}{\sqrt{LC}}B\left(\sin\frac{1}{\sqrt{LC}}t\right). \tag{9.38}$$

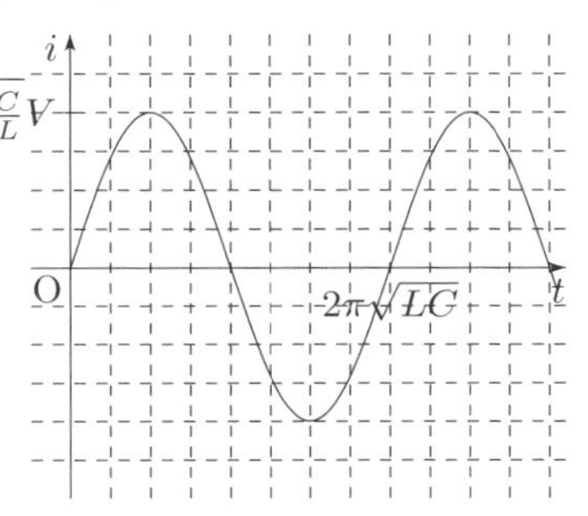


これらを初期条件 $Q(0) = 0,\ i(0) = 0$ に代入すると，それぞれ $CV + B = 0,\ \dfrac{A}{\sqrt{LC}} = 0$ となる．ゆえに $A = 0,\ B = -CV$ なので

$$\begin{aligned} Q(t) &= CV\left(1 - \cos\left(\frac{1}{\sqrt{LC}}t\right)\right) \\ i(t) &= \sqrt{\frac{C}{L}}V\sin\left(\frac{1}{\sqrt{LC}}t\right). \end{aligned} \tag{9.39}$$

$i(t)$ の角振動数は $\omega = \dfrac{1}{\sqrt{LC}}$，周期は $T = 2\pi\sqrt{LC}$ なので，グラフは右図のようになる．

■

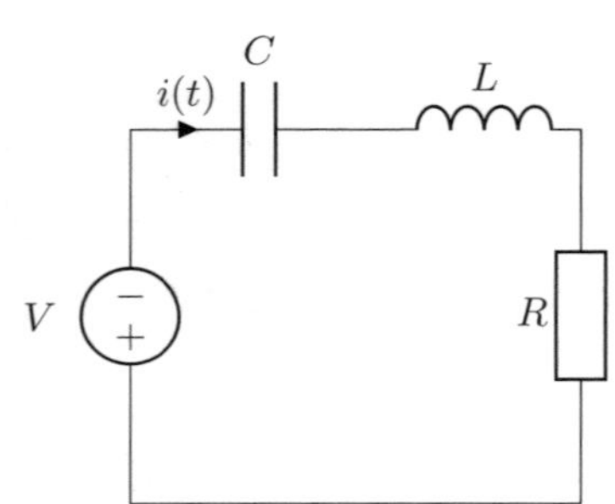


【問 40】 コンデンサ $C$ とコイル $L$ と抵抗 $R$ の直列接続に，直流電圧 $V$ をかける．コンデンサにたまった電荷 $Q(t)$ の満たす微分方程式が

$$L\ddot{Q} + R\dot{Q} + \frac{1}{C}Q = V \tag{9.40}$$

となる．振動の運動方程式 $m\ddot{x} = -kx - R\dot{x} + F$（$F$ は外力）と比較して，力学系と電気回路で対応する概念を下の表にまとめよ．また，運動エネルギー $\dfrac{1}{2}mv^2$ と，ポテンシャルエネルギー $\dfrac{1}{2}kx^2$ が，それぞれ電気回路ではどんな量に対応するか数式を用いて示せ．

| 力学系 | 変位 $x(t)$ | 速度 $v(t)$ | 外力 $F$ | 質量 $m$ | 粘性係数 $R$ | ばね定数 $k$ |
|---|---|---|---|---|---|---|
| 電気回路 | | | | | | |

【問 41】 前問の微分方程式の一般解を

(1) $R < 2\sqrt{\dfrac{L}{C}}$　　(2) $R > 2\sqrt{\dfrac{L}{C}}$　　(3) $R = 2\sqrt{\dfrac{L}{C}}$

の場合ごとに求めると，次式のようになることを示せ．（$A_1, A_2$ は任意定数．）[*3]

$$Q(t) = \begin{cases} CV + e^{-\frac{R}{2L}t}\left(A_1\cos\sqrt{\frac{1}{LC} - \left(\frac{R}{2L}\right)^2}\,t + A_2\sin\sqrt{\frac{1}{LC} - \left(\frac{R}{2L}\right)^2}\,t\right) & (1) \\ CV + e^{-\frac{R}{2L}t}\left(A_1 e^{\sqrt{\left(\frac{R}{2L}\right)^2 - \frac{1}{LC}}\,t} + A_2 e^{-\sqrt{\left(\frac{R}{2L}\right)^2 - \frac{1}{LC}}\,t}\right) & (2) \\ CV + e^{-\frac{R}{2L}t}(A_1 t + A_2) & (3) \end{cases} \tag{9.41}$$

【問 42】 以下のインダクタンス $L$，キャパシタンス $C$，抵抗 $R$ の値に対して，それぞれ減衰振動，過減衰，臨界減衰のいずれであるかを答えよ．

(1) $R = 100\ \Omega,\ L = 400\ \mathrm{mH},\ C = 200\ \mu\mathrm{F}$　　(2) $R = 100\ \Omega,\ L = 400\ \mathrm{mH},\ C = 100\ \mu\mathrm{F}$

〔答：(1) 減衰振動, (2) 過減衰〕

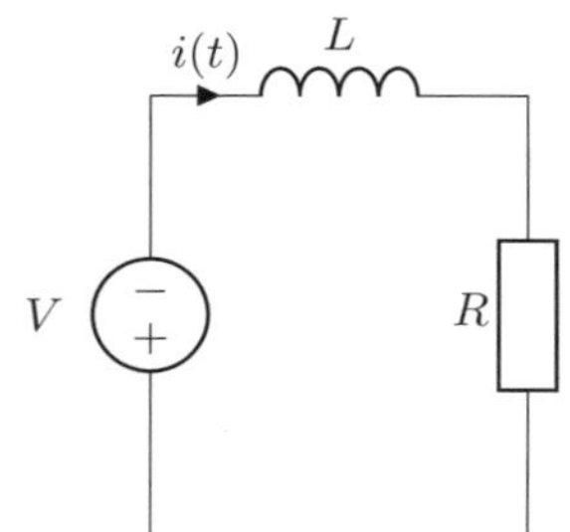


【問 43】 コイルに直流電圧をかけると，ほんのしばらくは自己誘導による影響が見られるが，すぐに一定値に落ち着く．この一定値に落ち着くまでの過渡的な現象を調べてみよう．直流電源 $V$ と，抵抗 $R$ とコイル $L$ を直列につないだ回路を考える．$t = 0$ で回路のスイッチを ON にするとき，その後に回路に流れる電流 $i(t)$ の満たす微分方程式は

$$L\frac{\mathrm{d}i}{\mathrm{d}t} + Ri = V \tag{9.42}$$

となる．

この微分方程式の初期条件 $i(0) = 0$ を満たす微分方程式の解 $i(t)$ を求めて，このグラフの概形を描け．

〔答：$i(t) = \dfrac{V}{R}\left(1 - e^{-\frac{Rt}{L}}\right)$〕

[*3] それぞれ**減衰振動**，**過減衰**，**臨界減衰**に相当する．（第 9.1.3 節参照．）

【問 44】 コンデンサに直流電圧をかけると，いずれは充電されて電流は流れなくなることはよく知られている．ここでは，充電されるまでの過渡的な現象を調べてみよう．直流電源 $V$ と，抵抗 $R$ とコンデンサ $C$ を直列につないだ回路を考える．$t=0$ で回路のスイッチを ON にするとき，その後にコンデンサにたまった電荷 $Q(t)$ の満たす微分方程式は

$$R\frac{\mathrm{d}Q}{\mathrm{d}t}+\frac{1}{C}Q=V \tag{9.43}$$

となる．

(1) この微分方程式の初期条件 $Q(0)=0$ を満たす微分方程式の解を求めよ．

(2) この解を時間微分することによって回路に流れる電流 $i(t)=\dfrac{\mathrm{d}Q}{\mathrm{d}t}$ を求めて，このグラフの概形を描け．

(3) 電力 $P=Ri^2(t)$ を時間について積分することで，抵抗で発生したジュール熱 $Q_{\mathrm{J}}=\displaystyle\int_0^{\infty}Ri^2(t)\mathrm{d}t$ を求めよ[*4]．

〔答：(1)$Q(t)=CV\left(1-e^{-\frac{t}{RC}}\right)$, (2)$i(t)=\dfrac{V}{R}e^{-\frac{t}{RC}}$, $Q_{\mathrm{J}}=\dfrac{CV^2}{2}$〕

### 9.3.2 交流回路

**【例題】** 交流電源 $v_{\mathrm{in}}(t)=V\sin(\omega t)$ と抵抗 $R$ とコイル $L$ を直列につないだ回路を考える（$t\geq 0$）．このとき，抵抗の両端にかかる電圧の満たす微分方程式は

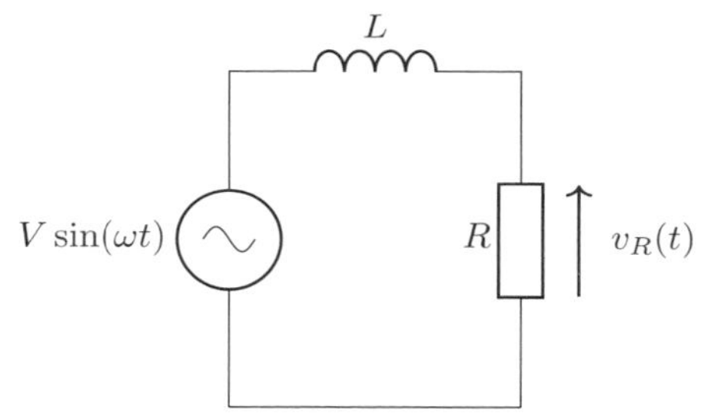


$$\frac{L}{R}\frac{\mathrm{d}v_R}{\mathrm{d}t}+v_R=V\sin(\omega t) \tag{9.44}$$

となる．

(1) 微分方程式 (9.44)の特殊解を $v_{R,\mathrm{p}}(t)=\alpha\sin(\omega t)+\beta\cos(\omega t)$ の形で求めよ．

(2) 微分方程式 (9.44)の一般解 $v_R(t)$ を求めよ．

(3) 角周波数 $\omega=1000$ rad/s, 振幅 $V=1$ V とするときに，横軸を $\omega t$，縦軸を入力電圧 $v_{\mathrm{in}}(t)$ とするグラフを描け．（周期 $T$ を図に書き込むこと．）

(4) $\omega=1000$ rad/s, $V=1$ V, $R=1\ \Omega$, $L=1$ mH とするときに，横軸を $\omega t$，縦軸を特解 $v_{R,\mathrm{p}}(t)$ とするグラフを描け．（特解 $v_{R,\mathrm{p}}(t)$ の振幅と位相のずれを図に書き込むこと．）

---

**《解答例》**

(1) 回路に流れている電流を $i(t)$ とすると，キルヒホッフの電圧則により

$$L\frac{\mathrm{d}i}{\mathrm{d}t}+Ri=V\sin(\omega t) \tag{9.45}$$

また，抵抗の電圧 $v_R(t)$ と電流の関係は $v_R(t)=Ri(t)$ なので

$$LG\frac{\mathrm{d}v_R}{\mathrm{d}t}+v_R=V\sin(\omega t) \tag{9.46}$$

となる．ここで $G=\dfrac{1}{R}$ とおいた．

(2) 特解を $v_{R,\mathrm{p}}(t)=\alpha\sin(\omega t)+\beta\cos(\omega t)$ とおくと，

$$\frac{\mathrm{d}v_{R,\mathrm{p}}}{\mathrm{d}t}=\omega\alpha\cos(\omega t)-\omega\beta\sin(\omega t) \tag{9.47}$$

---

[*4] 文献 [1] 第 19 章の $Q_{\mathrm{J}}=RI^2t$ は電流が一定の場合の式で，この問題では使えない．

これらを微分方程式に代入すると

$$(\alpha - \omega LG\beta)\sin(\omega t) + (\beta + \omega LG\alpha)\cos(\omega t) = V\sin(\omega t) \tag{9.48}$$

ゆえに $\alpha - \omega LG\beta = V$，$\beta + \omega LG\alpha = 0$.
これらを $\alpha, \beta$ について解くと $\alpha = \dfrac{1}{1+(\omega LG)^2}V$, $\beta = -\dfrac{\omega LG}{1+(\omega LG)^2}V$.
従って，特解は

$$v_{R,\mathrm{p}}(t) = \frac{V}{1+(\omega LG)^2}\left(\sin(\omega t) - \omega LG\cos(\omega t)\right) \tag{9.49}$$

(3) 一般解は，特解 $v_{R,\mathrm{p}}(t)$ に，斉次方程式 $\dfrac{\mathrm{d}v_{R,0}}{\mathrm{d}t} + \dfrac{1}{LG}v_{R,0}(t) = 0$ の一般解 $v_{R,0}(t) = Ae^{-t/LG}$ を加えて

$$v_R(t) = \frac{V}{1+(\omega LG)^2}\left(\sin(\omega t) - \omega LG\cos(\omega t)\right) + Ae^{-t/LG} \tag{9.50}$$

(4) $\omega = 1000[\mathrm{rad/s}]$, 振幅 $V = 1[\mathrm{V}]$ とするときに，横軸 $\omega t \equiv x$，縦軸 $v_{\mathrm{in}}(t) \equiv y$ とすると $y = \sin x$ で，グラフは図 9.1 細線.

(5) $\omega = 1000$ rad/s, $V = 1$ V, $R = 1\ \Omega$, $L = 1$ mH とするときに，$\omega LG = \dfrac{\omega L}{R} = 1$. 横軸 $\omega t \equiv x$，縦軸 $v_{R,\mathrm{p}}(t) \equiv y$ とすると $y = \dfrac{1}{2}(\sin x - \cos x) = \dfrac{1}{\sqrt{2}}\sin\left(x - \dfrac{\pi}{4}\right)$ で，グラフは図 9.1 太線.

■

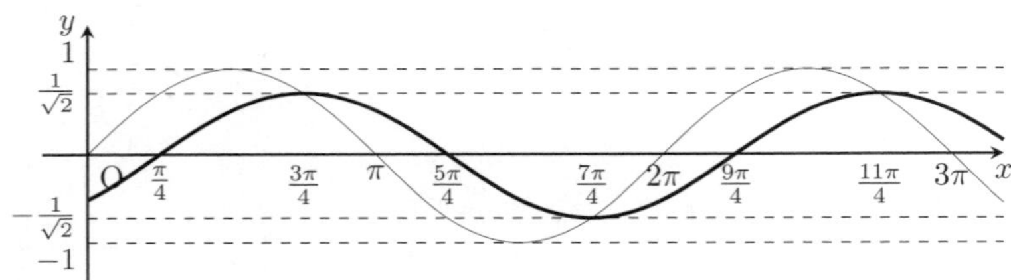


図 9.1　入力電圧 $y = \sin x$（細線）と出力電圧 $y = \dfrac{1}{\sqrt{2}}\sin\left(x - \dfrac{\pi}{4}\right)$（太線）のグラフ.

【問 45】 交流電源 $v_{\mathrm{in}}(t) = V\sin(\omega t)$ と抵抗 $R$ とコンデンサ $C$ を直列につないだ回路を考える（$t \geq 0$）. このとき，コンデンサの両端にかかる電圧 $v_C(t)$ の満たす微分方程式は

$$CR\frac{\mathrm{d}v_C}{\mathrm{d}t} + v_C = V\sin(\omega t) \tag{9.51}$$

となる.

(1) 微分方程式 (9.51)の特殊解を $v_{C,\mathrm{p}}(t) = \alpha\sin(\omega t) + \beta\cos(\omega t)$ の形で求めよ.

(2) 微分方程式 (9.51)の一般解 $v_C(t)$ を求めよ.

(3) 角周波数[*5] $\omega = 100$ rad/s, 振幅 $V = 1$ V とするときに，横軸を $\omega t$，縦軸を入力電圧 $v_{\mathrm{in}}(t)$ とするグラフを描け.

(4) $\omega = 100$ rad/s, $V = 1$ V, $R = 0.1$ kΩ, $C = 0.1$ mF とするときに，横軸を $\omega t$，縦軸を特解 $v_{C,\mathrm{p}}(t)$ とするグラフを描け.（特解 $v_{C,\mathrm{p}}(t)$ の振幅と位相のずれを図に書き込むこと.）

〔**答**：(1)$v_{C,\mathrm{p}}(t) = \dfrac{V}{1+(CR\omega)^2}(-CR\omega\cos(\omega t) + \sin(\omega t))$, (2)$v_C(t) = Ae^{-\frac{t}{RC}} + v_{C,\mathrm{p}}(t)$〕

[*5] 交流回路では，$\omega$ は角振動数ではなく，**角周波数**と呼ばれるのが通例である.

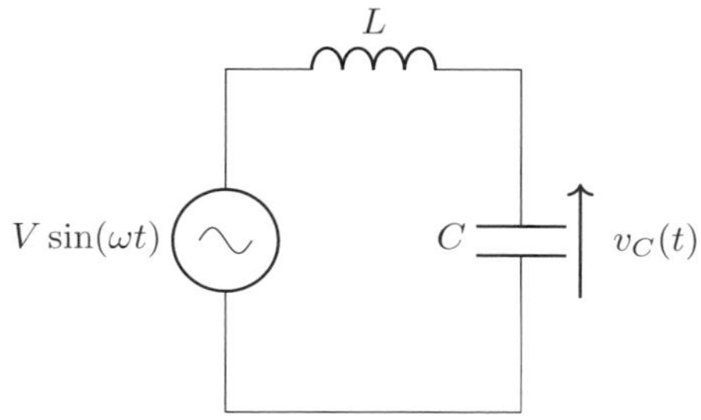

【問 46】 交流電源 $v_{\rm in}(t) = V\sin(\omega t)$ と，コンデンサ $C$ とコイル $L$ を直列につないだ回路を考える．このとき，コンデンサの両端にかかる電圧 $v_C(t)$ の満たす微分方程式は

$$LC\frac{\mathrm{d}^2 v_C}{\mathrm{d}t^2} + v_C = V\sin(\omega t) \qquad (9.52)$$



となる．以下，$\omega \neq \dfrac{1}{\sqrt{LC}}$ であるとして，問題を解け．

(1) 微分方程式 (9.52)の特解を $v_{C,\rm p}(t) = \alpha\sin(\omega t)+\beta\cos(\omega t)$ の形で求めよ．

(2) 微分方程式 (9.52)の一般解 $v_C(t)$ を求めよ．

(3) 角周波数 $\omega = 2000$ rad/s, 振幅 $V = 1$ V とするときに，横軸を $\omega t$，縦軸を入力電圧 $v_{\rm in}(t)$ とするグラフを描け．

(4) $\omega = 2000$ rad/s, $V = 1$ V, $L = 1$ mH, $C = 1$ mF とするときに，横軸を $\omega t$，縦軸を特解 $v_{C,\rm p}(t)$ とするグラフを描け．（電圧 $v_{C,\rm p}(t)$ の振幅と位相のずれを図に書き込むこと．）

〔答：(1)$v_{C,\rm p}(t) = \dfrac{V}{1 - LC\omega^2}\sin(\omega t)$, (2) $v_C(t) = A_1\cos(\dfrac{t}{\sqrt{LC}}) + A_2\sin(\dfrac{t}{\sqrt{LC}}) + v_{C,\rm p}(t)$〕

【問 47】 前問で $\omega = \dfrac{1}{\sqrt{LC}}$ であるとして，以下の問いに答えよ．

(1) 微分方程式 (9.52)の特解を $v_{C,\rm p}(t) = t\,(\alpha\sin(\omega t) + \beta\cos(\omega t))$ の形で求めよ．

(2) $\omega = 1000$ rad/s, $V = 1$ V, $L = 1$ mH, $C = 1$ mF とするときに，横軸を $\omega t$，縦軸を特解 $v_{C,\rm p}(t)$ とするグラフを描け．

〔答：(1)$v_{C,\rm p}(t) = -\dfrac{V\omega}{2}t\cos(\omega t)$〕

**力学-電気アナロジー**

力学-電気アナロジーで考えると，この回路は，ばねのついたおもりを周期的に揺すっている力学系と同等である．ばねの固有角振動数 $\omega_0 = \sqrt{\dfrac{M}{K}}$ と，外力の角振動数 $\omega$ が一致したときに共振が発生するが，回路の共振も数学的には全く同じ現象である．

# 第10章

# 波動

## 10.1 波の性質

**媒質および横波・縦波**

波とは，その形（波形）が変わらずに一方向に進行する現象のことである[a]．水の波の場合の「水分子」のように，波の伝播を担う粒子を**媒質**という．波が媒質を伝わるときに，媒質の各部分は元々の位置（平衡位置）のまわりで振動するだけで，媒質自体が波と一緒に移動することはない．なお，媒質の時間的変動が力学法則（つまりニュートンの運動の三法則）にのみ従うものを力学的波動という．本章では，**力学的波動**のみを扱う．

**■横波**　媒質粒子が，波の進行方向と垂直に振動する波．

**■縦波**　媒質粒子が，波の進行方向に振動する波．縦波では，媒質のまばらなところ（疎）と詰まったところ（密）が交互に生じ，疎密な状態が伝わっていくので，これを**疎密波**ともいう．

[a] 本書では主として一次元波動を扱う．三次元空間に伝播する波については後に少しだけ扱う．

【問 1】 以下の波が (a) 横波か (b) 縦波か，あるいは (c) 両者の組み合わせであるかを判別せよ．また，それぞれの波の媒質が何であるかを答えよ．

(1) ヴァイオリンの弦に発生する波
(2) 空気中の音波
(3) 光の波
(4) 水面を伝わる波
(5) スタジアムで発生するウェーブ
(6) 鉄琴を鳴らしたときに発生する波

【問 2】 地震の P 波と S 波の揺れ方は，それぞれ「ゴトゴト」「ゆさゆさ」と表現されるが，この違いを物理的に説明せよ．また，どちらが速く到達するかを述べよ．

**パルス波と進行波・後退波**

パルス波とは，釣鐘型の波形が伝播する波のことである．右図の実線は，$t=0$ における或るパルス波の形状を表す．このパルス波の位置 $x$ における変位を $y$ とするときに，ある関数 $F(x)$ を用いて，$y=F(x)$ と表せる．釣鐘型の波形として有名なものに，Gauss 型 $F(x)=A\exp\left(-\dfrac{x^2}{a^2}\right)$ と，Lorentz 型 $F(x)=A\dfrac{1}{x^2+a^2}$ がある．このパルスが $x$ 軸正方向に進む速さを $v$ とすると，時間 $t$ の間にパルスは $vt$ だけ進むから，時刻 $t$ での変位は $y=F(x-vt)$ と書くことができる．($t=0$ で原点 $x=0$ を中心としたパルスであったものが，時刻 $t$ では $x=vt$ を中心とするパルスに移動するということ．右図の破線参照.）これを**進行波**という．逆に，パルスが $x$ 軸負方向へ移動するときには，時刻 $t$ での変位は

$y = F(x + vt)$ と書くことができる．これを**後退波**という．

これらの変位 $y$ は**波動関数**とも言われ，$x$ および $t$ の関数であることから二変数関数 $y(x,t)$ として表現される．

**【例題】** $t = 0$ のとき，関数

$$y(x,0) = F(x) = \frac{6}{x^2+3} \tag{10.1}$$

で記述される Lorentz 型の波形があり，これが伝播する．$x$ および $y$ の単位は [m] である．

(1) 波形の中心 $F(0)$ に比べて，その大きさが半分であるような点間の距離を**半値幅**という．この波形の半値幅を求めよ．

(2) 波形の中心 $F(0)$ に比べて，その大きさが $\dfrac{1}{4}$ 倍になるまでの距離を求めよ．

(3) この波が $x$ 軸正方向に速さ 3 m/s で進行するならば，この進行波を記述する波動関数 $y(x,t)$ はどのように書けるか？

(4) この関数の $t = 0, 1, 2$ における波形（横軸を $x$，縦軸を $y$ とする）をプロットせよ．

---

**《解答例》**

(1) $F(x) = \dfrac{1}{2}F(0)$ を満たす $x$ を求める．$\dfrac{6}{x^2+3} = \dfrac{1}{2}\dfrac{6}{3} = 1$ を解いて $x = \sqrt{3}$．よって半値幅は $2\sqrt{3}$ m

(2) $F(x) = \dfrac{1}{4}F(0)$ を満たす $x$ を求める．$\dfrac{6}{x^2+3} = \dfrac{1}{4}\dfrac{6}{3} = \dfrac{1}{2}$ を解いて $x = 3$.

(3) $y(x,t) = \dfrac{6}{(x-3t)^2+3}$

(4) $t = 0, 1, 2$ のグラフはそれぞれ右図の実線，破線，点線. ■

**【問 3】** $x$ 軸正方向に向かって進む波が二変数関数

$$y(x,t) = \frac{2}{(x-2t)^2+4} \tag{10.2}$$

で記述されているとき，以下の問いに答えよ．$x$ および $y$ の単位は [m]，$t$ の単位は [s] とする．

(1) この波形の半値幅を求めよ．

(2) この波の速さ $v$ を求めよ．

(3) ある時刻 $t > 0$ において，この波形の勾配 $\dfrac{\partial y}{\partial x}$ がゼロになる位置 $x$ を求めよ．

〔**答：**(1)4 m, (2)$v = 2$ m/s, (3) $x = 2t$ [m]〕

**重ね合わせの原理と干渉**

2つ以上の波が同時に同じ地点に来たときの媒質の変位は，個々の波が独立に来たときの変位を合成したものになる．個々の波を $y_i(x,t)$ $(i = 1, 2, \ldots)$ と書くと，合成された波（**合成波**）は，各々の和：

$$y(x,t) = y_1(x,t) + y_2(x,t) + \ldots \tag{10.3}$$

と書ける．これを波の**重ね合わせの原理**[a]という．2つ以上の波が合成されるとき，個々の波が強め合ったり，弱めあったりする現象を**波の干渉**という[b]．

[a] **非線形波**と呼ばれる，重ね合わせの原理に従わない波もあるが，これは本章では扱わない

[b] 合成された波は，波形が変わることや一方向に進まないこともあるが，これもまた「波」ということにする．例えば，後に出てくる**定在波**はどちらに進んでいるとも言えない波である．

【問 4】 ある綱を伝わる 2 つのパルス波がそれぞれ，

$$y_1(x,t)=\frac{2}{(x-3t)^2+3},\qquad y_2(x,t)=-\frac{2}{(x+3t-6)^2+3} \tag{10.4}$$

で記述されるとする．($x$ および $y$ の単位は [m] で，$t$ の単位は [s] である．)

(1) 合成波 $y(x,t)=y_1(x,t)+y_2(x,t)$ の変位を $-3\le x\le 9$ の範囲で $t=0,\frac{1}{2},1,\frac{3}{2},2$ の各々でプロットせよ．(横軸 $x$，縦軸 $y$ のグラフを描け．)

(2) 2 つの波がどの位置でも相殺するのはどの時刻 $t$ か？また，2 つの波が常に相殺するのはどの位置 $x$ であるか？

〔答：(2)$t=1$, $x=3$〕

## 10.2 横波（弦を伝わる波など）

### 10.2.1 弦を伝わる横波の満たす波動方程式と波の速度

**弦を伝わる横波の満たす波動方程式**

張力 $S$，線密度 $\mu$ の弦[a]の微小部分 $[x,x+\mathrm{d}x]$ の横方向（波の伝播方向に垂直な向き）の変位 $y(x,t)$ の時間発展は，次の**偏微分方程式**を満たすことが示されている[b]：

$$\mu\frac{\partial^2 y}{\partial t^2}\mathrm{d}x=S\frac{\partial^2 y}{\partial x^2}\mathrm{d}x. \tag{10.5}$$

この式の意味を簡単に説明すると，左辺は弦の微小部分 $[x,x+\mathrm{d}x]$ の横方向（波の伝播方向に垂直な向き）の質量 × 加速度であり，右辺は同じ部分の弦に働く横方向（波の伝播方向に垂直な向き）の合力である[c]．

$v=\sqrt{\dfrac{S}{\mu}}$ とおくと，上の方程式は

$$\frac{\partial^2 y}{\partial t^2}=v^2\frac{\partial^2 y}{\partial x^2} \tag{10.6}$$

と書ける．この形の偏微分方程式を**波動方程式**という．この定数 $v$ が波の伝播速度を表すことはすぐ後で分かる．

[a] 本書では，弦とは紐やロープの両端が固定され，ピンと張ったものを表す．

[b] 詳しくは文献 [1] p134-135 参照．

[c] 波の伝播方向（縦方向）に働く力はつり合っていて合力はゼロで，加速度もゼロである．もう少し詳しくいうと，弦の張力 $S$ の横方向成分は $S\dfrac{\partial y}{\partial x}$ であり，弦の微小部分 $[x,x+\mathrm{d}x]$ に働く合力は $F_\perp=S\dfrac{\partial y}{\partial x}(x+\mathrm{d}x,t)-S\dfrac{\partial y}{\partial x}(x,t)\approx S\dfrac{\partial^2 y}{\partial x^2}\mathrm{d}x$ となる

**【例題】** 次の二変数関数 $y(x,t)$ が波動方程式 (10.6)を満たすか否かを判定せよ．($A$ はゼロでない定数とする．)

(1) $y=A(x-vt)^2$　　(2) $y=A(x^2-v^2t^2)$

---

**《解答例》**

波動方程式の左辺と右辺に与えられた関数を代入し，それらが恒等的に等しくなるかどうかを判別すればよい．

(1) $(\text{左辺})=\dfrac{\partial^2}{\partial t^2}A(x-vt)^2=\dfrac{\partial}{\partial t}2A(x-vt)(-v)=2Av^2$

$(\text{右辺})=v^2\dfrac{\partial^2}{\partial x^2}A(x-vt)^2=v^2\dfrac{\partial}{\partial x}2A(x-vt)=2Av^2$

これらは恒等的に等しいので，$y = A(x - vt)^2$ は波動方程式を満たす．

(2) $(\text{左辺}) = \dfrac{\partial^2}{\partial t^2} A(x^2 - v^2t^2) = \dfrac{\partial}{\partial t} A(-2v^2 t) = -2Av^2$

$(\text{右辺}) = v^2 \dfrac{\partial^2}{\partial x^2} A(x^2 - v^2t^2) = v^2 \dfrac{\partial}{\partial x} 2Ax = 2Av^2$

これらは恒等的に等しくないので，$y = A(x^2 - v^2t^2)$ は波動方程式を満たさない．

■

【問 5】 次の二変数関数 $y(x,t)$ が波動方程式 (10.6)を満たすことを示せ．（$A, B$ はゼロでない定数とする．）

(1) $y = A(x - vt)^2 + B(x + vt)^2$　　(2) $y = A(x^2 + v^2t^2)$

【問 6】 次の二変数関数 $y(x,t)$ が波動方程式 (10.6)を満たすことを示せ．（$A, B, k$ はゼロでない定数とする．）

(1) $y = A\sin(k(x - vt))$　　(2) $y = B\cos(k(x + vt))$

(3) $y = A\sin(k(x - vt)) + B\cos(k(x + vt))$　　(4) $y = A\sin(kx)\cos(kvt)$

**ダランベールの解**

二変数関数 $y(x,t)$ が，ある関数 $F(z)$ を用いて，$y(x,t) = F(x - vt)$ あるいは $y(x,t) = F(x + vt)$ と書けているならば，$F(z)$ の関数形に依らず，波動方程式 (10.6)の解である．つまり，速度 $v$ の進行波，後退波は波動方程式の解となる．

より一般的に，任意の関数 $F(z), G(z)$ に対して，重ね合わせ $y(x,t) = F(x - vt) + G(x + vt)$ もまた波動方程式の解である．これを**ダランベールの解**という[a]．

[a] 波動方程式はダランベールの解以外の解を持たないと主張しているわけではないことに注意．

**【例題】** 任意の関数 $F(z)$ に対して，$y(x,t) = F(x - vt)$ および $y(x,t) = F(x + vt)$ が波動方程式 (10.6)を満たすことを証明せよ．

---

**《解答例》**

波動方程式の左辺と右辺に $y(x,t) = F(x - vt)$ を代入し，それらが恒等的に等しくなるかどうかを判別すればよい．$z = x - vt$ として，

$$(\text{左辺}) = \frac{\partial^2}{\partial t^2} F(x - vt) = \frac{\partial}{\partial t}\frac{\partial z}{\partial t}\frac{\mathrm{d}}{\mathrm{d}z}F(z) = \frac{\partial}{\partial t}(-v)F'(z) = (-v)\frac{\partial z}{\partial t}\frac{\mathrm{d}}{\mathrm{d}z}F'(z) = v^2 F''(z)$$

$$(\text{右辺}) = v^2\frac{\partial^2}{\partial x^2} F(x - vt) = v^2\frac{\partial}{\partial x}\frac{\partial z}{\partial x}\frac{\mathrm{d}}{\mathrm{d}z}F(z) = v^2\frac{\partial}{\partial x}F'(z) = v^2\frac{\partial z}{\partial x}\frac{\mathrm{d}}{\mathrm{d}z}F'(z) = v^2 F''(z)$$

よってこれらは恒等的に等しいので，$y = F(x - vt)$ は波動方程式を満たす．$y(x,t) = F(x + vt)$ も同様にして証明できる． ■

【問 7】 次の二変数関数 $y(x,t)$ が波動方程式 (10.6)を満たすことを証明せよ．（$A$ はゼロでない定数とする．$i$ は虚数．）

(1) $y = \dfrac{A}{(x - vt)^2 + 1}$　　(2) $y = A\exp(-(x - vt)^2)$

(3) $y = A\tanh(x - vt)$　　(4) $y = A\exp(i(x - vt))$

【問 8】 任意の関数 $F(z), G(z)$ に対してダランベールの解 $y(x,t) = F(x - vt) + G(x + vt)$ もまた波動方程式を満たすことを示せ．

**弦を伝わる横波の速さ**

$y(x,t) = F(x \mp vt)$ が，波形 $F(x)$ を保ったまま速度 $v$ で進行する波であり，かつそれが波動方程式(10.6)を満たすことから，波動方程式に現れる定数 $v$ は速度を表すことが分かる．つまり，張力 $S$，線密度 $\mu$ の弦を伝わる横波の速さは次のようになる：

$$v = \sqrt{\frac{S}{\mu}}. \tag{10.7}$$

**【例題】**

線密度が $5.00 \times 10^{-3}$ kg/m のピアノ線が張力 1250 N で張られているときに，この弦を進行する波の速さを求めよ．

---

**《解答例》**

$$v = \sqrt{\frac{1250\ \mathrm{N}}{5.00 \times 10^{-3}\ \mathrm{kg/m}}} = 5.00 \times 10^{2}\ \mathrm{m/s}.$$

■

【問 9】 金属などの弾性体の断面に生じる圧力を**応力**という．細く削った金属線に発生する横波の速さは，応力を $\sigma$，密度を $\rho$ とするときに，$v = \sqrt{\frac{\sigma}{\rho}}$ と書けることを (10.7)から示せ．また，これを用いて密度 7.5 g/cm$^3$，降伏応力[*1] $2.7 \times 10^9$ Pa のスチールワイヤー上を，横波がこの応力を超えることなく進行できる最大の横波の速さを求めよ．〔**答：**$v = 6.0 \times 10^2$ m/s〕

【問 10】 応力が同程度であれば，軽い弦（密度の小さい弦）と，重い弦（密度の大きい弦）のいずれを伝わる横波の方が速いか？理由もつけて答えよ．〔**答：**軽い弦〕

## 10.2.2　波の反射と透過

**媒質の境界における条件**

右図のように，二種類の異なる媒質の弦（線密度の異なる弦）が連結されている場合に，一方から他方へ進行波が侵入した際に，波の一部は反射され残りは透過される．

媒質の境界を $x = 0$ としたときに，$x < 0$ と $x > 0$ では媒質が異なるので，それぞれ速度が異なる波が伝播するが，このとき，$x < 0$ での波 $y_1$（=**入射波**と**反射波**の合成波）と $x > 0$ での波 $y_2$（=**透過波**）を $x = 0$ で滑らかに接続していること，すなわち

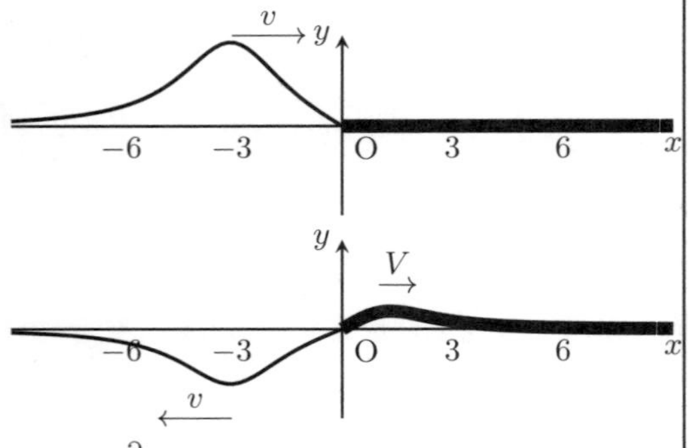


$$y_1(0,t) = y_2(0,t), \quad \frac{\partial y_1}{\partial x}(0,t) = \frac{\partial y_2}{\partial x}(0,t) \tag{10.8}$$

が任意の時間 $t$ で成立することから，入射波，透過波，反射波の振幅の関係が得られる：$y_1$, $y_2$ の速度をそれぞれ $v, V$ とする．

**反射係数**（入射波と反射波の振幅比のこと）を $R$ とするとき，$x < 0$ での波は[*2]

$$y_1(x,t) = F\left(t - \frac{x}{v}\right) + RF\left(t + \frac{x}{v}\right),$$

---

[*1] 弾性の性質から元にもどらない塑性変形を起こす性質へ変わる限界を**降伏応力**という．

**透過係数**（入射波と透過波の振幅比のこと）を $T$ とするとき，速度 $V$ の透過波は

$$y_2(x,t) = TF\left(t - \frac{x}{V}\right)$$

と書ける．これらを (10.8)式に代入しこれから

$$R = \frac{V-v}{V+v}, \quad T = \frac{2V}{V+v} \tag{10.9}$$

が得られる．つまり，反射波の振幅は，入射波の振幅の $R = \dfrac{V-v}{V+v}$ 倍になる．

【問 11】 (10.9)を示せ．

**全て反射される２つの場合**

全て反射される極端な場合は $|R| = 1$，つまり $R = -1$ あるいは $R = 1$ のときである[a]．

**■固定端**　弦が極めて重い媒質（$\mu \to \infty$）と連結されているときには，この重い物質を伝わる横波は極めて遅い（$V \to 0$）．もし波がこの重い媒質に入射した際には (10.9)式から $R = -1$ となり全て反射される．このような境界を**固定端**という．

**■自由端**　弦が極めて軽い媒質（$\mu \to 0$）と連結されているときには，この軽い物質を伝わる横波は極めて速い（$V \to \infty$）．もし波がこの軽い媒質に入射した際には (10.9)式から $R = 1$ となり全て反射される[b]．このような境界を**自由端**という．

[a] 全て透過するのは $R = 0$ の場合であり，これは $V = v$，つまり同じ媒質（同じ線密度 $\mu$ の媒質）で繋がれているときにのみ発生する．

[b] このときには透過係数は $T = 2$ となるので，透過波が発生しており全てが反射されたと考えるのはおかしいと思われるかもしれない．しかし，透過波の強さ $I = \dfrac{1}{2}\rho\omega^2 A^2 v$ を計算すると，これがゼロであることを証明できる．（波の強さについては，第 10.2.5 節参照．）

【問 12】 細いひもとスチールワイヤーが繋がれているときに，①ひもからスチールワイヤーに波が入射する，②スチールワイヤーからひもに入射する．波の振幅が反転されて反射されるのはいずれか？理由もつけて答えよ．（Hint：波の速度 $v$ は，張力 $S$ と線密度 $\mu$ を用いて $v = \sqrt{\dfrac{S}{\mu}}$ と書ける．）〔**答：①**〕

[*2] ここでは，簡単のために反射波，透過波の波形は入射波の波形と同じであるとしているが，より一般的に，波形が異なっていると仮定しても，最後に得られる反射係数の式は同じになる．詳しくは [4] 参照．

**固定端での反射**

右図のように，壁（剛体であるとする）に一端を固定した弦を進行するパルスを考える．これは，極端に重い媒質の弦と接続されている状況（固定端）と同じであり，入射波と反射波の合成波は，

$$y_1(x,t) = F\left(t - \frac{x}{v}\right) - F\left(t + \frac{x}{v}\right) \tag{10.10}$$

となる．この波は，いかなる時間でも境界 $x=0$ で $y_1(0,t)=0$ を満たす．つまり，**固定端では境界で変位が常にゼロとなる．**

右図は，入射波 $F\left(t-\frac{x}{v}\right)$ を破線で，反射波 $-F\left(t+\frac{x}{v}\right)$ を点線で，合成波 $y_1(x,t)$ を実線で表している．

なお，固定端が $x=x_0$ にあるときには $x$ 軸を $x_0$ だけ平行移動して，入射パルスを $y_{\mathrm{I}}(x,t) = F\left(t-\frac{x-x_0}{v}\right)$，反射パルスを $y_{\mathrm{R}}(x,t) = -F\left(t+\frac{x-x_0}{v}\right)$ として，合成波を

$$y(x,t) = F\left(t-\frac{x-x_0}{v}\right) - F\left(t+\frac{x-x_0}{v}\right)$$

とすれば良い．

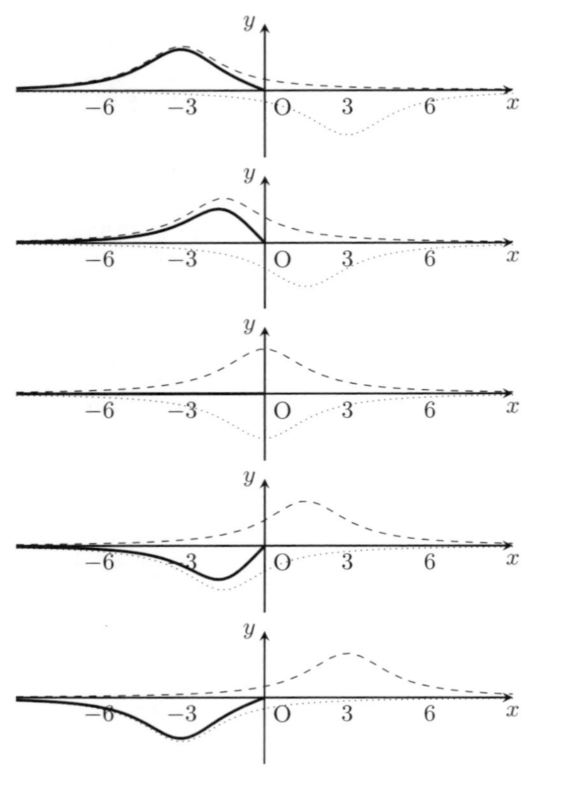

**【例題】** $x<0$ の領域から $x=0$ にある固定端へ関数

$$y_{\mathrm{I}}(x,t) = \frac{9}{(x-3t)^2+3}$$

で記述される入射波が進行するとき，以下の問いに答えよ．

(1) 反射波 $y_{\mathrm{R}}(x,t)$ はどのように記述されるか答えよ．

(2) 合成波 $y(x,t) = y_{\mathrm{I}}(x,t) + y_{\mathrm{R}}(x,t)$ を求め，$x=0$ で合成波の変位が常にゼロになることを証明せよ．

---

**《解答例》**

(1) $y_{\mathrm{I}}(x,t) = \dfrac{1}{\left(t-\frac{x}{3}\right)^2+\frac{1}{3}} \equiv F\left(t-\frac{x}{3}\right)$ となるように関数 $F(z)$ を定義する．つまり，$F(z) = \dfrac{1}{z^2+\frac{1}{3}}$．このとき，固定端による反射波は $y_{\mathrm{R}}(x,t) = -F\left(t+\frac{x}{3}\right) = -\dfrac{1}{\left(t+\frac{x}{3}\right)^2+\frac{1}{3}}$ となる．

(2) 合成波は

$$y(x,t) = \frac{1}{\left(t-\frac{x}{3}\right)^2+\frac{1}{3}} - \frac{1}{\left(t+\frac{x}{3}\right)^2+\frac{1}{3}} = \frac{9}{(x-3t)^2+3} - \frac{9}{(x+3t)^2+3}$$

となり，これは任意の時間 $t$ で $y(0,t) = \dfrac{9}{(-3t)^2+3} - \dfrac{9}{(3t)^2+3} = 0$ を満たす．

■

【問 13】 上の例題の合成波 $y(x,t)$ の変位を $-6 \leq x \leq 6$ の範囲で，$t=-1,-\frac{1}{2},0,\frac{1}{2},1$ の各時刻でプロットせよ．（横軸 $x$，縦軸 $y$ のグラフを描け．）

**自由端での反射**

右図のように，なめらかな（摩擦のない）柱に一端をくくりつけられた弦を進行するパルスを考える．これは，極端に軽い媒質の弦と接続されている状況（自由端）と同じであり，入射波と反射波の合成波は，

$$y_1(x,t)=F\left(t-\frac{x}{v}\right)+F\left(t+\frac{x}{v}\right) \tag{10.11}$$

となる．この波は，いかなる時間でも境界 $x=0$ で $\frac{\partial y_1}{\partial x}(0,t)=0$ を満たす．つまり，自由端では境界で変位の傾き $\frac{\partial y}{\partial x}$ が常にゼロとなる．張力を $S$ とするとき，横方向（波の伝播方向と垂直な向き）に働く力は $S\frac{\partial y}{\partial x}$ となるから，**自由端では境界で働く力が常にゼロである**ことを意味する[a]．

右図は，入射波 $F\left(t-\frac{x}{v}\right)$ を破線で，反射波 $F\left(t+\frac{x}{v}\right)$ を点線で，合成波 $y_1(x,t)$ を実線で表している．

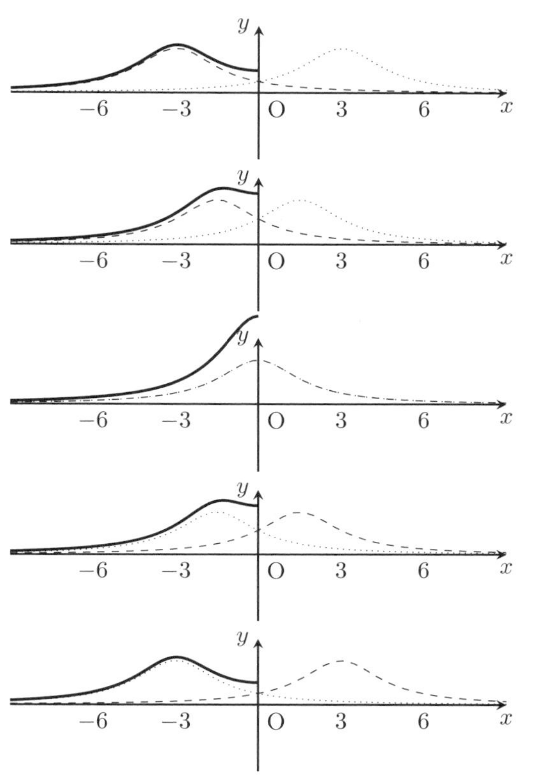


なお，自由端が $x=x_0$ にあるときには $x$ 軸を $x_0$ だけ平行移動して，入射パルスを $y_{\rm I}(x,t)=F\left(t-\frac{x-x_0}{v}\right)$，反射パルスを $y_{\rm R}(x,t)=F\left(t+\frac{x-x_0}{v}\right)$ として，合成波を

$$y(x,t)=F\left(t-\frac{x-x_0}{v}\right)+F\left(t+\frac{x-x_0}{v}\right) \tag{10.12}$$

とすれば良い．

[a] （摩擦のない）棒が弦に与える力は棒に垂直な成分しかなく，また，作用反作用の法則から，弦が棒に与える力（張力）も棒に垂直な成分しかないからである．

【問 14】 $x<0$ の領域から $x=0$ にある**自由端**へ関数

$$y_{\rm I}(x,t)=\frac{9}{(x-3t)^2+3} \tag{10.13}$$

で記述される入射波が進行するとき，以下の問いに答えよ．

(1) 反射波 $y_{\rm R}(x,t)$ はどのように記述されるか答えよ．

(2) 合成波 $y(x,t)=y_{\rm I}(x,t)+y_{\rm R}(x,t)$ を求め，$x=0$ で合成波の波形の勾配 $\frac{\partial y}{\partial x}$ が常にゼロになることを証明せよ．

(3) 合成波の変位を $-6 \leq x \leq 6$ の範囲で，$t=-1,-\frac{1}{2},0,\frac{1}{2},1$ の各時刻でプロットせよ．（横軸 $x$，縦軸 $y$ のグラフを描け．）

### 10.2.3　正弦波とその重ね合わせ

**正弦波**

ある時刻における波形が三角関数（正弦）を用いて

$$y = F(x) = A\sin\left(\frac{2\pi}{\lambda}x - \alpha\right) \tag{10.14}$$

で書けているとする．ここで，定数 $A$ を**振幅**といい，変位の最大値を表す．また，同じ波形が繰り返されるまでの最小の距離を**波長** $\lambda$ という．$\alpha$ を**位相定数**と呼ぶ．

この正弦波が，$x$ 軸正方向へ速度 $v$ で進む場合，媒質の位置 $x$ での，時刻 $t$ における変位（波動関数）は

$$y(x,t) = F(x - vt) = A\sin\left(\frac{2\pi}{\lambda}(x - vt) - \alpha\right). \tag{10.15}$$

なお，$x$ 軸負方向へ速度 $v$ で進む場合は，波動関数は $y = F(x + vt)$ となる．

**【例題】** 上の関数 $y = F(x)$(10.14)に対して以下の問いに答えよ．

(1) 任意の $x$ に対して $F(x + X) = F(x)$ を満たす最小の正数 $X$ が $\lambda$ であることを示せ．

(2) 導関数 $F'(x)$ に対しても，任意の $x$ で $F'(x + \lambda) = F'(x)$ が成立することを示せ．

---

**《解答例》**

(1) $F(x + X) = f(x)$ より $A\sin\left(\frac{2\pi}{\lambda}(x + X) - \alpha\right) = A\sin\left(\frac{2\pi}{\lambda}x - \alpha\right)$ を満たす最小の正数 $X$ は $\frac{2\pi}{\lambda}X = 2\pi$．よって $X = \lambda$．

(2) $F'(x) = \frac{2\pi}{\lambda}A\cos\left(\frac{2\pi}{\lambda}x - \alpha\right)$ に対して

$$F'(x + \lambda) = \frac{2\pi}{\lambda}A\cos\left(\frac{2\pi}{\lambda}(x + \lambda) - \alpha\right) = \frac{2\pi}{\lambda}A\cos\left(\frac{2\pi}{\lambda}x + 2\pi - \alpha\right) = F'(x)$$

■

**【例題】** 波動関数 $y(x,t)$ (10.15)で表される波について，各点での媒質の変位が単振動することを示し，その周期が $T = \frac{\lambda}{v}$ であることを示せ．（Hint：周期 $T$ は，任意の $x, t$ に対して $y(x, t + T) = y(x, t)$ を満たす最小の正数である．）

---

**《解答例》**

各点 $x$ に対し，$y(x,t) = A\sin\left(\frac{2\pi}{\lambda}x - \frac{2\pi v}{\lambda}t - \alpha\right)$ は，$t$ の関数とみれば $A\sin(\omega t + \delta)$ の形をしているから単振動であることが分かる．その周期 $T$ は $y(x, t + T) = y(x, t)$ を満たす最小の正数であるから，$\frac{2\pi v}{\lambda}T = 2\pi$．よって，$T = \frac{\lambda}{v}$． ■

**振動数，角振動数，波数**

周期 $T$ の逆数を**振動数 (周波数)** $f = \dfrac{1}{T}$ という．振動数の単位は [Hz] で，これは 1 s あたりの振動の回数である．

振動数の $2\pi$ 倍を**角振動数 (角周波数)** $\omega = 2\pi f = \dfrac{2\pi}{T}$ という．角振動数の単位は [rad/s] である．また，これに対応して波長 $\lambda$ の逆数 $\dfrac{1}{\lambda}$ に $2\pi$ を掛けたものを**波数** $k = \dfrac{2\pi}{\lambda}$ という[a]．波数の単位は [rad/m] である．

角振動数と波数を用いると，正弦波を表す波動関数は

$$y(x,t) = A\sin(kx - \omega t) \tag{10.16}$$

と簡単に表記できる．波の速さは，以下のように様々に表現されるが全て同じ意味である．

$$v = \frac{\lambda}{T} = f\lambda = \frac{\omega}{k}. \tag{10.17}$$

[a] 波長 $\lambda$ の逆数 $\dfrac{1}{\lambda}$ を「波数」と呼ぶ本もあるので注意が必要である．

**【例題】** ある正弦波が弦を進行する．この波を発生させる振動子は 10 秒間に 20 回振動する．また正弦波のピークが 10 秒間に 420 cm 進むことが観察されたならば，波長はいくらか？

---

**《解答例》**

$f = 2$ Hz. $v = \dfrac{420\ \text{cm}}{10\ \text{s}} = 42$ cm/s. $v = f\lambda$ より $\lambda = \dfrac{v}{f} = \dfrac{42\ \text{cm/s}}{2\ \text{Hz}} = 21$ cm. ■

【問 15】 右図の実線から点線へと示されるように，振動数 2.5 Hz の正弦波が $x$ 軸正方向に一定の速さで進んでいる．

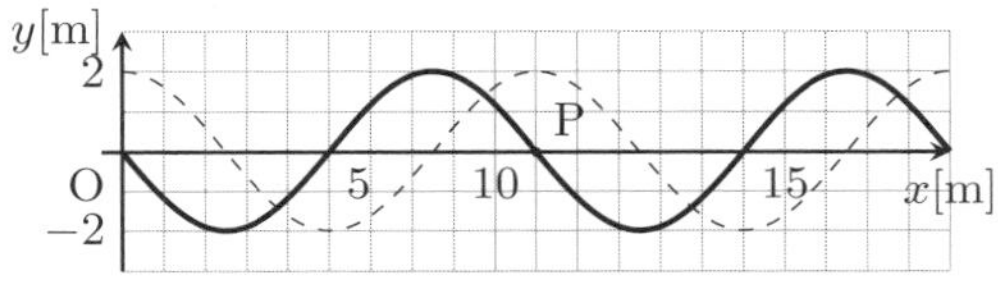

(1) 波の振幅，波長，周期，速さをそれぞれ求めよ．

(2) 位置 $x$ での，時刻 $t$ における変位 $y(x,t)$ を表す式を書け．

(3) 0.1 s 後の点 P の変位を求めよ．

〔答：(1)$A = 2$ m, $\lambda = 10$ m, $T = 0.4$ s, $v = 25$ m/s, (2)$y(x,t) = -2\sin\left(\dfrac{\pi}{5}x - 5\pi t\right)$, (3)2 m〕

【問 16】 $x$ 軸正方向に進行する正弦波が，振幅 16 cm，波長 50 cm，振動数 4 Hz を持っているとき，以下の問いに答えよ．

(1) 波の周期 $T$ と速さ $v$ を求めよ．

(2) $t = 0$ のとき，原点 $x = 0$ における波の変位が 8 cm であったとすると，位相定数 $\alpha$ はいくらか？ただし，$-\dfrac{\pi}{2} < \alpha \leq \dfrac{\pi}{2}$ の範囲から選ぶこと．

(3) また，このときの波の波動関数 $y(x,t)$ を表現せよ．ただし，$x, y$ の単位は [m] で，$t$ の単位は [s] で表示すること．

〔答：(1)$T = 0.25$ s, $v = 2$ m/s, (2)$\alpha = -\dfrac{\pi}{6}$, (3)$y(x,t) = 0.16\sin\left(4\pi(x-2t) + \dfrac{\pi}{6}\right)$〕

【問 17】 弦の一端を振動数 5 Hz で横方向（弦の伸びている方向と垂直な方向）に振幅 10 cm で単振動させて正弦波を発生させるとき，以下の問いに答えよ．

(1) 速さ 20 m/s の波が発生したとする．この波の波長，波数，角振動数を求めよ．

(2) また，このときの波動関数 $y(x,t)$ を表現せよ．ただし，位相定数はゼロとし，$x, y$ の単位は [m] で，$t$ の単位は [s] で表示すること．

(3) ある点 $x$ での時刻 $t$ における横方向（弦の伸びている方向と垂直な方向）の速度を求めよ．また，この速さの最大値を求めよ．また，これは波の速さに比べて大きいか小さいか？

〔答：(1)$\lambda = 4$ m, $k = \dfrac{\pi}{2}$ rad/m, $\omega = 10\pi$ rad/s, (2)$y(x,t) = 0.1\sin\left(\dfrac{\pi}{2}x - 10\pi t\right)$,
(3)$\dfrac{\partial y}{\partial t} = -\pi\cos\left(\dfrac{\pi}{2}x - 10\pi t\right)$ で最大値は $\pi$ m/s．これは波の速さより小さい．〕

**正弦波の重ね合わせと反射**

波動方程式 (10.6)は**線形方程式**[a]であるから，波動方程式を満たす複数の正弦波があるときに，それらの重ね合わせもまた波動方程式の解となる．波の反射についての議論は第 10.2.2 節参照．ここでは結果のみ再掲する．

**■固定端での反射**　$x = x_0$ にある固定端に $x < x_0$ から進行波 $y_{\mathrm{I}}(x,t) = F\left(t - \dfrac{x - x_0}{v}\right)$ が入射するとき，反射波は $y_{\mathrm{R}}(x,t) = -F\left(t + \dfrac{x - x_0}{v}\right)$ となる．合成波は次のようになる：

$$y(x,t) = F\left(t - \frac{x - x_0}{v}\right) - F\left(t + \frac{x - x_0}{v}\right). \tag{10.18}$$

**■自由端での反射**　$x = x_0$ にある自由端に $x < x_0$ から進行波 $y_{\mathrm{I}}(x,t) = F\left(t - \dfrac{x - x_0}{v}\right)$ が入射するとき，反射波は $y_{\mathrm{R}}(x,t) = F\left(t + \dfrac{x - x_0}{v}\right)$ となる．合成波は次のようになる：

$$y(x,t) = F\left(t - \frac{x - x_0}{v}\right) + F\left(t + \frac{x - x_0}{v}\right). \tag{10.19}$$

[a] 線形方程式については，9 章参照．

**【例題】** 振幅 $A$，波長 $\lambda$ の正弦波で記述される入射波

$$y_{\mathrm{I}}(x,t) = A\sin\left(\frac{2\pi}{\lambda}(x - vt) - \alpha\right) \tag{10.20}$$

が，$x < 0$ の領域から，$x = 0$ にある**固定端**へ入射されるとき，以下の問いに答えよ．

(1) 反射波 $y_{\mathrm{R}}(x,t)$ を求めよ．

(2) 合成波 $y(x,t) = y_{\mathrm{I}}(x,t) + y_{\mathrm{R}}(x,t)$ を求め，$x = 0$ で合成波の変位 $y(0,t)$ が常にゼロになることを証明せよ．

(3) 合成波の任意の点 $x$ で媒質が単振動することを示し，その周期 $T$ と振幅を求めよ．

---

**《解答例》**

(1) $y_{\mathrm{I}}(x,t) = -A\sin\left(\dfrac{2\pi v}{\lambda}\left(t - \dfrac{x}{v}\right) + \alpha\right) \equiv F\left(t - \dfrac{x}{v}\right)$ となるように関数 $F(z)$ を定義する．つまり，$F(z) = -A\sin\left(\dfrac{2\pi v}{\lambda}z + \alpha\right)$．このとき，固定端による反射波は
$y_{\mathrm{R}}(x,t) = -F\left(t + \dfrac{x}{v}\right) = A\sin\left(\dfrac{2\pi v}{\lambda}\left(t + \dfrac{x}{v}\right) + \alpha\right)$ となる．

(2) 合成波は

$$y(x,t) = -A\sin\left(\frac{2\pi v}{\lambda}\left(t - \frac{x}{v}\right) + \alpha\right) + A\sin\left(\frac{2\pi v}{\lambda}\left(t + \frac{x}{v}\right) + \alpha\right) = 2A\cos\left(\frac{2\pi v}{\lambda}t + \alpha\right)\sin\left(\frac{2\pi}{\lambda}x\right)$$

となり，これは任意の時間 $t$ で $y(0,t) = 0$ を満たす．

(3) 合成波は時間の関数と空間の関数が分離され，時間の関数は $\cos\left(\dfrac{2\pi v}{\lambda}t + \alpha\right)$ なので，周期 $T = \dfrac{\lambda}{v}$ の単振動をしていることが分かる．また，その単振動の振幅は $2A\sin\left(\dfrac{2\pi}{\lambda}x\right)$ である．■

**【問 18】** 上の例題の合成波 $y(x,t)$ を $-\lambda \le x \le \lambda$ の範囲で，$t = 0, \dfrac{1}{4}T, \dfrac{1}{2}T, \dfrac{3}{4}T$ の各時刻でプロットせよ．（横軸 $x$，縦軸 $y$ のグラフを描け．）ただし，簡単のために $A = 1$ m, $\alpha = 0$ rad とすること．

【問 19】　振幅 $A$，波長 $\lambda$ の正弦波で記述される入射波

$$y_{\rm I}(x,t) = A\sin\left(\frac{2\pi}{\lambda}(x-vt)-\alpha\right)$$

が，$x<0$ の領域から，$x=0$ にある**自由端**へ入射されるとき，以下の問いに答えよ．

(1) 反射波 $y_{\rm R}(x,t)$ を求めよ．

(2) 合成波 $y(x,t)=y_{\rm I}(x,t)+y_{\rm R}(x,t)$ が次のように書けることを示せ．

$$y(x,t) = -2A\sin\left(\frac{2\pi vt}{\lambda}+\alpha\right)\cos\left(\frac{2\pi x}{\lambda}\right)$$

(3) この合成波の $x=0$ での波形の勾配 $\dfrac{\partial y}{\partial x}$ が常にゼロになることを証明せよ．

(4) 合成波の各点での媒質の周期 $T$ と振幅を求めよ．

(5) 合成波 $y(x,t)$ を $-\lambda \le x \le \lambda$ の範囲で，$t=0, \dfrac{1}{4}T, \dfrac{1}{2}T, \dfrac{3}{4}T$ の各時刻でプロットせよ．（横軸 $x$，縦軸 $y$ のグラフを描け．）ただし，簡単のために $A=1$ m, $\alpha=0$ rad とすること．

【問 20】　振幅 $A$，波長 $\lambda$ で $x$ 軸負方向に進む入射波

$$y_{\rm I}(x,t) = A\sin\left(\frac{2\pi}{\lambda}(x+vt)-\alpha\right)$$

が，$x>0$ **の領域から**，$x=0$ にある**固定端**へ入射されるとき，以下の問いに答えよ．

(1) 反射波 $y_{\rm R}(x,t)$ を求めよ．

(2) 合成波 $y(x,t)=y_{\rm I}(x,t)+y_{\rm R}(x,t)$ が次のように書けることを示せ．

$$y(x,t) = 2A\cos\left(\frac{2\pi vt}{\lambda}-\alpha\right)\sin\left(\frac{2\pi x}{\lambda}\right) \tag{10.21}$$

### 10.2.4　両端を固定した弦に発生する定在波

**【例題】** 弦がその両端 $x=0$ と $x=L$ で固定されているときに，弦はどのように振動するかを考える．前節の最後の問題で，$x=0$ が固定端であるときの合成波は (10.21)式

$$y(x,t) = 2A\cos\left(\frac{2\pi vt}{\lambda}-\alpha\right)\sin\left(\frac{2\pi x}{\lambda}\right)$$

となった．この関数について以下の問いに答えよ．

(1) 上式は $x=0$ での固定端条件 $y(0,t)=0$ をすでに満たしている．さらに，もう一端での固定端条件 $y(L,t)=0$ も満たすために，波長 $\lambda$ が取り得る値を求めよ．

(2) これに伴って，周期 $T$，振動数 $f$ はどんなを取り得るか？

(3) また，波数 $k$ と角振動数 $\omega$ はどんなを取り得るか？

---

**《解答例》**

(1) $y(L,t) = 2A\cos\left(\dfrac{2\pi vt}{\lambda}-\alpha\right)\sin\left(\dfrac{2\pi L}{\lambda}\right)=0$ が任意の時刻 $t$ で成立するためには，

$$\frac{2\pi L}{\lambda} = n\pi$$

が成立していなければならない．ここで，$n$ は整数であるが，$n=0$ は $y(x,t)=0$ という自明な解を意味するので除外し，$n$ が負の整数の場合も正の整数と実質的に同じ式になるので除外して良い．つまり，取る得る $n$ の値としては自然数

$$n = 1, 2, \ldots$$

だけ考えれば十分である．（以降の $n$ も同様とする．）

これは，波長も次の値に離散的に限定されることを意味している：

$$\lambda_n = \frac{2L}{n}.$$

(2) このとき，波長と振動数の関係式 $v = \lambda f = \dfrac{\lambda}{T}$ によって，取りうる振動数の値も限定される：

$$f_n = \frac{nv}{2L}, \quad T_n = \frac{2L}{nv}. \tag{10.22}$$

(3) 波長と周期の代わりに波数と角振動数を用いた場合には次のように書ける：

$$k_n = \frac{2\pi}{\lambda_n} = \frac{n\pi}{L}, \quad \omega_n = 2\pi f_n = \frac{n\pi v}{L}. \tag{10.23}$$

■

**定在波（定常波）**

上の例題の結果から，両端を固定された弦の取り得る正弦波形の振動は

$$y_n(x,t) = A_n \cos(\omega_n t + \alpha_n)\sin(k_n x) \tag{10.24}$$

のみである（ただし，$n = 1, 2, \ldots$）．振幅 $A_n$ と位相 $\alpha_n$ は，初期条件に応じて任意の値を取りうる．

このとき媒質の各点 $x$ は，振幅 $A_n \sin k_n x$，振動数 $f_n = \dfrac{nv}{2L}$ で単振動しているだけで，いずれの向きにも進んでいないように見えることから，これを**定在波**という．

$n = 1$ の定在波を**基本波**といい，それ以外を**高調波**という．（$n$ 番目の高調波を特に**第 $n$ 高調波**という．）また，その振動をそれぞれ**基本振動（基準振動）**あるいは**倍振動**などという．基本波の振動数 $f_1$ を**基本振動数**，それ以外の $n$ 番目の振動数 $f_n$ を **$n$ 倍振動数**と呼ぶ．（このほかにも様々な呼び方があるが，本書ではこのように呼ぶことにする．）

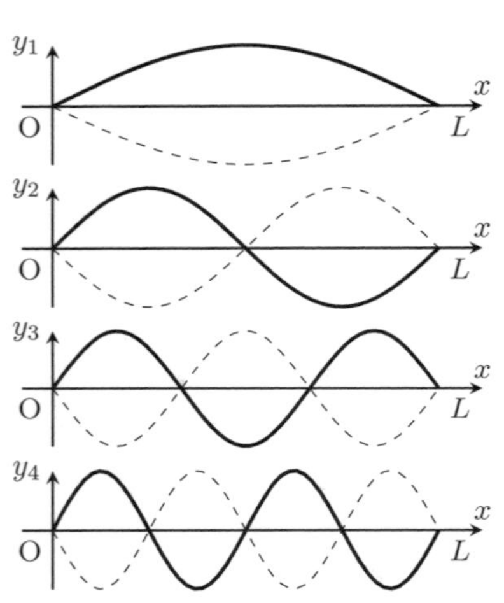


【問 21】 長さ $L$，線密度 $\mu$ の弦を張力 $S$ で張ったときに発生する基本振動数は

$$f_1 = \frac{1}{2L}\sqrt{\frac{S}{\mu}}$$

と書けることを示せ．これを**テーラーの公式**という．また，これを用いて以下の問いに答えよ．

(1) 同じ線密度，同じ長さの弦で，ピアノの E 音（ミ：基本振動数は約 330 Hz）と A 音（ラ：基本振動数は 440 Hz）を作るならば，E 弦と A 弦の張力比はいくらになるか？

(2) A 弦と E 弦の張力を等しくするためには，E 弦と A 弦の長さ比はいくらでなければならないか？

〔**答：**(1)9 : 16, (2)4 : 3〕

【問 22】 ギターの弦を弾いて振動させる．基本振動が全くなく，第二高調波を発生させるには，どの部分を押さえて（固定して）弦を弾けば良いか？

さらに，第二高調波を強く発振させるためには，弦のどの位置を弾けば良いか？

〔**答：**弦の半分のところを押さえる，弦の 1/4 のところを弾く〕

【問 23】 張力 40 N で張った線密度 $9.0 \times 10^{-3}$ kg/m，長さ 1 m の弦に発生しうる全ての振動数を求めよ．

〔**答：**$f_n = \dfrac{100}{3} n$ Hz〕

【問 24】 長さ 60 cm，質量 1.2 g のチェロの弦で基本振動数 220 Hz の A 音を鳴らすためには，張力をいくらにすればよいか？〔答：139 N〕

【問 25】 長さ 1.0 m，線密度 5.0 g/m のピアノ線で，低い C 音（$f = 130$ Hz）を鳴らすためには，張力をいくらにすれば良いか？〔答：338 N〕

**波動方程式を解くことによる定在波の導出**

波動方程式 (10.6)を直接解いて定在波を求める計算法を示しておく．定在波の波動関数 $y_n(x,t) = A_n \cos(\omega_n t + \alpha) \sin k_n x$ (10.24) は，時間 $t$ の関数と位置 $x$ の関数が分離された形なのでこれを**変数分離された解**という．ここでは，最初から変数分離された特殊解を仮定し，**境界条件**（固定端条件）

$$y(0,t) = y(L,t) = 0 \tag{10.25}$$

を課して，上の式 (10.24)を導出することにする．解となる波動関数 $y(x,t)$ として，波形 $\phi(x)$ を保ったまま角振動数 $\omega$ で単振動している状態を仮定する：

$$y(x,t) = \phi(x) \cos(\omega t + \alpha)$$

これを波動方程式 (10.6)に代入すると，微分方程式

$$\phi''(x) = -k^2 \phi(x) \tag{10.26}$$

となる．ここで $k = \dfrac{\omega}{v}$ である．ここで，境界条件 (10.25)より波形 $\phi(x)$ は

$$\phi(0) = \phi(L) = 0$$

を満たさなければならない．2 階の微分方程式 (10.26)を解くと，一般解は

$$\phi(x) = A \sin kx + B \cos kx$$

（$A, B$ は任意定数）と書ける．まず，$\phi(0) = 0$ より $B = 0$ でなければならず，次に $\phi(L) = 0$ より $\sin kL = 0$ つまり $kL = n\pi$ となって，波数 $k$ は離散的な値 $k_n = \dfrac{n\pi}{L}$ （$n = 1, 2, \ldots$）しか取り得ないことになる．これに伴って，振動数や周期，角振動数も (10.22), (10.23)に示す離散的な値しか取り得ないことになる．

【問 26】 自由端条件 $\phi'(0) = \phi'(L) = 0$ に対して微分方程式 $\phi''(x) = -k^2\phi(x)$ (10.26) を解くことで，取りうる波数，角周波数および波長，周期，振動数が次のようになることを示せ．（$n = 1, 2, \ldots$）

$$k_n = \frac{n\pi}{L}, \quad \omega_n = \frac{n\pi v}{L}, \quad \lambda_n = \frac{2L}{n}, \quad f_n = \frac{nv}{2L}, \quad T_n = \frac{2L}{nv} \tag{10.27}$$

【問 27】 片端が固定端でもう一端が自由端である場合，境界条件は $\phi(0) = 0$ かつ $\phi'(L) = 0$ となる．この条件に対して微分方程式 $\phi''(x) = -k^2\phi(x)$ (10.26) を解くことで，取りうる波数，角周波数および波長，周期，振動数が次のようになることを示せ．（$n = 1, 2, \ldots$）

$$k_n = \frac{(2n-1)\pi}{2L}, \quad \omega_n = \frac{(2n-1)\pi v}{2L}, \quad \lambda_n = \frac{4L}{2n-1}, \quad f_n = \frac{(2n-1)v}{4L}, \quad T_n = \frac{4L}{(2n-1)v} \tag{10.28}$$

### 10.2.5 正弦波のエネルギー伝播

**弦のエネルギー線密度**

弦の媒質の微小部分（元々の長さ $\mathrm{d}x$）が図の AB 部分のように変形したときに，持っている力学的エネルギーを計算する．力学的エネルギーは，運動エネルギー $K\mathrm{d}x$ と，張力によってなされた仕事（ポテンシャルエネルギー $U\mathrm{d}x$）の和からなる．前者は，微小部分の質量が $\mathrm{d}m = \mu\,\mathrm{d}x$（$\mu$ は線密度）なので $K\mathrm{d}x = \dfrac{1}{2}\mu\left(\dfrac{\partial y}{\partial t}\right)^2 \mathrm{d}x$ となる．後者は，張力 × 弦の伸びなので $U\mathrm{d}x = S(\mathrm{d}s - \mathrm{d}x)$ となる．$\mathrm{d}s$ は図の AB 部分の長さ

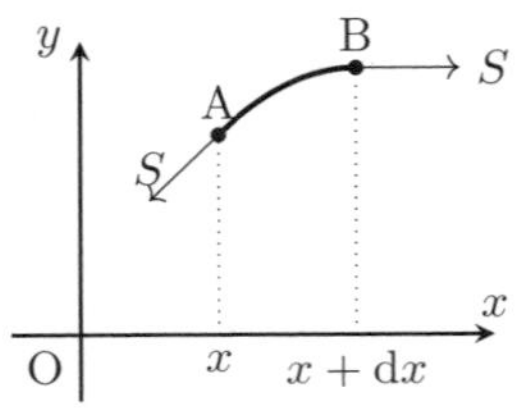


$$\mathrm{d}s = \sqrt{(\mathrm{d}x)^2 + (\mathrm{d}y)^2} = \sqrt{1 + \left(\frac{\partial y}{\partial x}\right)^2}\,\mathrm{d}x \approx \left\{1 + \frac{1}{2}\left(\frac{\partial y}{\partial x}\right)^2\right\}\mathrm{d}x$$

である[a]．故に，ポテンシャルエネルギーは $U\mathrm{d}x = \dfrac{1}{2}S\left(\dfrac{\partial y}{\partial x}\right)^2 \mathrm{d}x$ で評価できる．以上から，弦の微小部分 $[x, x + \mathrm{d}x]$ が時刻 $t$ で持っているエネルギーは

$$\varepsilon(x,t)\mathrm{d}x = \frac{1}{2}\left\{\mu\left(\frac{\partial y}{\partial t}\right)^2 + S\left(\frac{\partial y}{\partial x}\right)^2\right\}\mathrm{d}x \tag{10.29}$$

である．ここで，ダランベールの解 $y(x,t) = F(x - vt) + G(x + vt)$ を仮定すると[b]

$$\varepsilon(x,t) = \mu\, v^2 \left\{F'(x - vt)\right\}^2 + \mu\, v^2 \left\{G'(x + vt)\right\}^2 \tag{10.30}$$

となる．この結果は，媒質の変位 $y(x,t) = F(x - vt) + G(x + vt)$ が速度 $v$ で進行あるいは後退するのと同様に，エネルギー $\varepsilon(x,t)\mathrm{d}x$ もまた速度 $v$ で進行あるいは後退することを意味している．つまり，波とは媒質の局所的なエネルギーの伝播であると言える．
以降，単位長さあたりの弦のエネルギー $\varepsilon(x,t)$ を**エネルギー線密度**と呼ぶ．

[a] $\mathrm{d}y$ は $\mathrm{d}x$ に比べて非常に小さいことから一次までのマクローリン展開をした．
[b] これ以外の解には「波」としての興味がないだろうから割愛する．

**【例題】** 以下の変位 $y(x,t)$ に対して，エネルギー線密度 $\varepsilon(x,t)$ (10.29) を計算せよ．

(1) $y = \dfrac{1}{(x - vt)^2 + 2}$ (2) $y = A\sin\dfrac{2\pi}{\lambda}(x - vt)$

**《解答例》**

(1) $F(z) = \dfrac{1}{z^2 + 2}$ に対して，(10.30) を計算すると $F'(z) = -\dfrac{2z}{(z^2 + 2)^2}$ により

$$\varepsilon(x,t) = \mu v^2 \frac{4(x - vt)^2}{\left\{(x - vt)^2 + 2\right\}^4}.$$

(2) $F(z) = A\sin\dfrac{2\pi}{\lambda}z$ に対して，(10.30) を計算すると $F'(z) = \dfrac{2\pi}{\lambda}A\cos\dfrac{2\pi}{\lambda}z$ により $\varepsilon(x,t) = \mu v^2\left(\dfrac{2\pi}{\lambda}A\right)^2\cos^2\dfrac{2\pi}{\lambda}z$ となる．また，波数 $k = \dfrac{2\pi}{\lambda}$ を用いて，さらに角振動数と波数の関係 $\omega = vk$ を用いると次式のように書ける：

$$\varepsilon(x,t) = \mu\,\omega^2 A^2 \cos^2\frac{2\pi}{\lambda}(x - vt). \tag{10.31}$$

■

【問 28】 以下の変位 $y(x,t)$ に対して，エネルギー線密度 $\varepsilon(x,t)$ (10.29) を計算せよ．

(1) $y = \dfrac{1}{(x-vt)^2+2} + \dfrac{1}{(x+vt)^2+2}$　(2) $y = A\sin\dfrac{2\pi}{\lambda}(x-vt) + A\sin\dfrac{2\pi}{\lambda}(x+vt)$

(3) $y = \tanh(x-vt) + \tanh(x+vt)$

(Hint：第一項を $F(x-vt)$ に，第二項を $G(x+vt)$ に対応させて，(10.30)を計算せよ．)

**正弦波のエネルギー**

**■正弦波のエネルギー線密度**　特に正弦波の場合 $y = A\sin\dfrac{2\pi}{\lambda}(x-vt)$ (10.15) をエネルギー線密度の表式 $\varepsilon(x,t)$ (10.29) に代入すると，上の例題の計算によって（(10.31)式参照）

$$\varepsilon(x,t) = \mu\,\omega^2 A^2 \cos^2\frac{2\pi}{\lambda}(x-vt) \tag{10.32}$$

となる．このように，正弦波でも波のエネルギー線密度は場所によって変動していることが分かる．

**■正弦波の平均エネルギー線密度**　$\varepsilon(x,t)$(10.32)式を一波長にわたって平均すると

$$\langle\varepsilon\rangle \equiv \frac{1}{\lambda}\int_0^\lambda \varepsilon(x,t)\mathrm{d}x = \frac{1}{2}\mu\,\omega^2 A^2 \tag{10.33}$$

となる．

**■仕事率**　正弦波を発生させるための仕事率 $P$ [J/s] = [W] は，平均エネルギー線密度 $\langle\varepsilon\rangle$ [J/m] に速度 $v$ [m/s] を掛けたものとなる：

$$P = \frac{1}{2}\mu v\,\omega^2 A^2. \tag{10.34}$$

**■正弦波の強さ　波の強さ**は「波の進行方向に垂直な単位面積を単位時間に通過するエネルギー」[J/(m$^2$ s)] = [W/m$^2$] と定義される．正弦波の強さは，正弦波を発生させるための仕事率 $P$ [W] を断面積 [m$^2$] で割ったものであるから，線密度 $\mu$ [kg/m] を断面積 [m$^2$] で割って密度 $\rho$ [kg/m$^3$] に書き換えれば良い：

$$I = \frac{1}{2}\rho v\,\omega^2 A^2. \tag{10.35}$$

【コメント】この式 (10.35) を導出するのに，「角振動数 $\omega$，振幅 $A$ で単振動する**質点**（質量 $m$）のエネルギー $E = \dfrac{1}{2}m\omega^2 A^2$ の質量 $m$ を $\rho v$（密度 × 速度で，これは [kg/(m$^2$ s)] という次元を持つ）に置き換えて得られる」とする論法をよく見かける．これは，便法としては良いかもしれないが，媒質のどの点でもこの波の強さを持つという誤解を与えかねない上に，本当にエネルギーが速度 $v$ で伝播されているかを説明することができておらず不十分である．

**【例題】**

線密度 $5.0\times10^{-2}$ kg/m のロープに，振幅 0.1 m, 波長 0.5 m を持ち，速さ 30 m/s で進行する正弦波を発生させるために必要な仕事率を求めよ．

---

**《解答例》**

$\mu = 5.0\times10^{-2}$ kg/m,　$A = 0.1$ m,　$\lambda = 0.5$ m,　$v = 30$ m/s.

$v = f\lambda$ より $f = \dfrac{v}{\lambda}$,　$\omega = 2\pi f = 2\pi\dfrac{v}{\lambda}$

$$P = \frac{1}{2}\mu\omega^2A^2v = \frac{1}{2}\mu\left(2\pi\frac{v}{\lambda}\right)^2A^2v = 2\pi^2\mu\left(\frac{A}{\lambda}\right)^2v^3 = 3.4\times10^2\ \mathrm{W}$$

■

## 10.3　縦波（音波など）

### 10.3.1　音波の速さと波動方程式

**音波の速度（音速）**

本書では，力学的な縦波（疎密波）を，その振動数が可聴域（20 Hz から 20 kHz 程度）にあるかどうかは別にして，全て「音波」と呼んでいる．一次元気柱内の音波あるいは一次元弾性体の微小部分の変位 $y(x,t)$ の時間変化は波動方程式

$$\frac{\partial^2 y}{\partial t^2} = v^2 \frac{\partial^2 y}{\partial x^2} \tag{10.36}$$

に従い，その速度（音速）は以下のように表現される．（詳しくは文献 [1] p135-136 参照.）

- 固体の場合 $v = \sqrt{\dfrac{E}{\rho}}$．ここで $E$ はヤング率.
- 流体[a]の場合 $v = \sqrt{\dfrac{B}{\rho}}$．ここで $B = -V\dfrac{\Delta P}{\Delta V}$ は体積弾性率.（$P$：圧力，$V$：体積）

[a] 液体と気体をまとめて**流体**という.

**【問 29】** 以下のヤング率 $E$ [GPa]，密度 $\rho$ [kg/m$^3$] をもつ媒質中で発生する音速 $v$ [m/s] を求めよ.

(1) 銅：$E = 1.3 \times 10^2$, $\rho = 8.7 \times 10^3$
(2) アルミニウム：$E = 7.0 \times 10^1$, $\rho = 2.7 \times 10^3$
(3) 金：$E = 8.0 \times 10^1$，$\rho = 1.9 \times 10^4$
(4) 銀：$E = 8.3$，$\rho = 1.0 \times 10^4$
(5) ガラス：$E = 7.1 \times 10^1$，$\rho = 2.5 \times 10^3$
(6) 木材（松）：$E = 1.1 \times 10^1$，$\rho = 5.2 \times 10^2$
(7) 骨：ヤング率 $E = 2.0 \times 10^1$，$\rho = 1.8 \times 10^3$

〔**答：**(1)$v = 3.9 \times 10^3$, (2)$v = 5.1 \times 10^3$, (3)$v = 2.1 \times 10^3$, (4)$v = 9.1 \times 10^2$, (5)$v = 5.3 \times 10^3$, (6)$v = 4.6 \times 10^3$, (7)$v = 3.3 \times 10^3$〕

**【問 30】** 以下の体積弾性率 $B$ [GPa]，密度 $\rho$ [kg/m$^3$] をもつ流体中の音速 $v$ [m/s] を評価せよ.

(1) 水：約 $B = 2.0$，約 $\rho = 1.0 \times 10^3$
(2) 水銀：約 $B = 2.8 \times 10^1$，約 $\rho = 1.4 \times 10^4$

〔**答：**(1)$v = 1.4 \times 10^3$, (2)$v = 1.4 \times 10^3$〕

**空気中の音速**

空気が理想気体であり，断熱変化すると仮定すると

$$v = \sqrt{\frac{\gamma RT}{M}} \tag{10.37}$$

となる（**【問 31】**）．ここで，$\gamma$：比熱比，$R$：気体定数，$T$：絶対温度，$M$：分子量である．空気を 2 原子分子理想気体 $c_V = \frac{5}{2}R$ とみなし，$M = 28.8$ g/mol，$\gamma = 1.40$，$R = 8.31$ J/(mol · K)，$T = 273 + t$ [K]（$t$ は摂氏温度 [° C]）を代入し，$t$ についてマクローリン展開すると

$$v = 332 + 0.608\,t \text{ [m/s]} \tag{10.38}$$

となる．これは，実測値 $v = 331.45 + 0.607\,t$ [m/s] と非常に近い.

**【例題】** (10.37)式から，上の手順にしたがって (10.38)式を導出せよ.

---

**《解答例》**

$$v=\sqrt{\frac{\gamma RT}{M}}=\sqrt{\frac{1.40\cdot 8.31\ \mathrm{J/(mol\,K)}\cdot(273+t)\ \mathrm{K}}{28.8\times10^{-3}\ \mathrm{kg/mol}}}=\sqrt{\frac{1.40\cdot 8.31\cdot 273}{28.8}\times10^{3}\left(1+\frac{t}{273}\right)}$$

平方根を $t$ についてマクローリン展開して

$$v=332\sqrt{1+\frac{t}{273}}\approx 332\left(1+\frac{1}{2}\frac{t}{273}\right)=332+0.608\,t\ [\mathrm{m/s}]$$

■

【問 31】 理想気体の振動は断熱準静的変化であると仮定して，Poisson の関係式 $PV^{\gamma}=$ 定数 [*3]から体積弾性率 $B$ を求めよ．さらに，状態方程式 $PV=nRT$ から音速に関する公式 (10.37)を導け．
〔答：$B=\gamma P$〕

### 10.3.2 変位波と圧力波

**変位波**

気体を封入した細長い管の一端をピストンで単振動させることによって，管の中に一次元の正弦波を発生することができる．気体の微小部分の平衡位置からの変位を $s(x,t)$ とすると，

$$s(x,t)=A\cos(kx-\omega t-\alpha) \tag{10.39}$$

と表現できる．変位の最大値 $A$ は**変位振幅**と呼ばれる．
右図は，ある瞬間の空気分子の密度と対応する変位波のグラフである．

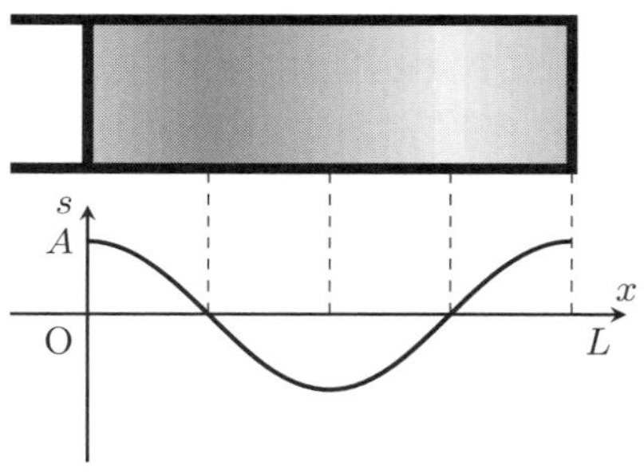


$s>0$ のとき，分子は平衡位置に比べて右にシフトしていることを表し，$s<0$ のとき，分子は平衡位置に比べて左にシフトしていることを表す．それゆえに，変位波のグラフの傾きが負のところでは空気分子の密度は大きくなり，変位波のグラフの傾きが正のところでは空気分子の密度は小さくなる．

この変位も波動方程式 (10.36)を満たすので，波数 $k$ と角周波数 $\omega$ の間には $\omega=vk$ という関係式が成立する．これを波長 $\lambda$ と周期 $T$（あるいは振動数 $f$）の関係式として書くと $v=f\lambda=\dfrac{\lambda}{T}$ となる．

**圧力波**

体積弾性率 $B=-V\dfrac{\Delta P}{\Delta V}$ において，体積 $V$ を断面積 $A$ × 微小長さ $\Delta x$，その変化を $\Delta V=A\,\Delta s$ とすると，体積弾性率 $B=-V\dfrac{\Delta P}{\Delta V}$ の式を変形して

$$\Delta P=-B\frac{\Delta V}{V}=-B\frac{\Delta s}{\Delta x}$$

と書くことができる．

さらに，流体中の音速の式 $v=\sqrt{\dfrac{B}{\rho}}$ を用いると $B=\rho v^2$ と書けるので，

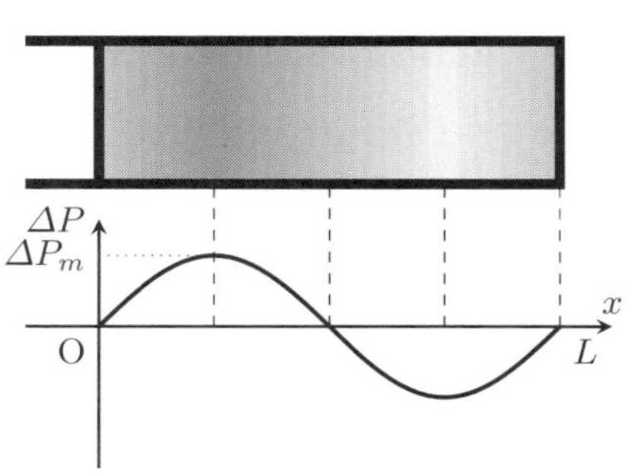


$$\Delta P=-\rho v^2\frac{\partial s}{\partial x}$$

[*3] 8 章 (8.11)

これに，変位波の式 (10.39)を代入すると $\Delta P = \rho v^2 kA \sin(kx - \omega t - \alpha)$ であり，$\omega = vk$ を用いると

$$\Delta P = \Delta P_{\rm m} \sin(kx - \omega t - \alpha) \tag{10.40}$$

となる．ここで，圧力変化の最大値

$$\Delta P_{\rm m} = \rho v \, \omega \, A \tag{10.41}$$

を**圧力振幅**という．つまり，圧力振幅 $\Delta P_{\rm m}$ は，変位振幅 $A$ に比例し，比例係数は $\rho v \, \omega$ である．また，圧力波は，変位波と位相が 90 度ずれており，いずれの波も波動方程式 (10.36)を満たすことが分かる．

右図は，ある瞬間の空気分子の密度と対応する圧力波のグラフである．$\Delta P > 0$ のところでは空気分子の密度は大きくなり，$\Delta P > 0$ のところでは空気分子の密度は小さくなる．

【問 32】 可聴しきい値（ぎりぎり聞こえる最小の音）に対応する圧力振幅は約 $3.0 \times 10^{-5}$ N/m$^2$ である．変位振幅が $3.0 \times 10^{-10}$ m であるとすると，空気中の音波がこの圧力振幅を持つのはいかなる振動数のときか？ただし，簡単のために空気密度 $\rho$ と音速 $v$ の積を $\rho v = 400$ kg/(m$^2$ s) であるとして評価せよ[*4]．

〔**答**：40 Hz〕

【問 33】 ある音波を変位波としてみたとき，変位は $s(x, t) = 2 \times 10^{-6} \cos(5\pi x - 270\pi t)$ であったとする．ここで $x, s$ の単位は [m]，$t$ の単位は [s] である．

(1) この波の変位振幅，波長，速さを求めよ．

(2) この振動における分子の最大速度を求めよ．

(Hint：$\dfrac{\partial s}{\partial t}$ を計算せよ．これは媒質（分子）の速度であって，波の速さとは異なることに注意．)

〔**答**：(1) $A = 2 \times 10^{-6}$ m, $\lambda = 0.4$ m, $v = 54$ m/s, (2) $5.4 \times 10^{-4}\pi$ m/s〕

【問 34】 質量 5 g, 長さ 4 m, 張力 50 N の弦が両端を固定されて振動している．空気中の音速を $v_{\rm a} = 340$ m/s であるとして，以下の問いに答えよ．

(1) 弦を伝わる波の速さを求めよ．

(2) 弦の基本振動の波長と振動数を求めよ．

(3) この基本振動が発する音波の波長を求めよ．

(4) 第二振動が発する音波の波長を求めよ．

(Hint：空気分子が弦の振動によって強制振動させられて，同じ振動数で共振していると考えよ．)

〔**答**：(1)$v_{\rm s} = 200$ m/s, (2)$\lambda_{\rm s,1} = 8$ m, $f_1 = 25$ Hz, (3)$\lambda_{\rm a,1} = 13.6$ m, (4)$\lambda_{\rm a,2} = 6.8$ m〕

### 10.3.3 気柱内に発生する定在波

細い管の中と外では，体積弾性率 $B$ や空気密度 $\rho$ が異なるために（つまり音波の速度 $v$ が異なるために），境界面で音波の反射が生じる．両端で入射と反射が繰り返される結果，両端を固定された弦の場合（第 10.2.4 節）と同様にして，管の内部に定在波が発生することになる．なお，以下の結論では開口端補正は無視している．

[*4] これはよく用いられる値 $\rho = 1.2$ kg/m$^3$, $v = 340$ m/s の積 $\rho v = 408$ に比べると少し小さい．

**両端が開いた管の中で発生する定在波**

管の端が開いている場合（開口端），変位波にとっては自由端となり，圧力波にとっては固定端となる．両端が開いている管の中で，取りうる波数，角周波数，波長などは以下の値に限定される（(10.27)式参照）：

$$k_n = \frac{n\pi}{L}, \quad \lambda_n = \frac{2L}{n}$$

$$\omega_n = \frac{n\pi v}{L}, \quad f_n = \frac{nv}{2L}, \quad T_n = \frac{2L}{nv}$$

ここで，$n = 1, 2, \ldots$. なお，右図の曲線は変位波を示している．

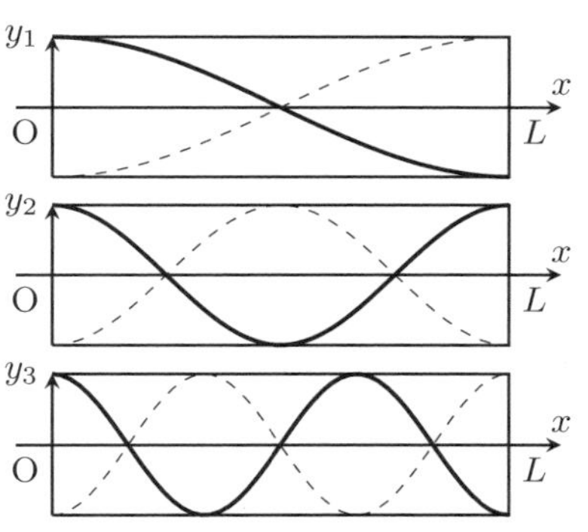


**一端を閉じられた管の中で発生する定在波**

管の端が閉じている場合，変位波にとっては固定端となり，圧力波にとっては自由端となる．一端が閉じており，もう一端が開いている管の中で，取りうる波数，角周波数，波長などは以下の値に限定される（(10.28)式参照）：

$$k_n = \frac{(2n-1)\pi}{2L}, \quad \lambda_n = \frac{4L}{2n-1},$$

$$\omega_n = \frac{(2n-1)\pi v}{2L}, \quad f_n = \frac{(2n-1)v}{4L}, \quad T_n = \frac{4L}{(2n-1)v}$$

ここで，$n = 1, 2, \ldots$. なお，右図の曲線は変位波を示している．

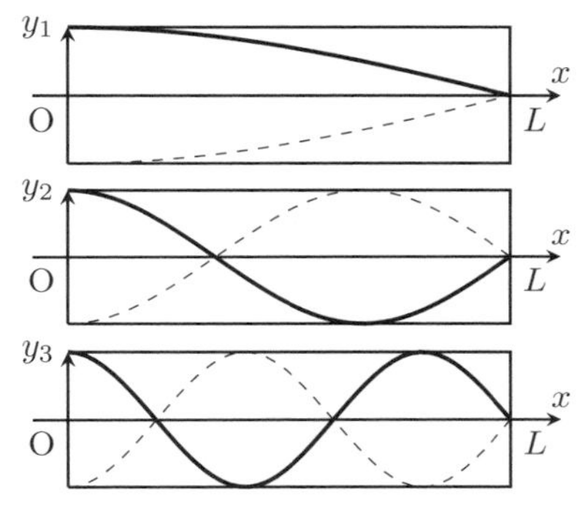


【問 35】 細長い管を耳からほんの少し離して音を聞いたときと，完全に耳につけて音を聞いたときでは，振動数は何倍違うか？〔**答：**基本振動が主として聞こえるならば，耳をつけると振動数は半分になる．〕

【問 36】 両端を開いたオルガンの管（長さ 0.7 m）が第 2 高調波で振動数 500 Hz で振動しているとき，管内の空気の音速 $v$ はいくらか？〔**答：**$v = 350$ m/s〕

【問 37】 ピッコロでは，管の両端が開いているときに管内で定在波が発生する．ピッコロの長さが 34 cm で，音速を 340 m/s であるとして以下の問いに答えよ．

(1) ピッコロが演奏することのできる最低音の振動数を求めよ．

(2) ピッコロが鳴らすことのできる最高音程が 4000 Hz であるとすると，これは何番目の高調波か？また，この高調波における隣り合う節の間の間隔を求めよ．

〔**答：**(1)$f_1 = 500$ Hz, (2)$n = 8$, 間隔は 4.25 cm〕

【問 38】 あるスピーカーの箱の大きさが 20 cm × 20 cm × 100 cm であるとする．このスピーカーから豊かに響かせることのできる（共鳴する）可聴域の振動数を全て挙げよ．ただし，音速は 340 m/s で，可聴域は 20 Hz から 20 kHz であるとする．（Hint：20 cm の閉じた管と 100 cm の閉じた管が 2 つあると考えよ．[*5]）

〔**答：**$f_n = 170\,n$（$n = 1, 2, \ldots, 117$）〕

[*5] このような三次元の箱の内部で発生する定在波は三次元の波動方程式を解くことで得られるが，最終的には 3 つの一次元波動方程式に分離される．

### 10.3.4　音波のエネルギーとデシベル表示

**音波の強さ**

**波の強さ**は「波の進行方向に垂直な単位面積を単位時間に通過するエネルギー」と定義される．弦に発生する正弦波（第 10.2.5 節）と同様にして，音波のエネルギーは変位振幅 $A$ を用いて

$$I = \frac{1}{2}\rho\,\omega^2 A^2 v$$

と計算できる．これは，圧力振幅 $\Delta P_{\mathrm{m}}$ を用いると

$$I = \frac{(\Delta P_{\mathrm{m}})^2}{2\rho v}$$

とも書ける．逆に，変位振幅 $A$ と圧力振幅 $\Delta P_{\mathrm{m}}$ は音波の強さ $I$ を用いて，次のように書ける：

$$A = \frac{1}{\omega}\sqrt{\frac{2I}{\rho v}}, \quad \Delta P_{\mathrm{m}} = \sqrt{2\rho v I}.$$

**可聴しきい値とデシベル表示**

可聴しきい値の音波の強さは $I_0 = 10^{-12}\ \mathrm{W/m^2}$ 程度である．一方，痛みを感じるしきい音波の値は $I_{\mathrm{c}} = 1\ \mathrm{W/m^2}$ であるとされている．このように，耳は広い範囲の強さを検出するので，音波の強さを対数スケールを用いて表示する：

$$\beta = 10\log_{10}\frac{I}{I_0}. \tag{10.42}$$

この単位をデシベル [dB] という[a]．

[a] d（デシ）は $\frac{1}{10}$ を表す接頭辞であり，数値は 10 倍表示される．ベルは常用対数を取って音圧レベルを測るという意味である．つまり，デシベルとは $10\log_{10}$ をとるという意味である．

**【例題】** 可聴しきい値 $I_0 = 10^{-12}\ \mathrm{W/m^2}$ の音波の強さに対して，以下の問いに答えよ．ただし，簡単のために空気密度 $\rho$ と音速 $v$ の積を $\rho v = 400\ \mathrm{kg/(m^2\,s)}$ として評価せよ．

(1) この音波の強さは何 dB になるか求めよ．
(2) この音波の圧力振幅 $\Delta P_{\mathrm{m}}$ を求めよ．
(3) この音波の振動数が 1000 Hz であるとするとき，変位振幅 $A$ を求めよ．これは原子サイズ（1 Å）に比べて大きいか？小さいか？

**《解答例》**
(1) $\beta = 10\log_{10}\frac{I_0}{I_0} = 0\ \mathrm{dB}$　(2) $\Delta P_{\mathrm{m}} = \sqrt{2\rho v I_0} = 2.8\times 10^{-5}\ \mathrm{Pa}$
(3) $A = \frac{1}{\omega}\sqrt{\frac{2I_0}{\rho v}} = 1.1\times 10^{-11}\ \mathrm{m}$

■

**【問 39】** 痛みを感じるしきい値 $I_{\mathrm{c}} = 1\ \mathrm{W/m^2}$ に対して，上の例題と同じ問いに答えよ．
〔**答：**120 dB, 28 Pa, $1.1\times 10^{-5}$ m〕

### 10.3.5　球面波・平面波とその干渉

**球面波とその強さ**

点状音源から等方的に音波が発生すると，同心球上の全ての点で同じ変位が生じる．点状音源がする仕事率を $P$ とするとき，半径 $r$ の部分に到達する波の強さは

$$I = \frac{P}{4\pi r^2} \tag{10.43}$$

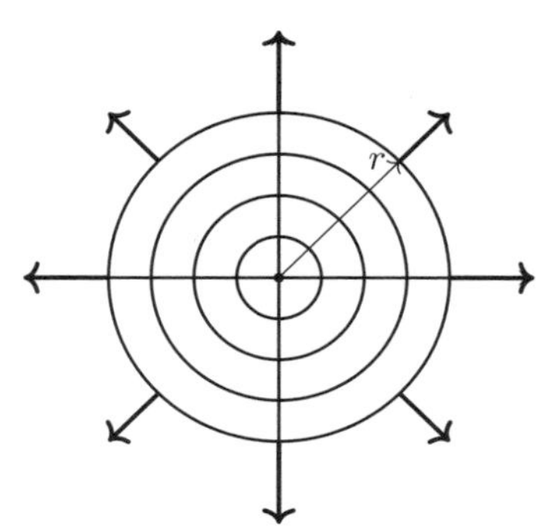


となる．このように，球面状に広がる正弦波を**球面波**といい，波動関数は半径 $r$，時間 $t$ の関数として $y(r,t) = \frac{A}{r}\sin(kr - \omega t)$ と表現される．

**■波面と波線（ray）**　ある時刻 $t$ において，位相（正弦波の引数のこと）が一定となる点の集合（面）を**波面**といい，波面に直交する線を**波線（ray）**という．球面波の場合，波面は同心球面になり，波線は波源から半径方向に延びる直線になる．波源から十分離れた（$r \gg \lambda$）波面の小さな部分では，波線はほとんど平行になり，波面はほとんど平面になる．波面が完全に平面で，波線が完全に平行な波を**平面波**という．

【問 40】 ある点状音源が 100 W で音波を出しているとき，音源から 5.0 m における波の強さを求めよ．また，音が 40 dB に低下する距離を求めよ．〔**答**：$I = 0.32\ \mathrm{W/m^2}$, $r = 28$ km〕

**球面波の干渉**

スピーカーを点状音源とし球面波を発生すると仮定する．異なる位置にある２つのスピーカーから発生した音波が同一地点に到達するときに干渉を起こす．例えば，右図のように，単一の発振器により駆動されるスピーカーが２つあって，それぞれのスピーカーからの観測点までの距離を $r_1, r_2$ とするときに，観測される合成波は

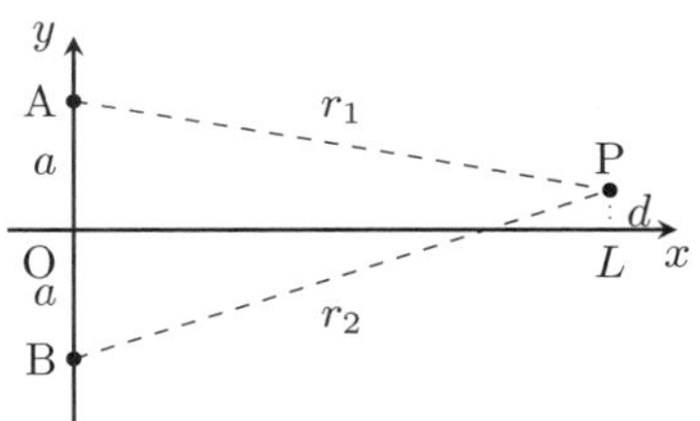


$$y = a(r_1)\sin(kr_1 - \omega t - \alpha) + a(r_2)\sin(kr_2 - \omega t - \alpha) \tag{10.44}$$

となる．ここで，$a(r)$ は振幅の距離依存性を示す何らかの関数であって，球面波ならば $a(r) = \frac{A}{r}$（$A$ は定数）となる．

**■２つの波が強め合う条件**　２つの波の位相が $2\pi$ の整数倍（$\pi$ の偶数倍）だけ離れているとき，２つの波は互いに強め合う．この条件は $|(kr_1 - \omega t - \alpha) - (kr_2 - \omega t - \alpha)| = 2\pi n$ つまり

$$|r_1 - r_2| = n\lambda$$

と書ける．このとき「２つの波は**同位相**である」という．

**■２つの波が弱め合う条件**　２つの波の位相が $2\pi$ の半整数倍（$\pi$ の奇数倍）だけ離れているとき，２つの波は互いに弱め合う．この条件は $|(kr_1 - \omega t - \alpha) - (kr_2 - \omega t - \alpha)| = \pi(2n+1)$ つまり

$$|r_1 - r_2| = \left(n + \frac{1}{2}\right)\lambda$$

と書ける．このとき「２つの波は**逆位相**である」という．

**【例題】** 同一の発振器で生じた信号音が，上図に示すような $2a$ だけ離れた一対のスピーカーから放出される．これを聞く人は，両スピーカーの中心線上 $L$ だけ離れたところから，中心線と垂直に歩き始めたとして，$d$ だけ歩いたときに初めて最小の音を聞いた．$a \ll L,\ d \ll L$ であるとして以下の問いに答えよ．

(1) 最小の音を聞いた地点からスピーカーまでの距離が，$L + \dfrac{1}{2}\dfrac{(a \pm d)^2}{L}$ で近似されることを示せ．

(2) 音速を $v$ とするときに，この発振器の振動数が $f = \dfrac{L}{4ad}v$ で評価されることを示せ．

---

**《解答例》**

(1) 三平方の定理より

$$r_{\pm} = \sqrt{L^2 + (a \pm d)^2} = L\sqrt{1 + \frac{(a \pm d)^2}{L^2}} \approx L\left(1 + \frac{1}{2}\frac{(a \pm d)^2}{L^2}\right) = L + \frac{1}{2}\frac{(a \pm d)^2}{L}.$$

(2) 2つの距離 $r_+, r_-$ の差は

$$r_+ - r_- = \frac{(a+d)^2 - (a-d)^2}{2L} = \frac{2ad}{L}$$

であり，波が最初に弱め合う条件から $r_+ - r_- = \dfrac{1}{2}\lambda$．ゆえに，$\lambda = \dfrac{4ad}{L}$ であり，$v = f\lambda$ の関係から振動数は $f = \dfrac{L}{4ad}v$ で評価される．

■

**【問 41】** 例題の評価式を用いて，$a = 2$ m, $d = 0.5$ m, $L = 12$ m であったときの発振器の振動数を評価せよ．ただし，音速を $v = 340$ m/s とする．〔**答：** $f = 1020$ Hz〕

**【問 42】** 振動数 680 Hz をもつ共通の発振器で駆動される 2 つのスピーカーが距離 1 m 隔てて向かい合っている．2 つのスピーカーを結ぶ線上で，音の強さが極小となる点を全て求めよ．ただし，音速を 340 m/s であるとする．〔**答：** $\dfrac{1}{8}, \dfrac{3}{8}, \dfrac{5}{8}, \dfrac{7}{8}$ m〕

**【問 43】** 2 つのスピーカーが 3 m 隔てて壁にかけられ，観測者が壁から 4 m 離れて一方のスピーカーの正面に立っている．スピーカーは振動数 340 Hz の単一の発振器によって駆動される．音速を 340 m/s であるとして以下の問いに答えよ．（スピーカーからの距離が近いので，例題の評価式は使えないことに注意せよ．）

(1) 両方のスピーカーから出る音が観測者に到達したとき，2 つの波の位相差はどれだけか？

(2) 発振器の振動数を 340 Hz から徐々に大きくしていくと，周波数 $f_1$ で急に音が小さくなった．逆に，振動数を小さくしていくと，周波数 $f_2$ で急に音が小さくなった．$f_1$, $f_2$ を求めよ．

(Hint：位相は (10.44)式参照.）

〔**答：** (1)$2\pi$ rad, (2)$f_1 = 510$ Hz, $f_2 = 170$ Hz〕

### 10.3.6 ドップラー効果とうなり

【注意】この節では，音源や観測者の移動速度と区別するために，音速を大文字 $V$ を用いて表すことにする．

**ドップラー効果**

音源 S（source）と観測者 O（observer）の間に相対運動があるとき，観測者が聞く音の振動数 $f_{\mathrm{o}}$ は，音源の振動数 $f_{\mathrm{s}}$ と異なり，次のようになる：[a]

$$f_{\mathrm{o}} = \frac{V \pm v_{\mathrm{o}}}{V \mp v_{\mathrm{s}}} f_{\mathrm{s}}. \tag{10.45}$$

ここで，$V$ は音速，$v_{\mathrm{s}}$ は音源の速さで，$v_{\mathrm{o}}$ は観測者の速さである．
(10.45)式の上の符号は，互いに近づき合うときで，聞こえる振動数は大きくなる．一方，下の符号は，互いに離れ合うときで，聞こえる振動数は小さくなる．ただし，音源の速さ $v_{\mathrm{s}}$ が音速 $V$ をこえるときには，**衝撃波**が発生する．

[a] 文献 [1]p145 図 12.23 参照.

**【例題】** 速さ 40 m/s で走っている列車が汽笛を鳴らす．汽笛の振動数は 500 Hz とする．静止している観測者が列車が接近するときと，遠ざかるときに聞く汽笛の振動数を求めよ．ただし，音速を 340 m/s とせよ．

---

**《解答例》**

$$f_{\text{近}} = \frac{V}{V - v_{\mathrm{s}}} f_{\mathrm{s}} = \frac{340}{340 - 40} 500 = 566 \text{ Hz}.$$

$$f_{\text{遠}} = \frac{V}{V + v_{\mathrm{s}}} f_{\mathrm{s}} = \frac{340}{340 + 40} 500 = 447 \text{ Hz}.$$

■

【問 44】 どちらも 72 km/h で走る 2 台の電車がすれ違った．一方の電車が 500 Hz で警笛を鳴らしていたと仮定すると，すれ違う前後で，もう一方の乗客はその警笛を何 Hz の音として聞くか？ただし，音速を 340 m/s とせよ．
〔**答：**562 Hz, 444 Hz〕

【問 45】 「救急車が近づいてくるとき音は半音上がり，遠ざかるとき半音下がる」と言われるが，この説を検証してみよう．なお，半音上がるとは振動数が $2^{1/12} \approx 1.059$ 倍になることであり，半音下がるとは振動数が $2^{-1/12} \approx 0.944$ 倍になることである[*6]．救急車の速さが時速 60 km で，音速が時速 1200 km（これは約 333 m/s に相当する）であるとして，救急車が近づいてくるときと遠ざかるときでそれぞれ振動数は音源の振動数の何倍になるか求めよ．〔**答：**1.053 倍，0.952 倍〕

**うなり**

わずかに異なる振動数 $f_1, f_2$ をもつ波が重ね合わされると，合成波の振幅が，時間周期的に大きくなったり小さくなったりする現象を**うなり**という．うなりの振動数（単位時間あたりにうなりの発生する回数）は次のようになる：

$$f_{\mathrm{beat}} = |f_1 - f_2| \tag{10.46}$$

**【例題】** 2 つの振動数の平均値が $\bar{f}$ で，差が $\Delta f$ であるような 2 つの波を同じ振幅で足し合わせるとき，うなりの振動数が (10.46)式で与えられることを示せ．ただし，$0 < \Delta f \ll \bar{f}$ とせよ．

---

**《解答例》**

[*6] $2^{1/12}$ という値は，1 オクターブ（振動数 2 倍）を対数スケールで 12 等分することにより得られる値である．これを平均律という．

簡単のために，２つの音の位相定数をゼロとすると

$$y(t) = A\sin\left(2\pi\left(\bar{f} + \frac{\Delta f}{2}\right)t\right) + A\sin\left(2\pi\left(\bar{f} - \frac{\Delta f}{2}\right)t\right).$$

加法定理を用いると

$$y(t) = 2A\sin\left(2\pi\bar{f}t\right)\cos\left(\pi\,\Delta f\,t\right).$$

$\sin\left(2\pi\bar{f}t\right)$ の周期 $\frac{1}{\bar{f}}$ は，$\cos\left(\pi\,\Delta f\,t\right)$ の周期 $\frac{2}{\Delta f}$ に比べて極めて小さく，前者のさざ波が後者のゆったりした波に包摂された波形になる．ゆえに，うなりの周期 $T_{\rm beat}$（音の絶対値のピークの間隔）は後者の周期 $\frac{2}{\Delta f}$ の半分になる：$T_{\rm beat} = \frac{1}{\Delta f}$．ゆえに，うなりの振動数は $f_{\rm beat} = \Delta f$ となる．■

【問 46】 440 Hz の A 音を調律中のピアノ調律師が 440 Hz 音叉とピアノの弦の間で毎秒 2 回のうなりを聞くとき，以下の問いに答えよ．

(1) 弦の振動数を求めよ．

(2) 弦を調律するためには，張力を何倍に変更すればよいか答えよ．

〔答：(1)442 Hz または 438 Hz, (2)1.0091 倍または 0.9909 倍〕

【問 47】 部屋の正面にあるスピーカーと，部屋の後方にあるスピーカーが同じ発振器で 340 Hz で駆動されている．観測者が一様な速さ 1 m/s で一方のスピーカーからもう一方のスピーカーに向けて歩くときに，毎秒何回のうなりを聞くか？ただし，音速を 340 m/s とせよ．〔答：2 回〕

【問 48】 一直線に向かってくる車を目がけて超音波を放ち，その反射波とのうなりの振動数 $f_{\rm beat}$ を計測することで，車の速さを

$$v \approx \frac{V}{2}\frac{f_{\rm beat}}{f_{\rm s}}$$

と推定できる．ここで，$V$ は音速で，$f_{\rm s}$ は音源の振動数（つまり超音波の振動数）である．この式を以下の手順で導出せよ．

(1) 速さ $v$ で近づく車（車内の人）が聞く振動数 $f_{\rm o}$ を求めよ．

(2) 車が超音波を反射するとき，(1) の振動数 $f_{\rm o}$ で音波を放出すると考えると，音源（にいる人）が聞く反射波の振動数 $f_{\rm r}$ はいくらか？

(3) うなりの振動数 $f_{\rm beat}$ は，音源の振動数 $f_{\rm s}$ に比べて十分に小さいと近似して，上の評価式を導け．

〔答：(1)$f_{\rm o} = \frac{V+v}{V}f_{\rm s}$, (2)$f_{\rm r} = \frac{V+v}{V-v}f_{\rm s}$, (3)$v = \frac{f_{\rm r} - f_{\rm s}}{f_{\rm r} + f_{\rm s}}V$ を近似すれば得られる．〕

【問 49】 近づいてくる物体に向かって，振動数 40 kHz の超音波を放つと，１秒間に 10 回のうなりを生じた．音速が 340 m/s であるときに，この物体の速さを評価せよ．〔答：4.25 cm/s〕

### 10.3.7 光のドップラー効果

**光（電磁波）のドップラー効果**

光源 S（source）が観測者 O（observer）から見て角度 $\theta$ の方向に相対的に速さ $v$ で運動している場合，観測する光の振動数は

$$f_{\rm o} = \frac{\sqrt{c^2 - v^2}}{c - v\cos\theta}f_{\rm s} \qquad (10.47)$$

となる．ここで，$c$ は真空中の光速で，$f_{\rm s}$ は光（電磁波）の振動数である．

【問 50】 一直線に向かってくるボールを目がけて電磁波を放ち，その反射波とのうなりの振動数 $f_{\mathrm{beat}}$ を計測することで，ボールの速さを

$$v \approx \frac{c}{2}\frac{f_{\mathrm{beat}}}{f_{\mathrm{s}}}$$

と推定できる．ここで，$c$ は光速で，$f_{\mathrm{s}}$ は音源の振動数（つまり電磁波の振動数）である．この式を以下の手順で導出せよ．

(1) 速さ $v$ で近づくボールからみた振動数 $f_{\mathrm{o}}$ を求めよ．

(2) ボールが電磁波を反射するとき，(1) の振動数 $f_{\mathrm{o}}$ で電磁波を放出すると考えると，音源からみた反射波の振動数 $f_{\mathrm{r}}$ はいくらか？

(3) うなりの振動数 $f_{\mathrm{beat}}$ は，音源の振動数 $f_{\mathrm{s}}$ に比べて十分に小さいと近似して，上の評価式 $v$ を導け．

〔**答：**(1)$f_{\mathrm{o}} = \sqrt{\dfrac{c+v}{c-v}}f_{\mathrm{s}}$, (2)$f_{\mathrm{r}} = \dfrac{c+v}{c-v}f_{\mathrm{s}}$〕

【問 51】 向かってくる時速 150 km のボールに向かって，振動数 10 GHz のマイクロ波を放つと，うなりの振動数はいくらになるか？光速をおよそ時速 $10^9$ km であるとして評価せよ．

〔**答：**3 kHz〕

# 第IV部

# 電磁気学

# 第11章

# 真空中の静電場

## 11.1 電荷

**電荷**

物理的な現象としての電気を担う実体は，物質が持っている**電荷**[a]である．電荷には正と負の符号で区別される2種類が存在する．

マクロな物体を構成する原子はさらに，電子，中性子，陽子によってつくられていて，それらのもつ電荷はそれぞれ，$-e, 0, e$ である．ここに $e$ は電荷素量と呼ばれ，電荷の単位 C（クーロン）を用いると，

$$e = 1.602176634 \times 10^{-19}\ \mathrm{C}$$

である．物体の持つ電荷は，厳密には $e$ の整数倍ということになるが，$e$ の値はマクロ的に見れば非常に小さいので，実際上は連続的な値を持つとしてよい．

電荷を持つが，大きさは無視できるような理想的な物体を**点電荷**という．

**■電荷の保存則**　原子から電子の一部が離れると，残りは正の電荷を持つ正イオンに，逆に電子を受け取ると負の電荷を持つ負イオンになる．電気的に中性であった物体が，電子のやりとりによって正や負の電荷を持つようになることを**帯電**という．

物体が正に帯電すれば，出て行った電子は別の物体に負の電荷として存在する．この両者の電荷の和は，帯電前と変わらず一定で，どちらか一方だけ生成あるいは消滅することはない．これを**電荷の保存則**という．

**■電流**　電荷の流れを**電流**という．電流の大きさは，電荷の流れている領域内において，電流の向きと直交する断面を単位時間に通り抜ける電荷の量として定める．電流の単位 A（アンペア）は，電流の流れている物体の断面を，1 秒間に通りぬける電荷が 1 C であるとき，1 A と定める．

[a] 「電荷」という物質があるわけではない（「質量」という物質が無いことと同じ）．

**【問 1】**塩化ビニル棒を毛皮でこすったところ，棒は $-5.00 \times 10^{-9}$ C の電荷を帯電した．棒に移動した電子数を求めよ．〔**答**：$3.12 \times 10^{10}$〕

**【問 2】**導線に 500 mA の電流が流れているとき，この導線の断面を 2.00 秒間に通過する電子の数を求めよ．〔**答**：$6.24 \times 10^{18}$〕

**【問 3】**単位の関係，[A]=[C/s] が成り立つことを，1 A の定義から確かめよ．

## 11.2 クーロンの法則

**クーロンの法則**

**■二つの点電荷間に働くクーロン力** 二つの点電荷 $q_1, q_2$ の間にはクーロン力と呼ばれる電気的な力が働く．その力の向きは点電荷を結ぶ直線上にあり，その大きさは点電荷間の距離 $r$ の 2 乗に反比例し，それぞれの電荷の積に比例する．また，二つの電荷の符号が異符号なら引力，同符号なら斥力である．クーロン力の大きさ $F$ を式で表せば，

$$F = \frac{q_1 q_2}{4\pi\varepsilon_0 r^2} \tag{11.1}$$

となる ($F$ の正負によって，斥力または引力が対応する)．

ここで $\varepsilon_0$ は真空の誘電率と呼ばれる定数で，$\varepsilon_0 = 8.854 \times 10^{-12}\ \mathrm{C^2/(N \cdot m^2)}$ (単位 $[\mathrm{C^2/(N \cdot m^2)}]$ は電気容量の単位 [F]（ファラド） を用いて [F/m] ともかける)．

また，向きも考慮し，$q_1$ に働く力 $\mathbb{F}$ [a]をベクトルとして式で表せば，

$$\mathbb{F} = \frac{q_1 q_2}{4\pi\varepsilon_0} \frac{\mathbb{r}_1 - \mathbb{r}_2}{|\mathbb{r}_1 - \mathbb{r}_2|^3}. \tag{11.2}$$

$\mathbb{F}$ $q_1$ $r$ $q_2$ $\mathbb{r}_1$ $\mathbb{r}_2$

ここで $\mathbb{r}_1, \mathbb{r}_2$ はそれぞれ $q_1, q_2$ が置かれた点の位置ベクトルである[b]．

**■複数の電荷が存在するときのクーロン力** 複数の電荷 $q_1, q_2, \cdots, q_n$ が存在するとき，$q_1$ に作用するクーロン力は，$q_2, \cdots, q_n$ のそれぞれから作用するクーロン力の合力となる[c]．式で表せば

$$\mathbb{F} = \frac{q_1 q_2}{4\pi\varepsilon_0} \frac{\mathbb{r}_1 - \mathbb{r}_2}{|\mathbb{r}_1 - \mathbb{r}_2|^3} + \frac{q_1 q_3}{4\pi\varepsilon_0} \frac{\mathbb{r}_1 - \mathbb{r}_3}{|\mathbb{r}_1 - \mathbb{r}_3|^3} + \cdots + \frac{q_1 q_n}{4\pi\varepsilon_0} \frac{\mathbb{r}_1 - \mathbb{r}_n}{|\mathbb{r}_1 - \mathbb{r}_n|^3}. \tag{11.3}$$

(11.2), (11.3) によると，$q_1$ に作用するクーロン力は $q_1$ に比例することが分かる．

[a] 作用・反作用の法則より，$q_2$ の受ける力は $-\mathbb{F}$ である．
[b] $r = |\mathbb{r}_1 - \mathbb{r}_2|$.
[c] これを「電気力の重ね合わせの原理」という．これは実験事実である．

**【問 4】** 2 つの 1 C の電荷を，1 m 離して静置するためには，どれだけの力で保持する必要があるか．また，これはどのぐらいの質量の重力に等しいか．〔**答：**$8.988 \times 10^9$ N, $9.2 \times 10^8$ kg〕

**【問 5】** 水素原子の電子と陽子は約 $5.3 \times 10^{-11}$ m の距離だけ離れている．これら 2 つの粒子間の電気力を求めよ．〔**答：**$8.2 \times 10^{-8}$ N〕

**【問 6】** 質量 $m$ の 2 個の小球を，長さ $\ell$ の 2 本の糸で，1 点 O からそれぞれつるした．それぞれの小球に等しい電荷を与えると，糸は鉛直方向から $\theta$ の角だけ開いて静止した．与えた電荷の値 $Q$ を求めよ．ただし重力加速度を $g$ とする．〔**答：**$Q^2 = 16\pi\varepsilon_0 mg\ell^2 \sin^3\theta / \cos\theta$〕

**【問 7】** クーロン力と万有引力の類似点と相違点を，①作用する対象，②作用する距離と力の大きさ，③力の向き，に関してそれぞれ述べよ．

**【問 8】** クーロン力をベクトルとして表す式 (11.2) を，(11.1) と $\mathbb{r}_2$ から $\mathbb{r}_1$ に向かう単位ベクトルが $\dfrac{\mathbb{r}_1 - \mathbb{r}_2}{|\mathbb{r}_1 - \mathbb{r}_2|}$ で与えられることを利用して導け．

**【問 9】** 真空中で，座標 $(0, 0, a)$ に点電荷 $q$, 座標 $(0, 0, -a)$ に点電荷 $-q$ が置かれているとする．このとき，座標 $(x, y, z)$ に点電荷 $Q$ を置いたとき，この電荷 $Q$ に作用する力 $\mathbb{F}$ を，クーロンの法則を用いて求めよ．

また，$Q$ の座標が $(x,y,z)=(a,0,0)$ であるとき，$Q$ の受ける力の大きさを求めよ．
〔答：$\mathbb{F}=\dfrac{Qq}{4\pi\varepsilon_0}\left(\dfrac{x\mathbb{i}+y\mathbb{j}+(z-a)\mathbb{k}}{(x^2+y^2+(z-a)^2)^{3/2}}-\dfrac{x\mathbb{i}+y\mathbb{j}+(z+a)\mathbb{k}}{(x^2+y^2+(z+a)^2)^{3/2}}\right)$, $F=\dfrac{|Qq|}{4\sqrt{2}\pi\varepsilon_0 a^2}$〕

## 11.3 電場

**電場の定義**

点 $\mathbb{r}$ に置かれた点電荷 $q$ が受ける電気的な力 $\mathbb{F}(\mathbb{r})$ は，一般に $q$ に比例する．つまり任意の点 $\mathbb{r}$ において

$$\mathbb{F}(\mathbb{r})=q\mathbb{E}(\mathbb{r})$$

を満たす $\mathbb{E}(\mathbb{r})$ が ($q$ と無関係に) 存在していることを意味する[a].

このように，空間の各点 $\mathbb{r}$ において，1 C あたりの電荷に働く力を表す $\mathbb{E}$ [b]を**電場**（または**電界**）という．この定義より電場の単位は [N/C] となるが，後に定められる**電位**との関係により，電場の単位としては [V/m] を用いることが多い．

電場 $\mathbb{E}$ は，空間内の点 $\mathbb{r}$ のそれぞれに，ベクトル $\mathbb{E}(\mathbb{r})$ を対応させるものなので，任意の点を始点とする矢印を描くことで図示できる．

**■電気力線**　電場を矢印として図示した際，それらの矢印を接線とするような曲線を**電気力線**という．

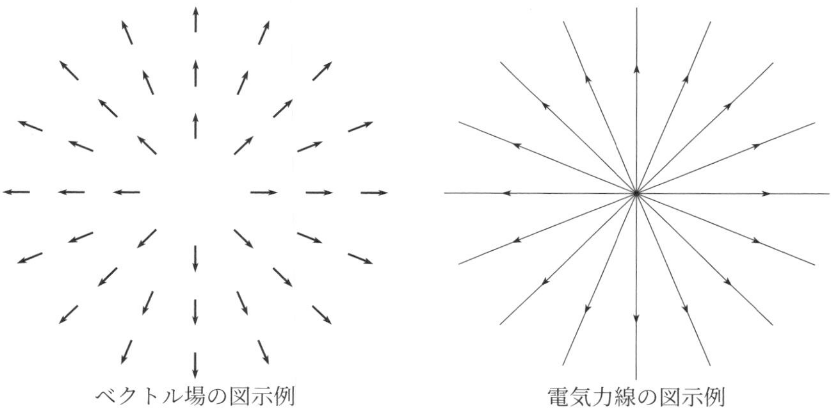

ベクトル場の図示例　　電気力線の図示例

**■電気力線の本数=電気力線束**　電場の大きさが $E$ の点では，電場の方向と垂直な断面を通る電気力線が，単位面積あたり $E$ 本貫いていると言うこととする．

[a] $q$ は，$\mathbb{E}$ の存在を確かめるため，補助的に用いられる電荷であることから，**試験電荷**と呼ばれることがある．
[b] 電場の作用する点を表す $\mathbb{r}$ は，省略されることも多い．

**【例題】** 点 $\mathbb{r}'$ に置かれた $Q$ [C] の電荷によって，点 $\mathbb{r}$ に生じる電場 $\mathbb{E}$ を求めよ．

**《解答例》**

$\mathbb{r}$ にある電荷 $q$ は，クーロンの法則 (11.1)によって，$\mathbb{r}'$ に置かれた電荷 $Q$ から，$\mathbb{F}=\dfrac{qQ}{4\pi\varepsilon_0}\dfrac{\mathbb{r}-\mathbb{r}'}{|\mathbb{r}-\mathbb{r}'|^3}$ の力を受ける．電場の定義式 $\mathbb{E}=q\mathbb{E}$ より，

$$\mathbb{E}=\frac{Q}{4\pi\varepsilon_0}\frac{\mathbb{r}-\mathbb{r}'}{|\mathbb{r}-\mathbb{r}'|^3}. \tag{11.4}$$

★このような，点電荷によって生じる電場を**クーロン電場**とよぶことが多い．■

【問 10】空間のある点 P に $2.0 \times 10^{-9}$ C の電荷を置いたら，この点電荷は，$y$ 軸方向に，大きさ $1.2 \times 10^5$ N N の力を受けた．P における電場 $\mathbb{E}$ を求めよ．〔答：$\mathbb{E} = 6.0 \times 10^{13} \mathbb{j}$ V/m〕

【問 11】地表面上，質量 1.0 g の小物体が，電場 $E = 6.4 \times 10^2$ N/C 中で浮遊しているとき，小物体の電荷はいくらか．〔答：$1.5 \times 10^{-5}$ C〕

【問 12】$(0 \leq x \leq d)$ において一様な電場 $\mathbb{E} = E\mathbb{j}$ を生じさせ，そこに質量 $m$，電荷 $q > 0$ の粒子を $x < 0$ の領域から速度 $\mathbb{v} = v_0 \mathbb{i}$ で入射させる．最終的な粒子の速さと向きを求めよ．ただし $d$, $v_0 > 0$ で，重力は無視すること．〔答：速さ $\sqrt{v_0^2 + \left(\dfrac{qEd}{mv_0}\right)^2}$, $x$ 軸から角 $\tan^{-1}\left(\dfrac{qEd}{mv_0^2}\right)$ の向き〕

【問 13】真空中の原点に点電荷 $Q$ があるとき，この空間中の点 $\mathbb{r} = x\mathbb{i} + y\mathbb{j} + z\mathbb{k}$ における電場 $\mathbb{E}$ を $x, y, z$ の式で表せ．また，原点からの距離 $r = |\mathbb{r}|$ の関数として，電場の大きさ $E = |\mathbb{E}|$ を表し，グラフを描け．〔答：$\mathbb{E} = \dfrac{Q}{4\pi\varepsilon_0} \dfrac{x\mathbb{i} + y\mathbb{j} + z\mathbb{k}}{(x^2 + y^2 + z^2)^{3/2}}$, $E = \dfrac{|Q|}{4\pi\varepsilon_0} \dfrac{1}{r^2}$〕

【問 14】【問 13】の電場 $\mathbb{E}$ のベクトル場としての概図と，電気力線をそれぞれ描け．ただし $xy$ 平面内における図でよい．

【問 15】$0 \leq x \leq 2, 0 \leq y \leq 2$ においては，大きさが 1，向きが $\mathbb{i} + \mathbb{j}$ で，それ以外の領域では $\mathbb{E} = \mathbb{0}$ であるような電場 $\mathbb{E}$ を求め，そのベクトル場としての概図と，電気力線をそれぞれ描け．ただし $xy$ 平面内における図でよい．〔答：$\mathbb{E} = \dfrac{1}{\sqrt{2}}(\mathbb{i} + \mathbb{j})$ $(0 \leq x \leq 2, 0 \leq y \leq 2)$〕

【問 16】点 $(x, y, z)$ において $\mathbb{E} = \dfrac{\tau}{2\pi\varepsilon_0} \dfrac{x\mathbb{i} + y\mathbb{j}}{x^2 + y^2}$ で与えられるような電場の大きさ $E$ を求めよ．また $\mathbb{E}$ のベクトル場としての概図と，電気力線をそれぞれ描け．ただし $xy$ 平面内における図でよい．
〔答：$E = \dfrac{\tau}{2\pi\varepsilon_0} \dfrac{1}{\sqrt{x^2 + y^2}}$〕

【問 17】真空中で，座標 $(0, 0, a)$ に点電荷 $q$, 座標 $(0, 0, -a)$ に点電荷 $-q$ が置かれているとする．このとき，点 $\mathbb{r} = x\mathbb{i} + y\mathbb{j} + z\mathbb{k}$ における電場 $\mathbb{E}$ を求めよ．
〔答：$\mathbb{E} = \dfrac{q}{4\pi\varepsilon_0} \left( \dfrac{x\mathbb{i} + y\mathbb{j} + (z - a)\mathbb{k}}{(x^2 + y^2 + (z - a)^2)^{3/2}} - \dfrac{x\mathbb{i} + y\mathbb{j} + (z + a)\mathbb{k}}{(x^2 + y^2 + (z + a)^2)^{3/2}} \right)$〕

【問 18】【問 17】において，$a = 1, q = 4\pi\varepsilon_0$ として，点 $(1, 1, 0)$ における電場の向きと大きさ $E$ を求めよ．
〔答：$z$ 軸負方向，$E = \dfrac{2\sqrt{3}}{9}$〕

【問 19】点 $(x, y, z)$ に $q$ の電荷を置くと，この電荷に $\mathbb{F} = q\mathbb{i} + 2q\mathbb{j}$ の力が働いた．この空間に存在する電場 $\mathbb{E}$ を求めよ．また $\mathbb{E}$ の $xy$ 平面上におけるベクトル場としての概図と，電気力線をそれぞれ描け．
〔答：$\mathbb{E} = \mathbb{i} + 2\mathbb{j}$〕

【問 20】【問 19】の電場が存在する空間の原点に，1 C の点電荷を置いて固定した．点 $(x, y, z)$ に生ずる電場 $\mathbb{E}$ を求めよ．また，この空間に 別の $-1$ C の点電荷を点 $(0, 0, 1)$ においたときに，この電荷が受ける力の大きさ $F$ を求めよ．〔答：$\mathbb{E} = \mathbb{i} + 2\mathbb{j} + \dfrac{1}{4\pi\varepsilon_0} \dfrac{x\mathbb{i} + y\mathbb{j} + z\mathbb{k}}{(x^2 + y^2 + z^2)^{3/2}}$, $F = \sqrt{5 + \dfrac{1}{(4\pi\varepsilon_0)^2}}$〕

**分布する電荷による電場**

重ね合わせの原理を用いて，分布する電荷による電場を求めることができる：点 $\mathbb{r}'$ における電荷の密度を $\rho(\mathbb{r}')$ とすれば，$\mathbb{r}'$ を含む微小体積 $\mathrm{d}V$ 内の電荷による微小電場は

$$\mathrm{d}\mathbb{E}(\mathbb{r}) = \frac{\rho(\mathbb{r}')\mathrm{d}V}{4\pi\varepsilon_0}\frac{\mathbb{r}-\mathbb{r}'}{|\mathbb{r}-\mathbb{r}'|^3} \tag{11.5}$$

となるから，電荷の分布する領域 $V$ でこれらを重ね合わせて（積分して）

$$\mathbb{E}(\mathbb{r}) = \frac{1}{4\pi\varepsilon_0}\int_V \frac{\mathbb{r}-\mathbb{r}'}{|\mathbb{r}-\mathbb{r}'|^3}\rho(\mathbb{r}')\mathrm{d}V$$

によって $\mathbb{E}$ が求められる．[a]

**（注釈）**

分布する電荷に**対称性**がある場合は，後述の**ガウスの法則**を用いるのが易しい．
また，対称性が無い場合も，この方法で電場を求めるよりも，まず電位 $V$ を求め，$\mathbb{E} = -\mathrm{grad}\,V$ によって求める方が易しい． □

[a] 微小領域 $\mathrm{d}V$ は，電荷の分布する領域にあわせて書き換える．三次元の領域であれば $\mathrm{d}V = dx'dy'dz'$，$xy$ 面内の領域ならば $\mathrm{d}V = dx'dy'$，$x$ 軸上であれば $\mathrm{d}V = dx'$ のようにすればよい．

**【例題】** $xy$ 平面内，原点を中心とする半径 $a$ の円周上に，電荷 $q$ が一様に分布している．以下の手順にしたがって，$z$ 軸上の点 $\mathrm{P}(0,0,z)$ における電場 $\mathbb{E}$ を求めよ．

(1) 円周上の各点 $(a\cos\phi, a\sin\phi, 0)$ $(0 \le \phi < 2\pi)$ における，微小円弧 $\mathrm{d}l = a\,\mathrm{d}\phi$ 上の線電荷 $\tau\mathrm{d}l = \dfrac{q}{2\pi a}\mathrm{d}l$ が，点 $(0,0,z)$ に生ずる電場 $\mathrm{d}\mathbb{E}$ を求めよ．

(2) (1) の $\mathrm{d}\mathbb{E}$ を $\phi$ について積分して，$\mathbb{E}$ を求めよ．

---

**《解答例》**

(1) $\mathbb{r} = z\mathbb{k}$, $\mathbb{r}' = a\cos\phi\,\mathbb{i} + a\sin\phi\,\mathbb{j}$ を微小電場の式 (11.5) に代入して

$$\mathrm{d}\mathbb{E} = \frac{\tau\mathrm{d}l}{4\pi\varepsilon_0}\frac{\mathbb{r}-\mathbb{r}'}{|\mathbb{r}-\mathbb{r}'|^3} = \frac{1}{4\pi\varepsilon_0}\frac{q\mathrm{d}l}{2\pi a}\frac{-a\cos\phi\,\mathbb{i} - a\sin\phi\,\mathbb{j} + z\mathbb{k}}{(a^2+z^2)^{3/2}}.$$

(2) $\mathrm{d}l = a\mathrm{d}phi$ に注意して，

$$\begin{aligned}\mathbb{E} &= \int_{\text{円周}}\mathrm{d}\mathbb{E} = \frac{q}{4\pi\varepsilon_0}\frac{1}{2\pi}\int_0^{2\pi}\frac{-a\cos\phi\,\mathbb{i} - a\sin\phi\,\mathbb{j} + z\mathbb{k}}{(a^2+z^2)^{3/2}}\mathrm{d}\phi \\ &= \frac{q}{4\pi\varepsilon_0}\frac{z\mathbb{k}}{(a^2+z^2)^{3/2}}.\end{aligned}$$

■

**【問 21】** $xy$ 平面内，原点を中心とする半径 $a$ の円板上に，電荷 $q$ が一様に分布している．$z$ 軸上の点 $\mathrm{P}(0,0,z)$ における電場 $\mathbb{E}$ を求めよ．〔**答：**$\mathbb{E} = \dfrac{q}{2\pi a^2\varepsilon_0}\left(1 - \dfrac{z}{\sqrt{z^2+a^2}}\right)\mathbb{k}$〕

**【問 22】** 点 $(-a,0,0)$ と $(a,0,0)$ を結ぶ直線上に，電荷 $q$ が一様に分布している．点 $(0,0,z)$ における電場 $\mathbb{E}$ を求めよ．〔**答：**$\mathbb{E} = \dfrac{q}{4\pi\varepsilon_0}\dfrac{\mathbb{k}}{z\sqrt{a^2+z^2}}$〕

**【問 23】** 原点を中心とする半径 $a$ の球面上に，電荷 $q$ が一様に分布している．点 $\mathrm{P}(0,0,z)$ における電場 $\mathbb{E}$ を求めよ．〔**答：**$\mathbb{E} = \mathbb{0}(0 < z < a)$, $\mathbb{E} = \dfrac{q}{4\pi\varepsilon_0}\dfrac{\mathbb{k}}{z^2}(z > a)$〕

(hint: 球座標を用いると，球面上の点は $(x', y', z') = a(\cos\phi\sin\theta, \sin\phi\sin\theta, \cos\theta)$, $0 \leq \phi < 2\pi$, $0 \leq \theta < \pi$ となり，$(\phi, \theta)$ における電荷は $\dfrac{qa^2\sin\theta \mathrm{d}\phi\mathrm{d}\theta}{4\pi a^2}$ と表せることを用いよ．積分は $t = \cos\theta$ で置換して計算できるが，$\sqrt{(a-z)^2}$ の計算の際，$a$ と $z$ の大小関係に注意して場合分けすること．)

## 11.4　電場のガウスの法則

**ガウスの法則**

$S$ を任意の閉曲面，$Q_{\rm in}$ を $S$ の内部に含まれる電荷の総量とする．このとき，空間内の電場 $\mathbb{E}$ は

$$\varepsilon_0 \int_S E_n \mathrm{d}A = Q_{\rm in}$$

を満たす．ここで $\mathrm{d}A$ は $S$ の面積要素，$E_n$ は，$\mathbb{E}$ の閉曲面 $S$ に直交する外向きを正とする成分を表し[a]，左辺の積分は $\mathbb{E}$ の面 $S$ に法線成分に関する **$S$ 上の面積分**と呼ばれる，

■**電気力線束（フラックス）**　任意の曲面 $S$（閉曲面でなくてもよい）に対し，

$$\int_S E_n \mathrm{d}A$$

を，$S$ を貫く**電気力線束**[b]（フラックス）という．ガウスの法則は，閉曲面 $S$ を内側から貫く電気力線束の $\varepsilon_0$ 倍が，$S$ の内部にある電荷に等しいことを言っている．

**（注釈）**

面積分の計算は一般には複雑であるが，**ガウスの法則**を用いる際では，$S$ の任意性を利用して（うまく $S$ を選んで），計算を易しくできる：

① 閉曲面 $S$ を，いくつかの曲面に分割 $(S = S_1 \cup S_2 \cup \cdots \cup S_m)$ して，それぞれの面積分に分けて考えることができる：

$$\int_S E_n \,\mathrm{d}A = \int_{S_1} E_n \,\mathrm{d}A + \int_{S_2} E_n \,\mathrm{d}A + \cdots + \int_{S_m} E_n \,\mathrm{d}A.$$

② **$\mathbb{E}$ が曲面 $S_i$ に接する**ならば，$E_n = 0$ なので，$S_i$ 上の面積分は**ゼロ**になる．

③ **$\mathbb{E}$ が曲面 $S_i$ に直交しているなら，**$E_n = E$（$E$ は $\mathbb{E}$ の大きさ，$\mathbb{E}$ の向きが $S_i$ の向きと逆であれば，負号をつける）とできるので，面積分は

$$\int_{S_i} E \,\mathrm{d}A$$

のように，やや簡単な式に書き換えられる．

さらに，**$S_i$ 上において $E$ が一定になるように $S_i$ が選ばれていれば，**$E$ を積分の中からくくり出し，「$\int_{S_i} \mathrm{d}A = S_i$ の面積」となるから，

$$EA_i$$

にまで書き換えることができる（上式の $A_i$ は曲面 $S_i$ の面積を表す）.

□

[a] 面と $\mathbb{E}$ のなす角を $\theta$ とすれば，$E_n = E\cos\theta$ である．

[b] 単に**電束**と呼ばれることも多いが，本来の電束は，電束密度 $\mathbb{D}$（13 章参照）に関して定義される．よってここでは，電場から定まる電気力線の束という意味で電気力線束という名称にしておく．

【例題】 無限に広い平面上（$xy$ 平面とする）に，電荷が面密度 $\sigma$ [C/m$^2$] で一様に分布しているとき，面の上下に形成される電場について考える．

(1) 形成される電場の特徴（対称性）を述べ，その概形を描け．
(2) ガウスの法則における閉曲面はどのように選ぶべきか述べよ．
(3) ガウスの法則を用いて，形成される電場の大きさを求めよ．
(4) 点 $\mathbb{r} = x\mathbb{i} + y\mathbb{j} + z\mathbb{k}$ における電場 $\mathbb{E}(\mathbb{r})$ を求めよ．

《解答例》

(1) 電荷は平面上一様に分布しているから，$x$, $y$ 方向に平行移動したとしても，全体の様子は変わらない．よって，生じている電場 $\mathbb{E}$ もこの平行移動で全体の様子は変わらない．また，$z$ 軸を中心に任意の角だけ回転させたとしても，全体の様子は変わらないから，$\mathbb{E}$ の向きは，$z$ 軸と平行でないといけない．さらに，$xy$ 平面に関して反転しても同じなので，点 $(x, y, z)$ における $\mathbb{E}$ は

$$\mathbb{E} = \begin{cases} E(z)\mathbb{k} & (z > 0) \\ -E(-z)\mathbb{k} & (z < 0) \end{cases}$$

の形で表される．(図の矢印のように分布する)

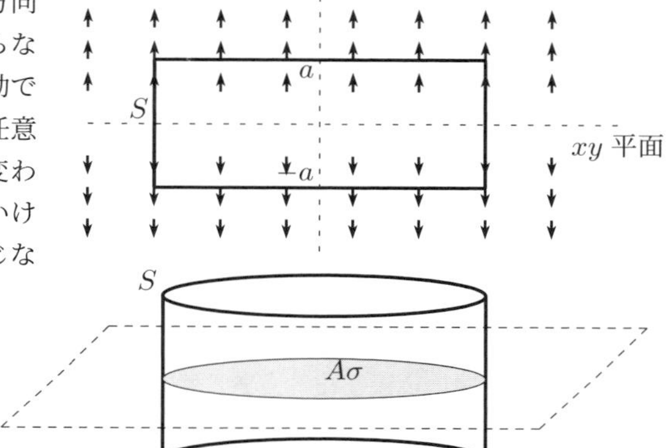


(2) 閉曲面 $S$ は，$\mathbb{E}$ に直交または平行になるように，また面上で $\mathbb{E}$ が一定になるように選ぶのがよいから，たとえば，$z = -a$, $z = a$ に底面・上面がある直円柱を $S$ とすれば，底面・上面では $\mathbb{E}$ と直交して，一定の大きさ $E$ をもち，側面では $\mathbb{E}$ と平行なので，$E_n = 0$ とできる．

(3) ガウスの法則の左辺は，$A$ を底面・上面の円の面積とおけば

$$\varepsilon_0(EA + EA + 0) \quad (=\text{下面}+\text{上面}+\text{側面での面積分の値})$$

となり，一方で $S$ 内の電荷は $A\sigma$ であるから，ガウスの法則は $2\varepsilon_0 EA = A\sigma$ となり，これより

$$E = \frac{\sigma}{2\varepsilon_0}.$$

(4) (1),(3) の結果を組み合わせて，

$$\mathbb{E} = \begin{cases} \dfrac{\sigma}{2\varepsilon_0}\mathbb{k} & (z > 0) \\ -\dfrac{\sigma}{2\varepsilon_0}\mathbb{k} & (z < 0). \end{cases}$$

■

【問 24】 $z$ 軸正方向に一様な，大きさ $E$ の電場について，以下の面を貫く電気力線束を求めよ．

(1) $xy$ 平面内に含まれる，面積が 1 の正方形．ただし $z$ 軸方向を正とする．
(2) 平面 $z = 2$ に含まれる，面積が 3 の正六面体．ただし $z$ 軸方向を負とする．
(3) $yz$ 平面内に含まれる，面積が 1 の円盤．ただし $x$ 軸方向を正とする．
(4) 平面 $x + 3z = 0$ に含まれる，面積が 1 の長方形．ただし $\mathbb{n} = \mathbb{i} + 3\mathbb{k}$ を正の向きとする．

〔答：(1)$E$, (2)$-3E$, (3)0, (4)$\dfrac{3E}{\sqrt{10}}$〕

【問 25】一様な電場 $\mathbb{E} = \mathbb{i} - 2\mathbb{j}$ について，以下の面を貫く電気力線束を求めよ．

(1) $xy$ 平面内に含まれる，面積が 1 の正方形．ただし $z$ 軸方向を正とする．

(2) $yz$ 平面内に含まれる，面積が 2 の円板．ただし $x$ 軸方向を負とする．

(3) 平面 $x - 2y = 3$ に含まれる，面積が 1 の長方形．ただし $\mathbb{n} = \mathbb{i} - 2\mathbb{j}$ を正の向きとする．

(4) 平面 $ax + by + cz = d$ に含まれる，面積が 1 の正方形．ただし $a, b, c, d$ は実定数，$\mathbb{n} = a\mathbb{i} + b\mathbb{j} + c\mathbb{k}$ を正の向きとする．

〔答：(1) 0, (2) −2, (3) $\sqrt{5}$, (4) $\dfrac{a-2b}{\sqrt{a^2+b^2+c^2}}$〕

【問 26】電荷の分布が以下のように与えられているとき，それらによって生ずる電場の分布がどのような形になるのか，対称性を用いた議論を用い，それぞれ答えよ．

(1) 半径 $a$ の球面上に，電荷が一様に分布しているとき．

(2) 無限に長い直線上に，電荷が一様に分布しているとき．

(3) 無限に長い半径 $a$ の円柱内に，電荷が一様に分布しているとき．

(4) 共通の中心を持つ，半径 $a, b$ $(a < b)$ の球面で囲まれた球殻内に，電荷が一様に分布しているとき．

【問 27】電荷分布が球対称であるときは，ガウスの法則の閉曲面として，球面を用いるが，これをほかの閉曲面，例えば円柱面のようなものを選ぶと，どのような不都合が生じるか答えよ．

【問 28】$Q$ [C] の電荷が原点にあるとき，原点から距離 $r$ [m] の点における電場の大きさ $E(r)$ [V/m] を，ガウスの法則を用いて求めよ．また，それがクーロンの法則による電場の式と同等であることを確かめよ．
〔答：$E = \dfrac{Q}{4\pi\varepsilon_0}\dfrac{1}{r^2}$〕

【問 29】$z$ 軸上に，一様な線密度 $\tau$ [C/m] で，電荷が分布しているとする．中心軸から距離 $r = \sqrt{x^2+y^2}$ [m] [*1] だけ離れた点における電場の大きさ $E$ [V/m] を求め，そのグラフを描け．また，点 $\mathbb{r} = x\mathbb{i} + y\mathbb{j} + z\mathbb{k}$ における電場 $\mathbb{E}(\mathbb{r})$ を求めよ．〔答：$E = \dfrac{\tau}{2\pi\varepsilon_0 r}$, $\mathbb{E} = \dfrac{\tau}{2\pi\varepsilon_0}\dfrac{x\mathbb{i}+y\mathbb{j}}{x^2+y^2}$〕

【問 30】$z$ 軸を中心軸とする，半径 $a$ [m] の無限に長い円筒面上に，一様な面密度 $\sigma$ [C/m$^2$] で電荷が分布している．中心軸から距離 $r = \sqrt{x^2+y^2}$ の点における電場の大きさ $E$ と電場 $\mathbb{E}$ を求めよ．
〔答：$E = 0$ $(r < a)$, $\dfrac{a\sigma}{\varepsilon_0 r}$ $(r > a)$, $\mathbb{E} = \mathbb{0}$ $(r < a)$, $\dfrac{a\sigma}{\varepsilon_0}\dfrac{x\mathbb{i}+y\mathbb{j}}{x^2+y^2}$ $(r > a)$〕

【問 31】半径が $a$ [m] の球の内部に，電荷が密度 $\rho$ [C/m$^3$] で一様に分布しているときに，球の中心から距離 $r$ [m] だけ離れた点における電場の大きさ $E(r)$ [V/m] を求めよ．
〔答：$E = \dfrac{\rho r}{3\varepsilon_0}$ $(r < a)$, $E = \dfrac{\rho a^3}{3\varepsilon_0 r^2}$ $(r > a)$〕

【問 32】2 枚の無限に広い平面が，互いに平行に距離 $d$ [m] だけ離れて置かれてあり，一方には $\sigma$ [C/m$^2$], 他方には $-\sigma$ [C/m$^2$] の電荷が一様に分布している．まわりに生じる電場の大きさ $E$ [V/m] を求めよ．
〔答：$E = \dfrac{\sigma}{\varepsilon_0}$ (平面間), $E = 0$ (その他)〕

【問 33】半径が $a, b$ $(a < b)$ で，共通の中心軸を持つ，無限に長い 2 つの円筒面上のそれぞれに，一様な面密度 $\sigma_a, \sigma_b$ で電荷が分布している．中心軸から $r$ だけ離れた点における電場の大きさ $E(r)$ を求めよ．
〔答：$E = 0$ $(r < a)$, $E = \dfrac{a\sigma_a}{\varepsilon_0 r}$ $(a < r < b)$, $E = \dfrac{a\sigma_a + b\sigma_b}{\varepsilon_0 r}$ $(b < r)$〕

---

*1 原点からの距離 $\sqrt{x^2+y^2+z^2}$ ではないことに注意．

## 11.5 電位

**電位（積分形による定義）**

電場 $\mathbb{E}(\mathbb{r})$ に関する**電位** $V(\mathbb{r})$ は，任意に定めた基準点 $\mathbb{r}_0$ を始点，$\mathbb{r}$ を終点とする任意の曲線 $C$ を考えて，$\mathbb{E}$ の $C$ に沿った線積分（$\mathbb{E}$ の接線線積分という）[a] に負号をつけたものとして定める：

$$V(\mathbb{r}) = -\int_C \mathbb{E}\cdot \mathrm{d}\mathbb{s} = -\int_C E_t \mathrm{d}s. \tag{11.6}$$

ここで $E_t$ は $\mathbb{E}$ の曲線 $C$ に接する方向の成分を表す．電位の単位は [V]（ボルト）．

$\mathbb{E}$ が静電場であれば，線積分の経路 $C$ の選び方にかかわらず，始点と終点のみで右辺の積分値が定まる[b c]．

★ **基準電位の任意性** $V$ が $\mathbb{E}$ の電位であるとき，$V$ に任意の定数 $V_0$ を加えた式 $V'(\mathbb{r}) = V(\mathbb{r}) + V_0$ も(11.6)を満たす．つまり，$V$ は定数項の任意性がある．これを利用して，任意の点の電位を任意の値にする，つまり基準となる電位を任意に定めることができる．

[a] 線積分の計算については，3 章 仕事の計算を参照せよ．

[b] 力学における保存力 $\mathbb{F}$ に対するポテンシャル $U$ と同様の概念である．つまり，$\mathbb{E}$ を「保存力」と考えて，それのする仕事に負号を付けたものが $V$ である．

[c] $\mathbb{E}$ が静電場でないときは，(11.6)は経路に依存し，一意的に電位を定義できない．15 章　時間変化する電磁場を参照せよ

**【例題】** 一様な電場 $\mathbb{E}$（＝定ベクトル） に対して，点 $\mathbb{r}_1, \mathbb{r}_2$ 間の電位差 $V(\mathbb{r}_2) - V(\mathbb{r}_1)$ を求めよ．

---

**《解答例》**

$C$ として，$\mathbb{r}_1$ を始点，$\mathbb{r}_1$ を終点とする直線を取る．C 上の点は，$\mathbb{r} = (\mathbb{r}_2 - \mathbb{r}_1)t + \mathbb{r}_1, (0 \le t \le 1)$ と表せ，$\mathrm{d}\mathbb{s} = \dfrac{\mathrm{d}\mathbb{r}}{\mathrm{d}t}\mathrm{d}t = (\mathbb{r}_2 - \mathbb{r}_1)\mathrm{d}t$ となる．

電位の定義式 (11.6)より

$$\begin{aligned} V(\mathbb{r}_2) - V(\mathbb{r}_1) &= -\int_C \mathbb{E}\cdot \mathrm{d}\mathbb{s} = -\int_0^1 \mathbb{E}\cdot(\mathbb{r}_2 - \mathbb{r}_1)\mathrm{d}t = -\Big[\mathbb{E}\cdot(\mathbb{r}_2 - \mathbb{r}_1)t\Big]_0^1 \\ &= -\mathbb{E}\cdot(\mathbb{r}_2 - \mathbb{r}_1) \\ &= -Es\cos\theta. \end{aligned}$$

ここで $s = |\mathbb{r}_2 - \mathbb{r}_1|, \theta$ は，$\mathbb{E}$ と $\mathbb{r}_2 - \mathbb{r}_1$ のなす角である．

**《別解》**

$\mathbb{E}$ は一様なので，「$\mathbb{E}$ のする仕事」は内積 $\mathbb{E}\cdot(\mathbb{r}_2 - \mathbb{r}_1) = Es\cos\theta$ で求められる．これに負号をつけて電位差は $-Es\cos\theta$ となる． ■

**【問 34】** 電位の定義式 (11.6)より，単位の関係　$\mathrm{V} = \mathrm{N}\cdot\mathrm{m/C}$ を確かめよ．

**【問 35】** 一様な電場 $\mathbb{E} = -2\mathbb{j}$ に対する電位 $V$ を求めよ．ただし原点における電位を 0 する．〔**答**：$V = 2y$〕

**【問 36】** 一様な電場 $\mathbb{E} = 2\mathbb{i} - 3\mathbb{j}$ に対する電位 $V$ を求めよ．ただし原点における電位を $V_0$ する．
〔**答**：$V = -2x + 3y + V_0$〕．

**【問 37】** 点 $(x, y, z)$ における電場が $\mathbb{E} = 2x\mathbb{i}$ で与えられるとき，この電場に対する電位 $V$ を求めよ．ただし原点における電位は 0 とする．〔**答**：$V = -x^2$〕

【問 38】点 $(x, y, z)$ における電場が $\mathbb{E} = (2x + y)\mathbb{i} + x\mathbb{j}$ で与えられるとき，この電場に対する電位 $V$ を求めよ．ただし点 $(1, 0, 0)$ における電位は 0 とする．〔答：$V = -x^2 - xy + 1$〕

【問 39】$d > 0$ を定数とする．電場が $0 < x < d$ で $\mathbb{E} = \mathbb{i}$，それ以外の領域で $\mathbb{E} = \mathbb{0}$ であるとき，この電場に対する電位 $V$ を求めよ．ただし $x = 0$ において $V = 0$ とする．
〔答：$V = 0\,(x < 0)$; $V = -x\,(0 \leq x < d)$; $V = -d\,(d \leq x)$〕

【問 40】点 $(x, y, z)$ における電場が $\mathbb{E} = \dfrac{x\mathbb{i} + y\mathbb{j}}{x^2 + y^2}$ であるとき，この電場に対する電位 $V$ を求めよ．ただし，点 $(1, 0, 0)$ における電位を 1V とする．〔答：$V = -\log(\sqrt{x^2 + y^2}) + 1$〕

**点電荷に関する電位**

点 $\mathbb{r}'$ に置かれた，点電荷 $Q$ によって生じる電場に関する電位（クーロン電位）は

$$V(\mathbb{r}) = \frac{Q}{4\pi\varepsilon_0}\frac{1}{|\mathbb{r} - \mathbb{r}'|} \tag{11.7}$$

となる．ただし，無限遠での電位を 0 となるように定めるものとする（【問 41】).

【問 41】原点に置かれた点電荷 $Q$ によって生じる電場の電位を求め，それが $V(\mathbb{r}) = \dfrac{Q}{4\pi\varepsilon_0}\dfrac{1}{r}$ になることを示せ．ここで $r = |\mathbb{r}| = \sqrt{x^2 + y^2 + z^2}$ である．ただし，無限遠での電位が 0 とする．
（hint: $\mathbb{r} \cdot \mathrm{d}\mathbb{r} = r\mathrm{d}r$ であることを用い，(11.6)を $r$ について $\infty$ から $r$ まで積分せよ.）

【問 42】点 $(-2a, 0, 0)$, $(2a, 0, 0)$ のそれぞれに $q$, $-2q$ の電荷が固定されている．点 $\mathrm{A}(-a, 0, 0)$, 点 $\mathrm{B}(a, 0, 0)$ とするとき，点 AB 間の電位差 $V_{\mathrm{AB}}$ を求めよ．〔答：$V_{\mathrm{AB}} = \dfrac{q}{2\pi\varepsilon_0 a}$〕

**電場と電位の関係（微分形による電位の定義）**

$\mathbb{E}$ は $V$ の勾配（グラディエント）を用いて表すことができる：

$$\mathbb{E} = -\mathrm{grad}\,V = -\left(\frac{\partial V}{\partial x}\mathbb{i} + \frac{\partial V}{\partial y}\mathbb{j} + \frac{\partial V}{\partial z}\mathbb{k}\right). \tag{11.8}$$

【問 43】原点に置かれた点電荷 $Q$ によって生じる電場 $\mathbb{E} = \dfrac{Q}{4\pi\varepsilon_0}\dfrac{\mathbb{r}}{r^3}$ の電位 $V$ は $V = \dfrac{Q}{4\pi\varepsilon_0}\dfrac{1}{r}$ となることを，(11.8)を確かめることによって示せ.

【問 44】点 $(x, y, z)$ における電位が $V = -\alpha x + V_0$，で与えられるとき，対応する電場 $\mathbb{E}$ を求め，その概図を描け．ただし $\alpha$, $V_0$ を定数とする．〔答：$\mathbb{E} = \alpha\mathbb{i}$〕

【問 45】$d$ を正の定数とする．電位が $x < 0$ で $V = 0$, $0 \leq x < d$ で $V = x^2$，$d \leq x$ で $V = d^2$ であるとき，対応する電場 $\mathbb{E}$ を求めよ．〔答：$\mathbb{E} = \mathbb{0}\ (x < 0, d \leq x)$; $\mathbb{E} = -2x\mathbb{i}\ (0 \leq x < d)$〕

【問 46】$\tau$ を定数とする．$r = \sqrt{x^2 + y^2}$ として，電位 $V = -\dfrac{\tau}{2\pi\varepsilon_0}\log r$ に対応する電場 $\mathbb{E}$ とその大きさ $E$ を求めよ．〔答：$\mathbb{E} = \dfrac{\tau}{2\pi\varepsilon_0}\dfrac{x\mathbb{i} + y\mathbb{j}}{x^2 + y^2}$, $E = \dfrac{\tau}{2\pi\varepsilon_0 r}$〕

【問 47】$p$ を定数とする．点 $(x, y, z)$ における電位が $V = \dfrac{p}{4\pi\varepsilon_0}\dfrac{z}{r^3}$ [*2]で与えられるとき，対応する電場を求めよ．ただし $r = \sqrt{x^2 + y^2 + z^2}$ である．〔答：$\mathbb{E} = \dfrac{p}{4\pi\varepsilon_0 r^3}\left(\dfrac{3z\mathbb{r}}{r^2} - \mathbb{k}\right)$〕

[*2] $z$ 軸向きの双極子モーメント $p$ による電位．13 章【問 15】 参照.

【問 48】点 $(x,y,z)$ における電場が $\mathbb{E} = y\mathbb{i} - x\mathbb{j}$ であるような電位 $V$ は存在しないことを示せ．(hint：もし，このような $V$ が存在すれば，(11.8)を満たすはずであるが，これは偏微分の公式，$\dfrac{\partial^2 V}{\partial x \partial y} = \dfrac{\partial^2 V}{\partial y \partial x}$ と矛盾することを確かめよ.）

**電位と電気的力のする仕事の関係**

電荷 $q$ に作用する電気的力 $\mathbb{F} = q\mathbb{E}$ が，P を始点，Q を終点とする曲線 $C$ に沿ってする仕事 $W_{\mathrm{P}\to\mathrm{Q}}$ は

$$W_{\mathrm{P}\to\mathrm{Q}} = q\int_C \mathbb{E}\cdot \mathrm{d}\mathbb{s} = -q\left(V(\mathrm{Q}) - V(\mathrm{P})\right), \tag{11.9}$$

で与えられる．ここで最後の等号は (11.6)を用いた．

電気力 $\mathbb{F}$ に関するポテンシャル $U$ があれば，$W_{\mathrm{P}\to\mathrm{Q}} = -(U(\mathrm{P}) - U(\mathrm{Q}))$ となるので，上の関係式から，

$$V = \frac{U}{q},$$

すなわち，電位は単位電荷あたりの電気力のポテンシャルである．

【問 49】2 C の電荷が，電場による力を受けながら，点 A から点 B へ移動した．点 A，点 B における電位がそれぞれ $-3$ V, 2 V であるとき，この力によってなされた仕事 $W$ [J] を求めよ．ただしこの電荷の移動によって電位は変化しないとものする．〔答：$W = -10$ J〕

【問 50】原点におかれた $Q$ [C] の電荷によって生ずる電場による力を受けながら，$q$ [C] の電荷を点 $(2,0,0)$ から点 $(0,3,0)$ まで移動させたとき，$q$ になされた電気力による仕事 $W$ [J] を求めよ．〔答：$W = \dfrac{qQ}{24\pi\varepsilon_0}$ [J]〕

【問 51】間隔 $d$ [m] をあけて平行に設置された 2 枚の導体板 A,B に，$V_0$ [V] の電圧を加えておき，一方の導体板 A に電子を静置させると，加速されてもう一方の導体板 B に向かって飛んだ．電子に作用する力の大きさ $F$ と導体板 B に至ったときの電子の速さ $v$ を求めよ．ただし電子の質量は $m_e$ とおき，電気力以外の力は作用しないとする．

〔答：$F = \dfrac{eV_0}{d}$, $v = \sqrt{\dfrac{2eV_0}{m_e}}$ *3〕

**等電位面と電場の向き**

電位 $V(x,y,z)$ が与えられているとき，任意の定数 $V_0$ に対し，$V(x,y,z) = V_0$ を満たす点全体を (電位が $V_0$ の) 等電位面という．

一般に電場は等電位面と直交する，つまり等電位面上の任意の点 $(x,y,z)$ において，電場 $\mathbb{E}(x,y,z)$ が $(x,y,z)$ における等電位面の法線方向に等しいことがいえる（【問 56】）.

【問 52】以下の各電位について，等電位面の形をそれぞれ述べよ．

(1) $V = x^2$　(2) $V = \log(\sqrt{x^2+y^2})$　(3) $V = ax + by + cz$ ($a$, $b$, $c$ は定数)

〔答：(1)$yz$ 平面に平行な面．(2)$z$ 軸を中心軸とする円筒面，(3) 法線方向が $a\mathbb{i} + b\mathbb{j} + c\mathbb{k}$ である平面.〕

【問 53】以下の各電場について，等電位面の形をそれぞれ述べよ．

(1) $\mathbb{E} = \mathbb{k}$　(2) $\mathbb{E} = \dfrac{x\mathbb{i} + y\mathbb{j}}{x^2+y^2}$

〔答：(1)$xy$ 平面に平行な面．(2)$z$ 軸を中心軸とする円筒面．〕

*3 実際は光速に近づくにつれて，相対論的効果が表れ，この通りの結果にはならない.

【問 54】点電荷 $q$ の作る電場の等電位面が，点電荷の位置 $\mathbb{r}_0$ を中心とする球面であることを，以下のそれぞれの観点で確かめよ．

(1) 電位の式 $V(\mathbb{r}) = \dfrac{q}{4\pi\varepsilon}\dfrac{1}{|\mathbb{r}-\mathbb{r}_0|}$ が一定となる面を考える．

(2) 電場の式 $\mathbb{E}(\mathbb{r}) = \dfrac{q}{4\pi\varepsilon}\dfrac{\mathbb{r}-\mathbb{r}_0}{|\mathbb{r}-\mathbb{r}_0|^3}$ と直交する面を考える．

【問 55】曲面が方程式 $G(x,y,z)=c$ （$c$ は任意の定数）で与えられているとする．

$$\mathrm{grad}\, G = \frac{\partial G}{\partial x}\mathbb{i} + \frac{\partial G}{\partial y}\mathbb{j} + \frac{\partial G}{\partial z}\mathbb{k}$$

は，曲面上の点 $(x,y,z)$ における曲面の法線方向と平行であることを示せ．

（hint：曲面の法線方向は，曲面上の任意の接線と直交する方向であるから，$\mathrm{grad}\, G$ が曲面の接ベクトルと直交することを示せばよい．）

【問 56】電位 $V(x,y,z)$ に対し，電位が $V_0$ の等電位面上の任意の点 $(x,y,z)$ において，電場 $\mathbb{E}(x,y,z)$ が $(x,y,z)$ における等電位面の法線方向に等しいことを示せ．（hint：一般に電位と電場の関係 (11.8)が成り立つので，これと前問の結果をあわせればよい．）

**電荷分布から電位を直接求めること**

重ね合わせの原理から，電荷分布 $\rho(\mathbb{r})$ が与えられているとき，それらから生じる電場に関する電位は

$$V(\mathbb{r}) = \frac{1}{4\pi\varepsilon_0}\int_V \frac{\rho(\mathbb{r}')}{|\mathbb{r}-\mathbb{r}'|}\mathrm{d}V \tag{11.10}$$

で与えられる．

【問 57】$x$ 軸にそって，長さ $x=0$ から $x=L$ の線分上に電荷 $Q$ が一様に分布している．この電荷によって生じる電場に対応する電位の $(0,y,0)$ における値を求めよ．ただし無限遠での電位を 0 とする．

〔答：$\dfrac{Q}{4\pi\varepsilon_0 L}\log\left(\dfrac{L+\sqrt{L^2+y^2}}{y}\right)$〕

【問 58】半径 $a$ の円盤 $x^2+y^2 \leq a^2$ 上に電荷が一様に面密度 $\sigma$ で分布している．この電荷によって生じる電場に対応する電位の，点 $(0,0,z)$ における値を求めよ．ただし無限遠での電位を 0 とする．

〔答：$\dfrac{\sigma}{2\varepsilon_0}(\sqrt{a^2+z^2}-|z|)$〕

# 第12章

# 導体と電場

## 12.1　導体

**導体**

金属や電解質溶液のように電気をよく通すものを**導体**という．よって導体内にゼロでない電場 $\mathbb{E}$ が存在すれば，それによって導体内の電荷が移動することになるから，$\mathbb{E}$ は静電場ではない．言い換えれば（対偶），**導体内の静電場はゼロである**ことになる．また，電位の定義から，一般に電場がゼロである領域では，電位は一定となることに注意せよ．

**■導体内の静電場（平衡状態にある電場）**　導体内における静電場について，

$$\mathbb{E} = \mathbb{0}, \text{よって} V = \text{一定}.$$

**■導体表面のすぐ外側の電場**　導体表面の電荷密度が $\sigma$ であるとき，導体表面上すぐ外側の電場は，導体表面に直交する向きで

$$E = \frac{\sigma}{\varepsilon_0}.$$

を満たす【問 3】.

**■静電誘導**　導体に電場を加えると，導体内の自由電荷は電場による電気力によって移動する．電荷の移動によって導体内での電場は変化していき，それがゼロになるまで電荷の移動が続く．この現象を**静電誘導**という．静電誘導によって移動する正・負の電荷は導体の表面上のみに存在し，導体内部[a]では，正・負の電荷は互いに打ち消しあって，電荷密度はゼロである（【問 1】).

[a] 導体内…導体の表面を除くの意.

【問 1】静電場中の導体について，導体内部の電荷密度がゼロであることを示せ．（hint：ガウスの法則を利用せよ.）

【問 2】導体によって作られた中空の容器を考える.

(1) 容器の内部に電荷が無ければ，（容器の外部で電場がゼロでないとしても）静電場は常にゼロになることを示せ．（静電遮蔽という）

(2) 容器の内部に電荷 $Q$ があるときは，容器の内側の表面に $-Q$, 外側の表面に $Q$ に等しい電荷が分布することを示せ.

【問 3】導体表面のある点における電荷密度が $\sigma$ [C/m$^2$] とする．導体付近における電場 $E$ が導体表面と直交することを示し，$E = \dfrac{\sigma}{\varepsilon_0}$ をガウスの法則を用いて導け.

【問 4】地球には電流が流れることから，導体とみなすことができる．地表面付近に鉛直下向きで，$E = 130$ V/m の電場が存在するとき，地表面の電荷密度 $\sigma$ [C/m$^2$] を求めよ．〔答：$-1.2 \times 10^{-9}$ C/m$^2$〕

【問 5】導体の置かれている空間に電場を加えると，静電誘導の結果，導体表面に誘導電荷が現れ，静電場が生じた．導体表面付近の電場 $\mathbb{E}$ [V/m] に関する，以下の問いに答えよ．

(1) 導体表面の点 P の周辺の誘導電荷密度が $\sigma$ [C/m$^2$] であるとき，(導体の存在は無いものと考えて) この電荷により生ずる P 周辺の電場の大きさ $E_1$ を求めよ．

(2) P の周辺における電場 $\mathbb{E}$ が，はじめに加えた電場 $\mathbb{E}_2$ と誘導電荷によって生じる電場 $\mathbb{E}_1$ の重ね合わせであることを利用して，$\mathbb{E}$ の大きさ $E$ を $\sigma$ を用いて表せ．

(3) P 周辺の導体表面に働く，単位面積あたりの電気的力の向きを述べ，その大きさ $f_e$ [N/m$^2$] を求めよ．

〔答：(1)$E_1 = \dfrac{\sigma}{2\varepsilon_0}$，(2)$E = \dfrac{\sigma}{\varepsilon_0}$(導体のすぐ外側で)，(3) 導体の外側に向かう向きで，$f_e = \dfrac{\sigma^2}{2\varepsilon_0}$〕

【問 6】半径 $a$ の導体球に電荷 $Q$ が与えられ，それによって静電場 $\mathbb{E}$ が生じているとする．

(1) 電荷 $Q$ は導体内でどのように分布するか答えよ．

(2) 球の中心から，距離 $r$ の点における $\mathbb{E}$ の大きさを求めよ．

(3) 球の中心から，距離 $r$ の点における電位 $V$ を求めよ．ただし無限遠での電位を 0 とする．

〔答：(1) 球の表面上一様に，面密度 $\dfrac{Q}{4\pi a^2}$ で分布．(2) $E = 0$ $(0 < r < a)$，$E = \dfrac{Q}{4\pi\varepsilon_0}\dfrac{1}{r^2}$ $(a < r)$，(3)$V = \dfrac{Q}{4\pi\varepsilon_0}\dfrac{1}{a}$ $(0 \leq r < a)$，$V = \dfrac{Q}{4\pi\varepsilon_0}\dfrac{1}{r}$ $(a \leq r)$〕

【問 7】半径 $a$ の導体球の表面に，一様な面密度 $\sigma$ [C/m$^2$] で電荷が分布しているとする．

(1) 球の中心から，距離 $r > a$ の点における電場の大きさを求めよ．

(2) 球の中心から，距離 $r > a$ の点における電位を求めよ．ただし無限遠で電位が 0 であるとする．

(3) 導体表面上の電位が $V$ であるとき，$\sigma$ を $V$ の関数として求めよ．

(4) 球の表面に働く単位面積当たりの電気的力の大きさ $f_e$ を $V$ の関数として求めよ．(【問 5】の結果を利用せよ)

〔答：(1)$E = \dfrac{\sigma a^2}{\varepsilon_0 r^2}$，(2)$V = \dfrac{\sigma a^2}{\varepsilon_0 r}$，(3)$\sigma = \dfrac{\varepsilon_0 V}{a}$，(4)$f_e = \dfrac{\varepsilon_0 V^2}{2a^2}$〕

【問 8】半径 $a_1, a_2$ [m] の導体球が，長く細い導線でつなげられて，$a_1, a_2$ よりも大きな距離で離されている．これに電荷 $Q$ [C] を与えてしばらくすると，それぞれの導体球に $q_1, q_2$ の電荷が蓄えられた．

2つの導体球は遠く離れているので，それぞれの生ずる電場による影響は少なく，よって電荷 $q_1, q_2$ はそれぞれの球面で一様に分布すると仮定してよい．

(1) $q_1, q_2$ を求めよ．(hint: 2つの導体球は同電位であることと，【問 7】(3) の結果を用いよ．)

(2) それぞれの球体表面の電場の大きさを求めよ．

(3) (2) の結果を参考にして，一般に放電現象が起きやすいのは，先の尖った方か，あるいは丸い方のどちらであるかを考えよ．

〔答：(1)$q_1 = \dfrac{a_1 Q}{a_1 + a_2}$，$q_2 = \dfrac{a_2 Q}{a_1 + a_2}$，(2)$E_1 = \dfrac{Q}{4\pi\varepsilon_0 a_1(a_1 + a_2)}$，$E_2 = \dfrac{Q}{4\pi\varepsilon_0 a_2(a_1 + a_2)}$，
(3) 先の尖った方〕

## 12.2　キャパシタ（コンデンサ）

**キャパシタ（コンデンサ）**

（空間的に離れた）二つの導体に，それぞれ電荷 $Q, -Q$ が帯電しているとすれば，二つの導体の間の電位差 $V$ と電荷 $Q$ の間には比例関係が成り立つ：

$$Q = CV. \tag{12.1}$$

このように，電荷を蓄える 2 つの導体の組を**キャパシタ**または**コンデンサ**といい，比例定数 $C$ を**電気容量**という．式 (12.1) より，容量の SI 単位系による組立単位は [C/V] となるが，これを [F]（ファラッド）で表す．

**【問 9】** 電気容量が 2.0 $\mu$F のキャパシタに，15 V の電位差を与えた．キャパシタの極板に蓄えられた電荷量 $Q$ を求めよ．〔**答：**$Q = 3.0 \times 10^{-5}$ C〕

**【問 10】** 電気容量が 1.0 $\mu$F，2.0 $\mu$F のキャパシタを並列につなぎ，15 V の電位差を与えた．それぞれのキャパシタに蓄えられた電荷量 $Q_1, Q_2$ を求めよ．〔**答：**$Q_1 = 1.5 \times 10^{-5}$ C, $Q_2 = 3.0 \times 10^{-5}$ C〕

**【問 11】** 電気容量が 1.0 $\mu$F，2.0 $\mu$F のキャパシタを直列につなぎ，15 V の電位差を与えた．それぞれのキャパシタに蓄えられた電荷量 $Q_1, Q_2$ を求めよ．〔**答：**$Q_1 = Q_2 = 1.0 \times 10^{-5}$ C〕

**【問 12】** 電荷 $Q$ だけ蓄えられたキャパシタの両端を銅製の電線でつなぐ（短絡）．キャパシタ間の電位差はどのようになるか，定性的に述べよ．

**【問 13】** 電気容量が $C_1, C_2$ である 2 つのキャパシタを，直列あるいは並列に繋いだときの合成電気容量 $C$ が，それぞれ $\dfrac{1}{C} = \dfrac{1}{C_1} + \dfrac{1}{C_2}$，$C = C_1 + C_2$ となることを，電気容量の関係式 $Q = CV$ から導け．

**【問 14】** 電気容量が $C_1, C_2$ である 2 つのキャパシタを直列に繋いで充電をする．それぞれのキャパシタにかかる電圧 $V_1, V_2$ の比はどうなるか．またこのことから，キャパシタを直列でつなぐときに留意すべきことを述べよ．〔**答：**$V_1 : V_2 = \dfrac{1}{C_1} : \dfrac{1}{C_2}$〕

**【問 15】** 平行板キャパシタの電気容量が $C = \dfrac{\varepsilon_0 S}{d}$ で与えられることを，以下の手順に従って示せ．ただし $S$ は極板の面積，$d$ は極板間の距離である．

(1) それぞれの極板の表面に，電荷 $Q, -Q$ が一様に分布しているとき，この極板の間に生ずる電場の大きさ $E$ を，ガウスの法則を用いて求めよ．
(2) (1) の結果を利用して，極板間の電位差 $V$ を求めよ．
(3) 電気容量 $C$ の定義式 $Q = CV$ を用いて，$C$ を求めよ．

〔**答：**(1)$E = \dfrac{Q}{\varepsilon_0 S}$, (2)$V = \dfrac{Qd}{\varepsilon_0 S}$〕

**【問 16】** 一辺の長さが 10 cm の正方形の金属板 2 枚を 0.1 mm の間隔で設置して作ったキャパシタの容量を求めよ．〔**答：**$8.9 \times 10^2$ pF〕

**【問 17】** 極板の面積が $S$，極板間の距離が $d$ の平行極板によるキャパシタについて，極板に作用する力の向きを述べ，その大きさ $F_e$ を極板間の電位差 $V$ を用いて表せ．〔**答：**極板を引き合う力，$F_e = \dfrac{\varepsilon_0 S V^2}{2d^2}$〕

**【問 18】** 平行極板キャパシタの両端の電圧が $k$ 倍になると，極板間に作用する力は何倍になるか．〔**答：**$k^2$ 倍〕

【問 19】極板の面積が $S$，極板間の距離が $d$ である平行板キャパシタの極板の間に，厚み $a$ $(< d)$ の帯電していない金属板を図のように挿入する．このキャパシタの電気容量 $C$ を求めよ．
〔答：$C = \dfrac{\varepsilon_0 S}{d-a}$〕

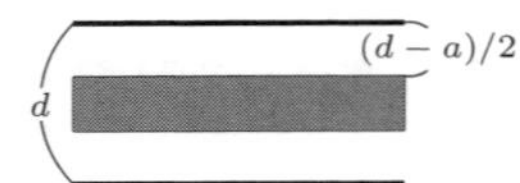


【問 20】$b > a$ とする，共通の中心を持つ半径 $a$, 半径 $b$ の導体の球殻からなる，同心球キャパシターの電気容量 $C$ を求めよ．〔答：$C = 4\pi\varepsilon_0 \dfrac{ab}{b-a}$〕

【問 21】$b > a$ とする，$z$ 軸を共通とする，半径 $a$, 半径 $b$ で，長さは共通 $l$ の導体の円筒からなる，同軸キャパシターの電気容量 $C$ を求めよ．〔答：$C = \dfrac{2\pi\varepsilon_0 l}{\log(b/a)}$〕

【問 22】孤立した 1 個の半径 $a$ の導体球に与えた電荷 $Q$ と，導体球の電位 $V$ の間に $Q = 4\pi\varepsilon_0 aV$ が成り立つことを示せ．ただし無限遠点の電位を 0 とする．(hint: 同心球キャパシタにおいて，外側の球の半径を無限大の極限に取れ．)

【問 23】電気容量が 1 F のキャパシタは，どのようにしたら作れるだろうか．物理的・技術的に可能なことを考慮しながら考えてみよ．

**キャパシタが蓄えるエネルギー**

電気容量 $C$ のキャパシタの電位差が $V$，極板に蓄えられている電荷が $Q$ であるとき，このキャパシタに蓄えられている電気力によるエネルギーは，

$$U = \frac{1}{2}CV^2 = \frac{1}{2}\frac{Q^2}{C} \tag{12.2}$$

で与えられる．

**■真空中の静電場の持つエネルギー密度**　ある直方体内における一様な電場のエネルギーは，平行板キャパシタに蓄えられたエネルギーに等しいと考えられるので，平行板キャパシタの容量 $C = \dfrac{\varepsilon_0 S}{d}$ を用いると $U = \dfrac{1}{2}\dfrac{\varepsilon_0 S}{d}V^2$ となる．よって単位体積あたりのエネルギー $u_E$ は，これを極板間の体積 $Sd$ で割って，$V = Ed$ を代入してやると

$$u_E = \frac{1}{2}\varepsilon_0 E^2$$

となる．

【問 24】電気容量 33 $\mu$F のキャパシタを，15 V の電位差になるまで充電した．キャパシタに蓄えたエネルギーを求めよ．〔答：$3.7 \times 10^{-3}$ J〕

【問 25】電荷が蓄えられていない電気容量 $C$ のキャパシタの両端に，定電圧電源 $V_0$ をつなぐと，しばらく電流が流れた後，キャパシタの極板に電荷が $Q = CV_0$ 蓄えられた．
(1) キャパシタに蓄えられたエネルギー $E_C$ を求めよ．
(2) 定電圧電源から取り出したエネルギー $E_0$ を求めよ．
(3) $E_C \neq E_0$ であるが，この差はどうなったのかを答えよ．
〔答：(1)$E_C = \dfrac{1}{2}CV_0^2$, (2)$E_0 = CV_0^2$〕

【問 26】キャパシタに蓄えられるエネルギーの式 (12.2)を，以下の手順で示せ．

(1) 極板間の電位差が $v$ であるときに，一方の極板にある微小な電荷 $\Delta q$ を，他方に移動させるときに，微小電荷にした電気力による微小仕事 $\Delta W$ を求めよ．

(2) 電荷 $\Delta q$ だけ移動する際の，極板間の電位差の変化量 $\Delta v$ を求めよ．

(3) 電位差が 0 のときから $V$ になるまでの仕事 $W$ を求めよ．（この仕事に等しいだけのエネルギーが，コンデンサに蓄えられたことになる．）

〔答：(1)$\Delta W = v\Delta q$, (2)$\Delta v = \dfrac{\Delta q}{C}$, (3)$W = \displaystyle\int_0^V Cv\mathrm{d}v = \frac{1}{2}CV^2$〕

【問 27】100 V に充電してある，容量 220 $\mu$F のキャパシタ A に，充電されていない容量 55 $\mu$F のキャパシタ $B$ を，銅製の電線で並列に繋いだ後しばらく経ったら，キャパシタの電位差が一定値 $V_c$ になった．

(1) $V_c$ を求めよ．

(2) キャパシタ A と B に蓄えられた電気エネルギーの和 $U_c$ を求めよ．

(3) $U_c$ とはじめキャパシタ A が持っていた電気エネルギーの差を求めよ．

(4) (3) のエネルギーはどうなったのかを答えよ．

〔答：(1)$V_c = 80$ V, (2)$U_c = 0.88$ J, (3)0.22 J 減少した〕

【問 28】極板の面積 $S$, 極板間の距離が $d$ の平行板キャパシタに電位差 $V$ で充電したとき，極板間に働く力 $F_e$ を，以下の考え方でそれぞれ求めよ．

(1) 【問 5】の結果を利用する．

(2) キャパシタに蓄えられるエネルギーをポテンシャルとする力として考える．

〔答：(2)$U = \dfrac{\varepsilon_0 SV^2}{2d}$, $F_e = -\dfrac{\partial U}{\partial d}$ より求める〕

# 第13章

# 誘電体と電場

## 13.1 誘電体とキャパシタの電気容量

**誘電体**

誘電体（絶縁体）は電場を加えても電流が流れない物体のことである．これらの内部では，原子核が結晶格子をつくり電子が束縛されて自由に動けない，あるいは，原子核と電子が常に一体となって動き回るため，全体としては，正負の電荷が打ち消しあって電気的には中性である．

**■誘電分極**　電荷は自由に動くことはできないが，電場の影響で正電荷と負電荷の中心が少しずれた**電気双極子**が生じ，電荷の分布に偏りが生まれる．この現象は**誘電分極**と呼ばれる．

**■絶縁破壊と絶縁耐力**　誘電体であっても，作用する電場が強くなってくると，絶縁性を失って通電する．この現象を**絶縁破壊**，絶縁破壊が起きない最大の許容電場の大きさを**絶縁耐力**という．

**【問 1】** 帯電した物体は，その周辺にある電気的に中性な小紙片などを引き付ける．この理由を小紙片を誘電体と考えて説明せよ．

**【問 2】** ①**静電誘導**と②**誘電分極**のそれぞれについて，以下の問いに答えよ．

(1) どのような物体について起きる現象なのか答えよ．
(2) これらの現象が起きる仕組みをそれぞれ述べよ．
(3) 物体内部の電荷分布について簡単に述べよ．
(4) 物体表面の電荷分布について簡単に述べよ．
(5) 物体内部の静電場の様子を簡単に述べよ．

**誘電体を挟んだキャパシタの電気容量**

キャパシタの極板の間に誘電体を挿入すると，一般にキャパシタの電気容量が大きくなる：$C_0$, $C$ をそれぞれ，極板間に誘電体が無い，ある場合の電気容量とすると，

$$C = \varepsilon_r C_0 \tag{13.1}$$

がなりたつ．ここで $\varepsilon_r (> 1)$ は，誘電体の比誘電率である．

室温における比誘電率と絶縁耐力

| 物質 | 比誘電率 | 絶縁耐力 (kV/mm) |
|---|---|---|
| 空気（乾燥） | 1.000536 | 3 |
| テフロン | 2.1 | 60 |
| 紙 | 3.7 | 16 |
| ポリスチレン | 2.56 | 24 |
| 雲母 | 7.0 | 19 |
| 水 | 80 | — |

**【問 3】** 平行板キャパシタの極板間に，雲母を挿入した．電気容量は挿入前の何倍になるか．〔**答**：7.0 倍〕

【問 4】極板間が真空のキャパシタに，電位差が 12 V になるまで充電した後（充電に用いた電源は除く），極板間に誘電体を挟んで電位差を測定したら，5.2 V になっていた．この誘電体の比誘電率 $\varepsilon_r$ を求めよ．〔答：$\varepsilon_r = 2.3$〕

【問 5】空気の比誘電率はほぼ 1 なので，平行板キャパシタが，真空中にあるときと空気中にあるときで電気容量はほとんど変わらないが，本質的に異なる点もある．どのようなときにその違いが現れるか答えよ．

【問 6】キャパシタの極板間に誘電体を挿入することの利点と欠点をいくつかあげよ．

【問 7】極板の面積が $S$，極板間の距離が $d$ である平行板キャパシタの極板の間に，厚み $a$ $(< d)$ で比誘電率が $\varepsilon_r$ の誘電体を図のように挿入する．このキャパシタの容量 $C$ を求めよ．〔答：$C = \dfrac{\varepsilon_r \varepsilon_0 S}{\varepsilon_r(d-a)+a}$〕

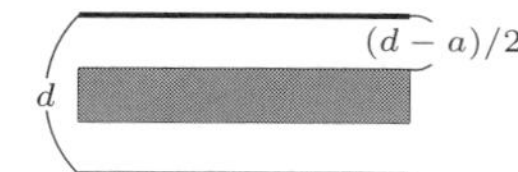


【問 8】極板間が真空の平行板キャパシタ（容量は $C_0$ とする）に起電力 $V_0$ の電池をつないで，極板に電荷を与えた．次にこの電池をはずした後，極板間に比誘電率 $\varepsilon_r$ の誘電体を挟んだ．

(1) 誘電体を挟んだ後の極板間の電位差 $V$ を求めよ．またこの結果を用いて，$V$ が $V_0$ に比べて増加する，あるいは減少するのどちらになるのかを述べよ．

(2) 誘電体を挟む前後における，キャパシタに蓄えられる電気エネルギー $U$ をそれぞれ求めよ．

(3) (1) の結果におけるエネルギーの差は何によるものかを答えよ．

〔答：(1)$V = \dfrac{V_0}{\varepsilon_r}$, (2)$U_{前} = \dfrac{C_0 V_0^2}{2}, U_{後} = \dfrac{U_{前}}{\varepsilon_r}$〕

【問 9】一辺が 1.0 cm の正方形導体板の間に，厚み 0.5 mm のポリスチレンをはさんで平行板キャパシタを作るとき，電気容量 $C$ および耐圧 $V_e$ を求めよ．〔答：$C = 4.5$ pF, $V_e = 12$ kV〕

## 13.2　電気双極子

**電気双極子（ミクロな極性）**

巨視的には電気的に中性であるような物体でも，微視的に見ると，物体を構成する原子核や電子などの，正負の電荷を持った粒子がある距離だけ離れて存在し得る．このような状況を表すため，わずかに離れた正負 2 つの電荷 $\pm q$ をペアとしたものを考え，**電気双極子**という．

**■電気双極子モーメント**　位置 $\mathbb{r}_+$, $\mathbb{r}_-$ にそれぞれ $q$, $-q$ の電荷を持つ電気双極子に対し，

$$\mathbb{p} = q(\mathbb{r}_+ - \mathbb{r}_-) = q\mathbb{d}$$

とおいたベクトル $\mathbb{p}$ を**電気双極子モーメント**と呼ぶ．$\mathbb{p}$ は，双極子の負電荷から正電荷へ向かう向きで，大きさは電荷と正負電荷間の距離 $d$ の積に等しい:

$$p = qd.$$

電気双極子モーメント $\mathbb{p}$ の単位は [C · m] となる．
（これは，電気双極子の作る電位・電場において，$d \to 0$ の極限をとる際に主要な項として現れる.）

【問 10】点 $(-1, 0, 0)$ に電荷 $q = 2$, 点 $(0, 1, 0)$ に電荷 $q = -2$ があるとき，これらの電荷による双極子モーメント $\mathbb{p}$ とその大きさ $p$ を求めよ．〔答：$\mathbb{p} = -2(\mathbb{i} + \mathbb{j})$, $p = 2\sqrt{2}$〕

【問 11】HCl（塩化水素）分子は，正電荷の中心と負電荷の中心が一致してないので，双極子モーメントを持ち，その実測値は $3.70 \times 10^{-30}$ C · m である．H と Cl の距離が 1.274 Å であるとして，電荷 $q$ [C] を求めよ．〔答：$2.90 \times 10^{-20}$ C〕

【問 12】電場 $\mathbb{E}$ の中に，電場と角度 $\theta$ をなして双極子モーメント $\mathbb{p}$ があるとき，$\mathbb{p}$ が $\mathbb{E}$ から受ける合力 $\mathbb{F}$，および力のモーメント $\mathbb{N}$ を求めよ．

〔答：$\mathbb{F}=\mathbb{0}$, $N=pE\sin\theta$, $\mathbb{N}$ の向きは $\mathbb{p}$ と $\mathbb{E}$ に直交し，右手系をなす向き〕

【問 13】一様な電場 $\mathbb{E}$ の中にある，電気双極子 $\mathbb{p}$ が持つ静電ポテンシャルエネルギーは $U=-\mathbb{p}\cdot\mathbb{E}$ で与えられることを示せ．ただし $\mathbb{E}$ と $\mathbb{p}$ の向きが直交しているときを，$U=0$ となるように基準を選ぶことにする．(hint：力のモーメントの軸周り角に関する積分が仕事に等しいことを利用せよ)

【問 14】HF（フッ化水素）分子の双極子モーメントは $p=6.37\times10^{-30}$ C $\cdot$ m である．ある試料にはこれが $10^{22}$ 個含まれていて，$E=2.5\times10^{5}$ V/m の電場の方向で整列している．この方向から，含まれるすべての HF を電場の向きと直交するまで回転させるためには，どれだけの仕事が必要か．〔答：$1.6\times10^{-2}$ J〕

【問 15】原点に置かれた電気双極子モーメント $\mathbb{p}$ が点 $\mathbb{r}=(x,y,z)$ に作る電位 $V$ は

$$V=\frac{\mathbb{p}\cdot\mathbb{r}}{4\pi\varepsilon_0 r^3}=\frac{p\cos\theta}{4\pi\varepsilon_0 r^2}$$

で与えられることを示せ．ここで $\theta$ は $\mathbb{r}$ と $\mathbb{p}$ のなす角を表す．ただし，一般の $\mathbb{p}$ で計算するのは複雑なので，$z$ 軸に平行なモーメント $\mathbb{p}=(0,0,q\ell)$ として計算せよ．このとき，求める $V$ は 2 つの電荷 $q,-q$ による電位の式

$$V(\ell)=\frac{q}{4\pi\varepsilon_0}\left(\frac{1}{\sqrt{x^2+y^2+(z-\ell/2)^2}}-\frac{1}{\sqrt{x^2+y^2+(z+\ell/2)^2}}\right)$$

を $\ell$ について 1 次までマクローリン展開したものである．$\mathbb{p}\cdot\mathbb{r}=q\ell z$ であるから，これが

$$V=\frac{q\ell z}{4\pi\varepsilon_0 r^3}$$

になることを示せばよい．

【問 16】【問 15】の電気双極子モーメントの作る電場 $\mathbb{E}$ が，

$$\mathbb{E}=\frac{1}{4\pi\varepsilon_0 r^3}\left[\frac{3(\mathbb{p}\cdot\mathbb{r})\mathbb{r}}{r^2}-\mathbb{p}\right]$$

に等しいことを，(11.8)を用いて示せ．

(hint：これも一般には計算が複雑なので，特に $\mathbb{p}=(0,0,ql)$ の場合について計算し，

$$\mathbb{E}=\frac{q\ell}{4\pi\varepsilon_0 r^3}\left(\frac{3xz}{r^2},\frac{3yz}{r^2},\frac{3z^2}{r^2}-1\right)$$

となることを確かめればよい．)

## 13.3　分極と電束密度

**分極（マクロな極性）**

単位体積あたりの双極子モーメントの和 $\mathbb{P}$ を**分極**[a]という：点 $\mathbb{r}$ を含む微小体積 $\Delta V$ 中にある，双極子モーメントを $\mathbb{p}_i$ とすれば，$\mathbb{r}$ における分極 $\mathbb{P}(\mathbb{r})$ は，単位体積あたりの双極子モーメントの和

$$\mathbb{P}(x,y,z) = \lim_{\Delta V \to 0} \frac{1}{|\Delta V|} \sum_i \mathbb{p}_i$$

で定められる．単位は $[\mathrm{C/m^2}]$ となる．

**★ 分極の巨視的な意味** 誘電体内部の電荷は，全体として電気的に中性であるときも，原子あるいは分子の正負の電荷の中心がずれることによって，電気的な偏り，誘電分極が生じる．分極ベクトル $\mathbb{P}$ は，面の表裏に現れる分極電荷の密度の量によって，この偏りを表すものである．

(1) **分極電荷の面密度：**誘電体内において $\mathbb{P}$ の向きを持つ（微小）断面 $\mathrm{d}\mathbb{S}$ を考えると，$\mathrm{d}\mathbb{S}$ の表裏に面密度 $P = |\mathbb{P}|\ [\mathrm{C/m^2}]$ で正負の電荷が分布している．たとえば $\mathbb{P} = \sigma\mathbb{k}$，$(\sigma > 0)$ であれば，$xy$ 平面の $z > 0$ 側に $\sigma\ [\mathrm{C/m^2}]$，$z < 0$ 側に $-\sigma\ [\mathrm{C/m^2}]$ の電荷が分布しており，面の表裏で正負の電荷が分布するような偏りを表す．

(2) **分極電荷の体積密度：**上記の説明では，分極電荷は分極 $\mathbb{P}\ [\mathrm{C/m^2}]$ をさすことになるが，単位体積あたりの電荷密度 $\rho'$ として表現することもできる：

$$\rho' = -\mathrm{div}\,\mathbb{P} = -\nabla \cdot \mathbb{P}\ [\mathrm{C/m^3}].$$

これとガウスの積分定理を用いると，物体内部の分極電荷の総量と物体表面の分極電荷との関係式

$$(V \text{ 内の分極電荷の総量} =)\ \int_V \rho' \mathrm{d}V = -\int_S P_n \mathrm{d}A\ (= -V \text{ の表面上の分極電荷の総量})$$

が得られる．

[a] 「正負の電荷のずれ方」という向きを持つベクトル量であるから，$\mathbb{P}$ を分極ベクトルということも多い．

**【問 17】** 双極子モーメント $\mathbb{p}$ が一様に分布していて，その単位体積あたりの個数密度が $n$ であるとき，分極 $\mathbb{P}$ を求めよ．〔**答：**$\mathbb{P} = n\mathbb{p}$〕

**【問 18】** $\sigma > 0$ を定数とする．点 $(x,y,z)$ における分極ベクトルが $\mathbb{P} = \sigma\mathbb{i}$ で与えられているとき，以下の各問に答えよ．

(1) $yz$ 平面に関する，分極電荷の面密度を求めよ．面の向きは $x$ 軸正の向きとする．
(2) $xy$ 平面に関する，分極電荷の面密度を求めよ．面の向きは $z$ 軸正の向きとする．
(3) 平面 $x + y = 0$ に関する，分極電荷の面密度を求めよ．面の向きは $\mathbb{i} + \mathbb{j}$ と同じ向きとする．
(4) 分極電荷の体積密度を求めよ．

〔**答：**(1)$\sigma$, (2)0, (3)$\dfrac{\sqrt{2}\sigma}{2}$, (4)0〕

**【問 19】** $\sigma > 0$ を定数とする．点 $(x,y,z)$ における分極ベクトルが $\mathbb{P} = \sigma x\mathbb{i}$ で与えられているとき，以下の各問に答えよ．

(1) $x_0$ を定数とする．平面 $x = x_0$ に関する分極電荷の面密度を求めよ．面の向きは $x$ 軸正の向きとする．
(2) $\mathbb{n} = n_x\mathbb{i} + n_y\mathbb{j} + n_z\mathbb{k}$ を単位法線ベクトルとする平面 $\mathbb{n} \cdot \mathbb{r} = d$ に関する分極電荷の面密度を求めよ．
(3) 分極電荷の体積密度を求めよ．

〔**答：**(1)$\sigma x_0$, (2)$\sigma n_x x$, (3)$-\sigma$〕

【問 20】$\sigma_1$, $\sigma_2$ を定数とする．点 $(x, y, z)$ における分極ベクトルが，$z < 0$ では $\mathbb{P} = \sigma_1 \mathbb{k}$, $z > 0$ では $\mathbb{P} = \sigma_2 \mathbb{k}$ であるような誘電体について，平面 $z = z_0$ における分極電荷の面密度 $\sigma$ を求めよ．ただし $z$ 軸の正の向きを面の向きとする．〔答：$\sigma = \sigma_1 (z_0 < 0), \sigma = \sigma_1 - \sigma_2 (z_0 = 0), \sigma = \sigma_2 (z_0 > 0)$〕

**誘電分極と電気感受率**

誘電体が電場 $\mathbb{E}$ の中にあると，誘電体内で双極子モーメント，および分極ベクトル $\mathbb{P}$ が生じる．双極子中の電荷は $\mathbb{E}$ に比例するようにずれるので，多くの場合 $\mathbb{P}$ は $\mathbb{E}$ に比例する[a]：

$$\mathbb{P} = \chi_e \varepsilon_0 \mathbb{E}. \tag{13.2}$$

$\chi_e$ は誘電体の分極されやすさを表す値で，**電気感受率**と呼ばれる．電気感受率は比誘電率 $\varepsilon_r$ と以下のように関係している：

$$\varepsilon_r = \chi_e + 1.$$

[a] このような誘電体は**常誘電体**と呼ばれる．大きさは比例するが，向きが一致しないような**異方性誘電体**や，電場がかかっていなくても $\mathbb{P} \neq \mathbb{0}$ であるような**強誘電体**と呼ばれるものも存在する．

【問 21】空気，テフロン，雲母の電気感受率をそれぞれ求めよ．〔答：0.000536, 1.1, 6.0〕

【問 22】極板の面積 $S = 1.0\ \mathrm{cm}^2$，厚み $d = 0.1\ \mathrm{mm}$ の平行導体板の間にポリスチレンを挟んだコンデンサの両端が 15 V の電位差になるまで充電した．極板に蓄えられた電荷密度 $\sigma$ およびポリスチレンの表面電荷密度 $\sigma'$ を求めよ．〔答：$\sigma = 3.4 \times 10^{-6}\ \mathrm{C/m^2}, \sigma' = 2.1 \times 10^{-6}\ \mathrm{C/m^2}$〕

**電束密度**

電場 $\mathbb{E}$, 分極 $\mathbb{P}$ によって，**電束密度** $\mathbb{D}$ を

$$\mathbb{D} = \varepsilon_0 \mathbb{E} + \mathbb{P} \tag{13.3}$$

と定める．単位は分極と同じ $[\mathrm{C/m^2}]$ である．$\mathbb{P}$ が $\mathbb{E}$ に比例する (13.2)場合，物体の誘電率を $\varepsilon = \varepsilon_r \varepsilon_0$ とすれば，

$$\mathbb{D} = \varepsilon \mathbb{E} \tag{13.4}$$

が成立する．また，真空中など $\mathbb{P} = 0$ が成り立っている位置では，$\mathbb{D} = \varepsilon_0 \mathbb{E}$ となって，$\mathbb{D}$ と $\mathbb{E}$ は定数倍の違いだけ[a]となる．

[a] これは正確ではない．次元（単位）は全く異なる．$\mathbb{E}$ が「単位電荷に作用する電気力」を表すのに対し，$\mathbb{D}$ は「単位面積当たりの電荷分布」のようなものを表している．

【問 23】面積が $S$，間隔が $d$ の平行板で，すきまが真空のキャパシタ A，すきまに比誘電率 $\varepsilon_r$ の誘電体を挿入したキャパシタ B を用意し，A,B それぞれの極板に電荷 $Q$ を蓄えさせた，キャパシタ極板間の電位差 $V$，電場 $E$，電束密度 $D$ をそれぞれ求め，誘電体のある，無しに関わらず電束密度の値が等しくなることを確かめよ．〔答：$V_{\mathrm{A}} = \dfrac{Qd}{\varepsilon_0 S}, E_{\mathrm{A}} = \dfrac{Q}{\varepsilon_0 S}, D_{\mathrm{A}} = \dfrac{Q}{S}; V_{\mathrm{B}} = \dfrac{Qd}{\varepsilon_0 \varepsilon_r S}, E_{\mathrm{B}} = \dfrac{Q}{\varepsilon_0 \varepsilon_r S}, D_{\mathrm{B}} = \dfrac{Q}{S}$〕

【問 24】常誘電体，つまり電気感受率 $\chi_e$ を用いて，$\mathbb{P} = \chi_e \varepsilon_0 \mathbb{E}$ が成立しているとき，(13.4) が成立することを示せ．

【問 25】電場 $\mathbb{E}$ が存在することによって，一つの分子中の電荷の位置がずれて，電気双極子が $\mathbb{p} = \alpha \mathbb{E}$ のように生じたとする．ここで比例定数 $\alpha$ は **分極率**と呼ばれる．単位体積当たりの分子の個数を $n$ としたとき，

$\alpha$ と電気感受率 $\chi_e$ の関係を与えよ．〔**答**：$\varepsilon_0\chi_e = n\alpha$〕

【**問** 26】水中において，2つの点電荷に働くクーロンの法則の式を書き，力の大きさは真空中に比べてどうなるか答えよ．〔**答**：$F = \dfrac{q_1q_2}{320\pi\varepsilon_0}\dfrac{1}{r^2}$，真空に比べて $\dfrac{1}{80}$ 倍される．（弱くなる）〕

【**問** 27】誘電体を挟んだ平行板キャパシタの電気容量の式 (13.1) と，キャパシタの蓄えるエネルギー (12.2) を用いて，電場のもつ単位体積あたりのエネルギー密度 $u_E$ が

$$u_E = \frac{1}{2}\varepsilon_r\varepsilon_0 E^2 = \frac{1}{2}ED = \frac{1}{2}\mathbb{E}\cdot\mathbb{D}$$

で与えられることを示せ．

## 13.4 電束密度に関するガウスの法則

**ガウスの法則**

$S$ を任意の閉曲面，$Q_0$ を $S$ の内部に含まれる**自由**電荷（=分極電荷を除いた電荷）の総量とする．このとき，空間内の電束密度 $\mathbb{D}$ は

$$\int_S D_n \mathrm{d}A = Q_0$$

を満たす．

**■$\mathbb{D}$ と $\mathbb{E}$ の使い分け**　誘電体が存在する場合でも，$\mathbb{D}$ に対するガウスの法則では分極電荷は考慮しなくてよいので，真空中と同じやりかたで求めることができる．一方，$\mathbb{E}$ に対しては分極電荷まで考慮に入れる必要があるので，ガウスの法則では簡単に求まらないが，先に $\mathbb{D}$ を求めておけば，$\mathbb{D} = \varepsilon\mathbb{E}$ から $\mathbb{E}$ を，$\mathbb{P} = \mathbb{D} - \varepsilon_0\mathbb{E}$ から分極 $\mathbb{P}$ を求めることができる．

**（注釈）**

$\mathbb{E}$ に関するガウスの法則と，分極電荷の関係より

$$\begin{aligned}\int_S D_n \mathrm{d}A &= \int_S \varepsilon_0 E_n \mathrm{d}A + \int_S P_n \mathrm{d}A = (S\text{ 内の電荷の総量}) - \int_V \rho' \mathrm{d}V\\ &= (S\text{ 内の電荷の総量}) - (S\text{ 内の分極電荷の総量})\\ &= (S\text{ 内の真電荷の総量})\end{aligned}$$

□

【**問** 28】導体が誘電率 $\varepsilon$ の一様な誘電体中に置かれているとする．導体表面上の真電荷の密度を $\sigma$ [C/m$^2$] として，以下の問に答えよ．

(1) 導体表面のすぐ外側の誘電体中における電束密度 $\mathbb{D}$，電場 $\mathbb{E}$ を求めよ．ただし，向きについては言葉で説明すればよい．

(2) 分極電荷の面密度 $\sigma'$ を求めよ．

〔**答**：(1)$D = \sigma$，$E = \dfrac{\sigma}{\varepsilon}$，導体表面に直交する向き．(2)$\sigma' = -\left(1 - \dfrac{\varepsilon_0}{\varepsilon}\right)\sigma$〕

【問 29】面積 $S$ の平行板キャパシタの極板 A，B の間に，図のように誘電率 $\varepsilon_1, \varepsilon_2$ の誘電体 1，2 を挿入する．極板A，Bに，それぞれ $Q, -Q$ の電荷を与えたとして，以下の問に答えよ．

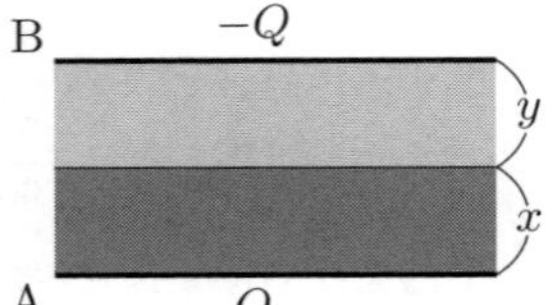


(1) 極板 AB 間の電束密度 $\mathbb{D}$ の向きと大きさを求めよ．

(2) 極板 AB 間の電位差 $V$ を求めよ．

(3) 誘電体 1 と 2 の境界面に現れる分極電荷の面密度 $\sigma'$ を求めよ．

(4) 各極板，および誘電体の境界面に働く力の向きと大きさを求めよ．

〔答：(1)$D = \dfrac{Q}{S}$, A から B へ向かう向き．(2)$V = \left(\dfrac{x}{\varepsilon_1} + \dfrac{y}{\varepsilon_2}\right)\dfrac{Q}{S}$, (3)$\sigma' = \left(\dfrac{\varepsilon_0}{\varepsilon_2} - \dfrac{\varepsilon_0}{\varepsilon_1}\right)\dfrac{Q}{S}$, (4)$F_A = \dfrac{Q^2}{2S\varepsilon_1}$, $F_B = -\dfrac{Q^2}{2S\varepsilon_2}$, $F_{AB} = \dfrac{(\varepsilon_1 - \varepsilon_2)Q^2}{2\varepsilon_1\varepsilon_2 S}$, A から B に向かう向きを正とする．〕

【問 30】誘電率 $\varepsilon$ の誘電体で充ちた空間内の $z$ 軸上に断面が半径 $a$ の円であるような導体線が挿入されている．この導体線に電荷を与えた結果，導線の表面に一様な面密度 $\sigma$ で電荷が分布した．
中心軸から距離 $r > 0$ だけ離れた点における電束密度の大きさ $D$ および電場の大きさ $E$ をそれぞれ求めよ．〔答：$D = 0(r < a), D = \dfrac{a\sigma}{r}(a < r); E = 0(r < a), E = \dfrac{a\sigma}{\varepsilon r}$〕

【問 31】原点を中心にもつ，半径が $a$, $b$ $(a < b)$ の導体球殻 A,B があり，それらにはさまれた領域に誘電率 $\varepsilon$ の誘電体を満たした．導体球殻 A,B にそれぞれ電荷 $Q_A, Q_B$ を与えるとき，

(1) 原点から距離 $r$ だけ離れた点における電束密度の強さ $D$ を求めよ．

(2) 原点から距離 $r$ だけ離れた点における電場の強さ $E$ を求めよ．

(3) 原点から距離 $r$ だけ離れた点における電位 $V$ を求めよ．ただし無限遠での電位を 0 とする．

〔答：(1)$D = 0(r < a), D = \dfrac{Q_A}{4\pi r^2}(a < r < b), D = \dfrac{Q_A + Q_B}{4\pi r^2}(b < r)$,
(2)$E = 0(r < a), E = \dfrac{Q_A}{4\pi\varepsilon r^2}(a < r < b), E = \dfrac{Q_A + Q_B}{4\pi\varepsilon_0 r^2}(b < r)$,
(3)$V = \dfrac{Q_A}{4\pi\varepsilon}\left(\dfrac{1}{a} - \dfrac{1}{b}\right) + \dfrac{Q_A + Q_B}{4\pi\varepsilon_0 b}(r \leq a), V = \dfrac{Q_A}{4\pi\varepsilon}\left(\dfrac{1}{r} - \dfrac{1}{b}\right) + \dfrac{Q_A + Q_B}{4\pi\varepsilon_0 b}(a < r \leq b)$,
$V = \dfrac{Q_A + Q_B}{4\pi\varepsilon_0 r}(b < r)$〕

【問 32】静電場・電束密度に関して，以下の連続性が成り立つことをを示せ：
2 つの誘電体が接していて，その境界面を $S$ とする．それぞれの誘電体内における電場・電束密度を $\mathbb{E}_1$, $\mathbb{D}_1$ のように添え字をつけて表すと，

(1) 電場は任意の $S$ に接する方向成分が連続：

$$E_{1t} = E_{2t}$$

(2) 電束密度は $S$ の法線方向成分の差が，表面上の真電荷密度 $\sigma$ に等しい：

$$D_{1n} - D_{2n} = \sigma$$

特に，$S$ 上で真電荷が存在しないときは，連続となる．

**■コメント**　ここでは，時間的に変化しない電場・電束密度について示されるが，一般の時間変化する場合についても，この連続性は成立することがマックスウェルの方程式より証明できる．

# 第14章

# 電流と磁場

## 14.1 電流

**電流**

導線内で運動している電荷があるとき，**電流**が生じているという．電流の大きさは，単位時間あたりに導線の断面を通過する電荷量，すなわち時間 $\varDelta t$ に，導線の断面 $S$ を通過する電荷量が $\varDelta Q$ とすれば，**面 $S$ を通過する平均電流**を

$$I = \frac{\varDelta Q}{\varDelta t}$$

で定める．一般にはこれが時間的に変化する場合も考慮して，この $\varDelta t \to 0$ の極限として**（瞬時）電流**を

$$I = \frac{\mathrm{d}Q}{\mathrm{d}t}$$

と定める．単位は [A](アンペア) である．また，単位面積あたりを流れる電流を**電流密度**という．

**■導体中に流れる電流**　単位体積あたりの自由電子数が $n$ で，断面積が $A$ の導体中，電荷 $-e$ の自由電子が平均の速さ $v$ で移動しているとき，キャリアが電子だけとすれば，導線を流れる電流 $I$ は

$$I = envA$$

で表される．

【問 1】 導線に 10. mA の電流が流れているとき，導線の断面を 5 秒間で通過する電荷量 $Q$ [C] を求めよ．また，キャリアがすべて電子であると仮定して，通過する電子の数 $n$ を求めよ．
〔答：$Q = 5.0 \times 10^{-2}$ C, $n = 3.0 \times 10^{17}$〕

【問 2】 断面積 1.0 mm$^2$ の銅線に 500 mA の電流が流れているとき，電流密度の大きさ $j$ を求めよ．
〔答：$5.0 \times 10^5$ A/m$^2$〕

【問 3】 電荷密度が $\rho_e$ である導線内を，電荷が平均の速さ $\mathbb{v}$ で移動している．電流密度 $\mathbb{j}$ を $\rho_e$ と $\mathbb{v}$ で表せ．
〔答：$\mathbb{j} = \rho_e \mathbb{v}$〕

【問 4】 銅の密度は 8.94 g/cm$^3$，1 モルの質量は 63.5 g である．アボガドロ数を $6.02 \times 10^{23}$ として，銅の自由電子の数密度 $n$ [1/m$^3$] を求めよ．また，断面積 1.0 mm$^2$ の銅線に 1.0 A の電流が流れているとき，自由電子の平均速度 $v$ [m/s] を求めよ．ただし銅の伝導電子は 1 原子中 1 個であるとする．
〔答：$n = 8.48 \times 10^{28}$ 1/m$^3$, $v = 7.4 \times 10^{-5}$ m/s〕

**電気抵抗とオームの法則**

導体でできた抵抗器の両端の電位差 $V$ と，それを流れる電流 $I$ には比例関係

$$V = RI \tag{14.1}$$

が存在する．この $R$ を抵抗器の**電気抵抗**といい，(14.1) を**オームの法則**という．抵抗の単位は $[\Omega]$（オーム）である．

抵抗器の形状が断面積 $A$，長さ $L$ の直方体であるとき，定数 $\rho$ が存在して

$$R = \rho \frac{L}{A}$$

を満たす．$\rho$ を**電気抵抗率**という．$\rho$ は抵抗体の材質や温度に依存する．

オームの法則を，単位量あたりの量，電流密度 $\mathbb{j}$，電場 $\mathbb{E}$ を用いて表すと

$$\mathbb{j} = \sigma \mathbb{E}$$

となる．ここで $\sigma = \dfrac{1}{\rho}$ は**電気伝導率**とよばれる．

以下の問では，電気抵抗率の値は教科書 [1] に掲載されているものを用いよ．

【問 5】 家庭用延長電源コードの導体は銅製で断面積は 2.0 mm$^2$ 程度である．20°C における，長さ 5.0 m の延長コードの抵抗値 $R$ を求めよ．〔答：$R = 42$ mΩ〕

【問 6】 2 個の抵抗 $R_1, R_2$ を直列，並列につないだ時の合成抵抗 $R$ がそれぞれ $R = R_1 + R_2$, $\dfrac{1}{R} = \dfrac{1}{R_1} + \dfrac{1}{R_2}$ を満たすことを，オームの法則や電荷保存則を用いて示せ．

【問 7】 起電力が 1.5 V の電池に，5.1 Ω の抵抗をつなぎ，抵抗の両端の電位差を測ると，1.4 V であった．この電池の内部抵抗 $r$ を求めよ．〔答：$r = 3.6 \times 10^{-1}$ Ω〕

**電流に伴う仕事**

電位差 $V$ の間を電荷 $q$ が移動する際，電荷にする仕事は $qV$ に等しい（(11.9)参照）．電流は単位時間当たりの電荷の移動量なので，電気回路の電位差 $V$ の 2 点間で流れる電流が $I$ であるとき，この部分における単位時間あたりの仕事は

$$P = VI \tag{14.2}$$

に等しいことになる．これを**電流に伴う仕事率**または**電力**という．単位は [W] = [J/s]（ワット）を用いる．

**■ジュール熱**　抵抗 $R$ の両端の電位差が $V_R$ であれば，オームの法則より，抵抗を流れる電流は $I = \dfrac{V}{R}$ となる．よってこの抵抗における電力は

$$P = VI = RI^2 = \frac{V^2}{R}$$

となる．抵抗においてこの仕事は，電荷の運動エネルギーの上昇（電荷を加速すること）にはならず，抵抗の温度上昇（=内部エネルギの増加）に用いられる．一定の電流 $I$ を $t$ 秒間流したときの仕事 $Q$ を**ジュール熱**と呼ぶ：

$$Q = VIt = RI^2 t = \frac{V^2}{R} t.$$

【問 8】 起電力が 3.0 V の理想的な電池（=内部抵抗がゼロ）に，$R_1 = 1.0$ kΩ と $R_2 = 5.1$ kΩ の抵抗を直列につないだ回路を考える．

(1) それぞれの抵抗を流れる電流 $I$ を求めよ．

(2) それぞれの抵抗で消費される電力 $P$ を求めよ．またそれらが何に用いられるのか答えよ．

(3) 電池の供給する電力 $P_0$ を求めよ．またそれがどのようにして得られるものなのかを考察せよ．

〔答：(1)$I_1 = I_2 = 4.9 \times 10^{-4}$ A, (2)$P_1 = 2.4 \times 10^{-4}$ W, $P_2 = 1.2 \times 10^{-3}$ W, (3)$P_0 = 1.5 \times 10^{-3}$ W〕

【問 9】 ある高圧送電線の長さは 10 km で，断面積は 200 cm$^2$ のアルミニウム製である．これを用いて，10 万 kW の電力を伝送することを考える．以下の問いに答えよ．

(1) 温度を 20°C として，送電線の抵抗 $R$ を求めよ．

(2) 送電の電圧を 50 万 V として，送電線を流れる電流 $I$ と，送電線で失われる電力 $P$ を求めよ．

(3) 送電の電圧を 100V とすると，送電線で失われる電力は (2) と比べてどうなるか．

〔答：(1)$R = 1.4 \times 10^{-2}$ Ω, (2)$I = 2.0 \times 10^2$ A, $P = 5.6 \times 10^2$ W, (3)2500 万倍になる．〕

【問 10】 電気ストーブのように，消費電力の大きな電化製品の電源コードは暖かくなるが，液晶テレビのような，消費電力の小さいものは，それほど暖かくならない．このことを説明せよ．

【問 11】 電熱線としてよく用いられるニクロム線の電気抵抗率は $1.50 \times 10^{-6}$ Ω·m であり，銅の電気抵抗率は $1.68 \times 10^{-8}$ Ω·m なので，銅と比べると 100 倍近く大きな抵抗となる．一方，同じ電源電圧 $V$ の下では，ジュール熱は抵抗 $R$ に反比例するので，発熱能力としては，銅のほうが 100 倍優れていることになる．ではなぜ銅を電熱線として用いないのかを考えよ．

**$RC$ 直流回路**

図のように抵抗 $R$，キャパシタ $C$ および定電圧源 $E_0$ を直列につないだ回路において，キャパシタに蓄えられている電荷 $Q$ は時刻 $t$ とともに変化する．単位時間あたりにキャパシタに蓄えられる電荷は，$R$ を流れる電流 $i$ に等しい：$i = \dfrac{\mathrm{d}Q}{\mathrm{d}t}$ [A]．よってキルヒホッフの電圧則から $Q(t)$ は以下の微分方程式を満たす：

$$R\frac{\mathrm{d}Q}{\mathrm{d}t} + \frac{Q}{C} = E_0. \tag{14.3}$$

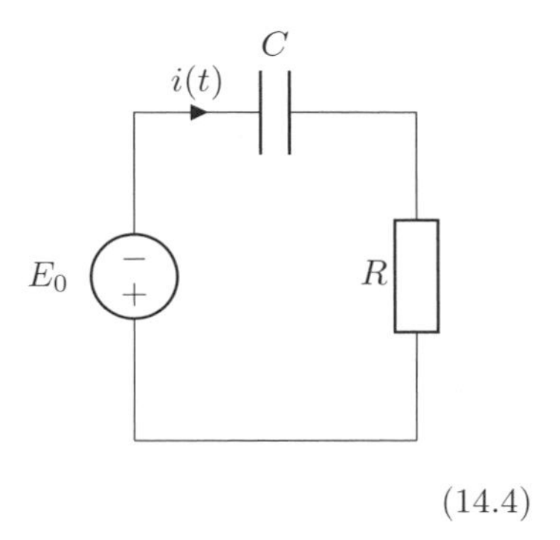


これは $Q$ に関する定数係数線形微分方程式で，一般解は

$$Q(t) = Ae^{-\frac{t}{RC}} + CE_0 \tag{14.4}$$

で与えられる（9 章参照）．ここで $A$ は初期条件 $Q(0) = Q_0$ から定まる定数である．また定数 $\tau = RC$ は充・放電にかかる時間を表す目安となる．$\tau$ を時定数という．

【問 12】 (14.4)を方程式 (14.3)の左辺に代入することで，(14.4)が時刻 $t$ におけるキャパシタの電荷を表すことを示せ．また $t = 0$ のとき，キャパシタ間の電位差が $V_0$ となるように，$A$ の値を決定せよ．

〔答：$A = C(V_0 - E_0)$〕

【問 13】 時定数 $\tau = RC$ の次元が，時間の次元に等しいことを示せ．

【問 14】 式 (14.3)右にあるような図において，$R = 1.0$ kΩ の抵抗と，電気容量 $C = 2.0$ μF のキャパシタを直列につないだ回路に，$E_0 = 5.0$ V の定電圧源をつないだ回路を考える．

(1) 時刻 $t$ での，キャパシタに蓄えられた電荷を $Q(t)$ [C] で表すとき，キルヒホッフの法則の式を $Q$ に関する微分方程式として書き表せ．

(2) $t = 0$ において $Q = CE_0$ であった場合の，$Q(t)$ を求め，そのグラフを描け．

(3) $t=0$ において $Q=0$ であった場合の，$Q(t)$ を求め，そのグラフを描け．

(4) 抵抗を $R=2.0\ \mathrm{k\Omega}$ に変えると，充電の速さはどうなるか．

(5) (3) の状況で，満充電されるまでに抵抗 $R$ が消費したエネルギー（ジュール熱）を求めよ．

〔答：(2)$Q(t)=1.0\times10^{-5}$($t$ によらず一定), (3)$Q(t)=1.0\times10^{-5}\times(1-e^{-5.0\times10^2 t})$
(4) 時定数 $\tau$ は 2 倍になることから，より遅くなる．(5)$2.5\times10^{-5}$ J〕

【問 15】 電圧が $E_0$ になるまで充電された電気容量 $C$ のキャパシタの両端に，抵抗 $R$ をつないで回路にした．$R$ を流れる電流 $i(t)$ を求め，そのグラフを描け．〔答：$i(t)=\dfrac{E_0}{R}e^{-\frac{t}{RC}}$〕

【問 16】 式 (14.3)右にあるような $RC$ 直列回路に，定電圧源 $E_0$ をつないで，十分な時間をかけてキャパシタに充電した後，この定圧電源を逆向きにつなぎ変えた．逆向きにつないだ時刻を $t=0$ として，キャパシタに蓄えられている電荷 $Q(t)$ を求め，そのグラフを描け．〔答：$Q(t)=CE_0(1-2e^{-\frac{t}{RC}})$〕

## 14.2 磁荷と磁場

**磁荷**

磁石にはN極とS極が存在し，それらの強さを**磁荷**という．一方の極だけが単独で存在するような磁石はこれまで見つけられていないので，このような**単磁荷**は存在しないものとして，電磁気学は構成されている．

磁荷の単位は，磁気現象を表現する基本的な場として，磁束密度 $\mathbb{B}$ とする**「$\mathbb{E}-\mathbb{B}$ 対応」**か，磁場 $\mathbb{H}$ とする**「$\mathbb{E}-\mathbb{H}$ 対応」**かで異なっている．

$\mathbb{B}$ を基本とする場合の磁荷の単位は [A·m] を用い，$\mathbb{H}$ を基本とする場合は，[Wb]（ウェーバー）が用いられる．この問題集では，特に断りが無いかぎり磁荷の単位として [A·m] を用いることにする．

**磁気力に関するクーロンの法則**

点磁荷の間にも，電荷間と同様のクーロン力と呼ばれる磁気的な力が働く：真空中において，磁荷 $q_{m1}$, $q_{m2}$ [A·m] が，点 $\mathbb{r}_1$, $\mathbb{r}_2$ にあるとき，$q_{m1}$ に働く磁気力 $\mathbb{F}$ [N] を式で表せば，

$$\mathbb{F}=\frac{\mu_0 q_{m1}q_{m2}}{4\pi}\frac{\mathbb{r}_1-\mathbb{r}_2}{|\mathbb{r}_1-\mathbb{r}_2|^3}$$

のようになる．ここで $\mu_0$ は真空の透磁率と呼ばれる定数で，$\mu_0=4\pi\times10^{-7}$ [N/A$^2$].
（単位 [N/A$^2$] はインダクタンスの単位 [H]（ヘンリー） を用いて [H/m] ともかける.）

(注釈)

$\mathbb{E}-\mathbb{H}$ 対応で，磁荷の単位として [Wb] を用いる際には，クーロンの法則は

$$\mathbb{F}=\frac{q_{m1}q_{m2}}{4\pi\mu_0}\frac{\mathbb{r}_1-\mathbb{r}_2}{|\mathbb{r}_1-\mathbb{r}_2|^3}$$

と書かれる． □

【問 17】 1.0 A·m の磁荷を持つ 2 つの磁荷が 1.0 cm 離れて置かれているとき，働く磁気力の大きさは何 N か．〔答：1.0 mN〕

【問 18】 1.0 Wb の磁荷を持つ 2 つの磁荷が 1.0 m 離れて置かれているとき，働く磁気力の大きさは何 N か ($\mathbb{E}-\mathbb{H}$ 対応で考える)．〔答：$6.3\times10^4$ N〕

【問 19】 クーロンの法則から，単位の関係，1 Wb = 1 J/A を示せ．

**磁場 $\mathbb{B}$(磁束密度) と磁場 $\mathbb{H}$** (磁場の強さ)

点 $\mathbb{r}$ に置かれた点磁荷 $q_m$ [A·m] に作用する磁気力 $\mathbb{F}(\mathbb{r})$ [N] に対して,

$$\mathbb{F}(\mathbb{r}) = q_m \mathbb{B}(\mathbb{r}) = q_m \mu_0 \mathbb{H}(\mathbb{r})$$

を満たす $\mathbb{B}$ や $\mathbb{H}$ を**磁場**という[a]. $\mathbb{B}$ と $\mathbb{H}$ を区別するために, 磁場 $\mathbb{B}$ は**磁束密度**と呼ばれることも多い. $\mathbb{B}$ の単位は [T] (テスラ), $\mathbb{H}$ の単位は [A/m] を用いる.

**■磁場と電荷の運動・電流の関係** 磁場は運動している電荷や電流とは相互に作用しあう[b]:

- 運動する電荷・電流は, 磁場から力を受ける:
  - ・速度 $\mathbb{v}$ で運動する電荷 $q$ は, 磁場 $\mathbb{B}$ から力 $\mathbb{F}$ を受ける (ローレンツ力)
  - ・電流 $I$ の流れる導線 $L$ は, 磁場 $\mathbb{B}$ から力を受ける (アンペールの力)
- 電流によって, 磁場が生じる:
  - ・電流 $I$ の流れる微小導線 $\mathrm{d}s$ は, 周囲に微小磁場 $\mathrm{d}\mathbb{H}$ を生じさせる (ビオ・サバールの法則)
  - ・磁場 $\mathbb{H}$ の閉曲線上 $C$ に沿った線積分は, $C$ を貫く電流 $I$ に等しい (アンペールの法則)

**■$\mathbb{B}$ と $\mathbb{H}$ の使い分け** 真空中においては, $\mathbb{B} = \mu_0 \mathbb{H}$ が成立するので, 定数倍の差を除いてこれらはほぼ等しい概念を表しているが, **磁性体**内においては, 磁気的現象を記述する際には以下のような差が生ずる:

- $\mathbb{B}$ … **磁気的な力を与える場**として適切な磁場. 伝導電流に加えて, 磁性体中の磁荷電流やスピンから生じる磁気モーメントの寄与を含む.
- $\mathbb{H}$ … **伝導電流のみから生じる場**として適切な磁場.[c]

[a] 実際には存在しない「点磁荷」を用いずに, $\mathbb{B}$ や $\mathbb{H}$ を定義するほうが論理的には正しい. つまり, 後述の運動する荷電粒子に対する**ローレンツ力**, あるいは**アンペール力**の場として $\mathbb{B}$ や $\mathbb{H}$ を導入する.

[b] 運動する電荷・電流が受ける力の源としては磁場 $\mathbb{B}$ (磁束密度) が, 電流によって生じる場としては磁場 $\mathbb{H}$ (磁場の強さ) が相性がよい.

[c] 自由電荷から電場 $\mathbb{E}$ を求める際に, まず電束密度 $\mathbb{D}$ を求めることと同様で, 伝導電流 $I$ から磁場 $\mathbb{B}$ を求める際には, まず $\mathbb{H}$ を求めるのがやりやすい.

【問 20】 3.0 A·m の磁荷が, 向きが $z$ 軸正方向, 大きさ 1.5 T の一様な磁場 $\mathbb{B}$ から受ける磁気力の向きと大きさ $F$ を答えよ. 〔**答**:$F = 4.5$ N, $z$ 軸正方向〕

【問 21】 真空中, ある点における磁場 $\mathbb{H}$ の大きさが 2.0 A/m のとき, 同じ点での磁場 $\mathbb{B}$ の大きさを求めよ. 〔**答**:2.5 $\mu$T〕

【問 22】 点 $(x, y, z)$ [m] における磁場 $\mathbb{B} = \dfrac{\mu_0}{2\pi}\dfrac{-y\mathbb{i} + x\mathbb{j}}{x^2 + y^2}$ [T] が与えられているとする.

(1) 点 (1.0, 2.0, 1.0) cm におかれた, 磁荷 −2.0 A·m の受ける力 $\mathbb{F}$ とその大きさ $F$ を求めよ.

(2) $\mathbb{B}$ の概図を描け. ただし $xy$ 平面上のみでよい.

(3) $z$ 軸から距離 $r$ の点における磁場 $\mathbb{B}$ の大きさを求めよ ($\mu_0$, $\pi$ はそのままでよい).

〔**答**:(1)$\mathbb{F} = (16\mathbb{i} - 8.0\mathbb{j})\ \mu$N,$F = 1.8 \times 10^1\ \mu$N,(3)$B = \dfrac{\mu_0}{2\pi}\dfrac{1}{r}$〕

【問 23】 磁場 (磁束密度) の定義と 1 Wb = 1 J/A を用いて, 単位の関係, 1 T = 1 N/(A·m) = 1 Wb/m$^2$ を示せ.

## 14.3　磁場が及ぼす力

**ローレンツ力**

電場 $\mathbb{E}$, 磁場 $\mathbb{B}$ 中で，速度 $\mathbb{v}$ で運動する電荷 $q$ は

$$\mathbb{F} = q(\mathbb{E} + \mathbb{v} \times \mathbb{B}) \quad (\text{注：} \times \text{ は外積を表す})$$

の力を受ける．運動する荷電粒子が電磁場から受ける $\mathbb{F}$ を**ローレンツ力**という．

【問 24】 $z$ 軸正の向きに一様な磁場 2.0 T が存在する空間内を，電子が $x$ 軸正方向に速さ $3.0 \times 10^6$ [m/s] で運動しているとき，電子が磁場から受ける力の向きと大きさ $F$ を答えよ．〔**答**：$y$ 軸正の向き, $F = 9.6 \times 10^{-13}$ N〕

【問 25】 $\mathbb{B} = (1.5\mathbb{i} + 2.0\mathbb{j})$ [T] で与えられる磁場中に，速度 $\mathbb{v} = (2.5 \times 10^5 \mathbb{i})$ m/s の電子が受ける力 $\mathbb{F}$ を求めよ．〔**答**：$\mathbb{F} = -(8.0 \times 10^{-14}\mathbb{k})$ N〕

【問 26】 電荷 $-2$ C をもつ荷電粒子が，一様な電場 $\mathbb{E} = (-4\mathbb{i} + 3\mathbb{j} + \mathbb{k})$ [V/m]，磁場 $\mathbb{B} = (\mathbb{i} + 2\mathbb{j} + 2\mathbb{k})$ [T] の中を，速度 $\mathbb{v} = (\mathbb{i} + 2\mathbb{j} - \mathbb{k})$ [m/s] で運動するとき，この荷電粒子が電磁場から受ける力の大きさ $F$ を求めよ．〔**答**：$F = 2\sqrt{5}$ N〕

【問 27】 一様な磁場 $\mathbb{B} = B\mathbb{k}$ （$B$ は定数）中，質量 $m$, 電荷 $q$ を持つ粒子が，速度 $\mathbb{v} = v_x\mathbb{i} + v_y\mathbb{j} + v_z\mathbb{k}$ で運動している．電場は存在していないものとして，以下の問いに答えよ．

(1) この粒子に作用する力（＝ローレンツ力）を求めよ．

(2) この粒子に対する運動方程式を成分ごとに書け．

(3) この粒子は $x, y$ 面内で，等速円運動，$z$ 方向には等速度運動することを示し，円運動の角速度 $\omega_c$ を求めよ．（hint: 運動方程式を変形し $v_x$ が単振動の運動方程式を満たすことを導き，そこから $v_x$, $v_y$ の角振動数を求めよ）

〔**答**：(1)$qB(v_y\mathbb{i} - v_x\mathbb{j})$, (2)$m\dot{v}_x = qBv_y, m\dot{v}_y = -qBv_x, m\dot{v}_z = 0$, (3)$\omega_c = \dfrac{qB}{m}$〕

【問 28】 ローレンツ力の式と磁場 $\mathbb{B}$ の定義を用いて，$\mathbb{E} - \mathbb{B}$ 対応における磁荷の単位が [A · m] であることを導け．

**電流に作用する力（アンペールの力）**

一様な磁場 $\mathbb{B}$ の存在する空間内の導線に，直線電流 $I$ を流したとき，$\theta$ を $\mathbb{B}$ と電流のなす角として，導線の長さ $L$ の部分に作用する力は，大きさ $F = ILB\sin\theta$ で，電流の向きと $\mathbb{B}$ の向きに直交し，右手系をなす向きになる．

電流の向きも含めた導線の長さを $\mathbb{L}$ のようにベクトルで表したとき，作用する力 $\mathbb{F}$ は

$$\mathbb{F} = I\mathbb{L} \times \mathbb{B}$$

となる．導線が曲線 $C$，あるいは非一様な磁場 $\mathbb{B}$ の場合は，微小導線に働く力を積分することで導線全体に作用する合力を求めることができる：

$$\mathbb{F} = \int_C I(\mathrm{d}\mathbb{s} \times \mathbb{B}).$$

【問 29】 向きが $x$ 軸正方向, 大きさが $5.0 \times 10^{-2}$ T の一様な磁場中で，$y$ 軸正方向に 2.0 A の直線電流を流す．この電流に作用する力の向きと，1.0 m あたりの力の大きさを求めよ．〔**答**：$z$ 軸負の向き，$1.0 \times 10^{-1}$ N〕

【問 30】 一様な磁場 $\mathbb{B} = (\mathbb{i} + 2\mathbb{j} - \mathbb{k})$ [mT] 中で，$z$ 軸上に導線を置き，$z$ の正方向に 3 A の電流を流す．導線 1 m あたりに作用する力 $\mathbb{F}$ を求めよ．〔**答**：$\mathbb{F} = (-6\mathbb{i} + 3\mathbb{j})$ [mN]〕

【問 31】 点 $(x, y, z)$ における磁場が $\mathbb{B} = \dfrac{-y\mathbb{i} + x\mathbb{j}}{x^2 + y^2}$ で与えられる領域のなかで，点 $(0,1,0)$ から点 $(2,1,0)$ を直線で結ぶ導線を $I$ の電流が流れるとき，この導線が受ける合力 $\mathbb{F}$ を求めよ．〔**答**：$\mathbb{F} = \dfrac{\log 5}{2} I\mathbb{k}$ [N]〕

【問 32】 磁場 $\mathbb{B}$ の向きに直交して速度 $\mathbb{v}$ で運動する電子のうけるローレンツ力の大きさが $f = evB$ であることから，電流 $I$ が流れる長さ $L$ の導線が磁場から受ける力の大きさが $F = IBL$ であることを導け．ただし電流は磁場と直交する向きに流れると仮定する．

**磁気モーメント**

**■磁気双極子による磁気モーメント**　磁気双極子（磁石）の N，S 極の磁荷を $q_m$，$-q_m$，S 極を始点，N 極を終点とするベクトルを $\mathbb{d}$ とするとき，

$$\boldsymbol{\mu} = q_m \mathbb{d}$$

を磁気双極子の**磁気モーメント**[a]という．単位は $[\mathrm{A \cdot m^2}]$（$\mathbb{E} - \mathbb{H}$ 対応では $[\mathrm{Wb \cdot m}]$）．

**■磁気モーメントが磁場から受ける力のモーメント**　磁気モーメントは磁場 $\mathbb{B}$（磁場 $\mathbb{H}$）から，力のモーメント

$$\mathbb{N} = \boldsymbol{\mu} \times \mathbb{B} = \mu_0 \boldsymbol{\mu} \times \mathbb{H} \tag{14.5}$$

を受ける．

**■回路電流による磁気モーメント**　回路電流は，磁気双極子と同じような力のモーメントを磁場から受けるので，回路電流を磁気双極子と等価なものと考えることができる．　平面内にある回路を流れる電流を $I$，回路の面積を $A$，回路を右ねじに回る面の向きを $\mathbb{n}$ とすれば，回路電流による磁気モーメントは

$$\boldsymbol{\mu} = AI\mathbb{n}$$

で与えられる．

[a] 透磁率も $\mu$ を用いて表すことが多いので，混同しないようにする．このテキストでは磁気モーメントをボールド体を用いて区別する．

【問 33】 磁極の位置が $(0,0,1)$, $(0,0,-1)$ で，それぞれ 1, $-1$ の磁荷を持つような磁石の磁気モーメントが，一様な磁場 $\mathbb{B} = 4\mathbb{i} + 3\mathbb{j} - \mathbb{k}$ から受ける力のモーメントの大きさ $N$ を求めよ．〔**答**：$N = 10$〕

【問 34】 図のように，一様な磁場 $\mathbb{B}$ の中を，回転軸 OO′ のまわりに回転できる長方形のコイル ABCD に直流電流 $I$ を流す．$\mathrm{AB} = \mathrm{CD} = l_1$, $\mathrm{BC} = \mathrm{DA} = l_2$，コイルの回転角は，$\mathbb{B}$ の向きと面 ABCD の法線方向とのなす角とする．

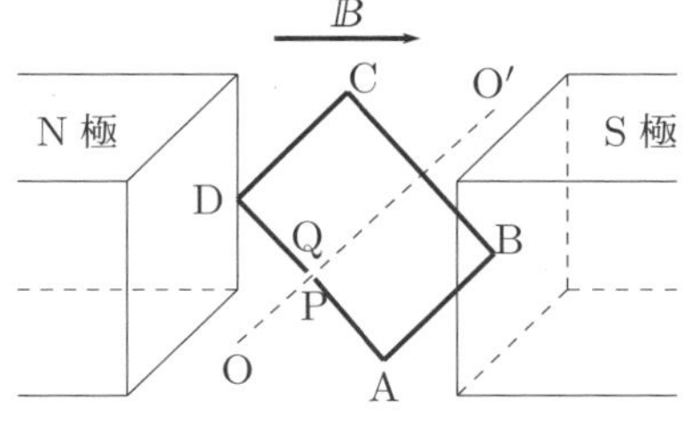


(1) コイルの回転角が $\theta$ であるとき，コイルに作用する合力 $\mathbb{F}$ と，回転軸まわりの力のモーメント $\mathbb{N}$ を求めよ．

(2) この電流が流れるコイルの磁気モーメント $\boldsymbol{\mu}$ を求めよ．

(3) コイルが $\theta = \pi$ から $\theta = 0$ まで回転する間に，コイルに作用する力がする仕事 $W$ を求めよ．

〔**答**：(1)$\mathbb{F} = \mathbb{0}, N = l_1 l_2 IB \sin\theta$, OO' に関し右回り, (2)$\boldsymbol{\mu} = l_1 l_2 I\mathbb{n}$($\mathbb{n}$ は面 ABCD の単位法線ベクトル), (3) $W = 2l_1 l_2 IB$〕

## 14.4　電流の作る磁場

**ビオ・サバールの法則**

ビオ・サバールの法則は，電流 $I$ が流れる導線上の点 $\mathbb{r}'$ での微小部分 $\mathrm{d}\mathbb{s}$ によって生じる[a]微小磁場 $\mathrm{d}\mathbb{H}$ の，点 $\mathbb{r}$ における値を与えるものである：

$$\mathrm{d}\mathbb{H} = \frac{1}{4\pi}\frac{I\mathrm{d}\mathbb{s}\times(\mathbb{r}-\mathbb{r}')}{|\mathbb{r}-\mathbb{r}'|^3}.\quad (\text{注：}\times\text{は外積を表す}) \tag{14.6}$$

この式から，$\mathrm{d}\mathbb{H}$ は，電流の接線方向 $\mathrm{d}\mathbb{s}$ と，電流から見た位置ベクトル $\mathbb{r}-\mathbb{r}'$ の両方に直交する向きに生じ，$\mathbb{r}-\mathbb{r}'$ と $\mathrm{d}\mathbb{s}$ のなす角を $\theta$ とすれば，大きさは

$$dH = \frac{1}{4\pi}\frac{I\mathrm{d}s\sin\theta}{|\mathbb{r}-\mathbb{r}'|^2}$$

となる．

**(注釈)**

真空中であれば，$\mathbb{B}=\mu_0\mathbb{H}$ なので，(14.6)に $\mu_0$ を乗ずれば磁場 $\mathbb{B}$ を求められる．磁性体が存在する場合は，透磁率または比透磁率を用いて考えなければならない．**14.6 磁性体がある場合の磁場**を参照すること． □

[a]「$I\mathrm{d}\mathbb{s}$ によって生じる」とする方が，より本質的である．$I\mathrm{d}\mathbb{s}$ は**電流素片**と呼ばれる．

**【例題】** $xy$ 平面上で，原点を中心とする半径 $R$ の円に沿って，電流 $I$ が反時計回りに流れている．

(1) ビオ・サバールの法則を用いて，位置 $\mathbb{r}'=R(\cos\theta\mathbb{i}+\sin\theta\mathbb{j})$ における電流素片 $I\mathrm{d}\mathbb{s}$ の寄与する，点 $(0,0,z)$ における微小磁場 $\mathrm{d}\mathbb{H}$ を求めよ．($\mathrm{d}\mathbb{s}=\dfrac{\mathrm{d}\mathbb{r}'}{\mathrm{d}\theta}\mathrm{d}\theta$ に注意せよ．)

(2) (1) の結果を $\theta$ について積分することにより，円電流全体が生じさせる磁場 $\mathbb{H}$ の点 $(0,0,z)$ における大きさと向きを求めよ．

**《解答例》**

(1) $\mathrm{d}\mathbb{s}=\dfrac{\mathrm{d}\mathbb{r}'}{\mathrm{d}\theta}\mathrm{d}\theta=R(-\sin\theta\mathbb{i}+\cos\theta\mathbb{j})\mathrm{d}\theta$, $\mathbb{r}=z\mathbb{k}$ をビオ・サバールの法則に代入して

$$\begin{aligned}\mathrm{d}\mathbb{H} &= \frac{1}{4\pi}\frac{I(R(-\sin\theta\mathbb{i}+\cos\theta\mathbb{j})\mathrm{d}\theta)\times(-R\cos\theta\mathbb{i}-R\sin\theta\mathbb{j}+z\mathbb{k})}{|-R\cos\theta\mathbb{i}-R\sin\theta\mathbb{j}+z\mathbb{k}|^3}\\ &= \frac{I}{4\pi}\frac{(Rz\cos\theta)\mathbb{i}+(Rz\sin\theta)\mathbb{j}+R^2\mathbb{k}}{(R^2+z^2)^{\frac{3}{2}}}\mathrm{d}\theta.\end{aligned}$$

(2)

$$\begin{aligned}\mathbb{H} &= \int_{\text{円周}}\mathrm{d}\mathbb{H}=\int_0^{2\pi}\frac{I}{4\pi}\frac{(Rz\cos\theta)\mathbb{i}+(Rz\sin\theta)\mathbb{j}+R^2\mathbb{k}}{(R^2+z^2)^{\frac{3}{2}}}\mathrm{d}\theta\\ &= \frac{IR^2\mathbb{k}}{2(R^2+z^2)^{\frac{3}{2}}}.\end{aligned}$$

これより，大きさは $\dfrac{IR^2}{2(R^2+z^2)^{\frac{3}{2}}}$ で，向きは $z$ 軸正方向であることが分かる． ■

【問 35】 半径 $R$ の円周電流によって生じる磁場 $\mathbb{B}$ の，円の中心における値をビオ・サバールの法則を用いて求めたい．

(1) (14.6)における，$(\mathbb{r}-\mathbb{r}')$ と $\mathrm{d}\mathbb{s}$ が直交すること，および $\mathrm{d}\mathbb{H}$ の向きが常に $z$ 軸方向に向くことを確かめよ．

(2) $\mathrm{d}H$ を求めよ．

(3) 円周全体で (2) の積分を行って，$H$ および $B$ を求めよ．ただし真空中とする．

〔答：(2)$\dfrac{I\mathrm{d}s}{4\pi R^2}$, (3)$H=\dfrac{I}{2R}$, $B=\dfrac{\mu_0 I}{2R}$〕

【問 36】 1 m あたりの抵抗値が $1.0\times10^{-1}$ Ω の導線で，半径 5.0 cm の円形コイルを作り，それに 3.0 V の電池をつないだ．円形コイルの中心における磁場の大きさ $H$ [A/m], $B$ [T] を求めよ．ただし電池の内部抵抗は $4.0\times10^{-1}$ Ω とする．〔答：$H=7.0\times10^1$ A/m, $B=8.7\times10^{-5}$ T〕

【問 37】 $z$ 軸を中心軸とするような，内部が真空で無限に長いソレノイドに電流 $I$ が流れている．$n$ を単位長さあたりのソレノイドの巻き数として，原点における磁場 $\mathbb{H}$ が，$z$ 軸に平行でその大きさが $nI$ であることを，以下の手順で示せ．

(1) 中心軸上の点 $z$ から，微小な距離 $\mathrm{d}z$ の幅には $n\mathrm{d}z$ 個の円電流があることと，【例題】の結果を用いて，$z$ から $z+\mathrm{d}z$ にある微小ソレノイドが原点に生じる磁場 $\mathrm{d}\mathbb{H}$ を求めよ．

(2) $z$ について $-\infty$ から $\infty$ まで積分し，無限に長いソレノイドコイルの原点における磁場が $\mathbb{H}=nI\mathbb{k}$ であることを確かめよ．(hint:$z=R\tan\phi$ と置換して積分せよ)

〔答：(1)$\mathrm{d}\mathbb{H}=\dfrac{nIR^2\mathbb{k}}{2(R^2+z^2)^{\frac{3}{2}}}\mathrm{d}z$〕

【問 38】 $z$ 軸に沿って電流 $I$ が流れている．この電流によって生じる磁場 $\mathbb{H}$ を以下の手順で求めよ．

(1) 電流上の点 $(0,0,z')$ における電流素片 $I\mathrm{d}z\mathbb{z}$ によって生じる微小磁場 $\mathrm{d}\mathbb{H}$ の，$(x,0,0)$ における向きと大きさをビオ・サバールの法則を用いて求めよ．

(2) 原点から点 $\mathrm{A}(0,0,a)$ までに流れる電流によって生じる磁場の $(x,0,0)$ における大きさ $H$ を求めよ．

(3) 無限に長い直線電流によって生じる磁場の，電流から距離 $r$ の点における大きさ $H$ を求めよ．

〔答：(1)$y$ 軸正方向，$\mathrm{d}H=\dfrac{I}{4\pi}\dfrac{x}{(x^2+z'^2)^{\frac{3}{2}}}\mathrm{d}z$, (2)$H=\dfrac{I}{4\pi x}\dfrac{|a|}{\sqrt{x^2+a^2}}$, (3)$H=\dfrac{I}{2\pi r}$〕

【問 39】 【問 38】の結果を利用して，磁場 $\mathbb{H}$ の単位が [A/m] となることを確かめよ．

【問 40】 電流 $I$ が流れる導線の微小部分 $\mathrm{d}\mathbb{s}$ から離れたところに磁荷 $q_m$ [A·m] があるとする．

(1) （一旦電流 $I$ のことは脇に置いて）この磁荷が原点に置かれているとして，この磁荷が位置 $\mathbb{R}$ に作る磁場の式を書け．

(2) (1) の磁場により，位置 $\mathbb{R}$ にある導線の微小部分 $\mathrm{d}\mathbb{s}$ が受ける力 $\mathrm{d}\mathbb{F}$ を求めよ．

(3) (2) の $\mathrm{d}\mathbb{F}$ は，磁荷が微小部分 $\mathrm{d}\mathbb{s}$ の電流に作用する力と考えられるが，作用反作用の法則から，微小部分の電流が磁荷に $-\mathrm{d}\mathbb{F}$ の力を作用していることになる．これらのことから，ビオ・サバールの法則を導け．

〔答：(1) $\mathbb{H}=\dfrac{q_m}{4\pi}\dfrac{\mathbb{R}}{|\mathbb{R}|^3}$, (2)$\mathrm{d}\mathbb{F}=\dfrac{\mu_0 I q_m}{4\pi}\dfrac{\mathrm{d}\mathbb{s}\times\mathbb{R}}{|\mathbb{R}|^3}$, (3) 磁場の定義：$-\mathrm{d}\mathbb{F}=\mu_0 q_m \mathrm{d}\mathbb{H}$ から導け〕

【問 41】 図のような，$xy$ 平面内で，中心が原点にある微小な長方形回路 ABCD に流れる電流 $I$ によって生じる磁場 $\mathbb{H}$ が

$$\mathbb{H}\fallingdotseq\frac{I\mathit{\Delta}A}{4\pi r^3}\left(\frac{3xz}{r^2},\frac{3yz}{r^2},\frac{3z^2}{r^2}-1\right)$$

で与えられることを，ビオ・サバールの法則を用いて確かめよ．ただし $\mathit{\Delta}A$ は微小長方形 ABCD の面積である．

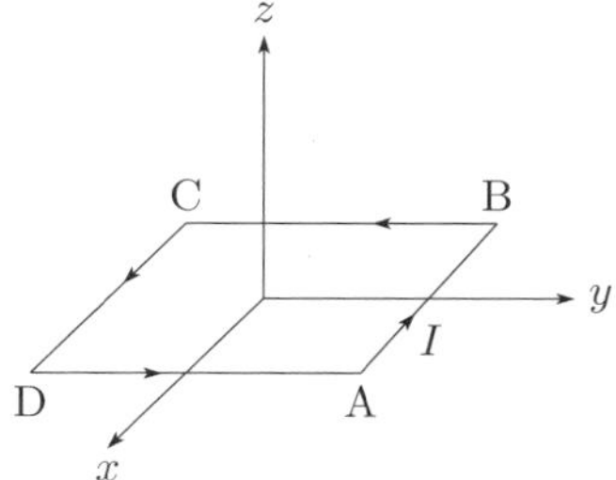

**曲面 $S$ を貫く磁束**

向きが定められた（=表・裏が決められている）曲面 $S$ を貫く磁束 $\Phi_S$ とは

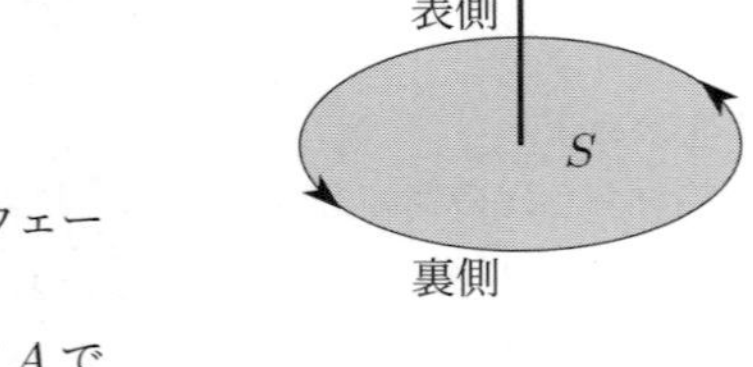


$$\Phi_S = \int_S B_n \, \mathrm{d}A.$$

ここで $B_n$ は $\mathbb{B}$ の $S$ に関する法線成分である．単位は Wb(ウェーバ)[a].

特に $\mathbb{B}$ が一様な大きさ $B$ で曲面 $S$ と直交し，$S$ の面積が $A$ である場合は，磁束は以下のような式で表される：

$$\Phi_S = BA.$$

[a] これから，磁場 $\mathbb{B}$ の単位が $[\mathrm{T}] = [\mathrm{Wb/m^2}]$ となる．$\mathbb{B}$ が磁束密度と呼ばれる所以である．

【問 42】 一様な磁場 $\mathbb{B} = B_x\mathbb{i} + B_y\mathbb{j} + B_z\mathbb{k}$ が，円盤 $x^2 + y^2 \leq a^2$ を貫く磁束 $\Phi$ を求めよ．ただし，$S$ の向きは $z$ 軸マイナス方向とする．〔**答：**$\Phi = -\pi a^2 Bz$〕

【問 43】 向きが $x$ 軸方向，大きさ $2.0 \times 10^{-2}$ T の一様な磁場中，平面 $2x + 3y + z = 0$ 内に含まれる，面積 $1.0\ \mathrm{m}^2$ の正方形 $S$ を通り抜ける磁束の大きさ $\Phi$ を求めよ．〔**答：**$\Phi = 1.1 \times 10^{-2}$ Wb〕

**磁場 $\mathbb{B}$ に関するガウスの法則**

**閉曲面** $S$ を貫く磁束は常にゼロである．すなわち，任意の磁場 $\mathbb{B}$，$S$ を任意の閉曲面とするとき

$$\int_S B_n \mathrm{d}A = 0. \tag{14.7}$$

が成立する[a]．この法則は，

- 単位磁荷が存在しない
- 磁力線が閉曲線である（磁力線の始点・終点が存在しない）

ことを述べている．

**★ 磁場 $\mathbb{H}$ に関するガウスの法則** 真空中では $\mathbb{B} = \mu_0\mathbb{H}$ であるから，$\mathbb{H}$ に対してもガウスの法則は成立する[b].

[a] $\mathbb{B}$ については，磁性体中においても成立する．
[b] $\mathbb{H}$ については，磁性体中において一般に成立しない．

【問 44】 $z$ 軸に沿って無限に長い直線上に電流 $I$ が流れるとき，まわりに生ずる磁場 $\mathbb{B}$ は，$z$ 軸を中心とした動径方向成分を持たないことを，ガウスの法則を用いて示せ．(hint：$\mathbb{B}$ が $z$ 軸まわりの回転対称性と $z$ 軸方向への並進対称性をもつことに注意して，$z$ 軸を中心とする円筒面を閉曲面 $S$ として考えよ．)

【問 45】 $z$ 軸を中心軸とするような，内部が真空で無限に長いソレノイドに電流 $I$ が流れるとき，まわりに生ずる磁場 $\mathbb{B}$ は，$z$ 軸を中心とした動径方向成分を持たないことを，ガウスの法則を用いて示せ．

## 14.5　アンペールの法則

**$\mathbb{H}$ に関するアンペールの（周回積分）法則**

$C$ を任意の向きがついている閉曲線，$\mathbb{H}$ を磁場とするとき，アンペールの法則は

$$\int_C H_t \mathrm{d}s = I \tag{14.8}$$

と表される．ここで $H_t$ は $\mathbb{H}$ の $C$ の接線成分を表し，$I$ は $C$ の内側を貫く伝導電流の正負を含めた総和である．

★ **磁場 $\mathbb{B}$ に関するアンペールの法則** 真空中では，$\mathbb{B} = \mu_0 \mathbb{H}$ であるから，$\mathbb{B}$ に対しては $I$ を $\mu_0 I$ に置き換えるだけで成立する．

**【例題】** アンペールの法則を用いて，無限に長い直線電流 $I$ から距離 $r$ の位置における磁場を求めたい．

(1) 形成される磁場の特徴（対称性）を述べよ．それをもとに磁場の概形を描け．
(2) アンペールの法則における閉曲線 $C$ は，どのように選ぶべきか述べた上で，それを用いて磁場の大きさを求めよ．

---

**《解答例》**

(1) 電流の向きを $z$ 軸にとると，$\mathbb{H}$ は $z$ 軸周りの回転，$z$ 軸方向への平行移動について対称で，電流の向きを逆に，つまり $z$ 軸について反転させると，$\mathbb{H}$ の符号が変わる．

- $z$ 軸にそった平行移動に関する対称性があるので，$xy$ 面内のおける磁界を考えれば十分である．
- 電流の向きは一様に $z$ 軸方向で，ビオ・サバールの法則より $\mathbb{H}$ はそれと直交するから，$\mathbb{H}$ は $xy$ 面内に含まれる（$z$ 成分はゼロ）．
- ガウスの法則より，$\mathbb{H}$ は $z$ 軸からの動径方向成分はゼロ．
- $z$ 軸に関する回転対称性から，$z$ 軸からの距離 $r$ にあるベクトルは，$z$ 軸まわりの回転で重なる．

以上をまとめると，$\mathbb{H}$ を $xy$ 面内で描いた概図は右のようになる．

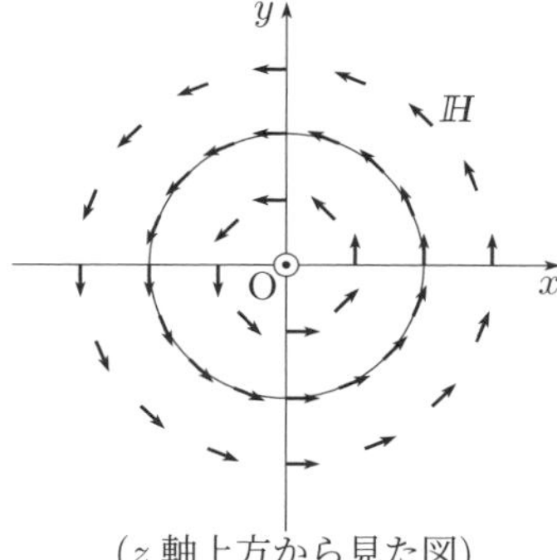

（$z$ 軸上方から見た図）

(2) (1) の $\mathbb{H}$ の対称性に関する議論によれば，原点中心半径 $r$ の円を $C$ とすると，$\mathbb{H}$ は $C$ に接し，かつ $C$ 上で $\mathbb{H}$ の大きさ $H$ は一定となる．このように $C$ を選べば，アンペールの法則の左辺で $\mathbb{H}_t = H$ となるから

$$\int_C H_t \mathrm{d}s = \int_C H\,\mathrm{d}s = H \int_C \mathrm{d}s = 2\pi r H.$$

これより

$$H = \frac{I}{2\pi r}.$$

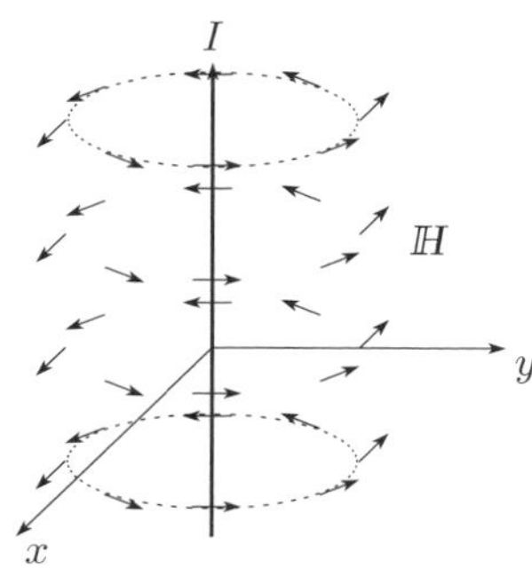


■

【問 46】 無限に長い直線導線に，5.0 A の電流を流したとき，導線からの距離 10 cm での磁場の大きさ $H$ [A/m], $B$ [T] を求めよ．〔答：$H = 8.0$ A/m, $B = 1.0 \times 10^{-5}$ T〕

【問 47】 電流 $I$ が，断面が半径 $a$ の円であるような導線を一様に流れているとき，まわりに生じる磁場 $\mathbb{H}$, $\mathbb{B}$ の概図を描き，それぞれの大きさを求めよ.
〔答：$r$ を導線の中心軸からの距離として，$H = \dfrac{rI}{2\pi a^2}(r < a)$, $H = \dfrac{I}{2\pi r}(a \leq r)$, $B = \mu_0 H$〕

【問 48】 図のように，内部に断面が半径 $a$ の円形導体，外部が半径 $b$ の円筒導体で作られた，無限に長いまっすぐな同軸ケーブルがある．2 つの導体に同じ大きさで互いに逆向きの電流 $I$ が一様に流れているとき，まわりに生じる磁場の大きさ $H$ を，アンペールの法則を用いて求めよ．〔答：軸の中心からの距離を $r$ として，$H = \dfrac{Ir}{2\pi a^2}(r \leq a)$, $H = \dfrac{I}{2\pi r}(a < r < b)$, $H = 0(b < r)$〕

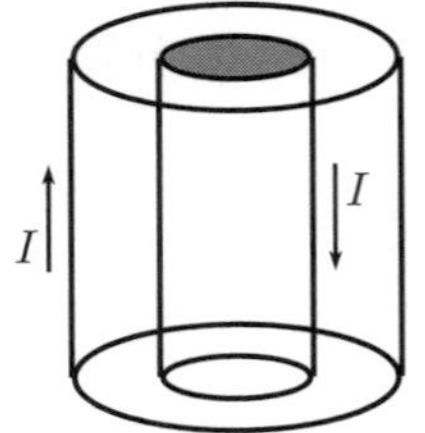


【問 49】 無限に長い直線電流 $I_1$, $I_2$ が距離 $r$ だけ離れ互いに並行で同じ向きに流れている．これらの電流の単位長さあたりの間に働く力の向きと，大きさ $F$ を求めよ．〔答：電流を互いに引きよせる向き，$F = \dfrac{\mu_0 I_1 I_2}{2\pi r}$〕

【問 50】 $z$ 軸方向に無限に長いソレノイドに，電流 $I$ が流れている．ソレノイド内に生じる磁場の向きは，中心軸と平行であることを仮定してよい．以下の問いに答えよ.

(1) ソレノイドの内部における磁場は一様であることを，アンペールの法則を用いて示せ

(2) 【問 37】の結果を利用して，ソレノイドの内部の磁場の大きさが $H = nI$ であることを示せ．ここで $n$ はソレノイドの単位長さあたりの巻数である.

(3) ソレノイド外部では $H = 0$ であることを，アンペールの法則を用いて示せ.

【問 51】 長さ 20 cm の円筒に，導線を 1000 回巻いたソレノイドに，3.0 A の電流を流すとき，ソレノイド内部の磁場の大きさ $H$, $B$ を求めよ．この際，無限に長いソレノイドと近似して答えてよい.
〔答：$H = 1.5 \times 10^4$ A/m, $B = 1.9 \times 10^{-2}$ T〕

【問 52】 $xy$ 平面内にある，無限に広い導体板に電流が密度 $J$ [A/m] で，$y$ 軸方向に流れている．まわりに生じる磁場の向きと大きさを答えよ.
〔答：$z < 0$ で，$-x$ 軸方向，$z > 0$ で $x$ 軸方向．大きさは一様に $H = \dfrac{J}{2}$, $B = \dfrac{\mu_0 J}{2}$〕

**コラム：「閉曲線 $C$ を貫く向き」の正負について**

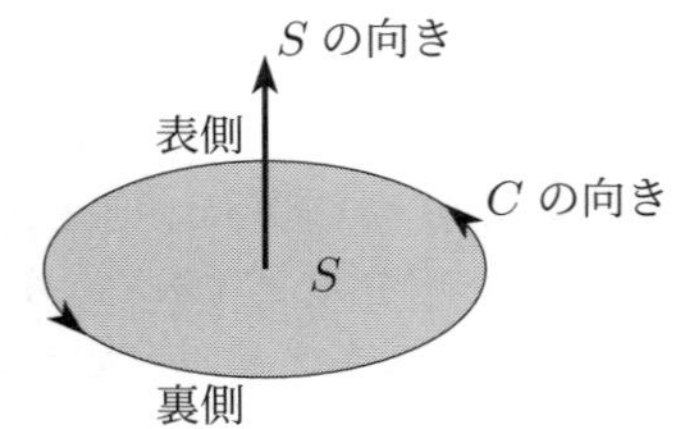


アンペールの法則などで，「$C$ を貫く向き」という表現では，その向きの正負を考える必要があり，次の様に定義される：「$C$ を境界線に持つような曲面 $S$ に対し，$C$ の向きに右ねじを回転させたとき，ねじが進む向きを $S$ の向きとし，この向きと同じである場合 $C$ を正方向に貫くという.」

アンペールの法則で「$C$ の内部を貫く電流」は，$C$ を境界線とする任意の曲面 $S$ を直観的には「裏面から表面へと貫いて流れる電流」という意味であるが，先に述べた方法で定義された向きと電流の向きの関係で考えることにしている.

この際，曲面 $S$ の選び方（$C$ を境界に持つ面はひとつではない）に依存しないことをいう必要があるが，実は一般に成立しないので，アンペールの法則 (14.8)は不完全である．これを修正するためには，右辺に変位電流の項を付け加え，連続の方程式を考慮する必要がある．この修正を含めたものを，マックスウェル＝アンペールの法則 (15.4)といい，電磁気学の基本方程式の一つになっている.

## 14.6　磁性体がある場合の磁場

**磁場 $\mathbb{H}$，磁場 $\mathbb{B}$，磁化 $\mathbb{M}$**

単位体積あたりの磁気モーメントの和 $\mathbb{M}$ を**磁化**という．点 $\mathbb{r}$ を含む微小体積 $\Delta V$ 中にある，磁気モーメントを $\boldsymbol{\mu}_i$ とすれば，$\mathbb{r}$ における磁化 $\mathbb{M}(\mathbb{r})$ は，単位体積あたりの磁気モーメントの和：

$$\mathbb{M}(\mathbb{r}) = \lim_{\Delta V \to 0} \frac{1}{\Delta V} \sum_i \boldsymbol{\mu}_i$$

で定められる．$\mathbb{E} - \mathbb{B}$ 対応で，磁荷の単位が $[\mathrm{A \cdot m}]$ の場合，磁化の単位は $[\mathrm{A/m}]$（$\mathbb{H}$ の単位と同じ）となる．

■**磁化率と透磁率**　多くの物質は，磁場 $\mathbb{H}$ と磁化 $\mathbb{M}$ の間に比例関係が存在する：

$$\mathbb{M} = \chi_m \mathbb{H}.$$

物質の磁化のされやすさを表す，比例定数 $\chi_m$ を**磁化率**と呼ぶ．$\chi_m > 0$ であるものを常磁性体，$\chi_m < 0$ であるものを反磁性体という．これらの磁化率は非常に小さく，$|\chi_m| < 10^{-5}$ 程度である．

$\mathbb{B}, \mathbb{H}, \mathbb{M}$ の関係は

$$\mathbb{B} = \mu_0(\mathbb{H} + \mathbb{M}) = \mu \mathbb{H}.$$

ここで $\mu = \mu_0(1 + \chi_m)$ とおいた[a]．$\mu$ を磁性体の**透磁率**，$\mu_r = 1 + \chi_m$ を**比透磁率**という．

一方，鉄・コバルト・ニッケルなど一部の物質は，磁場 $\mathbb{H}$ に対して，非常に大きな磁化 $\mathbb{M}$ が得られるが，磁化の履歴に依存し，単純な比例関係にはならない．よって，磁化率 $\chi_m$ あるいは透磁率 $\mu$ が単なる定数でないことになるが，いくつかの特徴的な値によって，強磁性体の磁化率や透磁率を表すことが多い[b]．

[a] 磁気モーメント $\boldsymbol{\mu}$ と同じ文字を使っているので，混同しないように注意する．
[b] 代表的なものとして初透磁率，最大透磁率がある．

**$\mathbb{B}$ と $\mathbb{H}$ の使い分け**

アンペールの法則が示すように，磁気現象の源の一つは伝導電流であるが，磁性体中においては，原子内部の微視的な電流や，スピンとよばれる量子的な効果も磁気現象の源になることから，磁性体中では，$\mathbb{B}, \mathbb{H}$ に対するアンペールの法則やガウスの法則は修正を受けることになる．

しかし，磁性体のある場合でも，$\mathbb{B}$ に関するガウスの法則 (14.7)はそのままで成立し，$\mathbb{H}$ に関するアンペールの法則 (14.8)は，電流として扱いやすい**伝導電流**のみを考えることでそのまま成立する．

【問 53】 常磁性体，反磁性体，強磁性体とはどのような物質か．それぞれ例をあげて，それらの磁化率を調べよ．

【問 54】 強磁性体のヒステリシスとはどのような現象であるか述べよ．

【問 55】 トランスや永久磁石を作るときに用いられる強磁性体の適切な特性を，磁気飽和，残留磁化，保持力，ヒステリシス損の言葉を用いて，それぞれ説明せよ．

【問 56】 磁場 $\mathbb{H}$, 磁気双極子 $\boldsymbol{\mu}$，磁化 $\mathbb{M}$，磁場 $\mathbb{B}$，磁化率 $\chi_m$，透磁率 $\mu$ のそれぞれについて，電気学で対応するものを述べよ．この際，単位を併せて記述すること．また，常磁性体（磁化が磁場に比例する）の場合，磁場 $\mathbb{B}$ を磁場 $\mathbb{H}$ と磁化率，および磁場 $\mathbb{H}$ と透磁率を用いて表せ．

【問 57】 単位長さあたりの巻数が $n$ の無限に長いソレノイドの内部に，比透磁率 $\mu_r$ の物質を充填した．このソレノイドに電流 $I$ を流すときに生じる磁場 $\mathbb{H}$，と磁場 $\mathbb{B}$ の大きさをそれぞれ求めよ．〔答：ソレノイド内部では一様に，$H = nI$, $B = \mu_r \mu_0 nI$，ソレノイド外部では $H = B = 0$〕

【問 58】 【問 51】のソレノイドの内部にアルミニウムや鉄を挿入した場合に生じる，磁場 $H, B$ を求め，内部が真空であった時と比較せよ．ただし，アルミニウムは常磁性体で，常温での磁化率は $\chi_m = 2.3 \times 10^{-5}$，軟鉄は強磁性体で，比透磁率を $\mu_r = 2000$，飽和磁束密度を 2.2 T として計算せよ．〔答：どちらも $H = 1.5 \times 10^4$ A/m, アルミ $B = 1.9 \times 10^{-2}$ T，軟鉄 $B = 2.2$ T〕

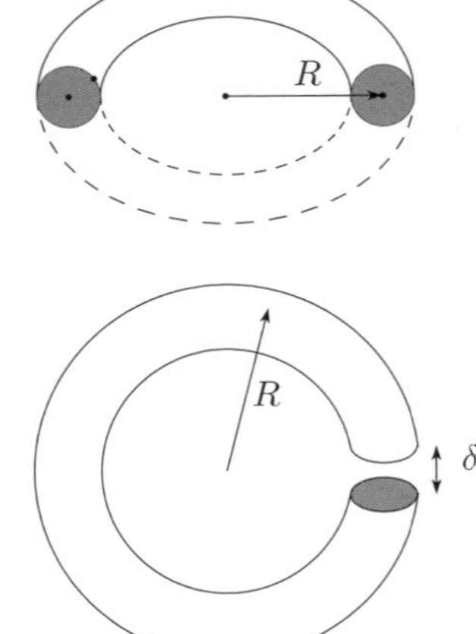


【問 59】 図のような比透磁率 $\mu_r$ のトロイド（ドーナツ状の物体）に，巻数 $N$ のコイルを一様に巻きつけて，電流 $I$ を流した．生じる磁場 $\mathbb{H}$，磁場 $\mathbb{B}$ の大きさをそれぞれ求めよ．
〔答：内部では $H = \dfrac{NI}{2\pi R}$, $B = \dfrac{\mu_r \mu_0 NI}{2\pi R}$, 外部では $H = B = 0$〕

【問 60】 図のような比透磁率 $\mu_r$ の軟鉄で作られた，半径 $R$ で，小さな隙間 $\delta$ のあるドーナツ状の鉄心に，巻数 $N$ のコイルを一様に巻きつけて電流 $I$ を流し，C 字形の電磁石を作った．以下の問いに答えよ．

(1) 鉄心内部と隙間における，磁場 $\mathbb{B}$ の大きさはほぼ等しくなる．その理由を述べよ．

(2) 鉄心内部と隙間における，磁場 $\mathbb{B}$ の大きさを求めよ．

(3) $\delta \ll \dfrac{2\pi R}{\mu_r}$ であるとき，隙間における磁場 $\mathbb{B}$ の強さは，空芯の場合に比べて何倍になるか答えよ．

〔答：(2)$B = \dfrac{\mu_r \mu_0 NI}{2\pi R + \delta(\mu_r - 1)}$, (3)$\mu_r$ 倍〕

# 第 15 章

# 時間変化する電磁場

## 15.1　電磁誘導とファラデーの法則

**閉回路 $C$ を貫く磁束**

閉曲線 $C$ に対し，それを貫く磁束 $\Phi_C$ とは，$C$ を境界とする任意の曲面 $S$ [a]を貫く磁束のことである．

$$\Phi_C = \int_S B_n \, \mathrm{d}A.$$

ここで $B_n$ は $\mathbb{B}$ の $S$ に関する法線成分を表す．ただし曲面 $S$ の向きは，境界 $C$ の向きづけにあわせて定める．つまり，$C$ の向きに右ねじを回転させたときの，ねじの進む向きを $S$ の向きとする．

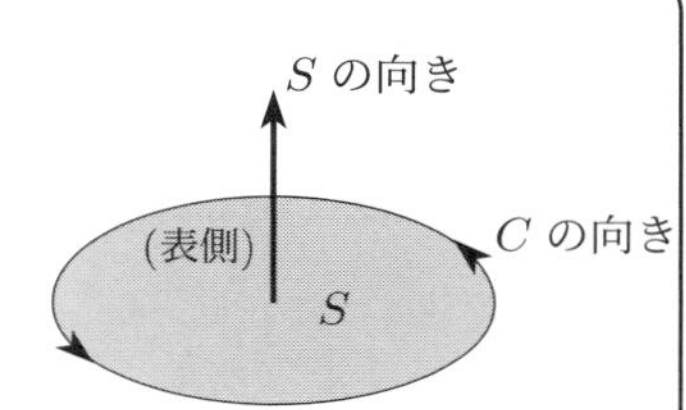


[a] $C$ を貫く磁束は，$S$ の選び方によらず $C$ のみによって定まる．このことは $\mathbb{B}$ に関するガウスの法則から導かれる（【問 4】）．一方，電束密度 $\mathbb{D}$ に関しては，同様の方法で「$C$ を貫く電束」を定義できず，このことが「マックスウェル–アンペールの法則」と密接な関係を持つことになる．

【問 1】　一様な磁場 $\mathbb{B}$ の中に，コイルをどのような方向に向ければ，コイルを貫く磁束が最大になるか答えよ．

【問 2】　一様な磁場 $\mathbb{B} = B_x\mathbb{i} + B_y\mathbb{j} + B_z\mathbb{k}$ が，閉曲線 $C : x^2 + y^2 = a^2$ を貫く磁束 $\Phi_C$ を求めよ．ただし，$C$ の向きは，$xy$ 平面内を反時計回りに進む向きとする．〔**答**：$\Phi_C = \pi a^2 B_z$〕

【問 3】　一様な磁場 $B$ の中に，断面が半径 $a$ の円であるような，巻き数が $N$ のソレノイドコイルを貫く磁束 $\Phi$ を求めよ．ただし，ソレノイドコイルの軸の向きと $B$ の向きは同じで，コイルの始点と終点はつながっているものとする．〔**答**：$\Phi = \pi a^2 NB$〕

【問 4】　二つの曲面 $S_1$, $S_2$ の境界が同一の閉曲線 $C$ になっているとき，それぞれの磁束が等しくなること，$\Phi_{S_1} = \Phi_{S_2}$ を示せ．またこのことより，「（向きのついた）回路 $C$ の内側を貫く磁束」が矛盾なく定義できることを示せ．

**ファラデーの法則（電磁誘導の法則）**

ファラデーの法則（電磁誘導の法則）とは，回路 $C$ を貫く磁束 $\Phi$ の変化が，回路に誘導起電力 $V_\mathrm{i}$ を生じさせることをいう：

$$V_i = -\frac{\mathrm{d}\Phi}{\mathrm{d}t}. \tag{15.1}$$

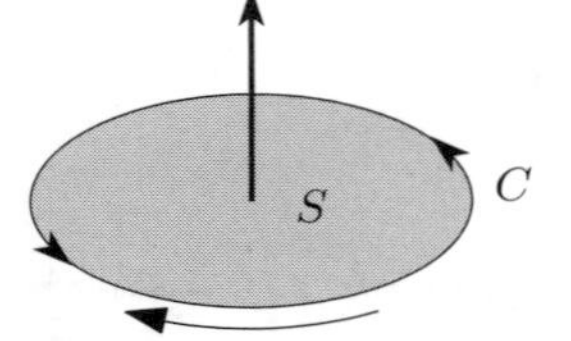


ただし，向きが付けられた回路 $C$ に対して，$C$ に生ずる誘導起電力 $V_i$ を「$C$ における電位差」

$$V_i = \int_C \mathbb{E}\cdot \mathrm{d}\mathbb{s} = \int_C E_t \mathrm{d}s$$

と定める．

**（注釈）**

ファラデーの法則の右辺に現れる負号は，$\Phi$ の増加する向き（$=S$ の向き）に対して，その境界 $C$ の向きと逆向きに電流が流れるような起電力が生じるという意味である．このことは「電磁誘導によって生ずる誘導起電力は，それによって流れる誘導電流の作る磁場が回路を貫く磁場の変化を妨げる向きに生ずる．」という，**レンツの法則**としても表現される．□

【問 5】 時刻 $t$ において，ある回路を通り抜ける磁束が $\Phi(t) = \sin(2t)$ で与えられるとき，この回路に生ずる誘導起電力 $V_i$ を求めよ．〔**答**：$V_i = -2\cos(2t)$〕

【問 6】 $\mathbb{B} = (0, B_0\cos(\omega t), B_0 t^2)$ というように時間変化するが空間的に一様な磁場が存在する．$xy$ 面上で原点を中心とする半径 $a$ の円形回路に生じる誘導起電力 $V_i$ を求めよ．〔**答**：$V_i = 2\pi a^2 B_0 t$〕

【問 7】 図のように，大きさ $B$ の一様な磁場中に，一辺が $a$ の正方形回路 ABCD が置かれているとする．図の回転軸のまわりで回路を一定の角速度 $\omega$ で回転させたとき，端子 P に対する端子 Q の電位 $V$ の波形を答えよ．また，周波数が 60Hz の交流電圧を発電するためには，どのようにすればよいのか答えよ．〔**答**：$V$ は振幅 $a^2\omega B$, 角振動数 $\omega$ の正弦波交流，一定の角速度 $\omega = 120\pi$ でコイルを回転させる〕

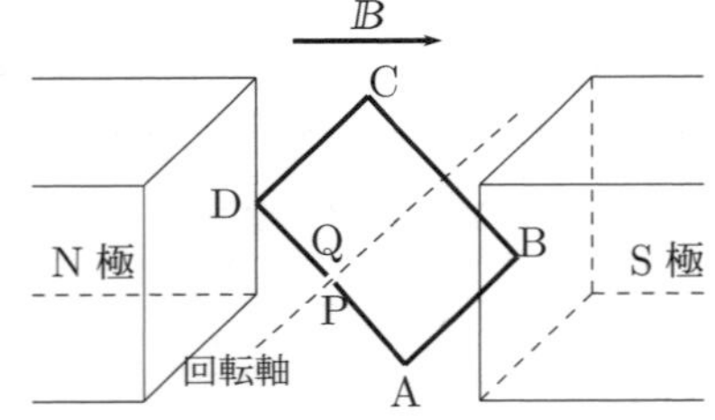


【問 8】 【問 7】 において，$a = 30$ cm, $B = 0.2$ T で，60 Hz の交流電圧を発電するとき，電圧の振幅を求めよ．〔**答**：6.8 V〕

**磁場中を運動する回路の起電力**

閉曲線 $C$ 上の点における速度を $\mathbb{v}$ とするとき，$C$ に生じる誘導起電力 $V_i$ は，

$$V_i = \int_C (\mathbb{v}\times\mathbb{B})\cdot \mathrm{d}\mathbb{s}$$

で与えられる．

【問 9】 図のような長さ $l$ の導体棒が，レール上速度 $v$ で右へ運動している．磁場 $B$ は紙面からこちらに向かう向きに一様であるとして，棒の両端における電位差 $V_i$ と，電流の流れる向きをを答えよ．
〔**答**：$V_i = Bvl$, 右回り．〕

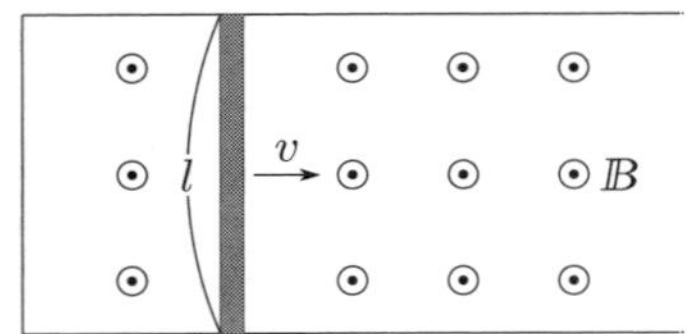

【問 10】　空気中の $B = 4.6 \times 10^{-5}$ T の磁場内で，$B$ の向きと垂直な 1.0 m の導線を，$B$ と導線の両方に垂直な方向に，速さ 10 m/s で動かすとき，導線の両端に生じる電位差 $V_{\mathrm{i}}$ を求めよ．〔**答：**$V_{\mathrm{i}} = 4.6 \times 10^{-4}$ V〕

【問 11】　図のように，半径 $a$ の金属円板が，中心軸のまわりに一定の角速度 $\omega$ で回転している．この回転する円板を，中心軸方向の一様な大きさ $B$ の磁場の中に置いて，円板の周辺部と回転軸に導線を接触させると，回路に電磁誘導が起こる．誘導起電力の大きさ $V_i$ を求めよ．〔**答：**$V_i = \dfrac{a^2\omega B}{2}$〕

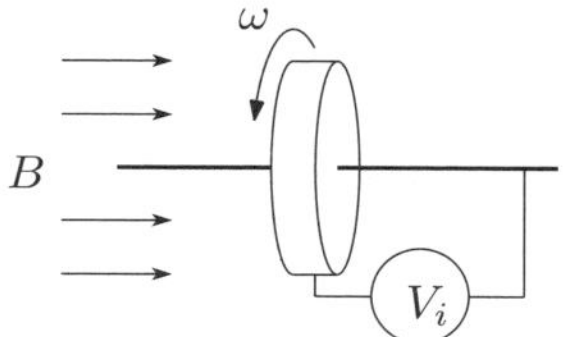


## 15.2　自己誘導と相互誘導

**自己誘導・自己インダクタンス**

回路（コイルなど）$C$ に電流 $I$ を流すと，$I$ に比例する磁場 $\mathbb{H}$，$\mathbb{B}$ が生じ，$C$ を貫く（$C$ と鎖交する）磁束 $\Phi$ が生じる．これよりある比例定数 $L$ が存在して，

$$\Phi = LI$$

を満たす．この $L$ を（$C$ の）**自己インダクタンス**という．この両辺を微分して，ファラデーの法則を用いると

$$V_i = -L\frac{\mathrm{d}I}{\mathrm{d}t}$$

を得る．$C$ を流れる電流の時間変化により，$C$ に誘導起電力[a]が生ずるこの現象を**自己誘導**という．

[a] この式によれば，電流の変化の向きと逆向きに起電力が生じているので，$V_i$ は逆起電力と呼ばれることもある．

【問 12】　自己インダクタンスが 4.0 H のコイルがあり，そこに 0.5 A の直流電流が流れているとき，コイルの鎖交磁束 $\Phi$ はいくらか．
また，その後 $\Delta t = 5$ ms の間に，電流が一定の割合で 30 mA 増加した．この間，コイルに発生する自己誘導の起電力の大きさは何　V か．〔**答：**$\Phi = 2.0$ Wb, $2.4 \times 10^1$ V〕

【問 13】　断面積 $S$，長さ $\ell$，巻数 $N$ の十分長いソレノイドがあり，これに電流 $I$ が流れている．ソレノイド内部の磁場は一様で，ソレノイド外部に漏れる磁場は 0 であると仮定して以下の問いに答えよ．

(1) ソレノイド内部の磁場の大きさ $H$ を求めよ．
(2) ソレノイド内部は真空であると仮定したとき，自己インダクタンス $L_0$ をもとめよ．
(3) ソレノイド内部に，隙間なく鉄芯を入れた場合の自己インダクタンス $L$ を求めよ．ただし，鉄の透磁率を $\mu$ とする．
(4) (3) のソレノイドに流す電流が $I = I_0 \sin(\omega t)$ であるとき，ソレノイドの両端に発生する自己誘導の起電力を求めよ．また，この結果から，コイルの逆起電力が交流の振動数 $\omega$ に比例することを確かめよ．

〔**答：**$(1)H = \dfrac{NI}{\ell}$, $(2)L_0 = \dfrac{\mu_0 N^2 S}{\ell}$, $(3)L = \dfrac{\mu N^2 S}{\ell}$, $(4)V = -\dfrac{\omega\mu N^2 S I_0}{\ell}\cos(\omega t)$〕

【問 14】　断面が半径 1.0 cm の円で，長さ 10 cm の鉄芯（比透磁率 $\mu_r = 5000$）に，導線を 200 回一様に巻き付けたソレノイドを作った．自己インダクタンス $L$ を求めよ．ただし，十分長いソレノイドであると仮定して，【問 13】の結果を用いてよい[*1]〔**答：**$L = 7.9 \times 10^{-1}$ H〕

[*1] 実際の有限長ソレノイドでは，磁束の漏れがあってインダクタンスが減少する．長岡係数と呼ばれる，補正のための乗数 $K$ がソレノイドの直径と長さで定まり，この問の場合は $K = 0.92$ で $L = 7.3 \times 10^{-1}$ H となる．

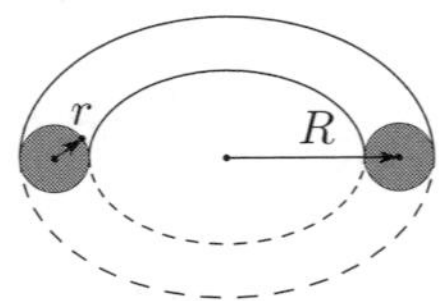
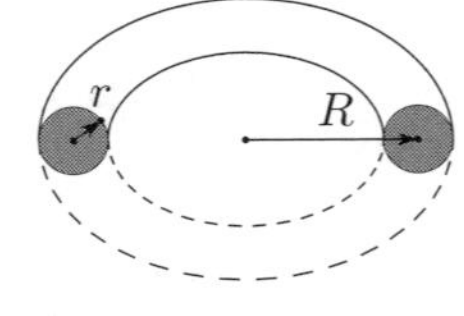


【問 15】 図のような比透磁率 $\mu_r$ のドーナツ状の物体に，巻数 $N$ のコイルを一様に巻きつけた．自己インダクタンス $L$ を求めよ．ただし，$r$ は $R$ に比してとても小さくて，コイル内部の磁場の大きさは一様であると仮定してよい．〔答：$L=\dfrac{\mu_r\mu_0 r^2 N^2}{2R}$〕

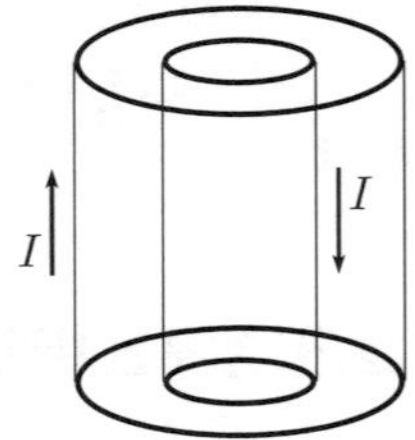


【問 16】 半径が $a$ および $b$ $(a<b)$ で，長さが $\ell$ である 2 つの同軸円筒形導体からなる，長い同軸ケーブルがある．外側と内側の導体で回路を構成したと考えて，各導体に電流 $I$ を互いに逆向きなるように流す．以下の各問に答えよ．電流は導体を一様に流れ，ケーブルの端での磁場の乱れは小さく，一様な磁場が生じていると仮定してよい．

(1) 導体間の鎖交磁束 $\Phi$ を求めよ．ただし導体内部の磁束は 0 としてよい．

(2) このケーブルの自己インダクタンス $L$ を求めよ．

〔答：(1)$\Phi=\dfrac{\mu_0 I\ell}{2\pi}\log\dfrac{b}{a}$, (2)$L=\dfrac{\mu_0\ell}{2\pi}\log\dfrac{b}{a}$〕

【問 17】 断面が半径 $a$ の円である長い導体棒を，導体の中心軸間の距離 $d$ だけ離して平行に並べてケーブルを作り，これらで回路を構成したと考えて，これらに電流 $I$ を互いに逆向きに流す．

(1) 一方の導体中心からの距離を $r$ として，導体間の磁場の大きさ $H$ を求めよ．

(2) 単位長さあたりの導体間の鎖交磁束 $\Phi$ を求めよ．ただし，導体内部の磁束は 0 と近似してよい．

(3) このケーブルの単位長さあたりの自己インダクタンス $L$ を求めよ．

〔答：(1)$H=\dfrac{I}{2\pi}\left(\dfrac{1}{r}+\dfrac{1}{d-r}\right)$, (2)$\Phi=\dfrac{\mu_0 I}{\pi}\log\dfrac{d-a}{a}$, (3)$L=\dfrac{\mu_0}{\pi}\log\dfrac{d-a}{a}$〕

【問 18】 断面が半径 $a$ の円の鉄棒でつくられた，半径 $r$ の鉄環に，巻数 $N_1, N_2$ の 2 つのコイル 1，2 を巻きつけた．鉄の透磁率を $\mu$ とし，鉄内の磁場の大きさ $B$ は一様であると仮定して以下の問いに答えよ．

(1) コイル 1 に電流 $I$ を流したときに生じる磁場 $B$ を求めよ．

(2) 相互インダクタンス $M_{12}, M_{21}$ を求めよ．

(3) コイル 1，2 の自己インダクタンス $L_1$,$L_2$ を求めよ．

〔答：(1)$B=\dfrac{\mu N_1 I}{2\pi r}$, (2)$M_{12}=M_{21}=\dfrac{\mu N_1 N_2 a^2}{2r}$, (3) $L_i=\dfrac{\mu N_i^2 a^2}{2r}$〕

【問 19】 自己インダクタンスが $L_1, L_2$ である 2 つのコイルを，直列あるいは並列に接続したときの，合成自己インダクタンス $L$ が，それぞれ $L=L_1+L_2$, $\dfrac{1}{L}=\dfrac{1}{L_1}+\dfrac{1}{L_2}$ を満たすことを，誘導起電力と自己インダクタンスの関係式 $V_{\rm i}=-L\dfrac{{\rm d}I}{{\rm d}t}$ から導け．ただし，それぞれのコイルが生じる磁場は，互いに影響を与えないと仮定する[*2]

【問 20】 交流 100V を 20V にする変圧器を作りたい．1 次コイルの巻数が 400 回であるとき，2 次コイルの巻数はいくらにすればよいか．〔答：80 回〕

---

[*2] この仮定は，2 つのコイル間の相互インダクタンスがゼロであることを意味しているが，実際はコイルの配置によっては，相互インダクタンスが無視できないことも多く，ここに挙げた公式通りにはならない．

**コイル（インダクタ）が蓄えるエネルギー**

自己インダクタンスが $L$ のコイルに蓄えられる，磁気力によるエネルギーは，

$$U = \frac{1}{2}LI^2 \tag{15.2}$$

で与えられる．

**■磁場の持つエネルギー密度**　単位長さあたりの巻き数が $n$ の長いソレノイド内では，電流 $I$ を流すことによって一様な磁場 $H = nI$, $B = \mu nI$ が生じ，磁場のエネルギーがソレノイドに蓄えられたエネルギーに等しいと考えると，断面積 $A$, 長さ $d$ のソレノイドの自己インダクタンスが $L = \mu n^2 Ad$ で与えられるので，単位体積あたりのエネルギー $u_B$ は，

$$u_B = \frac{1}{2}\mu H^2 = \frac{1}{2}HB = \frac{1}{2}\mathbb{H}\cdot\mathbb{B} \tag{15.3}$$

となる．

【問 21】　コイルの自己インダクタンスを $L$ として，(15.2) を以下の手順で示せ．

(1) 時刻 $t$ において，コイルを通る電流を $I$ とするとき，コイルの両端に生ずる起電力 $V_{\mathrm{i}}$ を求めよ

(2) 時刻 $t$ におけるコイルの電力 $W$ を求めよ．

(3) 電流が流れてない状態から，$I$ にまで増加していく間でコイルに与えたエネルギーを求め，それが (15.2) に一致することを確かめよ．

〔答：(1)$V_{\mathrm{i}} = -L\dfrac{\mathrm{d}I}{\mathrm{d}t}$, (2)$W = -LI\dfrac{\mathrm{d}I}{\mathrm{d}t}$〕

【問 22】　透磁率 $\mu$ の物体を芯とした，断面積 $S$, 長さ $\ell$, 巻数 $N$ の十分長いソレノイドに，電流 $I$ を流す．ソレノイド内の磁場の式と自己インダクタンスの式，およびコイルに蓄えられる磁気エネルギーの式 (15.2)を利用して，ソレノイドに蓄えられる，単位体積あたりの磁気エネルギー密度が (15.3) で与えられることを導け．

## 15.3　マックスウェル・アンペールの法則

**マックスウェル・アンペールの法則**

**定常**電流 $I$ が流れているときの，磁場と電流にはアンペールの法則が成り立つが，そうでない場合は，矛盾を引き起こす．この矛盾を解消し，より一般の状況で成り立つように，アンペールの法則を拡張したものがマックスウェル・アンペールの法則である．

$S$ を境界 $C$ を持つ任意の曲面，$\mathbb{D}$ を電束密度，$\mathbb{H}$ を磁場とするとき，

$$\int_C H_t \mathrm{d}s = I + \int_S \left(\frac{\partial \mathbb{D}}{\partial t}\right)_n \mathrm{d}A \tag{15.4}$$

ここで $I$ は，$C$ の内側を貫く伝導電流を表す．

**■変位電流密度**　(15.4)右辺2項目は，曲面 $S$ を貫いて流れる電流のように考えることができる．そこで被積分関数

$$\mathbb{j} = \frac{\partial \mathbb{D}}{\partial t}$$

を**変位電流密度**，その $S$ 上での面積分を $S$ を貫く**変位電流**という．

【問 23】 半径 $a$ の円板を極板とするキャパシタがあり，極板の中心を結ぶ線を $z$ 軸としたとき，$z$ 軸に沿って時間変化する電流 $I(t)$ が流れている．また，$z$ 軸の原点 O を下の円板上にとり，円板間の距離を $\ell$ とする．極板間の電束密度 $\mathbb{D}$ は $z$ 軸に沿い，さらに一様であるとして，$0 < z < \ell$ の空間における磁場 $\mathbb{H}$ を，以下の手順で求めよ．

(1) 時刻 $t$ における極板上の電荷が $Q(t)$ であるとして，極板間の電束密度の大きさ $D$ を求めよ．

(2) 極板間で，$z$ 軸を中心とする半径 $r$ の円 $C$ を考えるとき，$C$ を貫く電束 $\Psi$ を求めよ．

(3) (2) の結果とマックスウェル・アンペールの法則を用いて，磁場の大きさ $H$ を求めよ．

〔答：(1)$D = \dfrac{Q}{\pi a^2}$, (2)$\Psi = \dfrac{Qr^2}{a^2}(r < a)$, $\Psi = Q(a < r)$, (3)$H = \dfrac{rI}{2\pi a^2}$ $(r < a)$, $H = \dfrac{I}{2\pi r}$ $(a < r)$〕

【問 24】 隙間に誘電率 $\varepsilon$ の誘電体を挟んだ，2 枚の導体円板からなる平行板キャパシタに交流電源をつなぐ．導体円板の半径を $a$，間隔を $d$，極板間の電位差を $V(t) = V_0 \sin(\omega t)$ とする．また，端の効果は無視できて，極板間に生ずる電場は一様であるとする．

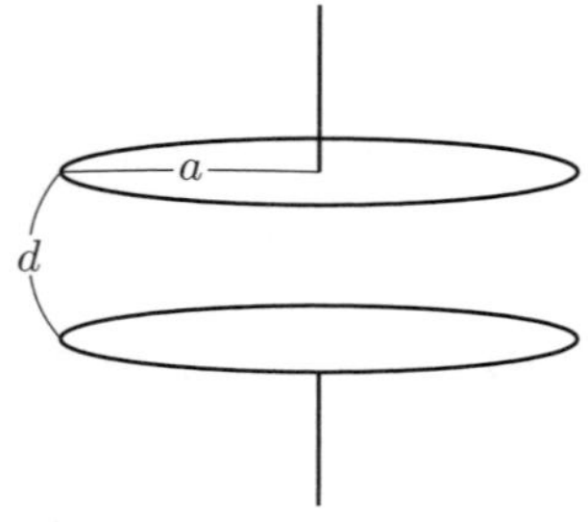


(1) 平行板キャパシタの極板間に生じる変位電流密度 $j$ を求めよ．

(2) 極板間における，変位電流によって生じる磁場の大きさ $H$ を求めよ．

〔答：(1)$j = \dfrac{\varepsilon V_0 \omega}{d}\cos(\omega t)$, (2)$H = \dfrac{\varepsilon V_0 \omega r}{2d}\cos(\omega t)$ $(r < a)$ ($r$ は中心軸からの距離)〕

# 付録A

# 剛体の重心と慣性モーメントの計算

## A.1　重心の定義

**■剛体の重心**　形状が $V$，密度が $\rho$ であるような剛体の重心 $\boldsymbol{r}_{\mathrm{G}}$ は

$$\boldsymbol{r}_{\mathrm{G}} \equiv \frac{1}{M}\int_V \boldsymbol{r}\,\rho\,\mathrm{d}V \qquad \text{ここで} \qquad M \equiv \int_V \rho\,\mathrm{d}V (=V\text{ の質量}) \tag{A.1}$$

で与えられる．これは $n$ 個の質点からなる質点系の重心 $\boldsymbol{r}_{\mathrm{G}}$ の定義 (4.5)において，$m_k \to \rho \mathrm{d}V$，$\boldsymbol{r}_k \to \boldsymbol{r}$，$\displaystyle\sum_{k=1}^{n} \to \int_V$ に置き換えたものになっている．

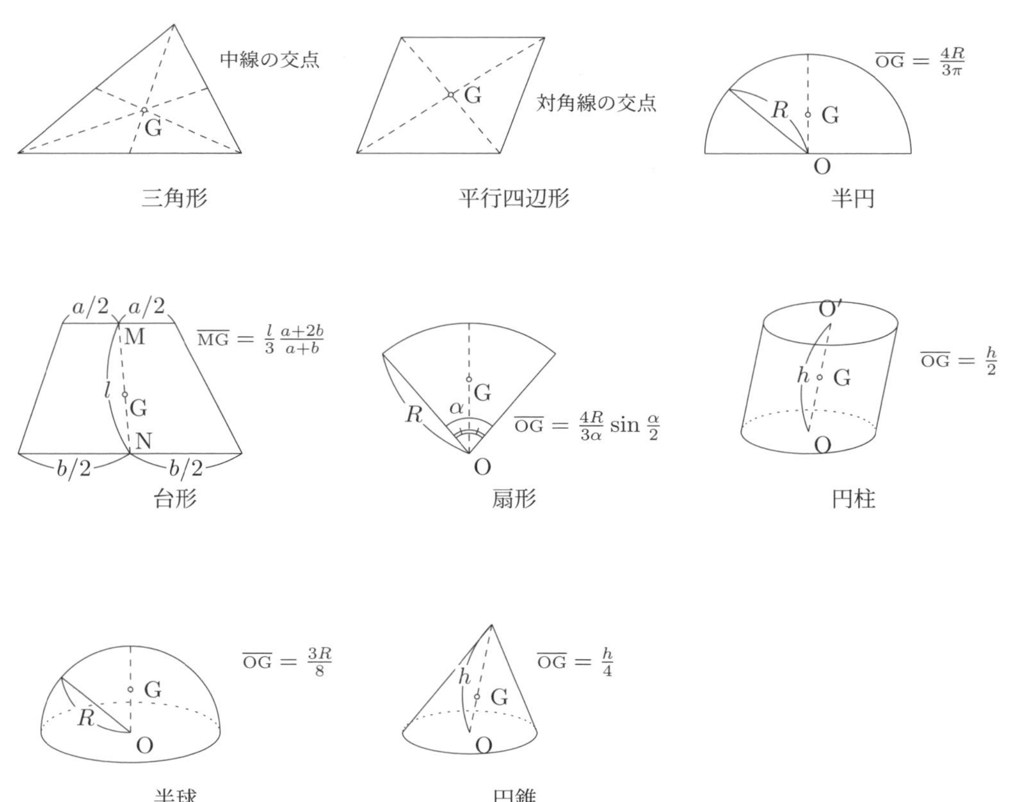


図 A.1　基本的な剛体の重心（密度は一様とする）

## A.2 密度が一定の慣性モーメントの計算

**■$z$ 軸まわりの慣性モーメントの式** (6.4)で与えられる剛体の慣性モーメントを計算しやすくするために，回転軸が $z$ 軸になるように剛体 $V$ を配置すれば，$r=\sqrt{x^2+y^2}$ となるから，

$$I=\int_V (x^2+y^2)\,\rho\,\mathrm{d}V \tag{A.2}$$

となる．$V$ が立体図形，平面図形，直線である場合，それぞれ $\mathrm{d}V=\mathrm{d}x\mathrm{d}y\mathrm{d}z$, $\mathrm{d}V=\mathrm{d}x\mathrm{d}y$, $\mathrm{d}V=\mathrm{d}x$ として，三重積分，二重積分，定積分で計算される．

**★ 計算例：棒の重心を通る直交軸のまわりの慣性モーメント**

線密度 $\rho$ が一様であるような棒（長さ $L$）の重心 G を通る直交軸まわりの慣性モーメントを計算する．重心 G から $x$ だけ離れたところにある質量 $\rho\,\mathrm{d}x$ の部分の慣性モーメントは $x^2\rho\,\mathrm{d}x$ なので，これを $x=-L/2$ から $x=L/2$ まで積分すれば棒全体の慣性モーメントとなる：

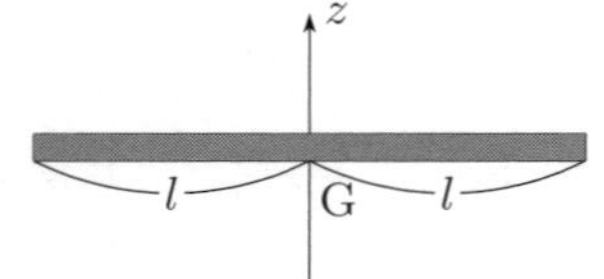


$$I_{\mathrm{G}}=\int_{-L/2}^{L/2} x^2\rho\,\mathrm{d}x=\frac{2}{3}\rho\left(\frac{L}{2}\right)^3=\frac{ML^2}{12}.$$

最後の変形では，棒の質量 $M=\rho L$ を用いた．

**★ 計算例：棒の一端を通る直交軸のまわりの慣性モーメント**

同じ棒の一端 O を通る直交軸のまわりの慣性モーメントを計算する．O は重心 G から $l$ 離れたところにあるので，上の結果と平衡軸の定理(6.5)を用いて O まわりの慣性モーメントが計算できる：

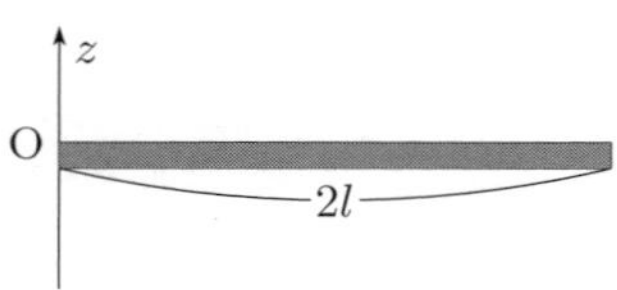


$$I_{\mathrm{O}}=I_{\mathrm{G}}+M\left(\frac{L}{2}\right)^2=\frac{ML^2}{12}+\left(\frac{L}{2}\right)^2=\frac{ML^2}{3}.$$

**★ 計算例：薄い円盤の重心を通り，面に直交な軸まわりの慣性モーメント**

$x, y$ 平面内で，原点を中心とする半径 $R$ で，密度が一定 $\rho$ の薄い円盤を考える．積分領域は $V=\{(x,y)|x^2+y^2\le R^2\}$ となるから，

$$I_{\mathrm{G}}=\int_V (x^2+y^2)\rho\,\mathrm{d}x\mathrm{d}y.$$

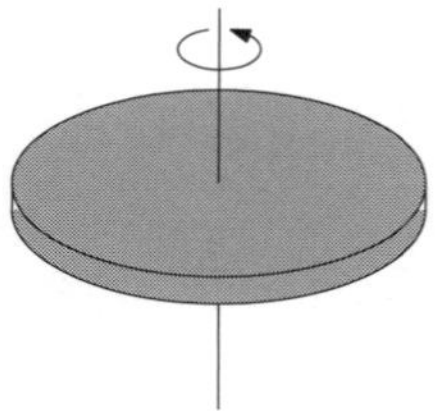

これを極座標 $x=r\cos\phi$, $y=r\sin\phi$ を用いて書き直すと，積分範囲は $r:0\to R$, $\phi:0\to 2\pi$ で $x^2+y^2=r^2$, $\mathrm{d}x\mathrm{d}y=r\mathrm{d}r\mathrm{d}\phi$ となるので，

$$I_{\mathrm{G}}=\rho\int_{r=0}^{R}\int_{\phi=0}^{2\pi} r^3\mathrm{d}r\mathrm{d}\phi=\rho(2\pi)\frac{R^4}{4}=\frac{MR^2}{2}.$$

最後の変形で，円盤の質量 $M=\rho\pi R^2$ を用いた．

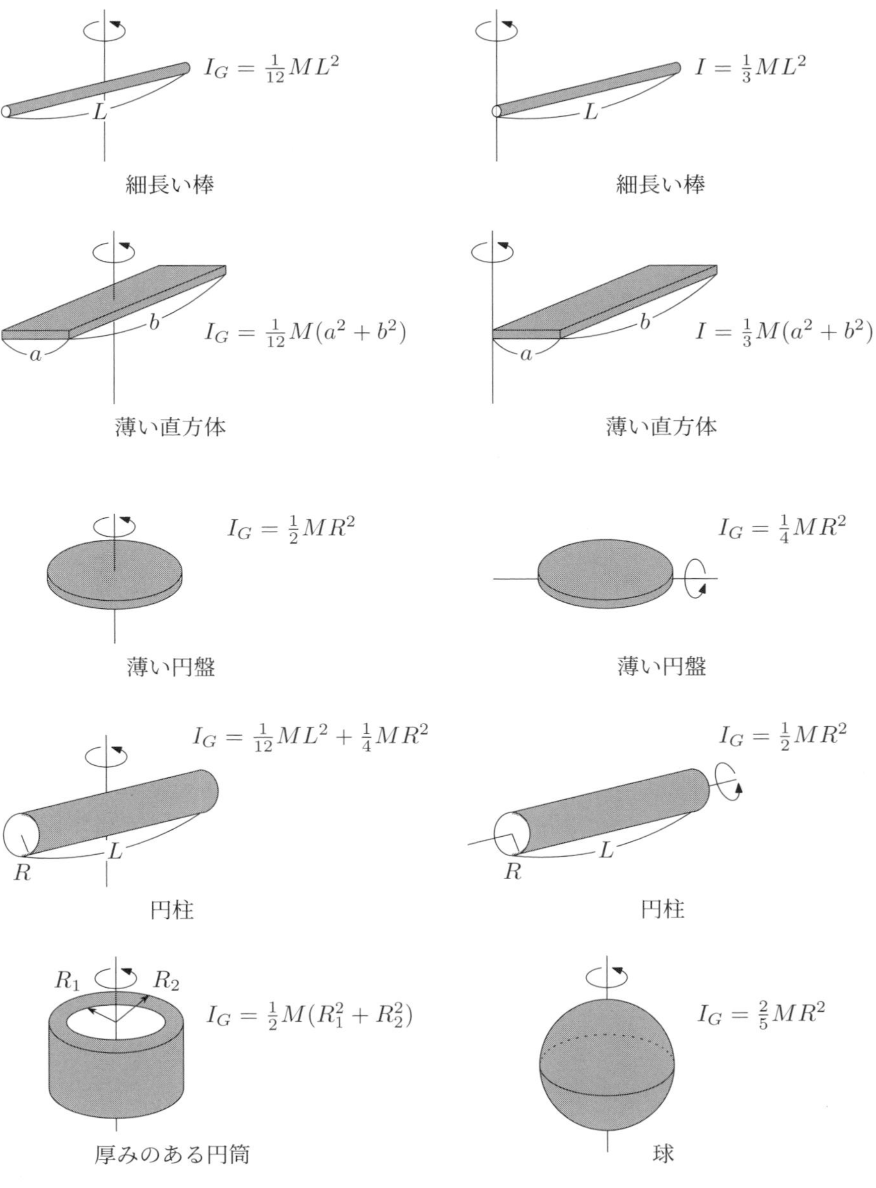


図 A.2 基本的な剛体の慣性モーメント（密度は一様とする）

# 付録B

# ベクトル

## B.1　ベクトルの基本概念

**ベクトル**とは大きさと向きを持った量である．一方で，大きさだけを持つ量は**スカラー**と呼んで区別する．物理学では，大きさと向きを持つ量，例えば力，速度，電場などにはベクトルを用いて，質量，エネルギー，長さ，電荷量など大きさだけを持つ量にはスカラーを用いる．

ベクトルを図示する場合は，便宜上２点間を結ぶ矢印として表現する（図 B.1）．ここでベクトルの大きさ $A = |\mathbb{A}|$（長さ，絶対値，ノルムとも言う）は点 P，Q間の距離に等しい．

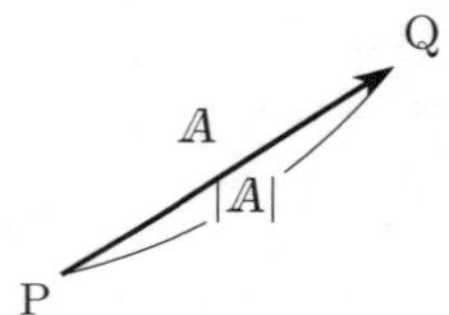


図 B.1　ベクトル $\mathbb{A}$ とその大きさ $|\mathbb{A}|$

**表記についての注意**

ベクトルは普通 $\boldsymbol{A}$ のように太字（ボールド体）で表わすか，上に矢印をつけて $\overrightarrow{A}$ の様に表記し，スカラー（実数や複素数）は $A$ のように細字で書いて区別する．慣習として，太字を手で書く場合は細字の一部に線を一本書き加えて $\mathbb{A}$ の様に記述する．（ただし，書き方は厳密に決まっているわけではないので個人差がある．）特に，ベクトル $\mathbb{A}$ に対して，$A$ はその大きさを表すことが多いので，注意すること．

ベクトル $\mathbb{A}$ と $\mathbb{B}$ の和は，$\mathbb{A}$ の終点と $\mathbb{B}$ の終点を継いだとき，$\mathbb{A}$ の始点と $\mathbb{B}$ の終点を結ぶ矢印として定める．図 B.2(c) では，$\mathbb{C}$ も $\mathbb{A}+\mathbb{B}$ も同じ始点・終点を持つベクトルを表わしているのがわかる．その意味で

$$\mathbb{C} = \mathbb{A} + \mathbb{B}$$

である．

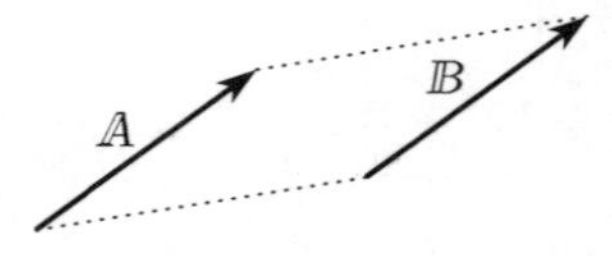


(a) 等しいベクトル $\mathbb{A}$ と $\mathbb{B}$

(b) ベクトル $\mathbb{A}$ とその逆向き $-\mathbb{A}$

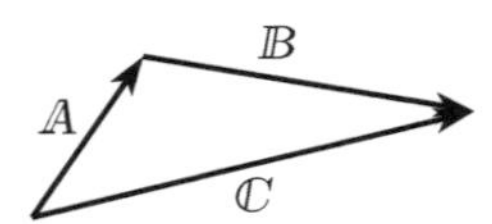


(c) ベクトルの和 $\mathbb{C} = \mathbb{A} + \mathbb{B}$

図 B.2

また，基本的なこととして，ベクトルは向きと大きさが等しければ（つまり平行移動で移りあえば），始点と終点が異なっていても等しいベクトルであるとする (図 B.2(a))．また，$\mathbb{A}$ に対して，$-\mathbb{A}$ は大きさが同じで向きが逆向きのベクトルを表わす (図 B.2(b))．

ベクトルのスカラー倍，$a\mathbb{A}(a > 0)$ は，向きが同じで大きさが $a$ 倍のベクトルを表わす．$a < 0$ の場合は大きさが $|a|$ 倍で向きが逆向き のベクトルである．特に，大きさが 0 のベクトルはゼロベクトルと呼ばれ単に $\mathbb{0}$ と書か れる．ゼロベクトルの向きは不定とする．

## B.2 単位ベクトルとベクトルの成分

大きさが 1 のベクトルを**単位ベクトル**という．特に，直行座標系（デカルト座標系）において $x$ 軸，$y$ 軸，$z$ 軸の正の方向を表わす単位ベクトル $\mathbb{i}$，$\mathbb{j}$，$\mathbb{k}$ *1は重要である (図 B.3)．

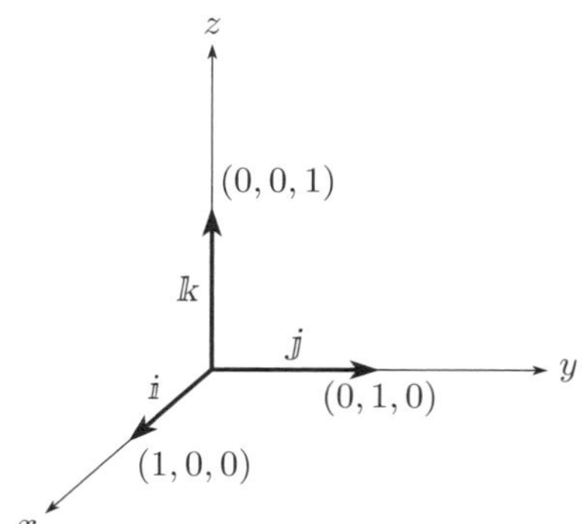


図 B.3 直交単位ベクトル $\mathbb{i}, \mathbb{j}, \mathbb{k}$

3 次元空間の任意のベクトル $\mathbb{A}$ は，これらの単位ベクトルと適当な実数 $A_x, A_y, A_z$ を用いて表わすことができる：

$$\mathbb{A} = A_x\mathbb{i} + A_y\mathbb{j} + A_z\mathbb{k}.$$

これは，3 次元空間の任意の点へのベクトルが，各軸方向のベクトルを継ぎ足すことで得られることを示している（図 B.4)．

このとき，$A_x$，$A_y$，$A_z$ を，ベクトル $\mathbb{A}$ の各軸方向の**成分**と呼び，それらを実数の組 $(A_x, A_y, A_z)$ で表わす．任意のベクトル $\mathbb{A}$ はその成分を用いて

$$(A_x, A_y, A_z)$$

とも表現できる (成分表示という，点の座標とは異なることに注意)．成分が与えられたとき，ベクトル $\mathbb{A}$ の大きさ $|\mathbb{A}|$ は図 B.4 からピタゴラスの定理を用いて

$$|\mathbb{A}| = \sqrt{{A_x}^2 + {A_y}^2 + {A_z}^2}$$

となる．また $\mathbb{A}$ 方向の単位ベクトル $\hat{\mathbb{A}}$ は，$\mathbb{A}$ をそれ自身の長さで割ることによって

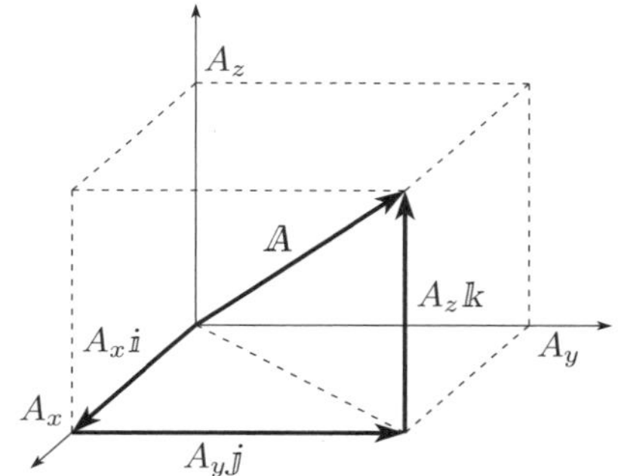


図 B.4 ベクトル $\mathbb{A}$ を $\mathbb{i}$, $\mathbb{j}$, $\mathbb{k}$ で表す．

$$\hat{\mathbb{A}} = \frac{\mathbb{A}}{|\mathbb{A}|}$$

で得られる．

点の座標 $(x, y, z)$ はベクトルではないが，原点を始点，点 $(x, y, z)$ を終点にしたベクトル $\mathbb{r} = x\mathbb{i} + y\mathbb{j} + z\mathbb{k}$ を考えることができて，$(x, y, z)$ は $\mathbb{r}$ の成分と一致する．このように，点に対して原点を始点とするベクトルを対応させたものを，**位置ベクトル**という．

*1 基本ベクトルと呼ばれることが多い．$\mathbb{e}_x$，$\mathbb{e}_y$，$\mathbb{e}_z$ が用いられることもある．

## B.3　ベクトルのスカラー積（内積）とベクトル積（外積）

ベクトルに対しては2種類の特別な積が定義される．それが，**スカラー積（内積）**と**ベクトル積（外積）**である．これらを区別するために $\mathbb{A}$ と $\mathbb{B}$ のスカラー積は「$\mathbb{A}\cdot\mathbb{B}$」，ベクトル積は「$\mathbb{A}\times\mathbb{B}$」のような記号を用いて表示する．

**スカラー積**

内積の定義には2種類の形がある．ひとつはベクトル $\mathbb{A}$ とベクトル $\mathbb{B}$ の大きさとなす角 $\theta$ を用いた幾何学的な定義（右図）である．

$$\mathbb{A}\cdot\mathbb{B}=|\mathbb{A}||\mathbb{B}|\cos\theta$$

もうひとつは各ベクトルの成分 $(A_x, A_y, A_z)$, $(B_x, B_y, B_z)$ を用いた定義

$$\mathbb{A}\cdot\mathbb{B}=A_xB_x+A_yB_y+A_zB_z$$

である．これらは計算すると全く等しく同値であることが示される．

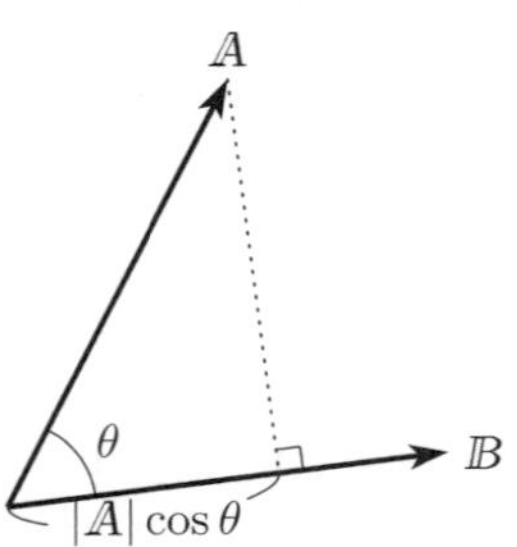


$\mathbb{A}$ を $\mathbb{B}$ へ射影した大きさと $\mathbb{B}$ の大きさの積 $=(|\mathbb{A}|\cos\theta)|\mathbb{B}|=\mathbb{A}\cdot\mathbb{B}$

**ベクトル積**

ベクトル積は演算結果がベクトルになる積である．外積にも2種類の定義がある．

ひとつはベクトルの大きさとなす角 $\theta$ $(0\leq\theta\leq\pi)$ を用いた幾何学的な定義である：まず $\mathbb{A}$ と $\mathbb{B}$ に直交する単位ベクトル $\mathbb{N}$ [a] を考えて，

$$\mathbb{A}\times\mathbb{B}=(|\mathbb{A}||\mathbb{B}|\sin\theta)\mathbb{N}$$

と定める．つまり $\mathbb{A}\times\mathbb{B}$ の大きさはベクトル $\mathbb{A}$, $\mathbb{B}$ が作る平行四辺形の面積に等しく，向きはその平行四辺形に直交する向きである（右図）．

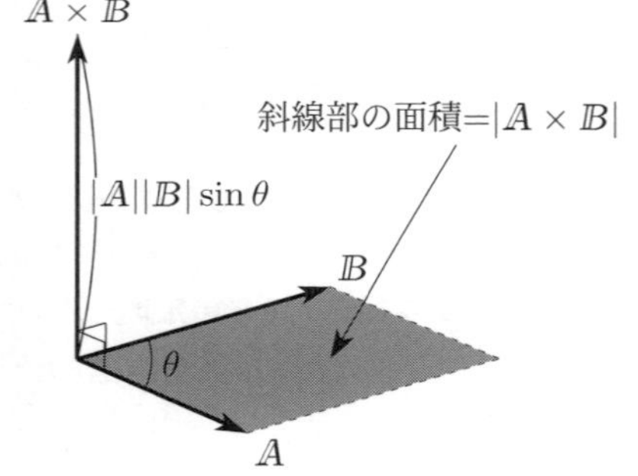


もうひとつは各ベクトルの成分 $(A_x, A_y, A_z)$, $(B_x, B_y, B_z)$ を用いた定義

$$\mathbb{A}\times\mathbb{B}=(A_yB_z-A_zB_y)\mathbb{i}+(A_zB_x-A_xB_z)\mathbb{j}+(A_xB_y-A_yB_x)\mathbb{k}$$

である[b]．成分を用いた定義は行列式を用いれば，簡潔に

$$\mathbb{A}\times\mathbb{B}=\begin{vmatrix}\mathbb{i} & \mathbb{j} & \mathbb{k}\\ A_x & A_y & A_z\\ B_x & B_y & B_z\end{vmatrix}$$

とも表わせる．これは覚えるのに便利である．

[a] このとき $\mathbb{N}$ の向きは2通り考えられるが，$\mathbb{A},\mathbb{B},\mathbb{N}$ が右手系になる方を $\mathbb{N}$ とする．

[b] 成分を用いた定義は煩雑であるが，$x$ 成分は $yz-zy$，$y$ 成分は $zx-xz$，$z$ 成分は $xy-yx$ と，必ず $xyz$ の順序ではじまる点に注目すると覚えやすい．

### B.3.1　スカラー積・ベクトル積に関する公式

(1) スカラー積の基本性質：

$$\begin{gathered}\mathbb{A}\cdot\mathbb{B}=\mathbb{B}\cdot\mathbb{A}\\ \mathbb{A}\cdot(k\mathbb{B})=k(\mathbb{A}\cdot\mathbb{B})\\ \mathbb{A}\cdot(\mathbb{B}+\mathbb{C})=\mathbb{A}\cdot\mathbb{B}+\mathbb{A}\cdot\mathbb{C}\\ \mathbb{A}\cdot\mathbb{B}=0\iff\mathbb{A}\text{ と }\mathbb{B}\text{ が直交}\end{gathered}$$

(2) ベクトル積の基本性質：

$$\begin{gathered}\mathbb{A}\times\mathbb{B}=-\mathbb{B}\times\mathbb{A}\\ \mathbb{A}\times(k\mathbb{B})=k(\mathbb{A}\times\mathbb{B})\\ \mathbb{A}\times(\mathbb{B}+\mathbb{C})=\mathbb{A}\times\mathbb{B}+\mathbb{A}\times\mathbb{C}\\ \mathbb{A}\times\mathbb{B}=\mathbb{0}\iff\mathbb{A}\text{ と }\mathbb{B}\text{ が平行}\end{gathered}$$

(3) ベクトルの成分とスカラー積
ベクトル $\mathbb{A}$ の $\mathbb{n}$ 方向の成分は，スカラー積を利用して

$$\frac{\mathbb{A}\cdot\mathbb{n}}{|\mathbb{n}|}$$

で求められる．特に $\mathbb{n}$ が単位ベクトル（$|\mathbb{n}|=1$）になっていれば，スカラー積を計算するだけで求められる．

(4) $\mathbb{A}$, $\mathbb{B}$, $\mathbb{C}$ が右手系[*2]をなすとき

$$「\mathbb{A},\ \mathbb{B},\ \mathbb{C}\text{ の作る平行六面体の体積」}=\mathbb{A}\cdot(\mathbb{B}\times\mathbb{C})=\mathbb{B}\cdot(\mathbb{C}\times\mathbb{A})=\mathbb{C}\cdot(\mathbb{A}\times\mathbb{B}).$$

が成り立つ．この右辺を，$\mathbb{A}$, $\mathbb{B}$, $\mathbb{C}$ のスカラー３重積という．

(5) $(\mathbb{A}\cdot\mathbb{B})^2+|\mathbb{A}\times\mathbb{B}|^2=(|\mathbb{A}||\mathbb{B}|)^2$

(6) $\mathbb{A}\times(\mathbb{B}\times\mathbb{C})=(\mathbb{A}\cdot\mathbb{C})\mathbb{B}-(\mathbb{A}\cdot\mathbb{B})\mathbb{C}$　（ベクトル３重積という）

(7) $(\mathbb{A}\times\mathbb{B})\cdot(\mathbb{C}\times\mathbb{D})=(\mathbb{A}\cdot\mathbb{C})(\mathbb{B}\cdot\mathbb{D})-(\mathbb{A}\cdot\mathbb{D})(\mathbb{B}\cdot\mathbb{C})=\begin{vmatrix}(\mathbb{A}\cdot\mathbb{C}) & (\mathbb{A}\cdot\mathbb{D})\\ (\mathbb{B}\cdot\mathbb{C}) & (\mathbb{B}\cdot\mathbb{D})\end{vmatrix}$

## B.4　ベクトルと図形

**■平行，直交，間の角をベクトルで考える**　線分 AB と CD が平行が平行，または直交であることを調べるには，ベクトル $\mathbb{A}=\overrightarrow{\mathrm{AB}}$, $\mathbb{B}=\overrightarrow{\mathrm{CD}}$ を利用するとよい．$\mathbb{A}=k\mathbb{B}$ となる 実数 $k$ が存在するとき平行で，$\mathbb{A}\cdot\mathbb{B}=0$ であるとき直交である．また，線分の間の角 $\theta$ を求めるには，内積の定義式を変形した $\cos\theta=\dfrac{\mathbb{A}\cdot\mathbb{B}}{|\mathbb{A}||\mathbb{B}|}$ が利用できる．

**■直線の表現**　直線上の点を表す位置ベクトル $\mathbb{r}$ は，直線が通る任意の点 P の位置ベクトル $\mathbb{r}_0$ と，向きを表すベクトル $\mathbb{a}$ を用いて

$$\mathbb{r}(t)=\mathbb{a}t+\mathbb{r}_0$$

のように表すことができる．ここで $t$ は媒介変数（パラメータともいう）で，$t$ を変化させることで直線上の任意の点を表現できる ($t=0$ で P となっている) (図 B.5 左).

---

[*2] 左手系をなすとき，スカラー３重積は，平行六面体の体積のマイナスの値に等しくなる．

**■平面の表現**　平面上の点を表す位置ベクトル $\mathbb{r}$ は，平面上の任意の点 P の位置ベクトル $\mathbb{r}_0$ と，平面内に含まれるような任意の 1 次独立なベクトル $\mathbb{a}$, $\mathbb{b}$ を用いて，

$$\mathbb{r}(s,t) = \mathbb{a}s + \mathbb{b}t + \mathbb{r}_0$$

のように表すことができる．ここで $s$, $t$ は媒介変数で，$s$, $t$ を変化させることで平面上の任意の点を表現できる．（図 B.5 右）．

また，平面に直交する向きのベクトル（法線ベクトルという）$\mathbb{n}$ を用いて

$$\mathbb{n} \cdot (\mathbb{r} - \mathbb{r}_0) = 0$$

のようにも表すことができる．

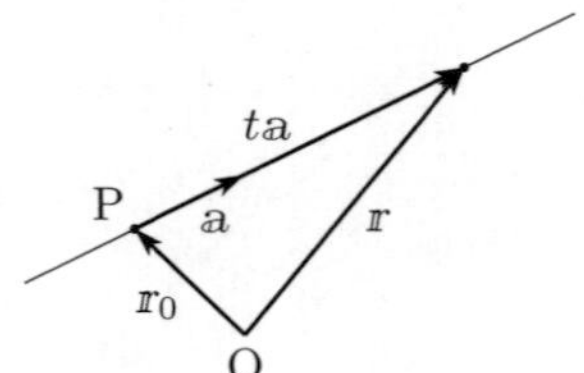

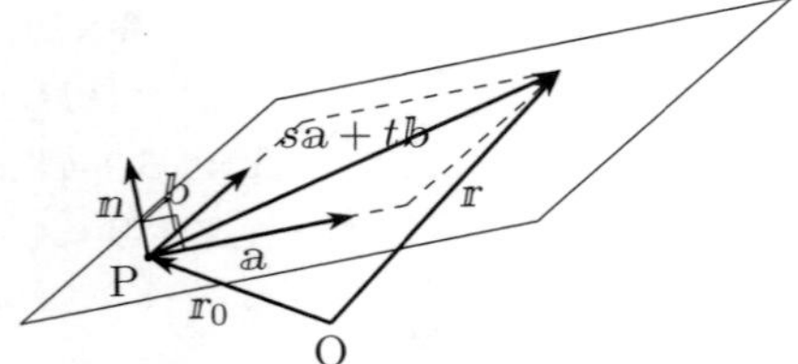


図 B.5

**■球面の表現**　中心 P の位置ベクトルが $\mathbb{r}_0$，半径 $R$ の球面上の点を表す位置ベクトル $\mathbb{r}$ は，媒介変数 $\theta$, $\phi$ を用いて

$$\mathbb{r}(\theta,\phi) = R(\cos\phi\sin\theta\mathbb{i} + \sin\phi\sin\theta\mathbb{j} + \cos\theta\mathbb{k}) + \mathbb{r}_0$$

のように表せる（球座標）．または方程式として，

$$|\mathbb{r} - \mathbb{r}_0| = R$$

のようにも表すことができる．

**■面積・体積**

(1) 平行四辺形の面積：　平行四辺形 PQRS の面積を各点の座標から求める．$\mathbb{A} = \overrightarrow{\mathrm{PQ}}$, $\mathbb{B} = \overrightarrow{\mathrm{PS}}$ とおけば，ベクトル積の定義から，

$$\text{平行四辺形 PQRS の面積ベクトル} = \mathbb{A} \times \mathbb{B}.$$

面積は，面積ベクトルの絶対値で与えられるから，

$$\begin{aligned}\text{平行四辺形 PQRS の面積} &= |\mathbb{A} \times \mathbb{B}| \\ &= \sqrt{(A_yB_z - A_zB_y)^2 + (A_zB_x - A_xB_z)^2 + (A_xB_y - A_yB_x)^2},\end{aligned}$$

となる．よって P, Q, S の座標がそれぞれ $(x_0, y_0, z_0)$, $(x_1, y_1, z_1)$, $(x_2, y_2, z_2)$, であれば，$A_x = x_1 - x_0$, $A_y = y_1 - y_0$, $A_z = z_1 - z_0$, $B_x = x_2 - x_0$, $B_y = y_2 - y_0$, $B_z = z_2 - z_0$ となって，これを上式に代入すればよい，

(2) 平行六面体の体積：　平行六面体 PQRS − P′Q′R′S′ の体積を各点の座標から求める．$\mathbb{A} = \overrightarrow{\mathrm{PP'}}$, $\mathbb{B} = \overrightarrow{\mathrm{PQ}}$, $\mathbb{C} = \overrightarrow{\mathrm{PS}}$ とおけば，スカラー 3 重積から

$$\begin{aligned}\text{平行六面体 PQRS} - \text{P}'\text{Q}'\text{R}'\text{S}' \text{ の体積} &= \mathbb{A} \cdot (\mathbb{B} \times \mathbb{C}) \\ = (A_x\mathbb{i} + A_y\mathbb{j} + A_z\mathbb{k}) \cdot \begin{vmatrix} \mathbb{i} & \mathbb{j} & \mathbb{k} \\ B_x & B_y & B_z \\ C_x & C_y & C_z \end{vmatrix} &= \begin{vmatrix} A_x & A_y & A_z \\ B_x & B_y & B_z \\ C_x & C_y & C_z \end{vmatrix}\end{aligned}$$

となる．ただし $\mathbb{A}$, $\mathbb{B}$, $\mathbb{C}$ が左手系になっているときは負号がつくので，一般には絶対値をとればよい．

## B.5 積分定理

### B.5.1 線積分に対する微分積分学の基本定理

1変数の積分については，「微分と積分が互いに逆の操作である」という微分積分学の基本定理

$$f(t_2) - f(t_1) = \int_{t_1}^{t_2} \frac{\mathrm{d}f}{\mathrm{d}t}\mathrm{d}t \tag{B.1}$$

が成り立つ．これは線積分に自然に拡張される：

**線積分に対する微分積分学の基本定理**

$\phi$ を $x, y, z$ の関数，$C$ を空間内の曲線分とするとき，

$$\begin{aligned}\phi(x_2, y_2, z_2) - \phi(x_1, y_1, z_1) &= \int_C \frac{\partial \phi}{\partial x}\mathrm{d}x + \frac{\partial \phi}{\partial y}\mathrm{d}y + \frac{\partial \phi}{\partial z}\mathrm{d}z \\ &= \int_C (\mathrm{grad}\,\phi)\cdot \mathrm{d}\mathbb{s}\end{aligned} \tag{B.2}$$

がなりたつ．ここで $\mathrm{grad}\,\phi$ は以下で定義されるベクトル場である．

$$\mathrm{grad}\,\phi = \frac{\partial \phi}{\partial x}\mathbb{i} + \frac{\partial \phi}{\partial y}\mathbb{j} + \frac{\partial \phi}{\partial z}\mathbb{k} \tag{B.3}$$

**(注釈)**

この定理は，$\boldsymbol{A} = \mathrm{grad}\,\phi$ を線積分する場合は，積分経路 $C$ よらず，始点と終点のみで値が定まることも意味している．実はこの逆も成り立つのだが，それを示すためには次のストークスの定理を必要とする．
□

### B.5.2 グリーン・ストークスの定理

面積分に関しても，先の微分積分学の基本定理に相当する定理–**グリーン・ストークスの定理**–が存在する．これは，任意の閉曲線上の線積分を，ある特別な形の面積分に書き換える公式を与える．

**平面内におけるグリーンの定理**

$\Gamma$ を 平面内の閉曲線，$\Delta$ を $\Gamma$ に囲まれた2次元領域とする．このとき

$$\int_\Gamma P\mathrm{d}x + Q\mathrm{d}y = \iint_\Delta \left(\frac{\partial Q}{\partial x} - \frac{\partial P}{\partial y}\right)\mathrm{d}x\mathrm{d}y. \tag{B.4}$$

が成り立つ．

**空間内におけるストークスの定理**

$C$ を 空間内の閉曲線，$S$ を $C$ を境界とする任意の曲面（$C$ の内部）とする．このとき

$$\int_C A_x \mathrm{d}x + A_y \mathrm{d}y + A_z \mathrm{d}z$$
$$= \iint_S \left( \frac{\partial A_z}{\partial y} - \frac{\partial A_y}{\partial z} \right) \mathrm{d}y\mathrm{d}z + \left( \frac{\partial A_x}{\partial z} - \frac{\partial A_z}{\partial x} \right) \mathrm{d}z\mathrm{d}x + \left( \frac{\partial A_y}{\partial x} - \frac{\partial A_x}{\partial y} \right) \mathrm{d}x\mathrm{d}y \quad \text{(B.5)}$$

が成り立つ．
直交座標系におけるベクトル場の表示

$$\mathbb{A} = A_x \mathbb{i} + A_y \mathbb{j} + A_z \mathbb{k}$$

を用いると，式 (B.5) は

$$\int_C \mathbb{A} \cdot \mathrm{d}\mathbb{r} = \iint_S (\mathrm{rot}\,\mathbb{A})_n \cdot \mathrm{d}S \quad \text{(B.6)}$$

のようにも表される．ここで $\mathrm{rot}\,\mathbb{A}$ は以下のように定義される微分演算である．

$$\mathrm{rot}\,\mathbb{A} = \left( \frac{\partial A_z}{\partial y} - \frac{\partial A_y}{\partial z} \right) \mathbb{i} + \left( \frac{\partial A_x}{\partial z} - \frac{\partial A_z}{\partial x} \right) \mathbb{j} + \left( \frac{\partial A_y}{\partial x} - \frac{\partial A_x}{\partial y} \right) \mathbb{k} \quad \text{(B.7)}$$

$\mathrm{rot}\,\mathbb{A}$ を $\mathbb{A}$ の回転（ローテーション）という．

### ストークスの定理からわかること

**命題 B.5.1**
任意の閉曲線 $C$ に対し，線積分 $\int_C \mathbb{A} \cdot \mathrm{d}\mathbb{r} = 0$ となるための必要十分条件は，$\mathrm{rot}\,\mathbb{A} = \mathbb{0}$ が恒等的に成り立つことである．

**(注釈)**
$\mathrm{rot}\,\mathbb{A} = \mathbb{0}$ となるようなベクトル場 $\mathbb{A}$ は，非回転的（または渦なし）であると呼ばれる．□

**定理 B.5.1 (線積分が経路によらないための条件)**
線積分 $\int_C \mathbb{A} \cdot \mathrm{d}\mathbb{r}$ が，途中の経路によらず始点と終点のみで値が定まるための必要十分条件は，$\mathrm{rot}\,\mathbb{A} = \mathbb{0}$ が恒等的に成り立つことである．

**定理 B.5.2 (ポテンシャルの存在条件)**
ベクトル場 $\mathbb{A}$ に対して，$\mathbb{A} = \mathrm{grad}\,\phi$ を満たすスカラー場 $\phi$ が存在するための必要十分条件は $\mathrm{rot}\,\mathbb{A} = \mathbb{0}$ が恒等的に成り立つことである．またこのような $\phi$ は定数の差を除いて一意的に定まる．

**(注釈)**
ベクトル場 $\mathbb{A}$ に対して，$\mathbb{A} = -\mathrm{grad}\,\phi$ を満たす $\phi$ を $\mathbb{A}$ の**スカラーポテンシャル**という．先の定理は $\mathbb{A}$ のスカラーポテンシャルが存在するための必要十分条件が $\mathbb{A}$ が非回転（渦なし）であることを主張している．□

### B.5.3　ガウスの定理

体積積分（3 重積分）と面積分の間にもある関係が存在する．

**ガウスの定理**

$S$ を空間内の閉曲面，$V$ を $S$ の内部とする（$S$ の向きは $V$ の内部から外部へと向かう向きに取ることに注意）．このとき次の関係式が成り立つ．

$$\iint_S A_x \mathrm{d}y\mathrm{d}z + A_y \mathrm{d}z\mathrm{d}x + A_z \mathrm{d}x\mathrm{d}y = \iiint_V \left( \frac{\partial A_x}{\partial x} + \frac{\partial A_y}{\partial y} + \frac{\partial A_z}{\partial z} \right) \mathrm{d}x\mathrm{d}y\mathrm{d}z. \tag{B.8}$$

直交座標系におけるベクトル場の表示 $\mathbb{A} = A_x\mathbb{i} + A_y\mathbb{j} + A_z\mathbb{k}$ を用いると，式 (B.8) は

$$\iint_S A_n \mathrm{d}S = \iiint_V (\mathrm{div}\, \mathbb{A})\ \mathrm{d}V \tag{B.9}$$

のように表される．ここで $\mathrm{div}\, \mathbb{A}$ は以下のように定義される微分演算である．

$$\mathrm{div}\, \mathbb{A} = \frac{\partial A_x}{\partial x} + \frac{\partial A_y}{\partial y} + \frac{\partial A_z}{\partial z} \tag{B.10}$$

$\mathrm{div}\, \mathbb{A}$ は $\mathbb{A}$ の発散（ダイバージェンス）という．

**ガウスの定理からわかること**

**命題 B.5.2 (閉曲面上の面積分に対する性質)**
任意の閉曲面 $S$ に対し，面積分 $\iint_S A_n \mathrm{d}S = 0$ となるための必要十分条件は，$\mathrm{div}\, \mathbb{A} = 0$ が恒等的に成り立つことである．

**(注釈)**
$\mathrm{div}\, \mathbb{A} = 0$ となるようなベクトル場 $\mathbb{A}$ は，非発散的（回転的・ソレノイド的・湧き出しなし）であると呼ばれる．□

## B.6　スカラー場・ベクトル場の微分演算

積分公式にあらわれたスカラー場やベクトル場に対する 3 種類の微分演算，grad , rot , div をまとめて**ベクトル微分演算**という．この節では，ベクトル微分演算の性質といくつかの関係式について述べる．

■**スカラー場**　$\mathbb{R}^3$ の各点 $(x, y, z)$ に対して，スカラーの値 $\phi(x, y, z)$ を対応させるとき，$\phi$ を**スカラー場**という．数学的には，単に 3 変数 ($x, y, z$ の) 関数という意味であるが，座標系の変換に伴う基本ベクトルの変更に対して値が不変であることを暗に強調している点にも注意しておくべきである．

物理であらわれる代表的な例としては，まず密度 (質量の分布や電荷の分布など) $\rho(x, y, z)$ がある．特に非一様な物体を考える際には，密度は単一の値ではなく場所ごとに異なる値を持ちうるので，場として考えなければならない．別の重要な例としては，ポテンシャルエネルギー (位置エネルギー)$\phi(x, y, z)$ が挙げられる．

**■ベクトル場**　$\mathbb{R}^3$ の各点 $(x, y, z)$ に対して，ベクトルの値 $\mathbb{A}(x, y, z) = A_x(x, y, z)\mathbb{i} + A_y(x, y, z)\mathbb{j} + A_z(x, y, z)\mathbb{k}$ を対応させるとき，$\mathbb{A}$ を**ベクトル場**[*3]という．ベクトル場の成分 $A_x$，$A_y$，$A_z$ は基本ベクトルの変更に対して，ベクトルの成分としての変換を受けることに注意する．逆に言えば，1つの成分，たとえば $A_x$ はスカラー場ではない．

### B.6.1　直交座標系における 勾配，発散，回転．

**ナブラ演算子**

静止直交座標系において，記号 $\nabla$ を

$$\nabla = \mathbb{i}\frac{\partial}{\partial x} + \mathbb{j}\frac{\partial}{\partial y} + \mathbb{k}\frac{\partial}{\partial z}$$

と定義して，ナブラ演算子 (単にナブラ) という．$\nabla$ を用いると，grad , rot , div を記憶しやすい形で記述できるのでとても便利である[*4]．

**スカラー場の勾配 (gradient)**

任意のスカラー場 $\phi$ に対して，線積分における微分積分学の基本定理であらわれた演算

$$\begin{aligned}\operatorname{grad}\phi &= \frac{\partial\phi}{\partial x}\mathbb{i} + \frac{\partial\phi}{\partial y}\mathbb{j} + \frac{\partial\phi}{\partial z}\mathbb{k} \\ &= \left(\mathbb{i}\frac{\partial}{\partial x} + \mathbb{j}\frac{\partial}{\partial y} + \mathbb{k}\frac{\partial}{\partial z}\right)\phi = \nabla\phi\end{aligned}$$

を $\phi$ の勾配 (gradient) という．

**ベクトル場の回転 (rotaion)**

任意のベクトル場 $\mathbb{A}$ に対して，ストークスの定理であらわれた演算

$$\begin{aligned}\operatorname{rot}\mathbb{A} &= \left(\frac{\partial A_z}{\partial y} - \frac{\partial A_y}{\partial z}\right)\mathbb{i} + \left(\frac{\partial A_x}{\partial z} - \frac{\partial A_z}{\partial x}\right)\mathbb{j} + \left(\frac{\partial A_y}{\partial x} - \frac{\partial A_x}{\partial y}\right)\mathbb{k} \\ &= \left(\mathbb{i}\frac{\partial}{\partial x} + \mathbb{j}\frac{\partial}{\partial y} + \mathbb{k}\frac{\partial}{\partial z}\right)\times\mathbb{A} = \nabla\times\mathbb{A}\end{aligned}$$

を $\mathbb{A}$ の回転 (rotation) という．

**ベクトル場の発散 (divergence)**

任意のベクトル場 $\mathbb{A}$ に対して，ガウスの定理であらわれた演算

$$\begin{aligned}\operatorname{div}\mathbb{A} &= \frac{\partial A_x}{\partial x} + \frac{\partial A_y}{\partial y} + \frac{\partial A_z}{\partial z} \\ &= \left(\mathbb{i}\frac{\partial}{\partial x} + \mathbb{j}\frac{\partial}{\partial y} + \mathbb{k}\frac{\partial}{\partial z}\right)\cdot\mathbb{A} = \nabla\cdot\mathbb{A}\end{aligned}$$

を $\mathbb{A}$ の発散 (divergence) という．

---

[*3] 厳密には，極性ベクトルを対応させるか，軸性ベクトルを対応させるかで，ベクトル場は2種類ある．そして回転は極性ベクトルに，発散は軸性ベクトルに対しての演算である．

[*4] ただし，曲線直交座標系においては，grad , rot , div の表示が変更され，それに伴いこの $\nabla$ を用いては記述できなくなるので，注意すること．

### B.6.2 ベクトル微分演算に対する関係式

**ベクトル微分演算子の間に成り立つ公式**

以下では，grad , rot , div をそれぞれナブラ演算子を用いて $\nabla$, $\nabla\times$, $\nabla\cdot$ の様に表している[a].
$\phi$ をスカラー場，$\mathbb{A}$, $\mathbb{B}$ をベクトル場とする．以下の等式が成り立つ．

(1) $\nabla(\phi\psi) = (\nabla\phi)\psi + \phi(\nabla\psi)$
(2) $\nabla \times (\phi\mathbb{A}) = (\nabla\phi) \times \mathbb{A} + \phi(\nabla \times \mathbb{A})$
(3) $\nabla \cdot (\phi\mathbb{A}) = (\nabla\phi) \cdot \mathbb{A} + \phi(\nabla \cdot \mathbb{A})$
(4) $\nabla \cdot (\mathbb{A} \times \mathbb{B}) = (\nabla \times \mathbb{A}) \cdot \mathbb{B} - \mathbb{A} \cdot (\nabla \times \mathbb{B})$
(5) $\nabla(\mathbb{A} \cdot \mathbb{B}) = (\mathbb{B} \cdot \nabla)\mathbb{A} + (\mathbb{A} \cdot \nabla)\mathbb{B} + \mathbb{B} \times (\nabla \times \mathbb{A}) + \mathbb{A} \times (\nabla \times \mathbb{B})$
(6) $\nabla \times (\mathbb{A} \times \mathbb{B}) = (\mathbb{B} \cdot \nabla)\mathbb{A} - (\mathbb{A} \cdot \nabla)\mathbb{B} - \mathbb{B}(\nabla \cdot \mathbb{A}) + \mathbb{A}(\nabla \cdot \mathbb{B})$
(7) $\nabla \times (\nabla\phi) = \mathbb{0}$
(8) $\nabla \cdot (\nabla \times \mathbb{A}) = 0$
(9) $\nabla \cdot (\nabla\phi) = \nabla^2\phi$
(10) $\nabla \times (\nabla \times \mathbb{A}) = \nabla(\nabla \cdot \mathbb{A}) - \nabla^2\mathbb{A}$
ここで，$\mathbb{A} = A_x\mathbb{i} + A_y\mathbb{j} + A_z\mathbb{k}$ に対し，

$$\mathbb{A} \cdot \nabla = A_x\frac{\partial}{\partial x} + A_y\frac{\partial}{\partial y} + A_z\frac{\partial}{\partial z}$$
$$\nabla^2 = \nabla \cdot \nabla = \frac{\partial^2}{\partial x^2} + \frac{\partial^2}{\partial y^2} + \frac{\partial^2}{\partial z^2}$$

を表す．
(11) $\mathrm{grad}\, f(\phi) = \dfrac{\mathrm{d}f}{\mathrm{d}t}\mathrm{grad}\,(\phi)$,
ただし $f$ は $t$ の関数で $f(\phi)$ は $f$ と $\phi$ の合成関数（スカラー場）を表す．

[a] この公式は，静止直交座標系におけるナブラ演算子に対して成立するが，(5),(6),(9),(10) の等式は，後述の直交曲線座標系については一般に成立しない．その他の等式は grad , rot , div に読み替えれば成立する．

**ラプラシアン**

スカラー場 $\phi$ に対して，

$$\Delta\phi = \mathrm{div}\,(\mathrm{grad}\,\phi)$$

とおいて，$\Delta$ を（スカラー場に対する）ラプラシアンという．静止直交座標系においては (9) より

$$\Delta\phi = \nabla^2\phi = \frac{\partial^2\phi}{\partial x^2} + \frac{\partial^2\phi}{\partial y^2} + \frac{\partial^2\phi}{\partial z^2}$$

のような微分演算子として表すことができる．ベクトル場 $\mathbb{A}$ に対しては，

$$\Delta\mathbb{A} = \mathrm{grad}\,(\mathrm{div}\,\mathbb{A}) - \mathrm{rot}\,(\mathrm{rot}\,\mathbb{A})$$

とおいて，（ベクトル場に対する）ラプラシアンという．静止直交座標系においては，公式 (10) より

$$\Delta\mathbb{A} = \nabla^2\mathbb{A} = (\nabla^2 A_x)\mathbb{i} + (\nabla^2 A_y)\mathbb{j} + (\nabla^2 A_z)\mathbb{k}$$

となる．結局のところ直交座標系においては，スカラー場，ベクトル場共に $\Delta = \nabla^2 = \dfrac{\partial^2}{\partial x^2} + \dfrac{\partial^2}{\partial y^2} + \dfrac{\partial^2}{\partial z^2}$ になるので，この右辺の微分演算をラプラシアンと呼ぶことも多い[*5]．

[*5] 直交座標系でない場合は，一般に形が異なる．

# 参考文献

[1] 「物理学基礎」原康夫（学術図書出版社）

[2] 「科学者と技術者のための物理学」R.A.Serway(学術図書出版社)

[3] 「熱力学」田崎晴明（培風館）

[4] 「振動・波動 (基礎物理学選書 (8))」有山正孝（裳華房）

[5] 「微分方程式概説」岩崎千里, 楳田登美男（サイエンス社）

[6] 「詳解 電磁気学演習」 後藤憲一 山崎修一郎 （共立出版）

[7] 「ベクトル解析」 安達忠次 （培風館）

サポートページ

教科書サポート情報を以下の本書ホームページに掲載する.

https://www.gakujutsu.co.jp/text/isbn978-4-7806-1172-4/

物理てならひ帖 2023

2020 年 3 月 30 日　第 1 版　第 1 刷　発行
2023 年 9 月 20 日　第 1 版　第 3 刷　発行

著　者　大坂　寿之　土田　怜
　　　　濱地賢太郎　俵口　忠功
　　　　前　　直弘
発行者　発田　和子
発行所　株式会社　学術図書出版社

〒113−0033　東京都文京区本郷 5 丁目 4 の 6
TEL 03−3811−0889　振替 00110−4−28454

印刷　三松堂（株）

定価は表紙に表示してあります.



Printed in Japan
ISBN978−4−7806−1172−4　C3042